Der zweite Band von Kronenbergs „Zerspanungslehre" folgt denselben Grundsätzen wie der erste Band und wendet sich wiederum an Forschungsingenieure und Betriebspraktiker, die Werkzeugmaschinen in der Werkstatt zu laufen, zu bauen, zu programmieren oder zu verbessern haben. Der zweite Band behandelt Stirnfräsen und Bohren und beruht auf des Verfassers mehr als 35 jährigen Forschungsarbeit und Betriebspraxis in Europa und in den Vereinigten Staaten.

In systematischer Weise hat der bekannte Verfasser die Entwicklung des Fräsens und Bohrens in den Industriestaaten der Welt nach einheitlichen Gesichtspunkten vergleichend untersucht und Zerspanungsgesetze, aus denen sich wichtige Folgerungen für Praxis und Wissenschaft ergeben, entwickelt.

Durch verfeinerte Untersuchungen über den Einfluß des Aufpralls von Stirnfräser und Werkstück auf die Standzeit gelang es, z. B. die Ursachen für den plötzlichen Standzeitabfall bei Verstellung des Fräsers aufzuklären und Abhilfe zu schaffen, die der Produktion zugute kommt, wie u. a. in dem Kapitel „Praktische Ergebnisse" (S. 40 ff.) dargelegt wird. Wissenschaftliche Arbeiten und praktische Folgerungen gehen in dieser Weise stets Hand in Hand.

Ein Blick in das Inhaltsverzeichnis gibt einen Überblick über die vielseitigen Gesichtspunkte, die in dem Buch behandelt werden, wie z. B.: Gesamt- und Teileintrittszeit, Fräseraufprall und Schwingungen, Schneidengeometrie, Weitwinkelfräsen, Herauswinden des Spanes, Bogenlänge, Spandicke, Fräseraustritt und Sauberkeit der Kante, Gleichungen für Schnittgeschwindigkeiten, Schnittkraft, Standzeit, Leistung, Pulsieren der Kräfte, Dimensionsanalyse, Tabellen für graphische und rechnerische Lösung von Fräsintegralen, Richtwerte, Werkstattsnomogramme, Biege- und Verdrehungsschwingungen, Ersatzsysteme für Getriebe, Übereinstim-

Fortsetzung s. hintere Umschlagklappe

Grundzüge der Zerspanungslehre

Theorie und Praxis der Zerspanung
für Bau und Betrieb von Werkzeugmaschinen

Zweite, vollständig neu bearbeitete Auflage

Von

Dr.-Ing. habil. Max Kronenberg

Consulting Engineer in Cincinnati, Ohio, USA

Member: A. S. M. E.; A. S. T. M. E.; Am. Ordnance Ass., Sigma Xi

em. o. Professor der Techn. Universität Berlin

Zweiter Band

Mehrschneidige Zerspanung

(Stirnfräsen, Bohren)

Mit deutschem
und englischem Vorwort

Mit 250 Abbildungen

Springer-Verlag
Berlin Heidelberg GmbH

1963

ISBN 978-3-642-49038-5   ISBN 978-3-642-92862-8 (eBook)
DOI 10.1007/978-3-642-92862-8

Library of Congress Catalog Card Number: 54—11960
Washington D. C., U.S.A.

ANDREA UND EVELYN
GEWIDMET

Vorwort zum zweiten Band

Die Veröffentlichung des zweiten Bandes der „Zerspanungslehre"
hat mehr Zeit in Anspruch genommen als ursprünglich vorgesehen war,
verursacht durch Einbeziehung neuerer Untersuchungen des Verfassers
und das starke Anwachsen der zu berücksichtigenden Literatur.

Vor 36 Jahren, als die erste Auflage erschien, konnte man die an
Zerspanungsuntersuchungen wissenschaftlich arbeitenden Ingenieure
sozusagen noch an den Fingern abzählen, während sich heutzutage
viele Tausende in allen Industriestaaten der Welt mit der für die Produktion immer wichtiger werdenden Zerspanungslehre befassen. Mehrere
Ursachen liegen dieser starken Zunahme zugrunde.

Erstens sind die *Genauigkeitsanforderungen* in der Fabrikation erheblich gestiegen, wie z. B. in den mit der Raumschiffahrt zusammen-
hängenden Industrien. Genauigkeiten, wie sie jetzt erforderlich sind,
können nur erreicht werden, wenn die für die Oberflächengüte der
Werkstücke schädlichen Schwingungen und die Verformungen der
Werkzeugmaschinen unter Last .erheblich vermindert oder beseitigt
werden können, die ihrerseits von den Schnittkräften, Schnittgeschwindigkeiten und anderen Zerspanungsgrößen abhängen.

Das Aufkommen der *numerischen Steuerung der Werkzeugmaschinen*
ist eine weitere Ursache für das Anwachsen der Zerspanungswissenschaft.
Der Programmer muß die Zusammenhänge zwischen Schnittgeschwindigkeit, Schnittkraft, Standzeit, Schnittiefe, Vorschub, Schneidengeometrie, Schwingungen, Herstellungszeit usw. beherrschen, um beste
Ergebnisse erzielen zu können. Numerische Steuerung wird sich besonders in Betrieben mit kleiner und mittlerer Serienfertigung aus-
breiten, sobald die Anlagekosten gesenkt werden können.

Die *neuen Metalle*, vor allem die hochwarmfesten Werkstoffe und
die 17 seltenen Erden sind die dritte Quelle für das Anwachsen der
Zerspanungslehre; ihre Bearbeitung ist oft schwierig und die Schnittgeschwindigkeiten z. T. so klein, daß erheblich mehr Werkzeugmaschinen, Fabrikraum, Anlage- und Unterhaltungskosten notwendig
würden, wenn die Schnittgeschwindigkeiten und sonstige die Herstellungszeit beeinflussenden Zerspanungsgrößen nicht so erhöht werden
können, daß sie denen bei anderen Metallen gleichkommen. Wichtige
Fortschritte sind erzielt worden, und weitere können erwartet werden.

Die wissenschaftliche Erforschung der Zerspanungsvorgänge setzte
anfangs der 1920er Jahre in Deutschland und den Vereinigten Staaten

ein. Auf einer im VDI-Haus in Berlin abgehaltenen Zerspanungssitzung, an der der Verfasser teilnahm, wurde damals folgender Beschluß gefaßt:

„Die Notwendigkeit, den Zerspanungsprozeß gründlich zu *erforschen*, wird in der Aussprache durchweg als gegeben betrachtet. Es wird dabei betont, daß es nicht genüge, nur einen der in Frage kommenden Faktoren für sich herauszugreifen, wie es vielfach bisher geschah, sondern daß man alle die Zerspanung beeinflussenden Größen in ihrer Wechselwirkung kennenlernen müsse. Besonderen Wert mißt man u. a. der Ermittlung der Staucharbeit bei... "

'Ähnliche Forderungen kommen auch in einem im Januar 1924 in „Mechanical Engineering" veröffentlichten Bericht zum Ausdruck. Es heißt dort im Abschnitt „Forschungsprobleme" (in Übersetzung):

„Der Ausschuß ist der Ansicht, daß folgende Probleme von großer Bedeutung sind... Experimentelle *Erforschung* und Aufstellung allgemeiner und grundlegender Gesetze für die Abhängigkeit zwischen dem Werkzeug und den zahlreichen unabhängigen Veränderlichen wie z. B. Werkzeugabmessungen, Starrheit, Schneidengeometrie, Schnittgeschwindigkeit, Schnittiefe, Vorschub, Werkstoff des Werkzeuges und Werkstoffes, Temperaturen, Schmierung, Kühlung... Wir haben keine genügenden Gesetze für die Schnittgeschwindigkeit in Abhängigkeit vom Vorschub und der Schnittiefe und wissen nicht genug darüber, was an der Schneide vor sich geht... die Theorie der Spanbildung ist unzureichend..."

In der seitdem verflossenen Zeit haben wir in der Erforschung der Zusammenhänge erhebliche Fortschritte gemacht, wobei es das Bestreben dieses Buches war und ist, die in Europa und Amerika geforderten Abhängigkeiten der Zerspanungsgrößen zu erforschen und in für Theorie und Praxis verwendbare Gleichungen zu kleiden.

Die vorauszusehende weitere Entwicklung der Zerspanungswissenschaft muß und wird weiter in die Tiefe gehen, um unsere Kenntnisse der Beziehungen zwischen Zerspanbarkeit und Atomaufbau usw. zu erweitern, und zwar nicht nur für reine Metalle sondern vor allem auch für die Legierungen, wie sie in der Industrie gebraucht werden. Dabei darf man vor sehr ins einzelne gehenden Untersuchungen nicht zurückschrecken.

Der Wert tiefgehender Forschungen hat sich z. B. bei Ermittlung der Gründe für den plötzlichen Standzeitabfall beim Stirnfräsen mit verschiedenen Eintrittswinkeln erwiesen, wie im Text (Seiten 40ff., Tab. S/5 usw.) dargelegt ist. Erst die weitgehende Analyse der Auftreffvorgänge, bei der der Verfasser über seine bisherigen Untersuchungen hinausging, hat wertvolle Aufschlüsse und Aufklärung dieser anscheinend sonderlichen Erscheinung gebracht.

Der erste Teil des vorliegenden Bandes behandelt Stirnfräsen, der zweite Teil Bohren. Umfangsfräsen ist nur gelegentlich gestreift worden und muß einem dritten Band vorbehalten bleiben, da die Spanbildung wesentlich von der des Stirnfräsens abweicht.

In den meisten Fällen ist es möglich gewesen, die für den Forschungsingenieur wichtigen physikalischen und mathematischen Ableitungen von Zerspanungsgesetzen für Stirnfräsen und Bohren so durch Gebrauchsdiagramme, Nomogramme und Tabellen zu erweitern, daß auch der Betriebspraktiker schnell systematische Antworten auf Fragen erhalten kann, ohne auf die Grundlagen eingehen zu müssen, die ihm jedoch durch entsprechende Verweisungen im Text zur Verfügung stehen.

An vielen Stellen wurde auf den ersten Band Bezug genommen, wodurch die enge Verknüpfung von Stirnfräsen, Bohren und Drehen zum Ausdruck kommt. Es zeigte sich z. B., daß die in Bd. I mittels Dimensionsanalyse aufgestellte Beziehung zwischen dem Schnittgeschwindigkeitsfestwert (C_v) und der Zugfestigkeit auch für Stirnfräsen gilt (Seite 94), und daß eine sehr gute Übereinstimmung der Vorschub- und Schnittiefenexponenten für Drehen und Stirnfräsen besteht (Seite 96).

Beim Fräsen spielt die Schnittkraft wegen ihrer pulsierenden Natur, die durch die Spandickenänderung bei sich drehendem Fräserzahn hervorgerufen wird, eine besonders wichtige Rolle, da sie zu Schwingungen und pulsierenden Leistungen führen kann, die heutzutage noch unerwünschter sind als je zuvor. Daher sind sowohl die mathematischen Integrale des Stirnfräsens untersucht, als auch Tabellen entwickelt worden, die die Berechnung der pulsierenden und auch der mittleren Schnittkräfte unter Umgehung des Integrierens gestatten (Seiten 126 ff. u. 143 ff.). Graphisches Integrieren ist jedoch auch behandelt, ebenso sind tabellarische Unterlagen für die Berechnung der pulsierenden Vorschubkraft geschaffen worden (Seiten 160 ff.).

Schwingungen sind im Zusammenhang mit der Verdrehungssteifigkeit von Fräsmaschinengetrieben und einigen vom Verfasser vor einer Reihe von Jahren entwickelten Untersuchungseinrichtungen in einem Kapitel behandelt worden (Seiten 164 ff.). Eine ausführlichere Darlegung würde über den Rahmen dieses Buches hinausgehen, da sie auch die zur Messung der Steifigkeit der Maschinenelemente entwickelten Methoden, die Dämpfung, die Ermittlung der Grundfrequenzen bei verschiedener Lastverteilung, den Einfluß der Aufstellung der Maschinen u. a. m. einschließen und somit besonderer Veröffentlichung vorbehalten bleiben muß.

Im zweiten Teil (Bohren) ist in derselben Weise verfahren worden wie im ersten Teil, d. h., zuerst sind die wissenschaftlichen Ableitungen und daraus Diagramme und Tabellen für praktischen Gebrauch entwickelt worden. Richtwerte aus amerikanischer und europäischer Praxis sind gegenübergestellt worden. Die Schneidengeometrie, insbesondere die vier verschiedenen Möglichkeiten den Spanwinkel zu definieren und zu messen, führt zu den technisch-mathematischen Zusammenhängen.

Schwingungen können beim Bohren u. a. durch das periodische Verwinden und Entwinden des Spiralbohrers unter der Vorschub- bzw. Umfangsschnittkraft entstehen. Aus diesem Grunde und wegen der Leistungsausnutzung sind die Starrheitsprobleme des Spiralbohrers eingehend, unabhängig von Abnutzung und Standzeit, untersucht worden (Seiten 214ff.). Sie scheinen eine noch nicht voll erkannte Rolle besonders beim Bohren hochwarmfester Werkstoffe zu spielen.

Es wurde ferner gefunden, daß sich die Umfangsschnittkraft in gleichem Maße mit dem Spanquerschnitt ändert wie beim Drehen (Seite 257) und daß die in Bd. I abgeleiteten Schnittkraftfestwerte (C_{ks}) nach einfacher Multiplikation mit einem Faktor auch für das Bohrmoment gelten (Seiten 263ff.).

Auch beim Bohren konnte nachgewiesen werden, daß dieselbe Standzeitgleichung wie beim Drehen gilt (Seite 293), wobei die Härte oder Zugfestigkeit wiederum die wichtigste Einflußgröße ist (Seite 307).

Die neuzeitlichen Tieflochbohrverfahren verlangten gleichfalls eine eingehende wissenschaftliche Untersuchung vieler Zusammenhänge. Verdrehungsversuche an verschiedenen Bohrstangen wurden analysiert und u. a. der Zusammenhang zwischen Schwingungserscheinungen und dem Auftreten von mehreckigen, jedoch durchmesserrichtigen Bohrungen und Kernen beim Tieflochbohren untersucht.

Bei der Abfassung des vorliegenden Bandes wurden viele bisher unveröffentlichte Untersuchungen des Verfassers, die sowohl in privater Arbeit als auch in beruflicher Tätigkeit in Werkstätten und Laboratorien der metallbearbeitenden Industrien in den Vereinigten Staaten und in Europa entstanden, soweit verwendet, wie es mit Rücksicht auf vertrauliche Behandlung angebracht erschien. Benutzt wurde auch der Inhalt von Vorträgen vor dem Massachusetts Institute of Technology, der University of California in Berkeley und Los Angeles, vor der American Society of Mechanical Engineers und vor der American Society of Tool and Manufacturing Engineers. Gelegentlich wurde auch auf des Verfassers frühere Vorlesungen an der Technischen Hochschule zu Berlin und auf eigene Veröffentlichungen zurückgegriffen.

Da es nicht möglich ist, die vielen Firmen aufzuzählen, mit denen mich Berufsarbeit auf den Gebieten der Zerspanung und der Verformung und Schwingungen von Werkzeugmaschinen zusammenführte, sei hier nur der Zusammenarbeit mit L. Loewe & Co., Raboma-Werke, Hermann Kolb, Nemawerke-Neiße, Cincinnati Milling Machine Co., R. K. LeBlond Machine Tool Co., Bryant Chucking Grinder Co., Warner & Swasey Co.,

Lockheed Aircraft Corp., U.S.Army Ordnance Corps als einigen der wichtigsten gedacht.

Der vorliegende Band wäre nicht ohne Anregungen von Herrn Dr.-Ing. e. h. JULIUS SPRINGER entstanden; es ist mir daher eine angenehme Pflicht, ihm hierfür an dieser Stelle besonders zu danken. Mein Dank gebührt auch meiner Frau für Mithilfe bei Korrekturarbeiten und den Herren des Springer-Verlages, die mit großer Mühewaltung für die Drucklegung und Ausstattung des Buches gesorgt haben.

Das Ingenieurgebiet der Fertigung und Ausnutzung von Werkzeugmaschinen führt in gerader Linie auf den Anfang menschlicher Zivilisation zurück, die durch die Erfindung des ersten Werkzeuges eingeleitet wurde und dadurch den Lebensstandard des Menschen über den des Tieres erhob.

Die Werkzeugmaschine, als der moderne Nachfolger des ersten Werkzeuges, ist heute das Rückgrat der Industrie und noch immer die wichtigste Quelle des Lebensstandards. Somit hängt nicht nur die Dividende — wie SCHLESINGER einst sagte — von der Schneide ab, sondern auch der Fortschritt der Menschheit und das Eindringen in viele fesselnde Geheimnisse der Natur.

Ich hoffe, daß das vorliegende Buch seinen Teil dazu beitragen kann.

Cincinnati, Ohio, am 12. Oktober 1962

M. Kronenberg

Preface to the Second Volume

The publication of the second volume of this book has taken more time than anticipated due to the substantial increase in literature and to recent investigations by the author, that had to be taken into consideration.

36 years ago, when the first edition was published, the number of engineers engaged in scientific metal cutting and machining research was very small, while nowadays many thousands all over the world are working in this field of ever growing significance to industrial production. The increase is due to several circumstances.

First, the *accuracies* required by many of the new branches of industry, such as "the space age industries", have risen considerably. This necessitates the elimination of vibration and deformations of machine tools, which in turn depend on cutting forces, cutting speeds and related metal cutting quantities which are the subject of this book.

The advent of *numerically controlled machine tools* is another reason for the increasing significance of metal cutting science. The programmer must be familiar with the relationships between cutting speed, cutting force, tool life, depth of cut, feed, geometry of the cutting edge, power, vibration, production time, etc., in order to be able to obtain optimum results. Numerical control will increasingly be used in many small and medium sized machine shops when the initial cost of investment decreases.

The *new metals*, among them the heat resistant materials and the 17 rare earths, are another source of the increase in metal cutting research. They are often difficult to machine and the cutting speeds must, in some instances, be so much reduced as to require a larger number of machine tools, more floor space and higher investment cost than in the case of conventional materials, in order to produce the same number of units. Important progress has already been made and more may be expected.

Scientific metal cutting research was initiated almost simultaneously, in the United States and Germany in the early 1920's.

At a committee meeting, attended by the author in the VDI-Building at Berlin, the following resolution was passed (translated):

"The necessity to *explore* the metal cutting process thoroughly is taken as granted, needing no further evidence. It is agreed that it would not be sufficient to take only a single factor into consideration, as it has been the practice in the past, but that it is necessary to investigate the interdependence of all quantities affecting the metal cutting process. Chip compression research is held to be of prime significance..."

Similar conclusions were published in "Mechanical Engineering" of January 1924, as follows:

"Research Problems: ... The Committee feels that the factors listed below are of great importance ... experimental *research* to establish, gradually, the general and fundamental laws governing the relationship between tool performance ... and the numerous independent variables ... such as the various factors of tool design, form and rigidity of the tool, side slope... clearance angles, speed of work, depth of cut, feed, nature of the materials concerned (tool, work and fluid), temperature and methods of lubrication and cooling... We know too little about what actually happens at the cutting edge of a tool, that is, we do not have a complete law of speed, feed and depth of cut... the theory of chip formation is not sufficiently established..."

We have made considerable progress since that time. Establishing these relationships has always been the purpose of this book, effected by analyzing and correlating the various factors entering metal cutting operations and deriving equations of their scientific interdependence for application in machine shop practice and as a basis for further research.

In the development of advanced metal cutting science we will have to dig deeper and also explore the relationships between machinability and atomic structure, etc., not only for the pure metals, but particularly for the alloys used in industry.

It will often be necessary to carry out very detailed investigations, as proved by the author's research into the sudden drop in tool life occurring when face milling at various angles of engagement of work and tool (see pages 40ff., Tables S/5 etc.). Due to improvements in our earlier impact analysis, taking minute time difference into consideration, it was possible to solve the problem of this apparently strange milling cutter performance.

Part 1 of this volume deals with face milling, part 2 with drilling. Plain milling (circumferential milling) could be mentioned only occasionally and will be taken up in a third volume, due to the differences in chip formation.

In most cases it was possible to convert the scientific data and laws derived for use by research workers into nomograms, diagrams, and tables. This supplies the "man in the shop" with a logical system of information, without his studying the details, which however are at his disposal due to cross references between the derivations, the tables and diagrams.

At many places reference was taken to volume 1, indicating the close tie between face milling, drilling and turning. It was found that the relationship between Brinell Hardness and the cutting speed constant (C_v), derived in volume 1 by dimensional analysis, holds also for face milling (page 94), and that a very close agreement exists between the exponents of feed and depth of cut for turning and face milling (page 96).

The cutting force in face milling operations is of greater significance than in turning, due to its pulsating nature, caused by the variation in chip thickness as the rotating cutter tooth is passing through the workpiece. These pulsations may cause vibrations which are even more objectionable today than in earlier days. For this reason the mathematical integrals associated with the face milling process have been investigated and practical methods developed rendering it possible to avoid integrations by use of tables presented in the book (Tables S/18, S/19, and S/21, pages 126ff. and 143ff.). Graphical integration is also discussed, and tables are included for computing the pulsating feed forces (pages 160ff.).

Milling vibration is discussed in a chapter in connection with the torsional rigidity of milling machine drives, including research methods developed by the author a number of years ago (pages 164ff.). More detailed information on machine tool vibration is beyond the scope of this book since such a discussion would make it necessary to include tests for measuring the rigidity of machine tool elements (beds, housings etc.) damping, natural frequencies, effect of load distribution, leveling, etc. This will be handled in a separate publication.

In the second part (drilling), again the scientific relations were first developed and then diagrams and tables prepared for practical application of the findings, including comparison of American and European practice. The geometry of the cutting edge, particularly the four ways of defining and measuring the rake angle of the drill, leads to the physical-technical relationships.

Drilling vibrations may be generated by the periodic winding and unwinding of the twist drill under the feed force and the torque respectively. For this and other reasons, discussed later, the rigidity of the twist drill was investigated, independently of wear and tool life considerations (pages 214ff.). The significance of this source of vibration is not yet fully realized particularly in the case of the high temperature resistant metals.

Furthermore, the analysis disclosed that the circumferential cutting force in drilling varies to the same extent with the feed or the chip-cross sectional area as in turning and that the cutting force constants (C_{ks}) derived in volume 1 for turning apply also to the drilling torque when multiplied by a simple factor, such as 0.25 in metric dimensions (pages 257 and 263ff.).

It was also found that the same tool life equation applies to drilling as to turning (page 293) and that the Brinell Hardness is again the most important factor affecting it (page 307).

The new deep hole drilling processes were likewise investigated in order to find the relationships between the numerous factors involved. Torque tests on boring bars were run and analyzed, and the relationship between vibration and the generation of polygonal holes and cores established.

Unpublished investigations by the author have been incorporated, carried out in private and in the machine shops of the metal working industries in the United States and in Europe, except for some consulting work which cannot be discussed in detail. Use has also been made of the author's papers presented before the American Society of Mechanical Engineers, American Society of Tool and Manufacturing Engineers, the Massachusetts Institute of Technology, the University of California at Berkeley and Los Angeles. Occasionally, the author's earlier research on milling and drilling performed as a Professor at the Engineering College, University of Berlin has been used.

It is not possible to list all of the companies with which the author has come into contact in the fields of metal cutting, vibration and machine tool deflection; but he wishes to express his appreciation to Ludw. Loewe & Co., Raboma Works, Hermann Kolb Works, Nema Works-Neiße, The Cincinnati Milling Machine Co., The R. K. LeBlond Machine Tool Co., The Bryant Chucking Grinder Co., The Warner & Swasey Co., The Lockheed Aircraft Corp. and the United States Army Ordnance Corps, among many others.

The second volume would not have been published without encouragement by Dr.-Ing. e. h. JULIUS SPRINGER and my special thanks are offered to him, and also to my wife for her help in reading proofs and to the staff of the Springer-Verlag for the great care exercised in the preparation of the publication of the book.

The problems of industrial production and utilization of machine tools are closely tied to the beginning of human civilization, which was initated by the invention of the first tool, thus raising the standard of living of man above that of animal.

Machine tools, as the modern successors to the first tool, are the backbone of industry today and the prime source of the standard of living. Hence, not only the dividends depend upon the cutting edge (as SCHLESINGER once said) but also the further progress of mankind and the penetration into many fascinating secrets of nature.

It is hoped that this book may contribute its part to these ends.

Cincinnati, Ohio, October 12, 1962

M. Kronenberg

Inhaltsverzeichnis

Seite

Erster Teil

Stirnfräsen

Zweiter Teil

Bohren

Inhalt des ersten Bandes: Einschneidige Zerspanung

Erster Teil: Physikalische Zerspanungslehre (Grundlagenforschung)

Zweiter Teil: Technische Zerspanungslehre (Drehen)

Berichtigung zum ersten Band

Seite 4, Abb. 1:
> Die Pfeile für Kräfte P_2, P_D und P_N müssen auf Punkt D hinzeigen.

Seite 15, Tab. 2:
> „Stahl (Mittelwert)" und „Gußeisen" sind zu vertauschen. „Gußeisen" bezieht sich auf die oberste, „Stahl (Mittelwert)" auf die zweite Gleichung.

Seite 29, unter Gl. (35), 2. Zeile:
> Statt „als" **lies** „eine".

Seite 34, Exponentengleichung der L-Größen:
> Statt „$a - b - d = 0$" **lies** „$a - b + c - d = 0$".

Seite 38, Abb. 32:
> Die Zahl „50" auf der Schnittgeschwindigkeitsteilung muß um einen Teilstrich nach links versetzt werden.

Seite 135, im Absatz unter Gl. (95), 3. Zeile:
> Statt „Nimmt" **lies** „Nimmt man".

Seite 164, Spalte „C_U-Verhältnis":
> Statt „3,5 $\times$ Hartmetall" **lies** „3,5 $\times$ Schnellstahl".

Seite 215, Zeile 3 v. u.:
> Statt „Hartmetall" **lies** „Hartgummi".

Seite 222, Fußnote 1:
> Statt „Tab. 108" **lies** „Tab. 109".

Seite 224, Fußnote:
> Statt „Tab. 68 u. 69, s. S. 206/10" **lies** „Tab. 66, s. S. 222 u. 223".

Seite 288, Gl. (200), zweiter Klammerwert:
> Statt „$\sin \Theta \cdot \sin \Theta$" **lies** „$\sin \Theta \cdot \sin \vartheta$".

Seite 341, Zeile 13:
> Statt „kleiner" **lies** „kleinerer".

Seite 405, Tab. 106, letzte Zeile, rechte Spalte:
> Statt „0,003 62" **lies** „dividiere 276 durch in³/min/HP".

Seite 423, Namenverzeichnis:
> Statt „Flanders 36" **lies** „Flanders 46".

Seite 424, Namenverzeichnis:
> Statt „Thime 2, 61, 63" **lies** „Thime 2, 21, 63".

Zusammenstellung der im ersten Teil (Stirnfräsen) gewählten Formelgrößen[1]

Benennung	Bedeutung	Anmerkung
a	Axialwinkel	Bd. I, Seite 58
A	Abstand der Fräserachse von der Eintritts- ebene	Abb. S/8 u. Abb. S/17
b	Fräsbreite	Abb. S/54
b	Spanbreite	Abb. S/42
B	Verschleißmarkenbreite	
C	Festwert für Schnittkraftberechnungen	
C_T	TAYLOR-Konstante für Standzeit	
C_{TM}	Konstante für Standzeit (einschließlich Schnittpausen)	Gl. (S/69)
C_{Vol}	Konstante für Standvolumen	Zusätze für me- trische und Zoll- dimensionen Gl. (S/71)
D	Durchmesser des Fräsers (bis zur Zahn- spitze S)	
D	Kurzwert für $t\,[\tan e(\tan r - \tan \varepsilon) - \tan a]$	Gl. (S/3a)
e	Eckenwinkel, in Bezugsebene gemessen. Komplementwinkel zum Einstellwinkel	
E_g	Gesamteindringzeit des Fräserzahnes	Gl. (S/29) u. Gl. (S/31)
E_t	Teileindringzeit des Fräserzahnes	
f	Abstand der Projektion eines beliebigen Punktes der Spanfläche auf die Bezugs- ebene von der Zahnspitze S	vgl. t_0 u. Abb. S/10
F	Kurzwert für $s_z \cos\varepsilon(\tan r - \tan\varepsilon)$	Gl. (S/3b)
F	Spanquerschnitt	
G	Schlankheitsgrad des Spanquerschnittes $\dfrac{\text{Schnittbreite}}{\text{augenblickl. Spandicke}}$	Abb. S/42 u. S/60
h	Abstand eines beliebigen Punktes der Span- fläche von seiner Projektion in der Bezugsebene	Abb. S/10
h	Spandicke	Abb. S/42
$h_a;\ h_\beta$	Spandicke ($a =$ augenblickliche; $\beta =$ am	Gln. (S/45)
$h_m,\ h_{\max}$	Halbbogen; $m =$ mittlere; $\max_v =$ größte vor Eintrittsebene; $\max_h =$ größte hinter Eintrittsebene	(S/114), (S/110) (S/51), (S/48)

---

[1] **Die Gleichungen und Abbildungen des 1. Teiles sind mit „S" (Stirnfräsen), die des 2. Teiles mit „B" (Bohren) bezeichnet.**

Die nur als Zitat oder gelegentlich erwähnten Formelgrößen sind hier nicht aufgeführt. Sie sind an der jeweiligen Stelle im Text erklärt.

Benennung	Bedeutung	Anmerkung
h_S, h_T, h_U, h_V	Abstand der Punkte $S-T-U-V$ der Spanfläche von der Bezugsebene	Gln. (S/1 a—d)
HB	Brinellhärte	
i	Kennwinkel = Projektion von i' auf die Bezugsebene	
i'	Neigungswinkel der Durchdringung der Spanfläche und der Eintrittsebene (Winkel der Schnittlinie und der Parallelen zur Fräserachse)	Abb. S/21
k_s	spezifischer Schnittdruck (aus Richtwerten oder in Abhängigkeit vom Vorschub/Zahn)	
$k_{s\,a}$, $k_{s\beta}$ $k_{s\,m}$, $k_{s\,s}$, k_{s_W}	spezifischer Schnittdruck (a = augenblicklicher; β = am Halbbogen; m = mittlerer; ss = mittlerer summierter; W = wahrer mittlerer)	Gln. (S/120— (S/124)
L	Bogenlänge des ungestauchten Spanes	
L_1; L_2	Bogenlänge des Gleichlauf- bzw. Gegenlauffräsens	Gln. (S/38), (S/39)
$L_{\max}$	größte Bogenlänge	
M	spezifische Spanmenge, cm³/min/PS (= minutliches Spanvolumen je PS)	Seiten 104, 105
M_k	spezifische Spanmenge, cm³/min/kW (= minutliches Spanvolumen je kW)	
n	Uml/min; auch Anzahl der Summanden	Gl. (S/123)
n_t	Gesamtzahl der Umdrehungen bis zum Wiederanschliff	
N	Leistung am Werkzeug in PS	
N_m	mittlere Gesamtleistung aller im Eingriff befindlichen Zähne in PS	Gln. (S/142)—(S/147)
p	Exponent des Vorschubes/Zahn bzw. der Spandicke	Gl. (S/111)
P	beliebiger Punkt der Spanfläche	Abb. S/10
P	Schnittkraft (auch Hauptschnittkraft, Umfangskraft genannt) je Zahn	Gl. (S/126)
P_a, P_β, P_m, P_{ss}, P_w, $P_{\max h}$ $P_{\max v}$	Schnittkraft (auch Hauptschnittkraft, Umfangskraft genannt) je Zahn (a = augenblickliche; β = am Halbbogen; m = mittlere; ss = mittlere summierte; w = wahre mittlere; $\max_h$ = größte wenn Fräserachse hinter der Eintrittsebene, $\max_v$ = größte wenn Fräserachse vor der Eintrittsebene)	Gln. (S/127)—(S/133)
P_g	Gesamtumfangskraft der eingreifenden Zähne, gegebenenfalls mit Zusätzen wie vorstehend	
P_v	Vorschubkraft je Zahn	Gl. (S/135)
P_{vg}	Gesamtvorschubkraft der eingreifenden Zähne	
P_3	Rückkraft	Abb. S/117
r	Radialwinkel	vgl. Bd. I, Seite 58
r'	Radius eines Werkstückes	Abb. S/51
R	Projektion eines beliebigen Punktes (P) der Spanfläche auf die Bezugsebene	Abb. S/10

Benennung	Bedeutung	Anmerkung
R	Radius des abgerundeten Zahnes	Abb. S/26
s_z	Vorschub pro Zahn	
S	Spitze des Fräserzahnes bei gerader Hauptschneide	Abb. S/7 u. S/60
S_a	Spitze des Fräserzahnes bei abgeschrägter (doppelter) Hauptschneide	Abb. S/24
S_b	Schnittpunkt zweier Hauptschneiden bei abgeschrägten Schneiden bzw. Endpunkt der Schneidenabrundung	Abb. S/24 Abb. S/26
t	Schnittiefe	
t_0	Höhe eines Punktes der Spanfläche über der bearbeiteten Oberfläche	Abb. S/10
T	oberster Punkt der wirksamen Hauptschneide (auch Eintritts- oder Aufschlagpunkt T genannt) Eckpunkt des Spanquerschnittes	Abb. S/7 u. S/60
T_L	Standzeit pro Zahn eines Werkzeuges in Minuten bis zum Wiederanschliff	Gl. (S/59) bzw. (S/62)
T_{Vol}	Standvolumen pro Zahn eines Werkzeuges in cm³ zerspanten Werkstoffes bis zum Wiederanschliff	Gl. (S/60)
T_M	Fräszeit = Zeit bis zum Wiederanschliff mit Einschluß der Schnittunterbrechungszeit vom Austritt zum Wiedereintritt des Zahnes	s. Seite 82
U	Punkt der Spanfläche in Höhe der unbearbeiteten Oberfläche, entfernt von der Hauptschneide. Eckpunkt des Spanquerschnittes	Abb. S/7 u. S/60
v	Schnittgeschwindigkeit; v_{60} = Schnittgeschwindigkeit für 60 min Standzeit	
v_k	Geschwindigkeit der Kennlinie in der Bezugsebene	
V	Punkt der Spanfläche in Höhe der bearbeiteten Oberfläche, entfernt von der Hauptschneide. Endpunkt der Nebenschneide, Eckpunkt des Spanquerschnittes	Abb. S/7
$x \ldots x$	X-Achse des Koordinatensystems, durch die Fräserachse in Vorschubrichtung	Abb. S/60
x	Exponent von T_{Vol}	
y	Exponent von T_L	
y	Abstand eines beliebigen Punktes P auf der Spanfläche von der Eintrittsebene, gemessen in Umdrehungsrichtung des Fräsers	Gl. (S/2)
$y_S, y_T,$ y_U, y_V	Abstand der Eckpunkte $S-T-U-V$ des Spanquerschnittes auf der Spanfläche von der Eintrittsebene	Gln. (S/2a—d)
Z	Zähnezahl eines Stirnfräsers	
Z_e	Zahl der mit dem Werkstück im Eingriff befindlichen Zähne des Fräsers	Gl. (S/52)

Benennung	Bedeutung	Anmerkung
$Z_{em}, Z_{e\varepsilon}$ $Z_{e\alpha}$	Zahl der mit dem Werkstück im Eingriff befindlichen Zähne des Fräsers (m = bei mittigem Fräsen; ε = wenn Fräserachse über der Eintrittsebene liegt, α = desgl. für Lage über der Austrittsebene	Gln. (S/54)—(S/56)
α	Austrittswinkel (Gebiet des gleichläufigen Fräsens)	Abb. S/54 u. S/55
α	Freiwinkel am Zahn	
γ	Spanwinkel am Zahn	
ε	Eintrittswinkel	Abb. S/8, Abb. S/19, S/20
η	augenblicklicher Schwenkwinkel	Abb. S/51
ϑ	Verhältnis der Radial- zur Umfangskraft am Zahn	Gl. (S/136)
λ	Stauchfaktor des Spanes	Bd. I, Seite 5
λ_{SU}	Winkel der Diagonale vom Eckpunkt U zur Zahnspitze S mit einer Parallelen zur Fräserachse	Abb. S/28
λ_{TV}	Winkel der Diagonalen vom Eckpunkt T zum Eckpunkt V des Spanquerschnittes mit einer Parallelen zur Fräserachse	Abb. S/28
μ	momentaner Eintrittswinkel	Abb. S/51
σ_B	Bruchspannung	
τ	Zahnfolgewinkel	Gl. (S/131)
φ	Winkel der Verbindungslinie der Punkte U und V_a bzw. T und S_a mit einer Parallelen zur Fräserachse	Abb. S/25
ω	Stellungswinkel des Fräserzahnes im Eingriffsbogen (laufende Polarkoordinate)	Abb. S/60
$\omega_\beta, \omega_m,$ ω_U	Stellungswinkel des Fräserzahnes im Eingriffsbogen (β = beim Halbbogen; m = für mittlere Spandicke; U = Übergang)	Gln. (S/113), (S/110b) Tab. S/26

Zusammenstellung der im zweiten Teil (Bohren) gewählten Formelgrößen

Benennung	Bedeutung	Anmerkung
a	halbe Seelenstärke des Spiralbohrers	Abb. B/3
a	Verhältnis des Kern- zum Bohrdurchmesser $a = D_K/D$	
$A_1 \ldots A_3$	Radiale Länge der Schneiden beim Tieflochbohren	Abb. B/103
b	Winkel der Schneiden beim Tieflochbohren	Abb. B/103
c	Spanflußwinkel beim Tieflochbohren	Abb. B/103
C	Festwert (Werkstoff-Konstante) in Gleichungen für Tieflochbohren	
C_1	noch nicht weiter definierter Festwert (Werkstoff-Konstante)	s. Seite 235
C_e	desgl. im englischen Maßsystem	

Benennung	Bedeutung	Anmerkung
$C_{k_s B}$	definierter Schnittkraftfestwert (entspricht C_{k_s} beim Drehen, s. Seite 345)	Seite 236
C_L	Standlängen (Standweg) Festwert	
C_T	Standzeitfestwert (entspricht der TAYLOR-Konstanten)	
d	Durchmesser für beliebigen Ort der Bohrerschneide	
D	Bohrdurchmesser	
D_e	desgl. im englischen Maßsystem	
E	Exzentrizität	
$(1 - f_s)$	Exponent des Spanquerschnittes F_e in Schnittkraftgleichungen	
F_e	Spanquerschnitt je Hauptschneide	
F_g	Gesamtspanquerschnitt ($= 2 F_e$)	
g_s	Exponent des Schlankheitsgrades G_e in Schnittkraftgleichungen	
G	Schubmodul	
G_e	Schlankheitsgrad des Spanquerschnittes $\dfrac{\text{(Spanbreite)}}{\text{(Spandicke)}}$	Gl. (B/70)
h	Spiralsteigung	
H	Höhenunterschied der beiden Hauptschneiden	
I_p	polares Trägheitsmoment	
I_{pe}	polares Ersatzträgheitsmoment	
I_x, I_y	axiales Trägheitsmoment	
J	Drillungswiderstand	
k_s	spezifischer Schnittdruck	
$k_{s\ddot{o}}$	örtlicher spezifischer Schnittdruck	
K	trigonometrische Konstante	(Gl. B/16)
K	zulässige Druckspannung	
K_d	zulässige Drehspannung	
K_e	Festwert für Vorschubkraft im englischen Maßsystem	Gl. (B/163)
L	Standlänge (auch Standweg genannt)	
L	Länge des Spiralbohrers	
M_d	Bohrmoment (auch Drehmoment genannt)	
M_{d_e}	Bohrmoment im englischen Maßsystem	
M_e	Bohrmoment einer Ersatzwelle	
M_t	Drehmoment bei Untersuchung von Bohrstangen	Abb. B/101 u. B/102
M_z	zusätzliches Bohrmoment infolge Querschnittsverwindung	
n	Drehzahl/min	
P_e	Umfangsschnittkraft je Hauptschneide	
P_g	Gesamtschnittkraft ($= 2 P_e$)	
P_v	Vorschubkraft	
q	Querschneidenlänge (Index e für englisches Maßsystem)	
Q	Querschnittsfläche des Spiralbohrers	
$Q_1; Q_2$	Teile der Querschnittsflächen des Spiralbohrers	
r, r_1, r_2	Radius	Abb. B/32

Benennung	Bedeutung	Anmerkung
s	Vorschub/Umdrehung	
s_B	zulässiger Vorschub für den Spiralbohrer gemäß Verdrehungsfestigkeit	
s_e	Vorschub/Umdrehung (englisches Maßsystem)	
s_m	Vorschub/min	
s_M	zulässiger Vorschub für die Bohrmaschine gemäß Aufbäumung der Bohrmaschine	
t	Bohrtiefe ($= n\, s_m$)	
t	Schnittiefe	
u	Exponent in Gleichungen für die Vorschubkraft im englischen Maßsystem	Gl. (B/169)
v	Schnittgeschwindigkeit (meistens am größten Durchmesser)	
v_m	Schnittgeschwindigkeit am mittleren Durchmesser	
V	Vergrößerungsfaktor des Bohrmomentes	Gl. (B/49) ff.
Vol	minutliches Spanvolumen	
Vol_K	Kernvolumen $\Big\}$ beim Kernbohren	
Vol_R	Ringvolumen	
W_a	äquivalentes Widerstandsmoment	
x	Exponent des Bohrdurchmessers D in Bohrmomentgleichungen	
$x-1$	Exponent des Bohrdurchmessers D in Umfangsschnittkraftgleichungen	Gl. (B/78)
y	Exponent des Vorschubes	
y_0	Exponent der Standzeit T_L (entspricht y beim Drehen)	
Z	Exponent der Standlänge (Standweg)	
α	Freiwinkel	
α	Steigungswinkel der log. Geraden	Abb. B/85
α_0	Verhältniswert	Gl. (B/62)
β	Keilwinkel	
γ	Spanwinkel in Richtung der Schnittgeschwindigkeit	
γ_f	Spanwinkel in Richtung des Spanflusses	
γ_p	Spanwinkel parallel zur Bohrerachse	Abb. B/17
γ_s	Schrägspanwinkel (auch Schrägwinkel genannt)	
ε	Spitzenwinkel am Spiralbohrer	
ϑ	Drehwinkel der Meßebene	
ϑ	Verdrehungswinkel je Einheitslänge (s. φ)	
σ	Spiralsteigungswinkel am Außendurchmesser D auch Spiralwinkel genannt	
σ_1	Spiralsteigungswinkel am Radius 1	
σ_b	Bruchspannung	
σ_g	Gesamtspannung	Gl. (B/61 ff.)
σ_n	Normalspannung von der Vorschubkraft	
τ	Schubspannung	Gl. (B/60)
τ	Neigungswinkel	Abb. B/13 u. B/14
φ	Verdrehungswinkel für Gesamtlänge (s. ϑ)	
ω	Steigungswinkel der Vorschubschraubenlinie	

Erster Teil

Stirnfräsen

Einleitende Zusammenhänge

Stirnfräsen (oder Messerkopffräsen) und Umfangsfräsen (oder Walzenfräsen) sind die beiden Hauptarten des Fräsens.

Beim Stirnfräsen werden Späne mit ähnlichem Schlankheitsgrad (Bd. I, Seite 129) wie beim Drehen gebildet, während die beim Umfangsfräsen anfallenden Schlankheitsgrade wesentlich größer und die Späne somit dünner als beim Drehen sind. Die spezifischen Schnittdrucke sind daher beim Umfangsfräsen größer als beim Stirnfräsen und Drehen, während sie z. B. beim Schleifen noch höher liegen als beim Umfangsfräsen. Diese Erscheinung hängt mit den auftretenden Spannungen und Dehnungen, auf die hier nicht näher eingegangen werden kann, zusammen, sie macht es jedoch ratsam, Umfangsfräsen vom Stirnfräsen zu trennen. Nur gelegentlich wird daher hier auf Umfangsfräsen verwiesen, das in einem späteren Band genauer behandelt werden soll.

Abgesehen vom Schlagzahnfräsen mit nur einem Fräserzahn, stehen beim Fräsen meistens mehrere Zähne gleichzeitig mit dem Werkstück im Eingriff, jedoch haben die von ihnen erzeugten Späne in einem gegebenen Augenblick nicht die gleiche Dicke.

Das wesentlichste Merkmal, das Stirnfräsen vom Umfangsfräsen unterscheidet, besteht in der Lage der Fräserachse zur erzeugten Ober-

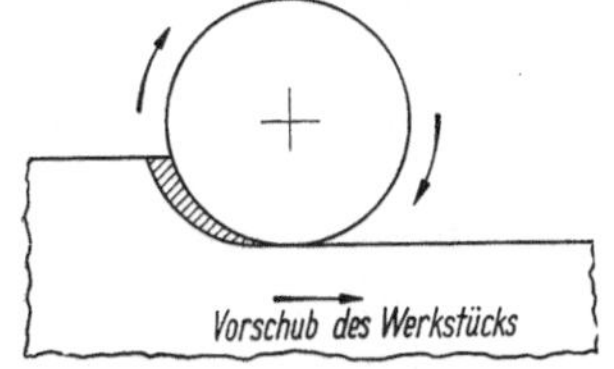

Abb. S/1. Gegenläufiges Umfangsfräsen

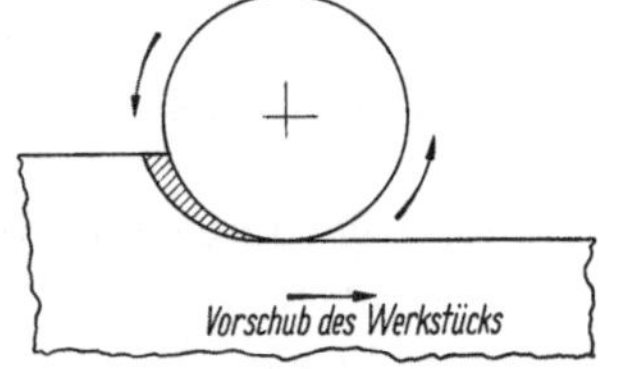

Abb. S/2. Gleichläufiges Umfangsfräsen

fläche. Beim Stirnfräsen liegt sie senkrecht zur Fräserachse, beim Umfangsfräsen parallel zu ihr.

Beim Umfangsfräsen unterscheidet man zwischen „gegenläufigem" Fräsen (Abb. S/1) und „gleichläufigem" Fräsen (Abb. S/2), je nachdem, ob sich die Schneiden während des Schnittes entgegengesetzt zur Vorschubrichtung des Werkstückes oder in gleicher Richtung bewegen. Das gegenläufige Umfangsfräsen war bis vor etwa 30—35 Jahren allgemein üblich, bevor die ersten Fräsmaschinen auf dem Markt erschienen, die durch Spielausgleich in den Tischspindeln gleichläufiges Fräsen möglich machten.

Beim Stirnfräsen kommt gegenläufiges und gleichläufiges Fräsen oft im gleichen Schnitt in Aufeinanderfolge vor, besonders wenn die Fräserachse über dem Werkstück — d. h. zwischen Eintritts- und Austrittsebene — liegt (Abb. S/3). Die Umfangsschnittkräfte und ihre Vorschubkomponenten wirken dabei teilweise in entgegengesetzter Richtung, wie dies später im einzelnen noch zu erörtern ist.

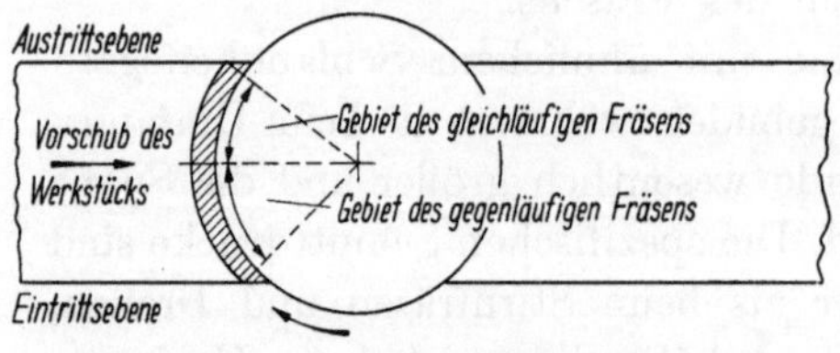

Abb. S/3. Aufeinanderfolgendes gegen- und gleichläufiges Stirnfräsen

Ausschließlich gegenläufiges Stirnfräsen kommt verhältnismäßig selten vor, da dann die Fräserachse jenseits der Austrittsebene liegen müßte (Abb. S/4) eine Anordnung, die der gewöhnlichen Werkstattpraxis nicht entspricht. Gleichläufiges Stirnfräsen ergibt sich, wenn die Fräserachse vor der Eintrittsebene liegt (Abb. S/5).

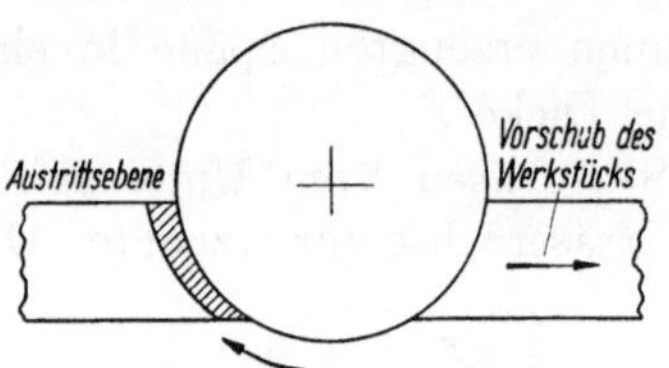

Abb. S/4. Gegenläufiges Stirnfräsen

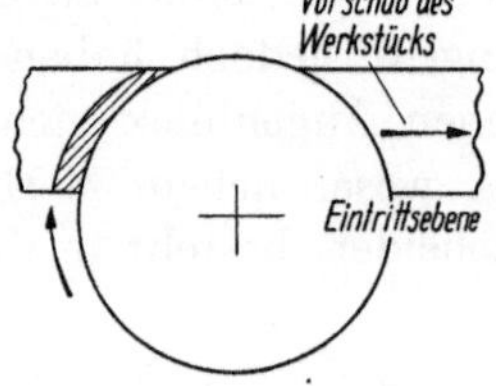

Abb. S/5. Gleichläufiges Stirnfräsen

Die gegenseitige Lage von Werkstück und Fräserachse spielt beim Fräsen eine wichtige Rolle, was oft übersehen wird. Ihre Vor- und Nachteile hinsichtlich der Kräfte, Auftreffpunkte von Fräser und Werkstück usw. werden näher untersucht werden.

Während der Spanquerschnitt beim Drehen eine gleichbleibende Größe für einen gegebenen Vorschub und eine gegebene Schnittiefe ist, ändert er sich beim Fräsen von Beginn bis zum Ende der Abnahme des Spanes; dadurch ergeben sich wesentlich verwickeltere Verhältnisse als beim Drehen.

Wirtschaftliche Gesichtspunkte bei Bearbeitung mit Umfangs- oder Stirnfräser spielen natürlich auch hinein. Während der Stirnfräser (besonders in Form des Messerkopfes) gewöhnlich eine bessere Spanabnahme in cm³/min gestattet, ist der An- und Auslaufsüberweg beim Walzenfräser oft kleiner, d. h. vorteilhafter.

A. Geometrie des Zahneingriffes

1. Eintrittsebene in Vorschubrichtung und parallel zur Fräserachse

Die Einführung der Hartmetalle und letzthin die der oxyd-keramischen Werkzeuge hat es notwendig gemacht, das Auftreffen des Fräserzahnes auf das Werkstück besonders zu beachten. Numerische Steuerung hat diese Notwendigkeit noch verstärkt.

Für den einfachen Fall des Einstechdrehens eines genuteten Werkstückes zeigt Abb. S/6, daß es nur nötig ist einen negativen Spanwinkel anzuschleifen, damit der Auftreffort von Werkstück und Werkzeug von der gefährdeten Spitze S weiter nach hinten an eine stärkere Stelle des Werkzeuges verlegt wird. Beim Längsdrehen eines solchen Werkstükkes werden die Bedingungen schon verwickelter, da der Einstellwinkel dann zu berücksichtigen ist.

Beim Stirnfräsen kommt eine weitere Größe hinzu, die jedoch keine Eigenschaft des Werkzeuges ist, sondern von der Lage der Fräserachse in bezug auf die Eintrittsebene (Abb. S/7) abhängt. Daher hat der Arbeiter bzw. der Zeitstudieningenieur erheblichen Einfluß auf die günstige oder ungünstige Lage des Auftreffortes. Der Hersteller der Werkzeuge (Messerköpfe usw.) ist in dieser Hinsicht unbeteiligt. Es wird hier öfters vom Auftreffort nicht vom Auftreffpunkt gesprochen werden, da das Auftreffen nicht nur an einem Punkt, sondern auch in einer Linie oder Fläche erfolgen kann.

Die vier Hauptwinkel am Messerkopf oder Stirnfräser sind in Bd. I, Seiten 58—74, bereits ausführlich besprochen worden; insbesondere sei auf die Abbildungen und Glei-

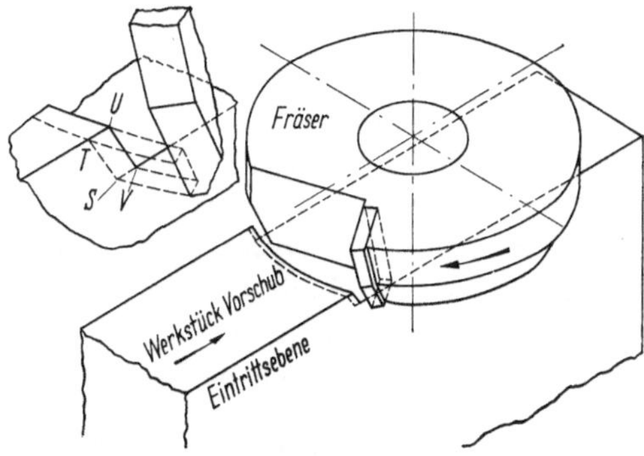

Abb. S/6. Auftreffpunkt an bzw. hinter der Werkzeugspitze S beim Drehen eines genuteten Werkstückes

Abb. S/7. Fräser und Werkstück kurz vor dem Auftreffen des Zahnes auf die Eintrittsebene. Die Nebenzeichnung stellt eine Vergrößerung des Anfangsspanquerschnittes $S\,T\,U\,V$ und seiner Projektion auf den Zahn dar

chungen verwiesen, die sowohl für Drehen als auch für Stirnfräsen gelten, und dort angeführt sind.

Ein fünfter Winkel konnte dort jedoch nicht betrachtet werden, nämlich der Eintrittswinkel (ε). Abb. S/8 und S/9 zeigen ihn als den

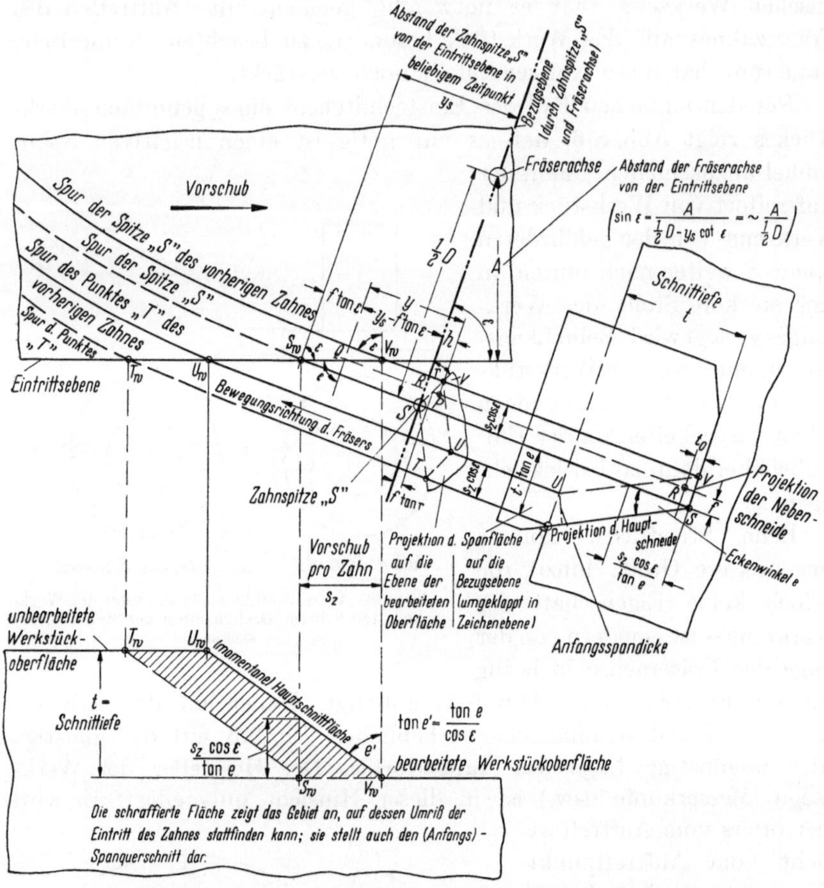

Abb. S/8. Analyse des Eingriffes von Fräserzahn und Werkstück

Winkel, der von der durch die Zahnspitze S und die Fräserachse gelegten Bezugsebene und der Eintrittsebene am Werkstück gebildet wird. Der Eintrittswinkel ε wird positiv gerechnet, wenn die Fräserachse hinter der Eintrittsebene in Umdrehungsrichtung liegt, d. h. z. B. über dem Werkstück wie in Abb. S/8; er wird negativ gerechnet, wenn die Fräserachse vor der Eintrittsebene liegt (vgl. hierzu auch Abb. S/11—S/14).

a) Mathematische Gleichungen bei gerader Hauptschneide

Zuerst wird der Fall behandelt, in der die Eintrittsebene in Vorschubrichtung und parallel zur Fräserachse liegt. Später werden auch abweichende Fälle erörtert werden. Es wird angenommen, daß die Krümmung der Bahn des Fräserzahnes vernachlässigt werden kann, da der Eintrittsbogen sich über sehr kleine Wege erstreckt, die als gerade Linien betrachtet werden können. Für sehr kleine Fräserdurchmesser müßte die Bahnkrümmung jedoch evtl. berücksichtigt werden.

Aus Abb. S/7 und S/8 ist ersichtlich, daß der in der Eintrittsebene zerspante Werkstoff durch das Parallelogramm $STUV$ (bzw. genauer durch $S_W T_W U_W V_W$) dargestellt wird, dessen Höhe

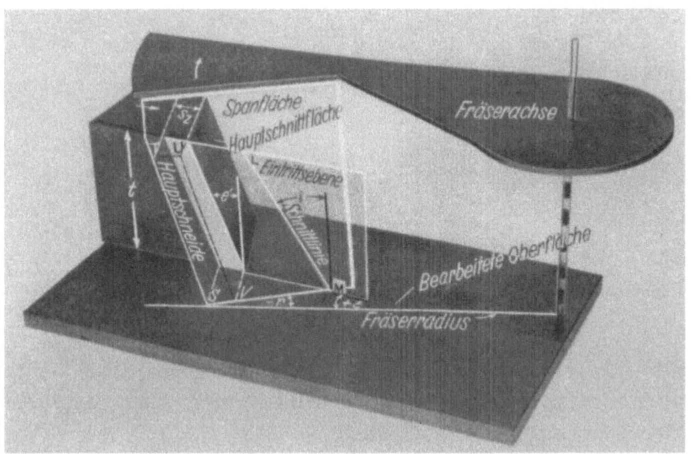

Abb. S/9. Modell von Fräserzahn und Werkstück

gleich der Schnittiefe (t) ist und dessen horizontale Abmessung dem Vorschub pro Zahn (s_Z) gleicht. Das Parallelogramm $STUV$ entsteht allmählich (jedoch in kurzer Zeit) mit dem Vordringen des Zahnes und die Frage entsteht, welcher Ort des Umrisses zuerst erzeugt wird. Dieser Ort ist offensichtlich der Ort des ersten Aufpralls. *Punkt S* ist die Spitze des Zahnes und seine schwächste Stelle. Aufprall dort ist unerwünscht. *Punkt T* ist der oberste Punkt der wirksamen Länge der Hauptschneide (ST); er liegt im Abstand der Schnittiefe (t) über der bearbeiteten Oberfläche des Werkstückes (s. Abb. S/8 und S/9). *Punkt U* liegt auf gleicher Höhe wie Punkt T, ist jedoch von der Hauptschneide um etwa den Vorschub/Zahn entfernt; die genaue Entfernung hängt vom Eintrittswinkel (ε) ab. *Punkt V* ist ein Punkt der Nebenschneide (SV) und liegt gleichfalls von der Hauptschneide um etwa den Vorschub/Zahn entfernt.

Um die mathematischen Bedingungen für den Punkt des ersten Aufpralls, und die Reihenfolge des Eingriffs der anderen Spanflächenpunkte abzuleiten, wird zuerst der Abstand eines beliebigen Punktes P der Spanfläche von der *Bezugsebene* ermittelt. Abb. S/10 ist eine perspektivische Darstellung, in der Punkt P auf die Bezugsebene projiziert ist (Punkt R). Die Spanfläche ist nach hinten um den Axialwinkel a geneigt und um den Radialwinkel r mit der Zahnspitze S als

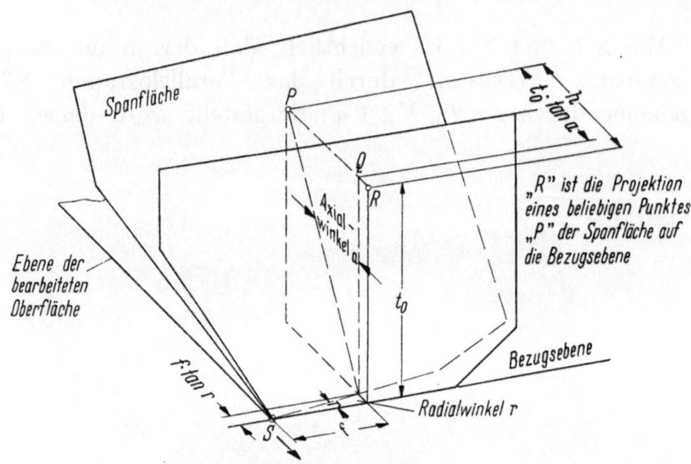

Abb. S/10. Abstand eines beliebigen Punktes P der Spanfläche von der Bezugsebene durch die Zahnspitze S

Drehpunkt gedreht. Die Fräserachse ist nicht gezeigt, sie liegt in der Bezugsebene rechts außerhalb des Bildes und steht senkrecht auf Ebene der bearbeiteten Oberfläche.

Der gesuchte Abstand (h) von P bis R ist die Summe der Strecken $PQ = t_0 \tan a$ und $QR = f \tan r$. Somit ergibt sich:

$$h = t_0 \tan a + f \tan r. \tag{S/1}$$

Die Punkte $STUV$ stellen besondere Punkte der Spanfläche dar; ihre Abstände von der Bezugsebene können daher aus Gl. (S/1) ermittelt werden, wenn die allgemeinen Koordinaten (t_0 und f) durch die speziellen der betreffenden Punkte ($STUV$) ersetzt werden. Da die Bezugsebene immer durch die Zahnspitze S gelegt wird, ist ihr Abstand davon natürlich Null, somit:

$$h_S = 0. \tag{S/1a}$$

Für Punkt T gilt, mit dem Koordinatenursprung in Punkt S und dem Eckenwinkel e (s. Abb. S/8) $t_0 = t$ und $f = -t \tan e$ und daher:

$$h_T = t(\tan a - \tan e \tan r). \tag{S/1b}$$

Für Punkt U wird $t_0 = t$ und $f = -t \tan e + s_Z \cos \varepsilon$ und folglich:

$$h_U = t(\tan a - \tan e \tan r) + s_Z \cos \varepsilon \tan r. \tag{S/1c}$$

Für Punkt V ergibt sich:

$$t_0 = 0; \qquad f = s_Z \cos\varepsilon$$

somit

$$h_V = s_Z \cos\varepsilon \tan r. \tag{S/1 d}$$

Als nächster Schritt muß der Abstand y des beliebigen Punktes R der Bezugsebene von der *Eintrittsebene* am Werkstück ermittelt werden In Abb. S/8 hat die Zahnspitze (Punkt S) den Abstand y_S von der Eintrittsebene; der beliebige Punkt R hat von ihr somit den Abstand $y_S - f \tan\varepsilon$. Der beliebige Punkt P der *Spanfläche* hat also den Abstand

$$y = y_S - f \tan\varepsilon + h \tag{S/2}$$

von der *Eintrittsebene*. Durch Einsetzen der Gl. (S/1 a) ergibt sich der *Abstand des Punktes S* von der Eintrittsebene zu:

$$y = y_S. \tag{S/2 a}$$

In der gleichen Weise ergibt sich zunächst unter Benutzung der Gl. (S/1 a) für Punkt T:

$$y_T = y_S - f \tan\varepsilon + t_0 \tan a + f \tan r.$$

Setzt man die Koordinaten des Punktes T ein: $t_0 = t$ und $f = -t \tan e$, so folgt der *Abstand des Punktes T* der Spanfläche von der Eintrittsebene aus:

$$y_T = y_S - t[\tan e(\tan r - \tan\varepsilon) - \tan a]. \tag{S/2 b}$$

Die Gleichung für den Abstand des *Punktes U* der Spanfläche von der Eintrittsebene lautet:

$$y_U = y_S + s_Z \cos\varepsilon(\tan r - \tan\varepsilon) - t[\tan e(\tan r - \tan\varepsilon) - \tan a]. \tag{S/2 c}$$

Für den *Abstand des Punktes V* der Spanfläche von der Eintrittsebene erhält man:

$$y_V = y_S + s_Z \cos\varepsilon(\tan r - \tan\varepsilon). \tag{S/2 d}$$

Zwecks Vereinfachung wird gesetzt:

$$\boxed{\begin{aligned} D &= t[\tan e(\tan r - \tan\varepsilon) - \tan a] \\ F &= s_Z \cos\varepsilon(\tan r - \tan\varepsilon). \end{aligned}} \qquad \begin{aligned} &\text{(S/3 a)} \\ &\text{(S/3 b)} \end{aligned}$$

Dann erhält man für die Abstände der Spanflächenorte von der Eintrittsebene:

$$\boxed{\begin{aligned} y_T &= y_S - D \\ y_U &= y_S - D + F \\ y_V &= y_S + F. \end{aligned}} \qquad \begin{aligned} &\text{(S/4 a)} \\ &\text{(S/4 b)} \\ &\text{(S/4 c)} \end{aligned}$$

Wenn *Punkt S* zuerst auftrifft, d. h. allen anderen Orten der Span-
fläche voraneilt, so muß $y_S = 0$ und die anderen Abstände >0 sein.
Die folgenden Bedingungsgleichungen ergeben sich für diesen Fall aus
Gl. (S/2a) und Gl. (S/4a—c):

$$y_S = 0; \quad y_T = -D; \quad y_U = -D + F; \quad y_V = +F \quad \text{(S/5a)}$$

d. h., D muß negativ sein und F positiv, damit die anderen Abstände
>0 werden.

Soll *Punkt T* zuerst auftreffen, so muß $y_T = 0$ sein, woraus sich
ergibt:

$$y_S = +D; \quad y_T = 0; \quad y_U = +F; \quad y_V = D + F \quad \text{(S/5b)}$$

das bedeutet, daß sowohl D als auch F positiv sein müssen, damit
y_S, y_U und $y_V > 0$ werden. Für erstes Auftreffen des *Punktes U* gilt:

$$y_S = +D - F; \quad y_T = -F; \quad y_U = 0; \quad y_V = +D. \quad \text{(S/5c)}$$

In diesem Fall muß D positiv und F negativ sein, damit y_S, y_T und
$y_V > 0$ sind. *Punkt V* trifft zuerst auf, wenn

$$y_S = -F; \quad y_T = -F - D; \quad y_U = -D; \quad y_V = 0. \quad \text{(S/5d)}$$

Sowohl D als auch F müssen negativ sein, um y_S, y_T und $y_U > 0$
zu erhalten. Die *Hauptschneide ST* trifft ihrer ganzen Länge nach
zuerst auf, wenn sowohl $y_S = 0$ als auch $y_T = 0$ ist. Das kann gemäß
Gl. (S/4a) und (S/4b) nur der Fall sein, wenn

$$D = 0 \quad \text{und} \quad F \text{ positiv} \quad\quad\quad \text{(S/5e)}$$

ist; y_U muß dann auch gleich y_V sein.

Ein Linieneintritt *längs U V*, d. h. in einiger Entfernung parallel
zur Hauptschneide, erfolgt zuerst, wenn $y_U = 0$ und $y_V = 0$. Somit
ergibt sich, daß

$$D = 0 \quad \text{und} \quad F \text{ negativ} \quad\quad\quad \text{(S/5f)}$$

sein müssen für diesen Fall; y_S muß dann auch gleich y_T sein.

Die *Nebenschneide V S* trifft ihrer ganzen Länge nach zuerst auf,
wenn $y_S = 0$, $y_V = 0$ ist. Für diese Bedingung muß

$$D \text{ negativ} \quad \text{und} \quad F = 0 \quad\quad\quad \text{(S/5g)}$$

sein und ferner $y_T = y_U$.

Die Parallele zur Nebenschneide an der *Oberkante des Werkstückes U T*
tritt zuerst in das Werkstück ein, wenn $y_U = 0$ und $y_T = 0$; dies
verlangt, daß

$$D \text{ positiv} \quad \text{und} \quad F = 0 \quad\quad\quad \text{(S/5h)}$$

ist; in diesem Fall wird $y_S = y_U$.

Schließlich ergibt sich ein Aufprallen des gesamten unter Schnitt kommenden Teiles der *Spanfläche, nämlich des Parallelogramms ST U V*, wenn alle 4 Gleichungen (S/2a), (S/4a), (S/4b), (S/4c) Null sind. Dies verlangt:

$$D = 0 \quad \text{und} \quad F = 0. \tag{S/5i}$$

Es bleibt jetzt zu untersuchen, welche Beziehungen zwischen den verschiedenen Winkeln [Axial (a), Radial (r), Ecken (e) und Eintrittswinkel (ε)] bestehen müssen, um die Gln. (S/5a)—(S/5i) für erstes Auftreffen zu befriedigen. Sie können leicht mit Hilfe der Gln. (S/3a) (für D) und (S/3b) (für F) ermittelt werden:

$$D \text{ wird positiv, Null oder negativ, wenn } \tan e \gtrless \frac{\tan a}{\tan r - \tan \varepsilon} \tag{S/6a}$$

$$F \text{ wird positiv, Null oder negativ, wenn } r \gtrless \varepsilon \tag{S/6b}$$

ist.

Eine zusätzliche Bedingung ergibt sich für die drei zuletzt genannten Fälle [Gl. (S/5g), (S/5h), S/5i)], in denen $F = 0$, d. h. $r = \varepsilon$ sein muß. Aus Gl. (S/3a) ergibt sich mit $r = \varepsilon$, daß D negativ wird (wie Gl. (S/5g) verlangt), wenn der Axialwinkel a positiv ist, da das erste Glied in der eckigen Klammer der Gl. (S/5a) infolge $r = \varepsilon$ Null ist. D wird positiv für $r = \varepsilon$, wenn der Axialwinkel a negativ ist und D wird Null für $r = \varepsilon$, wenn der Axialwinkel $a = 0$ ist.

Die abgeleiteten mathematischen Bedingungen für die 9 Orte des Auftreffens des Fräserzahnes auf das Werkstück beim Stirnfräsen mit geraden Schneiden und der in Abb. S/8 dargestellten Vorschubrichtung sind in Tab. S/1 zusammengestellt.

Man erkennt, daß neben den 4 Auftreffpunkten auch 4 Auftreffgeraden und eine Auftreff-fläche vorkommen können. Da die Oberflächengüte beim Stirnfräsen von der Nebenschneide und die Leistung und Standzeit von der Hauptschneide wesentlich abhängen, soll der Auftreffpunkt von beiden Schneiden entfernt liegen, d. h., Auftreffen am Punkt U ist besonders anzustreben. Wenn U-Kontakt nicht zu erzielen ist, wegen der besonderen Winkel und Einstellverhältnisse, ergibt sich Punkt T als zweite Wahl, dann folgen $U T$-Eintritt und $U V$-Eintritt, während Auftreffen an der Spitze S wegen der Gefahr des Ausbrechens besonders unerwünscht ist, ebenso Flächenauftreffen.

Der starke Einfluß, den der Eintrittswinkel ε auf die Lage des Auftreffortes hat, geht aus den Formeln der Tab. S/1 deutlich hervor, er steht sowohl in Beziehung zum Radialwinkel r als auch zum Eckenwinkel e und Axialwinkel a.

Tabelle S/1 (Stirnfräsen). *Math. Bedingungen für die neun Auftrefforte des Fräserzahnes auf das Werkstück bei gerader Hauptschneide*

Ort des Auftreffens	Abstände von der Eintrittsebene				Vorzeichen für F und D damit die Abstände der nacheilenden Spanflächenpunkte größer sind als der des Auftreffortes		Erste erforderliche Beziehung zwischen Radialwinkel r und Eintrittswinkel ε zur Herbeiführung des angegebenen Auftreffens	Zweite erforderliche Beziehung zwischen Eckenwinkel e, Radialwinkel r, Eintrittswinkel ε und Axialwinkel a zur Herbeiführung des angegebenen Auftreffens
	y_S	y_T	y_U	y_V	$F = s_z \cos\varepsilon(\tan r - \tan\varepsilon)$	$D = t[\tan e(\tan r - \tan\varepsilon) - \tan a]$		
1 S	0	$-D$	$F-D$	$+F$	$+$	$-$	$r > \varepsilon$	$\tan e < \dfrac{\tan a}{\tan r - \tan\varepsilon}$
2 T	$+D$	0	$+F$	$F+D$	$+$	$+$	$r > \varepsilon$	$\tan e > \dfrac{\tan a}{\tan r - \tan\varepsilon}$
3 U	$D-F$	$-F$	0	$+D$	$-$	$+$	$r < \varepsilon$	$\tan e < \dfrac{\tan a}{\tan r - \tan\varepsilon}$
4 V	$-F$	$-F-D$	$-D$	0	$-$	$-$	$r < \varepsilon$	$\tan e > \dfrac{\tan a}{\tan r - \tan\varepsilon}$
5 ST	0	0	$y_U = y_V$	$+F$ $D=0$	$+$	0	$r > \varepsilon$	$\tan e = \dfrac{\tan a}{\tan r - \tan\varepsilon}$
6 UV	$y_S = y_T$	$-F$ $D=0$	0	0	$-$	0	$r < \varepsilon$	$\tan e = \dfrac{\tan a}{\tan r - \tan\varepsilon}$
7 VS	0	$y_T = y_U$	$-D$ $F=0$	0	0	$-$	$r = \varepsilon$	a positiv
8 UT	$y_S = y_V$	0	0	$+D$ $F=0$	0	$+$	$r = \varepsilon$	a negativ
9 Voll-aufschlag	0	0	0	0	0	0	$r = \varepsilon$	$a =$ null

b) Erläuterungsmodelle

Die bisherigen Ausführungen können leicht an Erläuterungsmodellen nachgeprüft werden. Abb. S/11 zeigt ein einfaches Holzmodell[1] in dem auswechselbare Glasplättchen die Spanfläche darstellen, durch die man den Auftreffort sehen kann. Der als Fräser bezeichnete Körper kann in verschiedene Stellungen gebracht werden. Abb. S/11 bezieht sich auf S-Auftreffen, d. h. an der Spitze des Fräserzahnes. Der Eintrittswinkel ist hier $\varepsilon = -20°$ und der Radialwinkel $r = -10°$. Wie man erkennt, kann sich trotz negativem Radialwinkel der ungünstigste Auftreffpunkt (S) ergeben. Die mathematische Bedingung $r > \varepsilon$ ist erfüllt, da ein negativer Winkel von $-10°$ größer ist als ein negativer Winkel von $-20°$.

Viele Fachleute nehmen an, daß negative Winkel am Fräser ungünstigen Eintritt des Zahnes unmöglich machen. Dies ist nicht der Fall. Die eingesetzte Abb. (S/11) zeigt einen Blick durch die Spanfläche aus Glas, auf der das kleine dunkle Dreieck den S-Eintritt erkennbar macht. Der Radialwinkel r ist negativ, da die Verlängerung der Nebenschneide dem Punkt S und somit der Bezugsebene voraneilt.

Abb. S/12 bezieht sich auf Aufprall am Punkt T. Der Eintrittswinkel ε, der Radialwinkel r und der Eckenwinkel e sind dieselben wie in Abb. S/11 während der Axialwinkel jetzt negativ $(-10°)$ statt vorher positiv $(+10°)$ gemacht worden ist; dadurch wird der Eintritt vom Punkt S nach T verlegt.

Abb. S/13 und S/14 zeigen Fälle mit positivem Eintrittswinkel ε, bei dem die Fräserachse über dem Werkstück (d. h. hinter der Eintrittsebene) liegt. Der einzige Unterschied liegt im Eckenwinkel e. Er ist $10°$ beim U-Eingriff (Abb. S/13) und $25°$ beim V-Eingriff (Abb. S/14). *Durch einfaches Anschleifen eines kleineren Eckenwinkels kann man also den Aufprall am Punkt V auf der Nebenschneide von ihr fort nach Punkt U verlegen.*

Noch einfacher ist es jedoch, einen ungünstigen Eingriff in einen besseren durch Verlegen der Fräserstellung zur Eintrittsebene umzuwandeln! *Es wird oft übersehen, daß die gegenseitige Lage von Werkzeug und Werkstück einen Einfluß auf die Lage des Auftreffortes hat. Daraus ist die Änderung der Standzeit zu erklären, die häufig mit Änderung der Stellung des Fräsers zum Werkstück gefunden wird* (vgl. später Abschn. „Praktische Ergebnisse", Abb. S/33—S/41, Seiten 40ff.).

Auf Grund früherer Veröffentlichungen des Verfassers über den Ort des Fräseraufschlags[2] und eines sich daraus ergebenden Gedankenaustausches hat Prof. Otto Kienzle ein weiteres Modell eines Messer-

---

[1] Vom Verfasser ursprünglich für die Cincinnati Milling Machine Co. ausgearbeitet.

[2] Siehe Bd. I, Seite 421.

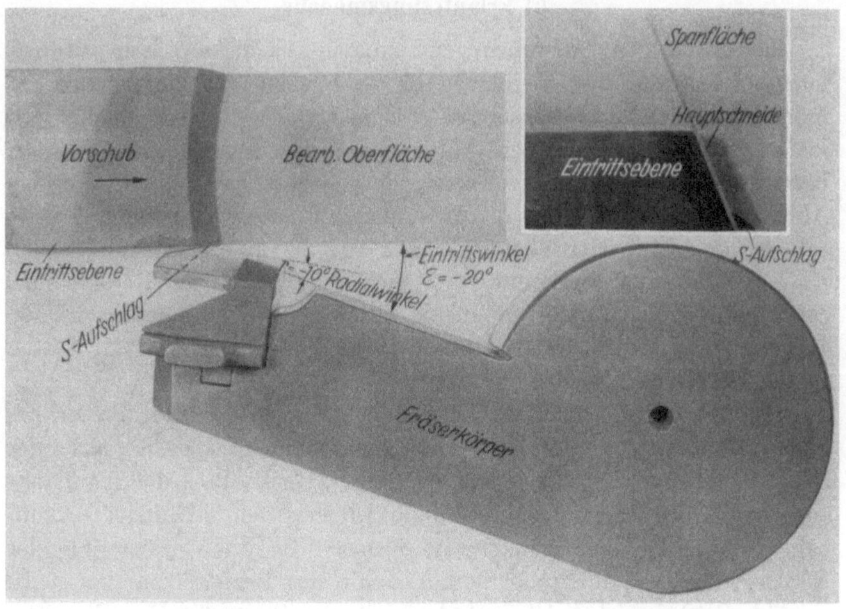

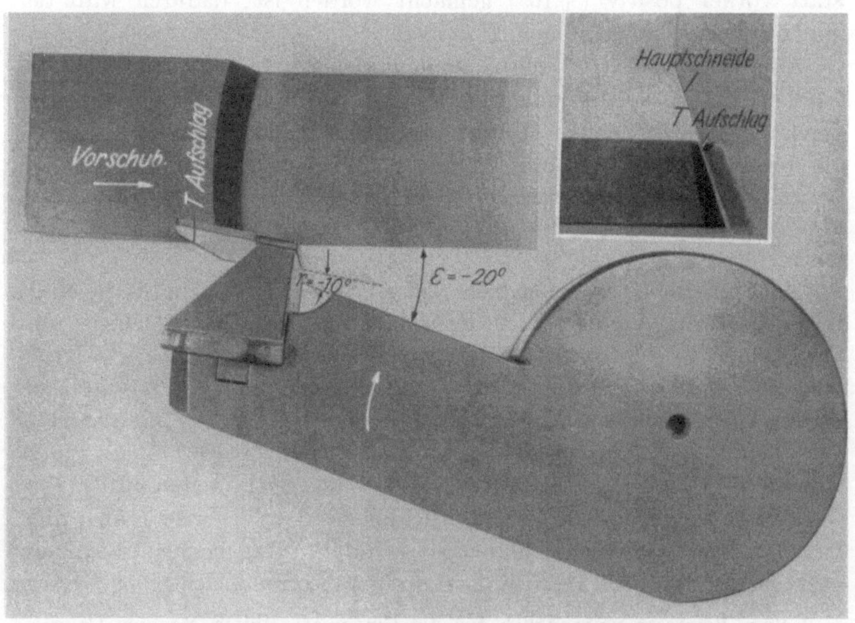

Abb. S/12. T-Aufschlag (Axialwinkel $a = -10°$; Eckenwinkel $e = 25°$)

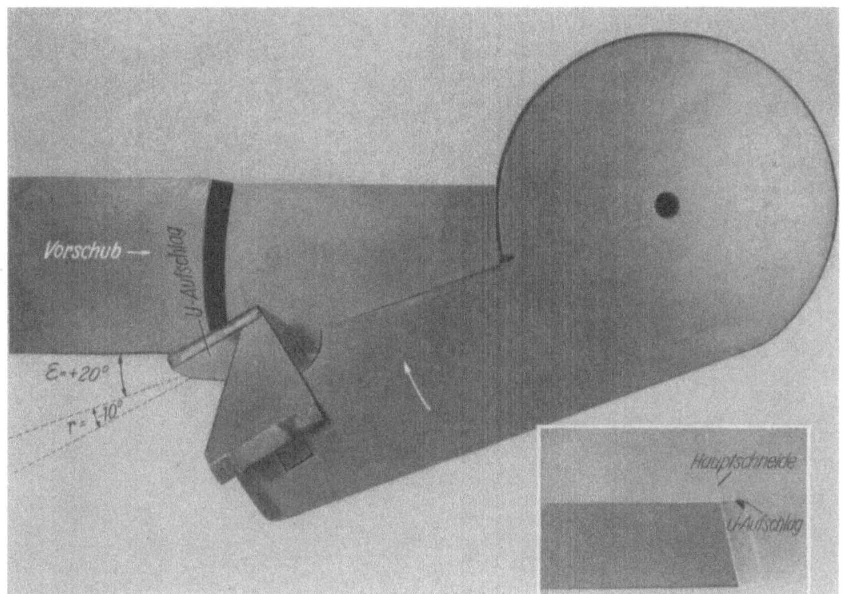

Abb. S/13. *U*-Aufschlag (Axialwinkel $a = -10°$; Eckenwinkel $e = 10°$).

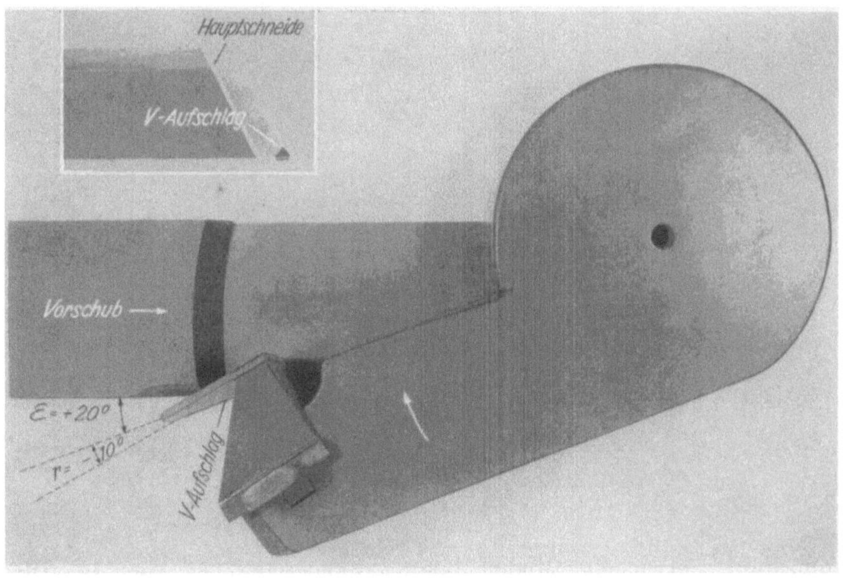

Abb. S/14. *V*-Aufschlag (Axialwinkel $a = -10°$; Eckenwinkel $e = 25°$)

Abb. S/11—S/14. Erläuterungsmodelle mit auswechselbaren Glasplättchen zur Beobachtung des Aufschlagsortes. (Die Radial- und Eintrittswinkel r, ε sind in den betreffenden Abbildungen eingezeichnet)

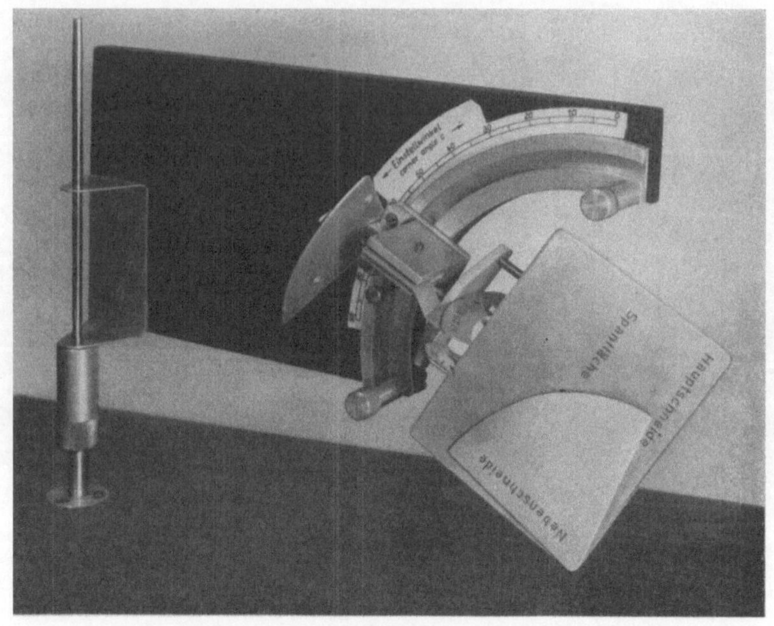

Abb. S/15. Ansicht
Abb. S/15 u. S/16. Erläuterungsmodell mit nach Teilungen und Winkeln verstellbarer Spanfläche (KRONENBERG-KIENZLE)

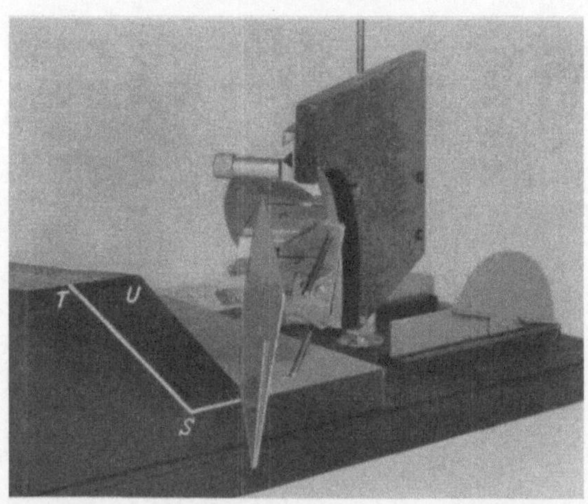

kopfzahnes entwickelt (Modell KRONENBERG-KIENZLE)[1], das in Abbildung S/15 und S/16 wiedergegeben ist. In diesem Modell ist die

---

[1] Lehrstuhl Prof. Dr. Ing. Dr. Ing. E. h. O. KIENZLE, TH Hannover, Beschreibung Nr. 4 E 2092, Bl. 1—3.

Spanfläche verstellbar gemacht und außerdem sind Teilungen zur Einstellung der Winkel angebracht worden. Abb. S/15 zeigt die verstellbare Spanfläche und Abb. S/16 das Beispiel eines V-Aufschlages. Negative Eintrittswinkel sind nicht gezeigt.

c) Nomogramm zur Bestimmung des Aufschlagsortes bei gerader Hauptschneide

Für den praktischen Gebrauch im Betrieb und Ingenieurbüro sind die abgeleiteten Gleichungen oft umständlich, so daß ein Nomogramm entwickelt wurde aus dem ohne Rechnung sogleich die Lage des Aufschlagsortes abgelesen und Aufschlüsse für Verbesserung des Aufschlagsortes erhalten werden können. Dieses Nomogramm ist in Abbildung S/17 wiedergegeben, wobei ursprüngliche Zollmaße auf volle Millimeter gerundet wurden.

Dem Nomogramm liegen die mathematischen Bedingungen der Tab. S/1 zugrunde. Der Eintrittswinkel (ε) braucht nicht berechnet zu werden, ist aber am oberen Rand der besseren Übersicht wegen als Teilung angegeben. Natürlich bezieht sich dieses Nomogramm nur auf Fälle, in denen die Hauptschneide eine Gerade ist und die Eintrittsebene in Richtung des Werkstückvorschubes parallel zur Fräserachse liegt.

Verallgemeinerte Methoden werden weiter unten noch besprochen, bei denen der Eintrittsfortgang, der Eintrittsstoß und abweichende Gestaltungen der Eingriffsfläche in Betracht gezogen werden.

Abb. S/17 enthält an der rechten Seite 4 Felder, die entgegen dem Uhrzeigersinn mit S-Aufschlag, T-Aufschlag, U-Aufschlag, V-Aufschlag gekennzeichnet sind. Weiterhin sind drei kleinere Felder für SV-Aufschlag (Nebenschneidenaufschlag), $STUV$-Aufschlag und TU-Aufschlag eingezeichnet. Die beiden noch verbleibenden Eintritts- (oder Aufschlags-) Fälle, nämlich ST- (Hauptschneiden-) Aufschlag und UV-Aufschlag sind durch die Grenzlinien der Felder S und T bzw. U und V bestimmt.

Zwei Beispiele sind eingezeichnet, die sich nur durch die Eckenwinkel (e) unterscheiden. Beispiel 1 zeigt für einen Messerkopf von 300 mm Dmr. und 50 mm Abstand der Fräserachse hinter der Eintrittsebene, bei $-10°$ Radial- und 25° Eckenwinkel V-Aufschlag, wenn der Axialwinkel $-10°$ ist. Schleift man den Eckenwinkel von 25° in 10° um (Beispiel 2), so ergibt sich für sonst unveränderte Winkel U-Aufschlag!

Die folgenden Schlüsse ergeben sich aus Abb. S/17:

1. V-Aufschlag kommt beim Stirnfräsen häufig vor, da die Fräserachse meist hinter der Eintrittsebene liegt und eine große Zahl von

Zusammenordnungen des Eintritts-, Radial-, Axial- und Eckenwinkels V-Aufschlag begünstigt.

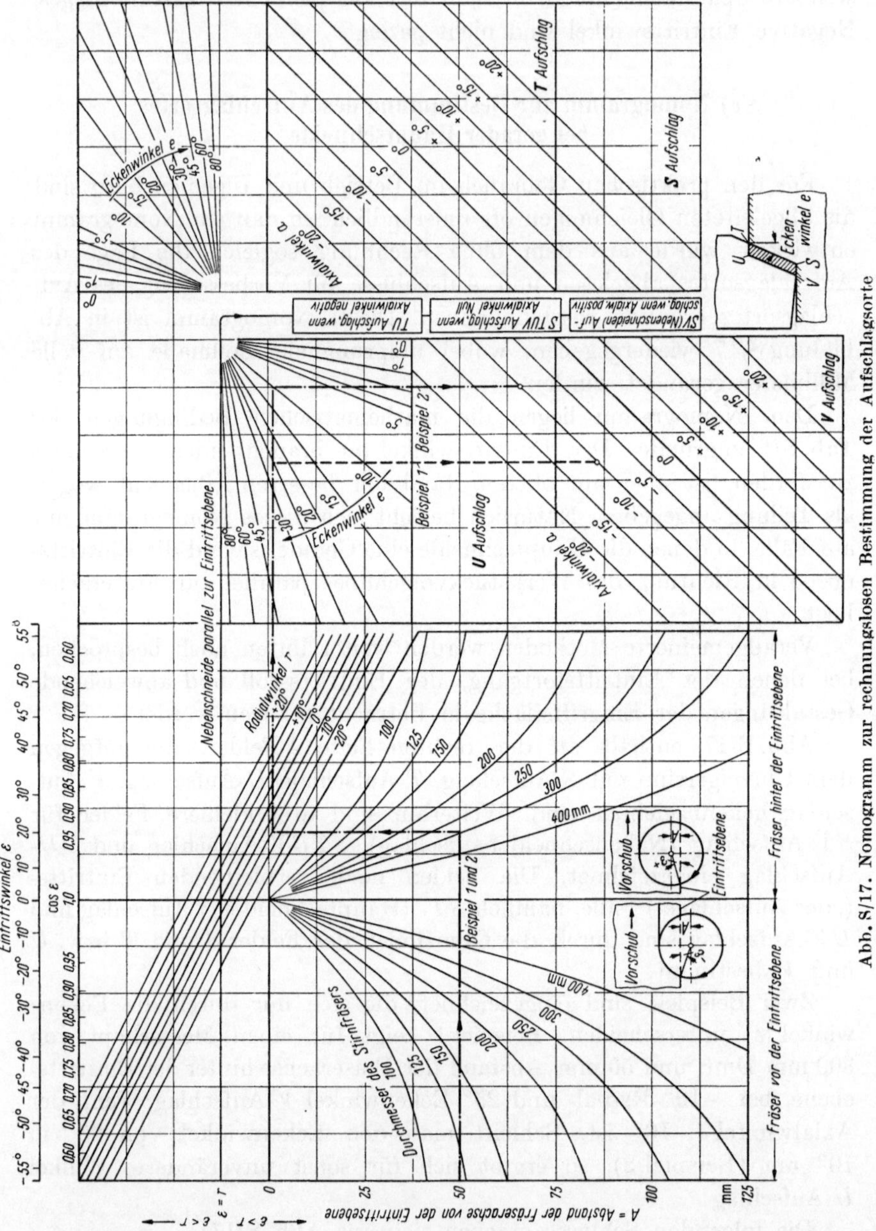

Abb. S/17. Nomogramm zur rechnungslosen Bestimmung der Aufschlagsorte

Bei kleinem Vorschub pro Zahn liegt der V-Punkt auf der Nebenschneide oft nahe der Zahnspitze S; daher kann Vorschuberhöhung die Ausbrechgefahr infolge Verschiebung des Punktes V vermindern, vorausgesetzt, daß die Fräskraft nicht zu groß wird.

2. Anschleifen eines kleineren Eckenwinkels kann V-Aufschlag in U-Aufschlag umändern, d. h. zu dem Punkt, der sowohl von der Haupt- als auch von der Nebenschneide entfernt liegt.

3. U-Aufschlag ist verhältnismäßig schwer zu erzielen, da mehrere Bedingungen zu erfüllen sind.

Voraussetzung für jede Stellung der Fräserachse (vor oder hinter der Eintrittsebene) ist ein negativer Axialwinkel (a). Ferner muß

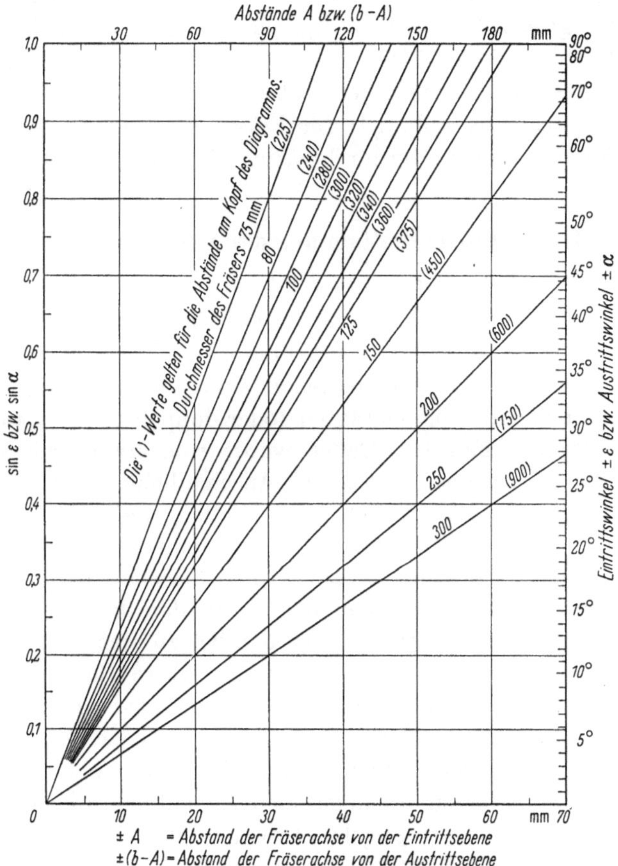

Abb. S/18. Diagramm zum Ablesen des Eintrittswinkels ε: $\sin\varepsilon = \dfrac{2A}{D}$ und des Austrittswinkels α: $\sin\alpha = \dfrac{2(A-b)}{D}$

der Eintrittswinkel (ε) größer als der Radialwinkel (r) sein, wobei zu beachten ist, daß ein negativer Winkel von $-10°$ mathematisch größer ist als ein negativer Winkel von $-20°$. Liegt die Fräserachse also vor der Eintrittsebene (z. B. $\varepsilon = -5°$), so ist ein negativer Radialwinkel von z. B. $-10°$, hinsichtlich der Aufschlagbedingungen, vorteilhaft.

4. S-Aufschlag kann durch Verwendung von negativen Axialwinkeln in T-Aufschlag umgeändert werden. Negative Radialwinkel allein können S-Aufschlag nicht verhindern, ebensowenig kann dieser Aufschlag durch Anschliff eines anderen Eckenwinkels vermieden werden.

5. Kleine Eckenwinkel (e) sind vorteilhaft zur Erzielung von U-Aufschlag. Bei vielen Messerköpfen findet man Eckenwinkel von 45°, die U-Aufschlag erschweren. Jedoch bestehen andere Gesichtspunkte, die zugunsten großer Eckenwinkel sprechen (s. Seite 48, „Weitwinkelfräsen" und Abb. S/68—S/71).

Der Eintrittswinkel (ε) und der später erörterte Austrittswinkel (α) können unmittelbar aus Abb. S/18 für Fräserabstände A bzw. ($b - A$) von 5 ... 180 mm und Fräserdurchmesser D von 75 ... 900 mm abgelesen werden.

d) Graphische Bestimmung des Auftreffortes

α) *Beziehungen in der Eintrittsebene*

Die mathematischen Beziehungen zwischen den verschiedenen Winkeln, die den Auftreffort bestimmen, werden unübersichtlich, wenn noch mehr Größen einzubeziehen sind wie dies z. B. bei der häufig vorkommenden, abgeschrägten (oder doppelten) Hauptschneide (vgl. Abb. S/24) der Fall ist. Daher wurde eine graphische Methode entwickelt, die zudem den Vorteil der Anschaulichkeit besitzt.

Zuerst sei die graphische Methode für die gerade Hauptschneide an Hand der Abb. S/9 dargelegt. Die weißpunktierten Linien von $STUV$ auf der Spanfläche bis zur Eintrittsebene stellen die Bewegungsrichtung des Zahnes dar, d. h., für den kurzen Weg wird angenommen, daß die Spanfläche sich parallel zu sich selbst bewegt.

Bewegt sich also Punkt U auf die rechte obere Ecke des weißen Parallelogramms der Eintrittsebene zu, so bewegt sich gleichzeitig Punkt L der Schnittlinie (LM) der erweitert gedachten Eintrittsebene und der Spanfläche gleichfalls auf die rechte obere Ecke des weißen Parallelogramms zu. In demselben Augenblick, in dem U dort eintrifft, muß auch L dort angelangt sein. Hätte die Spanfläche in Abb. S/9 einen positiven statt des dargestellten negativen Axialwinkels, so läge der Schnittwinkel (i') der Spanfläche und erweiterten Eintrittsebene rechts von der Senkrechten im Punkte M. In diesem Fall würden Punkte V und M gleichzeitig die untere rechte Ecke des weißen Parallelogramms erreichen.

Es ergibt sich somit, daß der Ort der Spanfläche, der zuerst auf das Werkstück auftrifft, durch den Punkt der Schnittlinie LM dargestellt wird, der zuerst das weiße Parallelogramm berührt. Das ist ein wichtiges Ergebnis, da es nicht nur einen zweiten Weg für die Ableitung der oben entwickelten Gleichungen eröffnet, sondern vor allem auch die Regeln ergibt, auf denen eine graphische Lösung für das Finden der Auftrefforte bei nicht geraden Hauptschneiden beruht. Vergleichswerte für die Größe des Stoßes beim Aufprall, können ebenfalls mit Hilfe der Linie L M graphisch abgeleitet werden.

Zwei wichtige Winkel (e' und i') sind in Abb. S/9 eingezeichnet. Beide liegen in der verlängert gedachten Eintrittsebene. Winkel e' ist

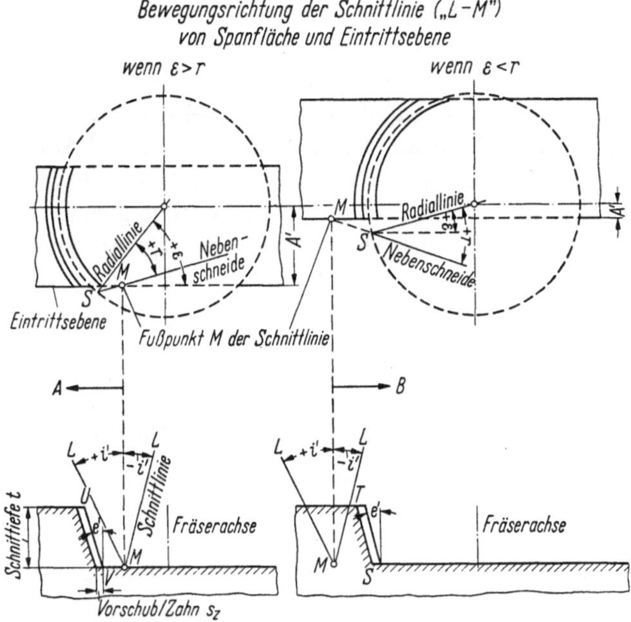

Abb. S/19. Bewegungsrichtung der Schnittlinie ($L-M$) von Spanfläche und Eintrittsebene

der Neigungswinkel, den die Kante der Hauptschnittsfläche mit einer Parallelen zur Fräserachse bildet. Dieser Winkel ist von dem vorangegangenen Fräserzahn erzeugt worden und hängt daher von der Form der Hauptschneide und auch vom Eintrittswinkel ε ab, wie gleich gezeigt werden wird. Der Winkel i' wird von der Schnittlinie $L M$ und einer Parallelen zur Fräserachse durch den Fußpunkt M gebildet.

Zur weiteren Erörterung dient Abb. S/19; sie zeigt, daß *die Schnittlinie LM sich sowohl nach links (Pfeil A) als auch nach rechts (Pfeil B) auf das Parallelogramm hinbewegen kann.* Die Bewegungsrichtung hängt davon ab, ob der Eintrittswinkel ε größer oder kleiner als der Radialwinkel (r) ist. Die Abb. S/19 läßt ferner erkennen, daß die Schnittlinie nach links oder rechts geneigt sein kann, d. h., daß der Schnittwinkel i' positiv oder negativ gerechnet werden kann, wobei positiv als entgegen dem Uhrzeigersinn angesehen wird.

Wenn ε größer ist als r in Abb. S/19, so kann sich die Schnittlinie LM — wie aus der Bewegung des Fußpunktes M sofort ersichtlich ist — nur nach links (Pfeil A) bewegen, d. h., für $\varepsilon > r$ kann der erste Aufschlagsort nur auf der rechten Seite des Parallelogramms liegen, also bei U oder V oder entlang UV, je nachdem, ob der Schnittwinkel i' positiv oder negativ oder gleich e' ist. Diese Ergebnisse sind vorher schon mathematisch abgeleitet worden (s. Tab. S/1), werden hier aber sehr anschaulich bestätigt.

Wird die Fräserachse so viel näher an die Eintrittsebene verlegt (rechte Hälfte der Abb. S/19), daß ε kleiner als r wird, so liegt der Fußpunkt M der Schnittlinie LM auf der anderen Seite des Parallelogramms und bewegt sich auf dessen linke Seite zu (Pfeil B), so daß entweder nur S-Aufschlag an der Zahnspitze oder ST-Aufschlag entlang der Hauptschneide oder T-Aufschlag erfolgen kann. Auch diese Ergebnisse sind weiter oben schon mathematisch abgeleitet worden. Die drei weiteren Fälle, nämlich für $r = \varepsilon$, ergeben keine Schnittlinie, da die Nebenschneide dann parallel zur Eintrittsebene liegt und Punkt M ins Unendliche rückt. Aus der Parallelität ist sogleich sinnfällig zu erkennen, daß nur UT- oder VS- oder $STUV$-Aufschlag eintreten kann, wie ebenfalls zuvor bewiesen wurde.

$\beta)$ *Die Bezugsebene beim graphischen Verfahren*

Die Bezugsebene, die in Abb. S/8, S/10 und in Bd. I, Seiten 58ff., Abb. 48—50, bereits besprochen wurde, wird beim graphischen Verfahren zur Bestimmung des Aufschlagsortes aus wichtigen Gründen herangezogen. In Bd. I ist auf Seite 60 folgende Feststellung gemacht worden:

Es ist notwendig, den Eckenwinkel in der Bezugsebene zu messen und zu schleifen (und nicht in der Spanfläche), weil die Achse des Fräskopfes (bzw. die Drehachse) und die Schneide gewöhnlich windschiefe Linien sind, d. h. Linien, durch die sich keine gemeinsame Ebene legen läßt, so daß kein Winkel zwischen ihnen besteht.

Aus diesem Grunde ist es wichtig, das graphische Verfahren ebenfalls für die Bezugsebene zu entwickeln. Das graphische Verfahren wird dadurch sehr einfach, weil andernfalls nicht der Eckenwinkel (e) selbst, sondern der Neigungswinkel (e') (Abb. S/9 und S/19) für die Feststellung des Aufschlagsortes heranzuziehen gewesen wäre. Ohne Bezugsebene gäbe es auch keinen Radial- und Axialwinkel.

Um die Bedingungen für die Aufschlagsorte als Funktionen der Winkel (a, r, ε, e) festzustellen, müssen sie in Beziehung zum Schnittlinienwinkel (i'), Abb. S/19, gebracht werden, wie in Abb. S/20 gezeigt ist. Fällt man ein Lot von Punkt L der Schnittlinie LM, so entsteht ein Dreieck LNM in der Eintrittsebene, das den Schnittlinienwinkel (i') enthält. Die Grundlinie NM hat die Größe:

$$t \tan i'.$$

Gemäß Definition wird der Axialwinkel in einer Ebene gemessen, die in der Drehrichtung des Fräsers, also senkrecht zum Fräserradius,

Abb. S/20. Modell eines Stirnfräserzahnes und Werkstückes zur Ableitung der Beziehungen zwischen Schnittlinienwinkel (i'), Axialwinkel (a), Radialwinkel (r) und Eintrittswinkel (ε)

liegt. Eine solche Ebene liegt somit senkrecht zur Radiallinie. In Abbildung S/20 ist sie durch das weiße Dreieck LNP dargestellt und zwar für negativen Axialwinkel $(-a)$. Die Grundlinie NP hat die Größe:

$$t \tan(-a).$$

Die beiden Grundlinien NM und NP bilden zusammen mit dem Stück PM der Nebenschneide ein schiefwinkliges Dreieck NPM, dessen Winkel aus Abb. S/20 abgelesen werden können, nämlich:

$$(90 + r) \quad \text{und} \quad (\varepsilon - r).$$

Aus dem Sinussatz ergibt sich:

$$\frac{t \tan i'}{-t \tan a} = \frac{\sin(90 + r)}{\sin(r - \varepsilon)}$$

daraus folgt:

$$\tan i' = \frac{\tan a \cos r}{\sin(r - \varepsilon)}. \qquad (S/7)$$

Gl. (S/7) ist nicht nur umständlich zu benutzen, weil r 2 mal erscheint, sondern gilt auch nur für die Eintrittsebene, in der i' liegt, während für das graphische Verfahren die Bezugsebene aus vorgenannten Gründen vorzuziehen ist.

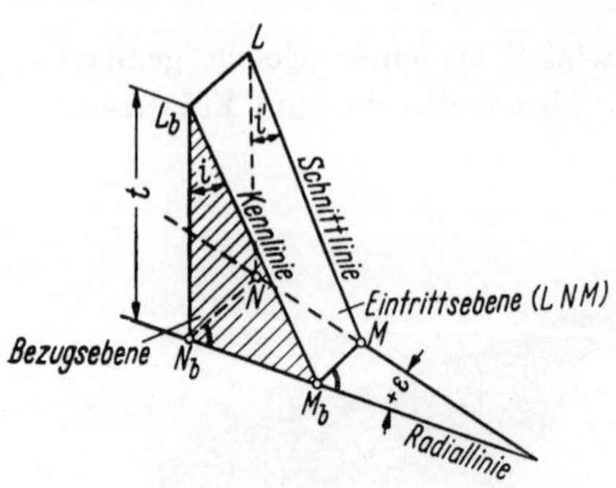

Abb. S/21
Projektion der Schnittlinie (LM) und des Schnittlinienwinkels i' auf die Bezugsebene

Projiziert man jedoch die Schnittlinie LM (Abb. S/21) von der Eintrittsebene auf die Bezugsebene, so ergibt sich die Linie $L_b M_b$, die den Winkel i mit einer Parallelen zur Fräserachse einschließt. Diese beiden Größen werden für das graphische Verfahren benutzt und mit „*Kennlinie*" ($L_b M_b$) und „*Kennwinkel*" (i) bezeichnet. Da Eintrittsebene und Bezugsebene gemäß Definition den Eintrittswinkel (ε) bilden, ergibt sich:

$$\tan i' = \frac{NM}{t} \quad \text{und} \quad \tan i = \frac{N_b M_b}{t}$$

ferner ist

$$\frac{N_b M_b}{NM} = \cos \varepsilon$$

und daher

$$\tan i = \tan i' \cos \varepsilon \qquad (S/8)$$

durch Einsetzen der Gl. (S/7) in Gl. (S/8) erhält man:

$$\tan i = \frac{\tan a \cos r \cos \varepsilon}{\sin(r - \varepsilon)} = \frac{\tan a \cos r \cos \varepsilon}{\sin r \cos \varepsilon - \cos r \sin \varepsilon}.$$

Division von Zähler und Nenner mit $\cos r \, \cos \varepsilon$ ergibt:

$$\boxed{\tan i = \frac{\tan a}{\tan r - \tan \varepsilon}} \qquad (S/9)$$

Die rechte Seite der Gl. (S/9) kam bereits in Tab. S/1, letzte Spalte, als 2. Bedingung für die Auftrefforte vor. Ersetzt man also die rechte Seite der dort aufgeführten Gleichungen durch $\tan i$, so ergibt sich, daß die Lage des Auftrefffortes bestimmt wird durch:

$$e \gtreqless i \qquad (S/10)$$

d. h., es ist nur nötig den Kennwinkel i zu bestimmen und zu sehen, ob er größer, gleich oder kleiner als der Eckenwinkel ist, um die 2. Bedingung für den Aufschlagsort zu ermitteln.

Der Eckenwinkel e kann also in der graphischen Methode an Stelle des Neigungswinkels e' der Kante des Werkstückes benutzt werden. Er ist dessen Projektion, nämlich:

$$\tan c = \tan c' \cos\varepsilon. \tag{S/11}$$

Der Vorschub/Zahn (s_Z), der die Breite des Parallelogramms $STUV$ ergibt, ist natürlich auch auf die Bezugsebene zu projizieren, gemäß:

$$s_Z' = s_Z \cos\varepsilon. \tag{S/12}$$

γ) Neigung und Bewegungsrichtung der Kennlinie

Aus Gl. (S/9) geht hervor, daß der Kennwinkel i von dem Eckenwinkel unabhängig ist, und somit von der Form der Hauptschneide!

Es folgt daraus, daß der Auftreffort graphisch sehr leicht durch Bewegen einer um den Kennwinkel i geneigten Geraden für jede beliebige Form der Hauptschneide ermittelt werden kann. Voraussetzung ist nur, daß die Eintrittsebene in Richtung des Vorschubes des Werkstückes und parallel zur Fräserachse liegt.

Der Kennwinkel i hängt vom Axialwinkel (a), Radialwinkel (r) und Eintrittswinkel (ε) ab und kann leicht aus Gl. (S/9) ermittelt werden. Er kann auch ohne mathematische Berechnungen aus dem Kennliniennomogramm Abb. S/22 abgelesen werden. Die linke Hälfte dieses Nomogramms ist die gleiche wie die linke Hälfte des Auftreffort-nomogramms (Abb. S/17), während die rechte Hälfte Kurven für den Axialwinkel a, statt der Auftreffelder $STUV$ enthält. Das eingezeichnete Beispiel ist dasselbe, wie das des Auftreffnomogramms. Geht man den Beispiellinien nach, so findet man, daß der Kennwinkel $i = +18°$ und die Kennlinie von rechts nach links (vgl. auch Abb. S/19) zu bewegen ist. An der oberen Teilung für den Eintrittswinkel (ε) ist auch $\cos\varepsilon$ angegeben zur Erleichterung der Berechnung von $s_Z \cos\varepsilon$.

δ) Beispiel für abgeschrägte Hauptschneide

Die Einfachheit des graphischen Verfahrens kann am besten an einem Beispiel für eine abgeschrägte Hauptschneide erkannt werden, das rechnungsmäßig schon recht umständlich und unübersichtlich wird. Bei einer abgeschrägten Hauptschneide (Abb. S/23) handelt es sich sozusagen um eine Hauptschneide mit einem Knick, d. h. um 2 Hauptschneiden die verschiedene Eckenwinkel (e, e_1) haben.

Man geht folgendermaßen vor:

1. Bestimme den Kennwinkel ($\pm i$) und die erforderliche Bewegungsrichtung der Kennlinie aus Abb. S/22.

2. Zeichne eine Figur (Abb. S/23), die dem Anfangsspanquerschnitt geometrisch ähnlich ist, so daß die Höhe proportional der Schnitt-

2 a*

tiefe t und die Breite (TU, SV, S_aV_u) proportional dem Vorschub pro Zahn multipliziert mit $\cos\varepsilon$ ist (Schraffiertes Feld der Abbildung).

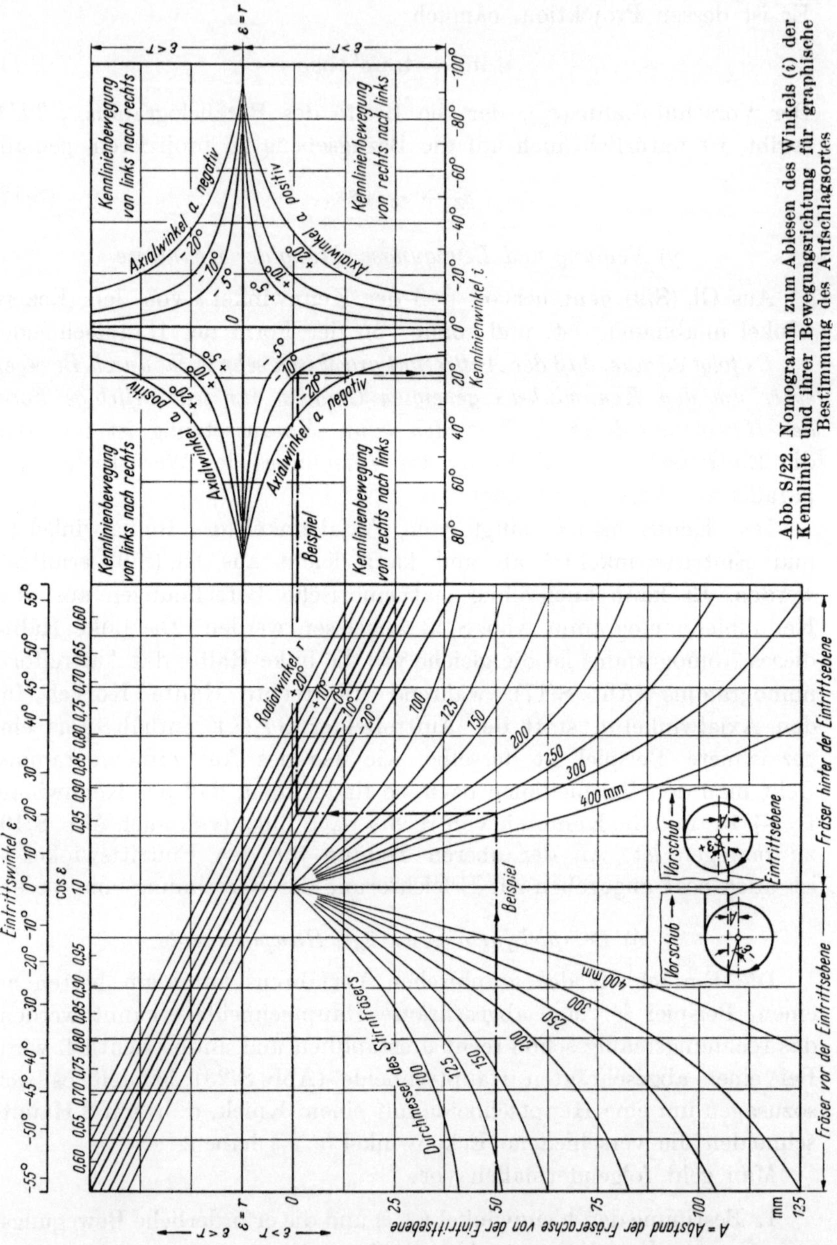

Abb. S/22. Nomogramm zum Ablesen des Winkels (i) der Kennlinie und ihrer Bewegungsrichtung für graphische Bestimmung des Aufschlagsortes

3. Die zu zeichnenden Eckenwinkel (e, e_1) sind den angeschliffenen Eckenwinkeln gleich.

4. Zeichne die Kennlinie unter dem unter 1. bestimmten Kennwinkel, entweder links oder rechts vom Anfangsquerschnitt, je nachdem, ob die Kennlinie von links nach rechts oder von rechts nach links (gemäß 1.) zu bewegen ist [im Beispiel rechts, bei a) der Abb. S/23].

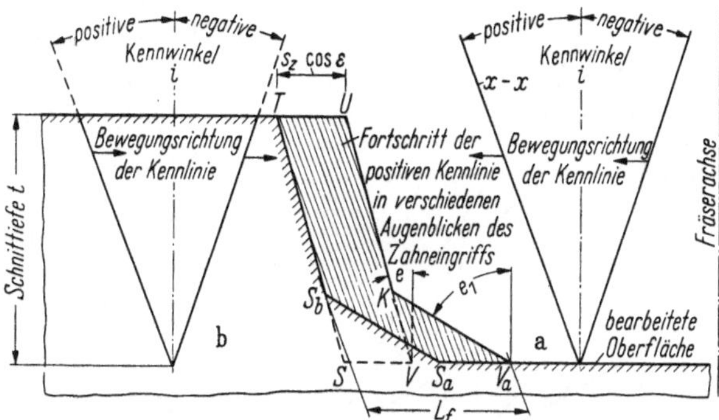

Abb. S/23a u. b. Graphisches Verfahren zur Bestimmung des Aufschlagsortes und der Reihenfolge des Eingriffes der übrigen Spanfläche (Beispiel für abgeschrägte Hauptschneide)

5. Verschiebe die Kennlinie parallel zu sich selbst auf den Anfangsspanquerschnitt zu (wenn $r = \varepsilon$, so wird die Kennlinie senkrecht nach oben verschoben, falls a positiv, und nach unten, falls a negativ ist. Für Vollaufschlag besteht keine Kennlinie).

6. Ergebnis: Der Ort, mit dem der Fräserzahn auf das Werkstück aufschlägt, ist der Ort des Anfangsspanquerschnittes, der zuerst von der Kennlinie berührt wird (im Beispiel: Kennlinie $x \ldots x$ mit $i = +18°$ berührt zuerst den Punkt V_a und somit erfolgt der Aufschlag dort). Die eingezeichneten Schraffierungslinien

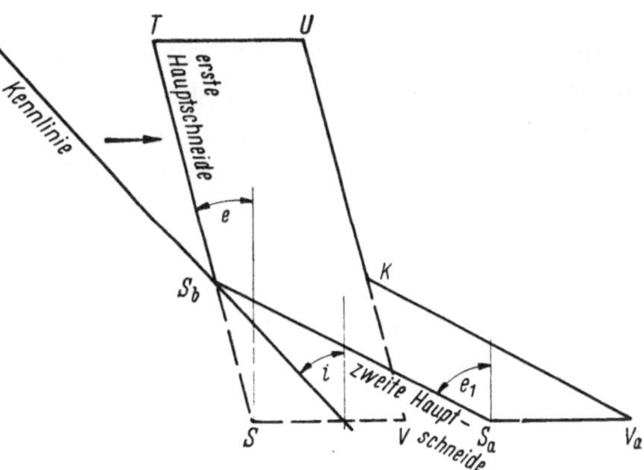

Abb. S/24. Aufschlagsorte am Fräserzahn bei abgeschrägter Hauptschneide, wenn $\varepsilon < r$ ist

sind Parallelen zur Kennlinie $x \ldots x$ und stellen daher ihren Fortschritt dar.

Mit Hilfe des graphischen Verfahrens lassen sich ferner folgende Feststellungen über die durch Abschrägung der Hauptschneide verursachten Verlagerungen der Aufschlagsorte machen. Abb. S/24 bezieht sich auf die Fälle, in denen $\varepsilon < r$ ist, d. h., in denen sich die

Kennlinie von links nach rechts bewegt, Abb. S/25 auf Fälle, in denen $\varepsilon > r$ ist, für die sich die Kennlinie von rechts nach links bewegt.

S-Aufschlag wird durch Abschrägung der Hauptschneide in S_a-Aufschlag umgeändert, wenn der Abschrägwinkel (e_1) kleiner ist als der Kennwinkel i. *In diesem Fall bleibt der erste Aufschlag immer noch an der Zahnspitze (S_a), so daß solche Abschrägung keinen Vorteil bringt.* Wird der Abschrägwinkel e_1 jedoch größer gemacht als der Kennwinkel i, so wird der Aufschlag nach Punkt S_b verlagert, d. h. aus der Ebene der bearbeiteten Oberfläche hinaus an eine kräftigere Stelle des Zahnes. *Diese Abschrägung stellt also eine Verbesserung dar.* Sie verlangt, daß $\tan i < \tan e_1$ ist. In der Praxis findet man häufig einen Abschrägwinkel e_1 von $45°$,

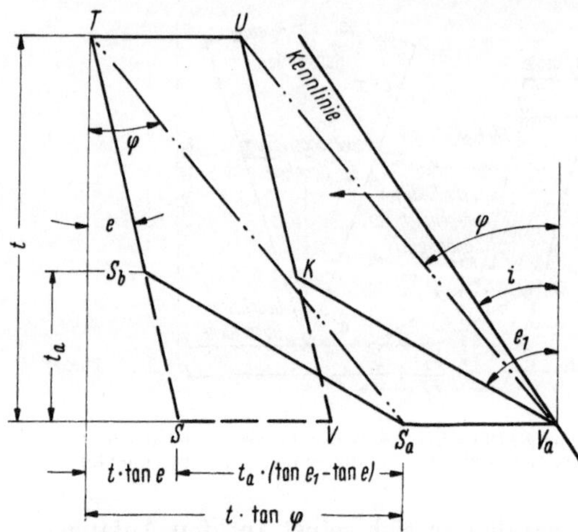

Abb. S/25. Aufschlagsorte am Fräserzahn bei abgeschrägter Hauptschneide, wenn $\varepsilon > r$ ist

so daß $\dfrac{\tan a}{\tan r - \tan \varepsilon} < 1{,}0$ oder daß $\tan a < \tan r - \tan \varepsilon$ sein muß, um die Verlagerung des Auftreffpunktes nach S_b zu bewirken.

Mit dem graphischen Verfahren kann man weiter feststellen, daß ein *T-Aufschlag* durch Abschrägung der Hauptschneide *nicht* verändert wird.

Bei ursprünglichem (d. h. mit gerader Hauptschneide erreichtem) *U-* oder *V*-Aufschlag ist die Einführung des Winkels φ (Abb. S/25) zur Feststellung der durch Abschrägung entstehenden Änderungen erforderlich. Er wird durch die Verbindungslinie $U V_a$ und eine Senkrechte (d. h. Parallele zur Fräserachse) gebildet. *U*-Aufschlag wird durch Abschrägung der Hauptschneide *nicht* geändert, wenn

$$i > \varphi$$

wird jedoch in V_a-Aufschlag *geändert*, der unerwünschter ist als *U*-Aufschlag, wenn

$$i < \varphi.$$

Aus der Geometrie der Abb. S/25 geht hervor, daß

$$\boxed{\tan \varphi = \tan e + \frac{t_a}{t}(\tan e_1 - \tan e)} \qquad \text{(S/13)}$$

ist.

Schließlich ergibt sich noch, daß *V-Aufschlag* und auch *U V*-Aufschlag durch Abschrägung in V_a-Aufschlag geändert werden.

ε) *Verfahren bei gerundeter Hauptschneide*

Abb. S/26 und S/27 zeigen die Zusammenhänge zwischen der Kennlinie und der Umfangsform des Anfangsspanquerschnittes, wenn

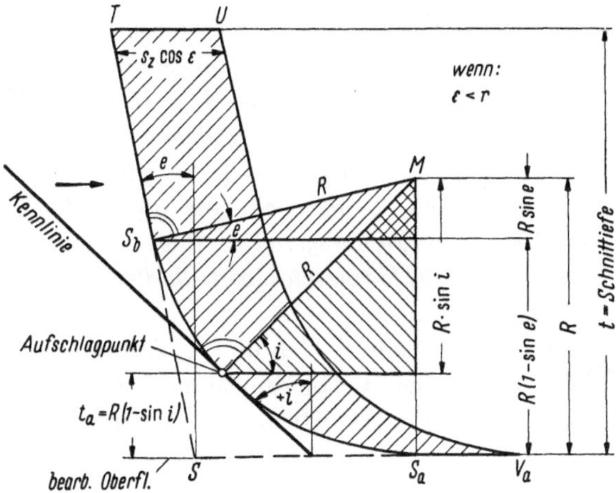

Abb. S/26. Aufschlagsorte am Fräserzahn bei abgerundeter Hauptschneide, wenn $\varepsilon < r$ ist

die Schneide teilweise eine Gerade ist und auch eine Abrundung mit Radius R besitzt. Abb. S/26 gilt für die Fälle, in denen $\varepsilon < r$, und Abbildung S/27 für solche, wenn $\varepsilon > r$ ist.

Der Aufschlag findet (falls $\varepsilon < r$ ist und die Kennlinie somit von links kommt) an dem Ort statt, an dem die Kennlinie Tangente zum Radius R des Fräserzahnes wird. Dies ist der Fall, wenn $i > e$ ist. Die Höhe dieses Aufschlagpunktes über der bearbeiteten Oberfläche folgt aus der Geometrie der Abb. S/26 zu:

$$t_a = R(1 - \sin i). \qquad (S/14)$$

T-Aufschlag ergibt sich für die gerundete Hauptschneide unter denselben

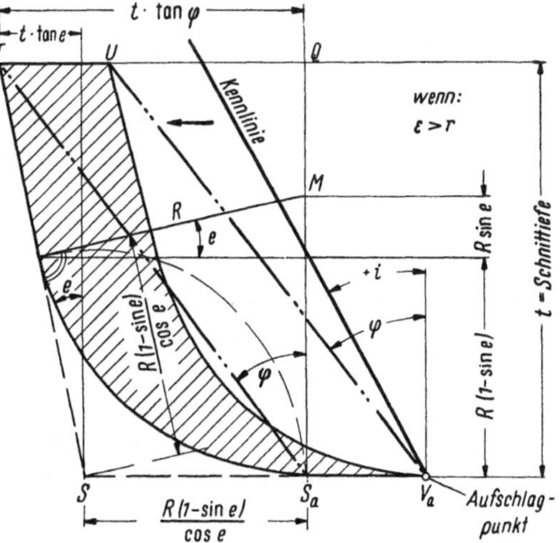

Abb. S/27. Aufschlagsorte am Fräserzahn bei abgerundeter Hauptschneide, wenn $\varepsilon > r$ ist

Bedingungen wie bei gerader Schneide ($i < e$), d. h., daß Abrundung (ebensowenig wie Abschrägung) den T-Aufschlag nicht ändert.

Aufschlag entlang des geraden Teiles der Hauptschneide (TS_b) liegt vor, wenn $i = e$; Punkt S_b ist der höchste Punkt der Rundung, so daß die Gl. (S/14) ein Maximum von

$$t_{a\,\mathrm{max}} = R\,(1 - \sin e) \tag{S/15}$$

nicht überschreiten kann. Da Aufschlag möglichst nicht in der Ebene der bearbeitenden Oberfläche stattfinden soll, sondern möglichst hoch darüber, folgt aus *Gl. (S/15) die Erkenntnis, daß ein großer Krümmungsradius R der Hauptschneide für die Fälle, in denen $\varepsilon < r$ ist, von Vorteil ist. Für die Fälle, in denen $\varepsilon > r$ ist*, und die praktisch am meisten bei Stirnfräsern vorkommen, *ergibt sich eine gegenteilige Erkenntnis, nämlich, daß ein kleiner Krümmungsradius R der Hauptschneide hinsichtlich der Lage des Aufschlagpunktes vorteilhafter ist*! Dies wird an Hand der Abb. S/27 erkennbar.

V_a-Aufschlag tritt ein, wenn $i < \varphi$ und U-Aufschlag, wenn $i > \varphi$ ist, wobei φ den Winkel der Verbindungslinie $U\,V_a$ mit einer Senkrechten auf der bearbeiteten Oberfläche (d. h. einer Parallelen zur Fräserachse) darstellt, wie dies schon bei der abgeschrägten Hauptschneide erörtert wurde. Die waagerechte Strecke TQ (Abb. S/27) ergibt sich aus:

$$T\,Q = t \tan \varphi$$

und auch aus

$$T\,Q = t \tan e + \frac{R\,(1 - \sin e)}{\cos e}$$

mithin

$$\boxed{\tan \varphi = \tan e + \frac{R\,(1 - \sin e)}{t \cos e}} \tag{S/16}$$

Um also $\varphi < i$ zu halten zur Erzielung des U-Aufschlages bei gerundeter Hauptschneide soll der Krümmungsradius R (unter sonst gleichen Umständen) klein sein!

Bei gerundeter Hauptschneide kann, wie ferner aus Abb. S/27 hervorgeht, *Doppelaufschlag* eintreten, d. h., daß zu gleicher Zeit zwei entfernt voneinander liegende Punkte der Spanfläche in Eingriff mit der Eintrittsebene des Werkstückes kommen. In solchem Fall entstehen *2 Anfangsspäne* (wie bei abgeschrägter Hauptschneide, siehe dort) nämlich einer bei Punkt U, der andere bei Punkt V_a. Sie vereinigen sich zu einem Span in dem Augenblick, in dem die Kennlinie Tangente zur rechten Kurve der Abb. S/27 wird. Die mathematischen Bedingungen für diese Doppelspanbildung bei gerundeter Schneide sind

$$\varepsilon > r \quad \text{und} \quad i = \varphi. \tag{S/17}$$

Das Nomogramm für die direkte Ermittlung des Aufschlagsortes (Abbildung S/17) kann auch für nicht gerade Schneiden benutzt werden, wenn die in Tab. S/2 zusammengestellten Richtlinien benutzt werden.

Tabelle S/2. *Richtlinien für Anwendung des Nomogramms Abb. S/17 bei nicht geraden Hauptschneiden*

1. Das Nomogramm wird so benutzt, als ob die Hauptschneide gerade wäre. Ergibt sich *V-Aufschlag*, so liegt tatsächlich V_a-Aufschlag vor (Abb. S/25 bzw. S/26). Ergibt sich *T-Aufschlag*, so tritt bei abgeschrägter oder gerundeter Schneide keine Änderung ein.

2. Bei anderen Aufschlagsorten gelten folgende Regeln:

Aus dem Nomogramm ermittelter Aufschlag	Tatsächlicher Aufschlagsort bei abgeschrägter Hauptschneide	Tatsächlicher Aufschlagsort bei gerundeter Hauptschneide
S	Man folge dem Linienzug ein zweites Mal, benutze Eckenwinkel e_1 statt e. Wenn sich auf diese Weise S-Aufschlag ergibt, liegt S_a-Aufschlag vor T-Aufschlag ergibt, liegt S_b-Aufschlag vor ST-Aufschlag ergibt, liegt S_aS_b-Aufschlag vor	Aufschlag an dem gerundeten Teil der Hauptschneide, in Entfernung von der bearbeiteten Oberfläche $$t_a = R(1 - \sin i)$$
ST	S_bT	S_bT
U oder UV	U-Aufschlag, wenn $i > \varphi$ V_a-Aufschlag, wenn $i < \varphi$ Doppelaufschlag bei U und V_a mit Doppelspanbildung, wenn $i = \varphi$, wobei: $$\tan i = \frac{\tan a}{\tan r - \tan \varepsilon}$$ $$\tan \varphi = \tan e + \frac{t_a}{t}(\tan e_1 - \tan e)$$	U-Aufschlag, wenn $i > \varphi$ V_a-Aufschlag, wenn $i < \varphi$ Doppelaufschlag bei U und V_a mit Doppelspanbildung, wenn $i = \varphi$, wobei: $$\tan i = \frac{\tan a}{\tan r - \tan \varepsilon}$$ $$\tan \varphi = \tan e + \frac{R(1 - \sin e)}{t \cos e}$$

e) Der Fortschritt des Zahneintrittes

Das vorstehend entwickelte graphische Verfahren hat noch weitere Vorteile, da es auch die Reihenfolge des Eintritts der anderen Orte der Spanfläche *nach* erfolgtem Aufschlag sowie den Zahnaustritt und die Aufschlagsstärke ohne Berechnungen zu ermitteln gestattet.

Der Fortschritt des Zahneingriffes soll zuerst behandelt werden.

Es ist nur nötig, die Kennlinie $x \ldots x$ (Abb. S/23) in derselben Richtung und unter gleichem Winkel über den ersten Berührungspunkt hinaus zu bewegen. Für das Beispiel dieser Abbildung ergibt sich dabei folgendes:

Der 2. zum Eingriff kommende Punkt der Spanfläche des Fräserzahnes ist S_a, der 3. ist U, der 4. ist T, der 5. ist S_b.

Eine weitere Untersuchung mit langsam sich bewegender Kennlinie enthüllt noch weitere Einzelheiten des Zahneingriffes. Beispielsweise folgt der Eingriff des 3. Punktes (U) sehr schnell dem Eintritt des 2. Punktes (S_a). *Man kann auch unschwer feststellen, daß sich 2 Späne in dem Beispiel entwickeln, die später zusammentreffen und als 1 Span weiterlaufen.* Zuerst entsteht ein Span durch Zerspanung des Dreiecks

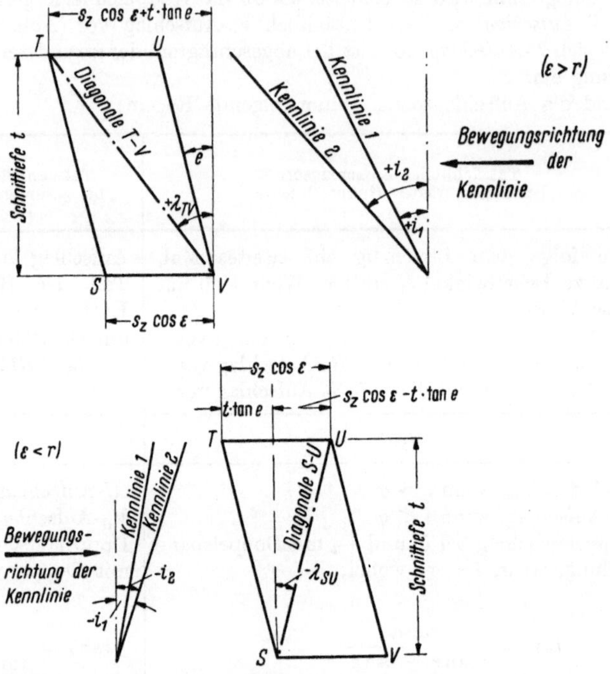

Abb. S/28. Graphische Ableitung der Gleichungen für den Fortschritt des Zahneintrittes bei gerader Hauptschneide, oberes Bild: wenn $\varepsilon > r$, unteres Bild: wenn $\varepsilon < r$ ist

mit der Grundlinie $V_a S_a$. Kurz danach entwickelt sich ein Span, der vom Punkt U ausgeht. Die Vereinigung der beiden Späne erfolgt in dem Augenblick, in dem der „Knickpunkt K" der Hauptschneide in das Werkstück eintritt.

Mit Hilfe des graphischen Verfahrens können nunmehr auch die mathematischen Gleichungen für den *Fortschritt* des Zahneingriffes leicht abgeleitet werden. Der Fall der geraden Hauptschneide sei zuerst an Hand der Abb. S/28 untersucht. Die obere Abbildung bezieht sich auf Kennlinien, die sich von rechts her dem Parallelogramm des Anfangsspanquerschnittes $S T U V$ nähern, d. h. auf Fälle, in denen $\varepsilon > r$ ist. In der unteren Abbildung bewegen sich die Kennlinien von links auf $S T U V$ zu, wie in Fällen in denen $\varepsilon < r$ ist. Aus der oberen Abb. S/28 ersieht man, daß der zweite Eintrittsort von dem Winkel zwischen der Kennlinie und der Diagonalen TV des Anfangsspanquerschnittes $STUV$ bestimmt wird.

Erfolgt der erste Eintritt (Aufschlag) bei U und ist der Kennwinkel (i_1) *kleiner* als der Winkel λ_{TV}, den die Diagonale TV mit der Richtung der Fräserachse (einer Senkrechten in der Abbildung) einschließt, so berührt die Kennlinie 1 als zweiten Punkt die Ecke V des Parallelogramms, d. h.:

V-Eingriff erfolgt nach U-Aufschlag, wenn $i < \lambda_{TV}$ (Kennlinie 1); ebenso ergibt sich

T-Eingriff erfolgt nach U-Aufschlag, wenn $i > \lambda_{TV}$ (Kennlinie 2). Aus Abb. S/28 folgt ferner:

$$\tan\lambda_{TV} = \frac{s_z\cos\varepsilon + t\tan e}{t} = \tan e + \frac{s_z}{t}\cos\varepsilon. \qquad (S/18)$$

s_z/t ist der Schlankheitsgrad des Anfangsspanquerschnittes (s. Bd. I, Seite 129). Durch Einsetzen der Gl. (S/9) erhält man:

$$\frac{\tan a}{\tan r - \tan\varepsilon} \gtreqless \tan e + \frac{s_z\cos\varepsilon}{t} \qquad (S/19)$$

das obere Zeichen gilt für V, das mittlere für TV, und das untere für T-Eingriff *nach* U-Aufschlag.

In gleicher Weise findet man mit Hilfe des unteren Teiles der Abbildung S/28:

U-Eingriff erfolgt nach T-Aufschlag, wenn $-i < -\lambda_{SU}$ (Kennlinie 1) d. h., wenn $i > \lambda_{SU}$ ist,

S-Eingriff erfolgt nach T-Aufschlag, wenn $-i > -\lambda_{SU}$ (Kennlinie 2) d. h., wenn $i < \lambda_{SU}$ ist,

$$-\tan\lambda_{SU} = \frac{s_z\cos\varepsilon - t\tan e}{t} = \frac{s_z\cos\varepsilon}{t} - \tan e$$

oder

$$\tan\lambda_{SU} = \tan e - \frac{s_z\cos\varepsilon}{t}. \qquad (S/20)$$

Somit auch

$$\frac{\tan a}{\tan r - \tan\varepsilon} \gtreqless \tan e - \frac{s_z\cos\varepsilon}{t}. \qquad (S/21)$$

Das obere Zeichen gilt für U, das mittlere für SU und das untere für S-Eintritt *nach* T-Aufschlag.

Weitere Möglichkeiten für zweite Eintrittsorte ergeben sich, wenn die Kennlinien entgegengesetzt wie gezeigt geneigt sind. Die SU-Diagonale ist für die obere, die TV-Diagonale für die untere Abbildung heranzuziehen. Der dritte und vierte Eintrittspunkt kann in derselben Weise bestimmt werden.

In manchen Fällen ist es erwünscht, ein rechnerisches statt eines graphischen Verfahrens für die Reihenfolge des Eintritts der einzelnen Orte des Fräserzahnes zu benutzen.

Offensichtlich hängt die Eintrittsfolge von der Entfernung ab, den jeder Eintrittspunkt im Augenblick des Aufschlages des ersten Eintrittspunktes von der Eintrittsebene hat. Diese Entfernungen lassen sich aus Tab. S/1 ableiten. Allgemein muß der zweite Eintrittspunkt einer der Nachbarpunkte des ersten Eintrittspunktes sein, während der letzte Eintrittspunkt dem ersten diagonal gegenüberliegt. Wenn beispielsweise S-Aufschlag vorliegt, so kann der zweite Eintrittspunkt entweder V oder T sein. V wird vor T eingreifen, wenn die Entfernung y_V kleiner ist als die Entfernung y_T.

Aus Tab. S/1 geht hervor, daß für solche Eintrittsfolge $F < -D$ sein muß, wobei F und D gemäß Gln. (S/3b) und (S/3a) einzusetzen sind. Größe F hängt, abgesehen von den Winkeln, vom Vorschub (s_Z), Größe D von der Schnittiefe (t), ab. Die Bedingungen für das graphische und rechnerische Verfahren sind in Tab. S/3 zusammengestellt.

Ganz allgemein kann die linke Spalte der Tab. S/3 durch Einsetzen der Gln. (S/9), (S/18) und (S/20) in folgender Weise ausgedrückt werden:

$$\frac{\tan a}{\tan r - \tan \varepsilon} \gtreqless \tan e \pm \frac{s_Z \cos \varepsilon}{t} \tag{S/22}$$

Das obere Zeichen ($>$) bezieht sich auf die beiden ersten Reihen der Tab. S/3, das mittlere ($<$) auf die nächsten zwei und das untere ($=$)

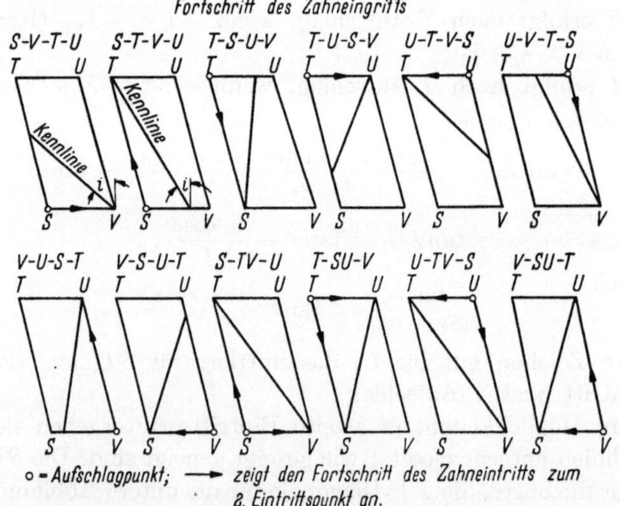

Abb. S/29. Fortschritt des Zahneingriffes bei verschiedenen Aufschlagsorten

auf die beiden letzten Reihen. Das ($-$)-Zeichen gilt für Reihen 1, 3, 5 das ($+$)-Zeichen für Reihen 2, 4, 6. Der Fortschritt des Zahneintrittes für die in Tab. S/3 behandelten Fälle ist in Abb. S/29 dargestellt, wobei die Pfeile anzeigen, in welcher Richtung der Eintritt schneller erfolgt, d. h. welcher Nachbarpunkt des Aufschlagspunktes zweiter Eintrittspunkt wird.

Tabelle S/3. *Reihenfolge des Eintritts der Spanflächenpunkte des Fräserzahnes in die Eintrittsebene des Werkstücks nach erfolgtem Aufschlag (erstem Eintritt)*

Nr.	Für graphisches Verfahren: Verhältnis des Kennwinkels (i) zum Diagonalwinkel $(\lambda_{TV}$ bzw. $\lambda_{SU})$ Gln. (S/18)—(S/21)	Für rechnerisches Verfahren: Verhältnis der Größen D und F Gln. (S/3 a u. b) *	Aufschlag erfolgt bei											
			S			T			U			V		
			2.	3.	4.	2.	3.	4.	2.	3.	4.	2.	3.	4.
			Eintritt erfolgt bei			Eintritt erfolgt bei			Eintritt erfolgt bei			Eintritt erfolgt bei		
1	$i > \lambda_{SU}$	$D \lesseqgtr F$				S	U	V				U	S	T
2	$i > \lambda_{TV}$	$D \lesseqgtr -F$	V	T	U				T	V	S			
3	$i < \lambda_{SU}$	$D \gtreqless F$				U	S	V				S	U	T
4	$i < \lambda_{TV}$	$D \gtreqless -F$	T	V	U				V	T	S			
5	$i = \lambda_{SU}$	$D = F$				S und U	V					S und U	T	
6	$i = \lambda_{TV}$	$D = -F$	T und V	U					T und V	S				

* Die oberen Ungleichheitszeichen gelten für S- bzw. T-Aufschlag, die unteren für U- bzw. V-Aufschlag.

f) Zahnaustritt

Es wird in der Praxis oft beobachtet, daß der Werkstoff des Werkstückes an der Austrittsebene ausbricht — besonders bei den neueren Metallen wie Beryllium — oder, daß Grat an der Austrittsebene entsteht, der gewöhnlich einen besonderen, kostenverursachenden Arbeitsgang erforderlich macht. Die Vermutung liegt nahe, daß diese Erscheinungen im Zusammenhang stehen mit der Richtung des Austrittes des Fräserzahnes aus dem Werkstück und mit dem Ort der Spanfläche, der zuerst die Austrittsebene durchbricht. Eingehendere Untersuchungen, die vom Verfasser in dieser Beziehung eingeleitet wurden, sind noch nicht abgeschlossen, jedoch kann das Nomogramm (Abb. S/17) und das graphische Verfahren der Abb. S/23 mit kleinen Abänderungen zur Bestimmung der Austrittsverhältnisse benutzt werden, wenn Eintritts- und Austrittsebene parallel sind. Die Änderung erstreckt sich nur darauf, daß statt des Abstandes der Fräserachse von der *Eintritts*-Ebene ihr Abstand von der *Austritts*-Ebene genommen wird. Dabei ist der Begriff „vor" und „hinter" der Eintrittsebene in „vor" und „hinter" der Austrittsebene zu ändern. Fälle, die unter den Begriff „hinter" der Eintrittsebene fallen, werden meistens Fälle „vor" der Austrittsebene werden.

Der Aufschlagsort braucht dabei *nicht* der Ort ersten Austrittes zu sein. Abb. S/30 zeigt einen Stirnfräser und drei verschiedene Austrittsebenen. Die Drehachse liegt hinter der Eintrittsebene und auch noch hinter der Austrittsebene *1*. Unter diesen Umständen tritt gewöhnlich der Aufschlagsort auch zuerst aus dem Werkstück heraus. Wenn die in Tab. S/1 für *U*-Aufschlag angegebenen Bedingungen erfüllt sind, so wird zwar der positive Eintrittswinkel ε in einen kleineren Austrittswinkel ε_{a_1} übergehen, jedoch positiv bleiben; dies ersieht man am besten, wenn man die Austrittsebene *1* als eine näher an die Fräserachse verlegte Eintrittsebene betrachtet.

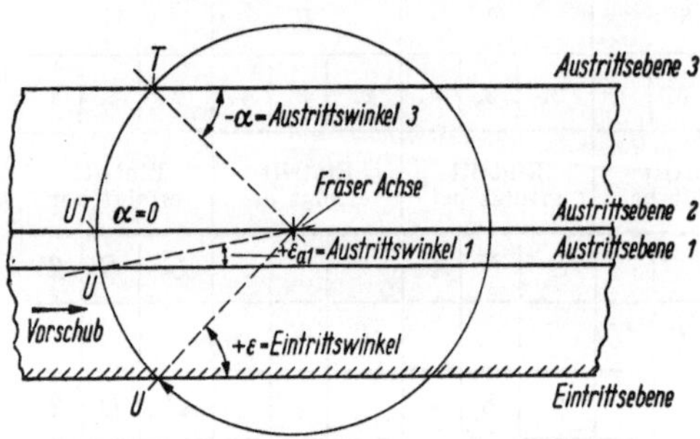

Abb. S/30. Änderung eines *U*-Aufschlages in *UT*- und *T*-Austritt des Fräserzahnes bei verschiedener Werkstückbreite und Lage der Fräserachse

Wird dagegen diese „Eintrittsebene" genau unter die Fräserachse verlegt, d. h., liegt die Fräserachse in der Austrittsebene (*2* in Abbildung S/30), so geht der *U*-Aufschlag in *UT*-Austritt über. Liegt die Austrittsebene (*3* in der Abbildung) hinter der Fräserachse, so tritt Punkt *T* zuerst aus (*T*-Austritt). Die Breite des Werkstückes, und die gegenseitige Lage von Eintrittsebene, Austrittsebene und Fräserachse können also eine Änderung in dem ersten Austrittsort in Vergleich zum Aufschlagsort herbeiführen.

Im graphischen Verfahren (Abb. S/23) kommen diese Änderungen in der Änderung des Kennwinkels und evtl. in Umkehr der Bewegungsrichtung der Kennlinie zum Ausdruck.

Die folgenden Regeln kann man graphisch ableiten:

a) Der Aufschlagsort ist nicht immer der Ort, der zuerst aus dem Werkstück austritt.

b) Identität von Aufschlagsort und erstem Austrittsort wird um so unwahrscheinlicher, je breiter das Werkstück ist.

c) Am häufigsten tritt Punkt *T* zuerst aus, wenn er auch Aufschlagsort ist.

d) Für positiven Axialwinkel gilt: V-Aufschlag geht entweder in S- oder T-Austritt über; S-Aufschlag kann in T-Austritt übergehen, je nach Werkstückbreite und den anderen Werkzeugwinkeln.

e) Bei negativem Axialwinkel gilt: V-Aufschlag geht entweder in U- oder T-Austritt über; U-Aufschlag geht in T-Austritt über, je nach Breite des Werkstückes und den übrigen Winkeln.

g) Die Eindringzeit

Der Begriff der Eindringzeit wird zweckmäßigerweise in zwei Begriffe, nämlich in die Gesamteindringzeit und die Teileingriffszeit, geteilt.

Gesamteindringzeit ist die Zeit, die vom Augenblick der ersten Berührung (Aufschlag) von Spanfläche und Eintrittsebene bis zu dem Augenblick vergeht, in dem der letzte Spanflächenpunkt zum Eingriff gekommen ist. Während dieser Zeit wächst der Span von Null bis zur vollen Anfangsgröße (Anfangsspanquerschnitt) und die Schnittkraft am Zahn gleichfalls von Null bis zum vollen Anfangswert an.

Teileingriffszeit ist die Zeit, die zwischen Aufschlag und Eintritt des 2., 3. bzw. 4. Punktes vergeht.

Der neu eingeführte Begriff der Teileingriffszeit hat sich als fruchtbar in der Aufklärung der wichtigsten Gründe für die plötzliche Änderung der Standzeit des Fräsers erwiesen, wie unten (Seiten 40 ff.) ausführlich dargelegt werden soll. Statt der Teil- oder Gesamteindringzeit können auch die Entfernungen (Tab. S/1) der einzelnen Punkte von der Eintrittsebene benutzt werden, da die Zeiten sich mit ihnen bei gegebener Schnittgeschwindigkeit ändern.

Die Gesamteingriffszeit beeinflußt die Größe des Stoßes; je größer die Gesamteingriffszeit oder je größer die Entfernung des letzten Eingriffspunktes, desto langsamer ist der Zuwachs des Spanquerschnittes und geringer der Stoß.

Da die Entfernungen y_S, y_T, y_U, y_V usw. in Richtung der Tangente des Fräserdurchmessers gemessen werden, d. h., in Schnittgeschwindigkeitsrichtung erhält man die Eingriffszeit allgemein zu:

$$E = \frac{y \cdot 60}{1000\,v}\ \text{sek} \qquad (S/23)$$

hierbei ist

v Schnittgeschwindigkeit m/min
y Entfernung des betrachteten Eingriffsortes von der Eintrittsebene (mm).

In Tab. S/4 sind die Entfernungen für die letzten Eingriffspunkte und die Gesamteingriffszeiten gemäß Tab. S/1 und S/3 zusammengestellt.

Tabelle S/4. *Entfernung des letzten Eingriffsortes der Spanfläche von der Eintrittsebene im Augenblick des Aufschlages des ersten Eingriffsortes bei gerader Hauptschneide nebst Eindringzeit*

Nr.	Erster Eingriffsort (Aufschlag)	Letzter Eingriffsort (gemäß Tab. S/3)	Entfernung des letzten Eingriffsortes (gemäß Tab. S/1) (in Umdrehungsrichtung)	Entfernung des letzten Eingriffsortes mit Einsatz der Gln. (S/3 a u. b) (in Umdrehungsrichtung)	$E = $ Gesamteindringzeit (y in mm) (v in m/min)
1	S	U	$y_U = F - D$	$y_U = s_z \cos\varepsilon(\tan r - \tan\varepsilon) - t[\tan\varepsilon(\tan r - \tan\varepsilon) - \tan a]$	$\dfrac{y_U \cdot 60}{1000\,v}$ sek
2	T	V	$y_V = F + D$	$y_V = s_z \cos\varepsilon(\tan r - \tan\varepsilon) + t[\tan\varepsilon(\tan r - \tan\varepsilon) - \tan a]$	$\dfrac{y_V \cdot 60}{1000\,v}$ sek
3	U	S	$y_S = -(F - D)$	$y_S = -[s_z \cos\varepsilon(\tan r - \tan\varepsilon) - t[\tan\varepsilon(\tan r - \tan\varepsilon) - \tan a]]$	$\dfrac{y_S \cdot 60}{1000\,v}$ sek
4	V	T	$y_T = -(F + D)$	$y_T = -[s_z \cos\varepsilon(\tan r - \tan\varepsilon) + t[\tan\varepsilon(\tan r - \tan\varepsilon) - \tan a]]$	$\dfrac{y_T \cdot 60}{1000\,v}$ sek
5	ST	UV	$y_V = y_{UV} = F$	$y_{UV} = s_z \cos\varepsilon(\tan r - \tan\varepsilon)$	$\dfrac{y_{UV} \cdot 60}{1000\,v}$ sek
6	UV	ST	$y_T = y_{ST} = -F$	$y_{ST} = -(s_z \cos\varepsilon(\tan r - \tan\varepsilon))$	$\dfrac{y_{ST} \cdot 60}{1000\,v}$ sek
7	VS	UT	$y_U = y_{UT} = -D$	da $r = \varepsilon$: $y_{UT} = +t \tan a$	$\dfrac{y_{UT} \cdot 60}{1000\,v}$ sek
8	UT	VS	$y_S = y_{VS} = +D$	da $r = \varepsilon$: $y_{VS} = -t \tan a$	$\dfrac{y_{VS} \cdot 60}{1000\,v}$ sek
9	Vollaufschlag	—	—	Null	Null

Bei abgeschrägter Schneide werden die Gleichungen für die y-Entfernungen und für die Eindringzeit sehr unübersichtlich. Jedoch konnte auch hierfür ein graphisches Verfahren entwickelt werden.

h) Graphische Ermittlung der Gesamteindringzeit

Die Gesamteindringzeit und damit die Aufschlagsstärke (Aufprall) kann graphisch unter Erweiterung des oben bereits dargestellten Verfahrens für jede Form der Hauptschneide ermittelt werden. Aus Abb. S/23 ergibt sich, daß Zerspanung in dem Augenblick beginnt, in dem die Kennlinie einen Punkt des Umrisses des gestrichelten Anfangsspanquerschnittes $S_a S_b T U K V_a S_a$ berührt. Der Span entwickelt sich allmählich mit dem Fortschritt der Kennlinie über diese gestrichelte Fläche und ist zur vollen Größe angewachsen, wenn der letzte Umrißpunkt von der Kennlinie erreicht worden ist. Von diesem Augenblick an nehmen alle innerhalb des Umrisses liegende Punkte der Spanfläche an der Zerspanung teil.

Beispielsweise hat sich bei einem Kennwinkel von $\varepsilon = +18°$ (Abbildung S/23) noch kein Span entwickelt, wenn die Kennlinie den Punkt V_a gerade berührt, während sich der volle Span gebildet hat, wenn die Kennlinie den Punkt S_b erreicht. Man erkennt daraus, daß die Gesamteindringzeit E_g gleich der Zeit ist, die die Kennlinie benötigt, um von V_a nach S_b zu gelangen. Die Gesamteintrittszeit kann durch Division der Entfernung L_f ($V_a \ldots S_b$ in Abb. S/23) durch die Geschwindigkeit v_k der Kennlinie errechnet werden, gemäß:

$$E_g = \frac{L_f}{v_k}. \tag{S/24}$$

Die Kennliniengeschwindigkeit kann an Hand der Abb. S/20 bestimmt werden. Der Schnittgeschwindigkeitsvektor (v) ist durch die Strecke PN, die in Umdrehungsrichtung des Stirnfräsers liegt, dargestellt. In demselben horizontalen Dreieck PNM liegt auch der Geschwindigkeitsvektor $(v_k') = MN$, der Schnittlinie LM von Spanfläche und Eintrittsebene. Aus dem Sinussatz folgt:

$$\frac{v_k'}{v} = \frac{\cos r}{-\sin(r - \varepsilon)}. \tag{S/25}$$

Durch Einsetzen der Gl. (S/7) in Gl. (S/25) ergibt sich mit Berücksichtigung der Gl. (S/8):

$$\frac{v_k'}{v} = \frac{-\tan i'}{\tan a} = \frac{-\tan i}{\tan a \cos \varepsilon}. \tag{S/26}$$

Dieselben Gründe, die zur Heranziehung der Bezugsebene an Stelle der Eintrittsebene führten (vgl. Seite 20), gelten auch hier, d. h., daß statt der Geschwindigkeit v_k' in der Eintrittsebene, die Kennliniengeschwindigkeit v_k in der Bezugsebene für das graphische Verfahren zur Bestimmung der Eintrittszeit benutzt wird. Es ist:

$$v_k = v_k' \cos\varepsilon. \tag{S/27}$$

Aus Gl. (S/26) und Gl. (S/27) ergibt sich mit der Gl. (S/9) die folgende Gleichung

$$v_k = \frac{-v}{\tan r - \tan\varepsilon}. \tag{S/28}$$

Das negative Vorzeichen zeigt die Richtung der Kennliniengeschwindigkeit v_k an. Sie wird positiv gerechnet, wenn sich die Kennlinie von der Fräserachse fortbewegt, d. h., wenn $\varepsilon > r$ ist (vgl. Abb. S/19). Für die Gesamteintrittszeit E_g gilt somit:

$$\boxed{E_g = \frac{\pm L_f(\tan r - \tan\varepsilon)\cdot 60}{1000\,v}\ \text{sek}} \tag{S/29}$$

hierin ist die Schnittgeschwindigkeit v in Metern/Minute und L_f in Millimetern einzusetzen.

Beispiel: Die Gesamteindringzeit für einen Fräserzahn mit gerader Hauptschneide ist graphisch zu ermitteln. Gegeben sind: Axialwinkel $a = -10°$; Radialwinkel $r = -10°$; Eintrittswinkel $\varepsilon = +11°20'$; Eckenwinkel $e = 15°$; Schnittgeschwindigkeit 151 m/min; Kennlinienwinkel $i = +25°$:

Abb. S/31 zeigt die graphische Lösung. Die Kennlinie bewegt sich von rechts nach links, sie berührt Punkt U des Umrisses des Spanquerschnittes zuerst und Punkt S zuletzt. Mit der am oberen Rand der Abb. S/31 angebrachten Teilung ergibt sich $L_f = 0{,}67$ mm; aus Gl. (S/29) folgt bei Einsetzung der gegebenen Größen:

$$E_g = -\frac{0{,}67 \cdot (-0{,}176 - 0{,}200)\cdot 60}{1000\cdot 151} = \frac{0{,}1}{1000}\ \text{sek.}$$

Die Kennliniengeschwindigkeit v_k kann mit Hilfe der Gl. (S/28) geprüft werden; sie ist

$$v_k = \frac{-151}{-0{,}176 - 0{,}200} = 402\ \text{m/min.}$$

E_g ergibt sich damit auch aus Gl. (S/24):

$$E_g = \frac{0{,}67 \cdot 60}{402} = \frac{0{,}1}{1000}\ \text{sek.}$$

Wenn die Strecke L_f (Abb. S/31) so groß wird, daß sie über die Zeichenebene hinausgeht, ist es bequemer, statt ihrer die Strecke L_d (Abb. S/32) und die zur Kennliniengeschwindigkeit senkrechte Geschwindigkeit (v_d) zu benutzen. Da v_d und v_k den Kennlinienwinkel i

einschließen, ergibt sich:

$$v_d = \frac{v_k}{\tan i} = \frac{-v}{\tan a}.$$ (S/30)

Die letztere Form der Gl. (S/30) erhält man durch Ersatz von $\tan i$ gemäß Gl. (S/9) und von v_k durch Gl. (S/28). Es ist oft einfacher mit der Geschwindigkeit v_d [Gl. (S/30)] zu rechnen als mit der Geschwindigkeit v_k [Gl. (S/28)], da bei Gl. (S/30) nur der Axialwinkel zu berücksichtigen ist, während bei Gl. (S/28) Radial- und Eintrittswinkel in Rechnung zu stellen sind.

Die Gesamteintrittszeit E_g ergibt sich somit auch aus:

$$E_g = \frac{\pm L_d \tan a \cdot 60}{1000\,v}\ \text{sek.}$$ (S/31)

Der Vergleich der Abmessungen L_d (Abb. S/31 und S/32) ermöglicht eine unmittelbare anschauliche Beurteilung der Eintrittszeiten. Es ist

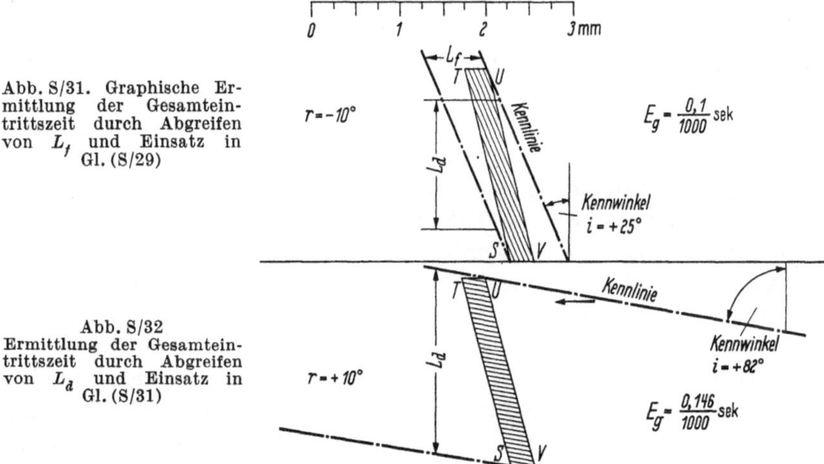

Abb. S/31. Graphische Ermittlung der Gesamteintrittszeit durch Abgreifen von L_f und Einsatz in Gl. (S/29)

Abb. S/32 Ermittlung der Gesamteintrittszeit durch Abgreifen von L_d und Einsatz in Gl. (S/31)

Unmittelbarer anschaulicher Vergleich der Gesamteintrittszeiten durch Vergleichen von L_d in Abb. S/31 und S/32.
Konstante für beide Abbildungen: $a = -10°$; $\varepsilon = +11{,}3°$; $e = 15°$; $v = 151$ m/min; $s_z = 0{,}25$ mm/Zahn; $t = 3$ mm. Kennlinienbewegung von U bis S.
Veränderliche: Abb. S/31 $r = -10°$; Abb. S/32 $r = +10°$

daher oft nicht nötig, die Gesamteintrittszeiten selbst zu bestimmen, sondern es genügt ein Vergleich der Abmessungen L_d (oder gegebenenfalls L_f).

Die folgenden Regeln für Eintrittszeitvergleiche ergeben sich:

a) Die Gesamteintrittszeit ist um so größer, je größer die Entfernung L_f ist, wenn der Axialwinkel die einzige veränderliche Größe ist.

b) Die Gesamteintrittszeit ist um so größer, je größer die Entfernung L_d ist, wenn entweder der Radialwinkel oder der Eintrittswinkel die einzige veränderliche Größe ist.

c) Die Gesamteintrittszeit ist um so größer, je größer L_f oder L_d ist, wenn der Eckenwinkel e die einzige veränderliche Größe ist.

Die beiden Beispiele in Abb. S/31 und 32 lassen unmittelbar erkennen, daß die Gesamteintrittszeit in dem letzteren Fall größer ist als im ersten Fall, da L_d im Beispiel der Abb. S/32 größer ist als in Abb. S/31. Eine kurze Gesamteintrittszeit bedeutet stärkeren Aufprall als eine lange Gesamteintrittszeit.

Das Aufprallverhältnis ist dem L_d- (oder L_f-) Verhältnis umgekehrt proportional. Mit $L_d = 2{,}1\ \text{mm}$ im Beispiel der Abb. S/32 und $L_d = 1{,}45\ \text{mm}$ in Abb. S/31 ergibt sich, daß der Aufprall mit negativem Radialwinkel 46% größer ist als mit positivem Radialwinkel.

i) Praktische Ergebnisse

Die anscheinend rätselhaften Ursachen für den plötzlichen Abfall der Standzeit, der oft eintritt wenn der Eintrittswinkel (ε) größer als etwa $+10°$ wird, können nunmehr mit Hilfe des oben neu eingeführten Begriffes der Teileindringzeit in Erweiterung der ursprünglich entwickelten Gleichungen aufgeklärt und an Hand von praktischen Ergebnissen bewiesen werden. Auf ·die anderen hierbei mitwirkenden Einflüsse, wie die Änderung der Vorschubkräfte, Schwingungen u. a. m., wird später eingegangen (s. Tab. S/27 und S/28).

Bereits im Jahre 1945 wurden auf meine Ausarbeitungen hin bei der Cincinnati Milling Machine Co. Versuche unternommen, die sich u. a. mit der Veränderung der Standzeit beim Stirnfräsen in Abhängigkeit vom Eintrittswinkel ε befaßten. Hierbei wurde die Breite des Werkstückes bei Änderung des Eintrittswinkels auch geändert, nämlich so, daß der Schnittbogen für alle Versuche der gleiche war (80 mm); dadurch wurden Einflüsse verschiedener Schnittbogenlängen auf die Standzeit ausgeschlossen. Die Versuchsergebnisse sind in Abb. S/33 graphisch dargestellt. Die Standzeit ist in Kubikzentimeter zerspanten Werkstoffes pro Zentimeter Schneidenlänge ausgedrückt. Die Abbildung zeigt deutlich, daß die Standzeit von mehr als 2000 cm³ plötzlich auf fast Null fällt, wenn der Eintrittswinkel größer als $+10°$ und besonders, wenn er größer als $+20°$ wird. Die Orte des Aufpralls sind an der Standvolumenkurve angegeben, sie wechseln von T-Aufschlag über UT-Aufschlag zu U-, UV- und schließlich V-Aufschlag.

In einem Aufsatz von DÜRR[1], in dem die Kurve der Abb. S/33 zitiert und wiedergegeben ist, ist insofern ein Druckfehler vorgekommen,

---

[1] DÜRR, A.: Neuere Bearbeitungsmethoden und Konstruktionen im Fräsmaschinenbau. Ind. Org. 1950, Sonderdruck S. 2, Abb. 5.

als auf der X-Achse statt des Eintrittswinkels ε der Schnittwinkel aufgetragen ist. In der Unterschrift ist der Ausdruck „Angriffswinkel" benutzt worden.

Die Ergebnisse der Abb. S/33 wurden etwas später durch Versuche der Carboloy Co.[1] grundsätzlich bestätigt, obgleich die Schnittbogen-

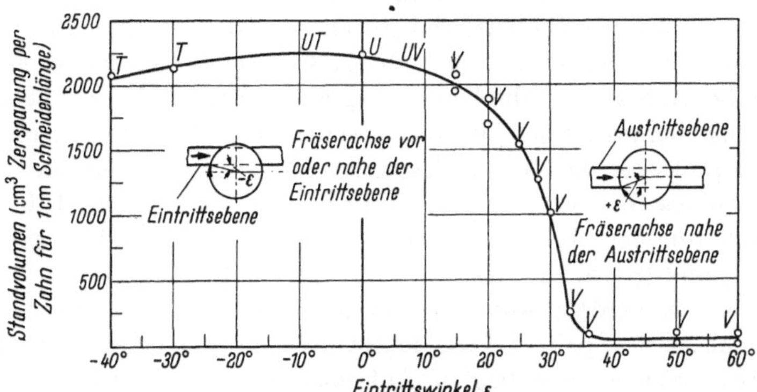

Abb. S/33. Darstellung der plötzlichen Standzeitänderung beim Stirnfräsen in Abhängigkeit vom Eintrittswinkel ε (Versuchsergebnisse bei der Cincinnati Milling Mach. Co.)

länge hierbei nicht konstant gehalten worden war. Aus Abb. S/34 ist derselbe starke Abfall bis auf fast Null für die Standzeit erkenntlich, wenn der Eintrittswinkel größer als $+20°$ genommen wurde.

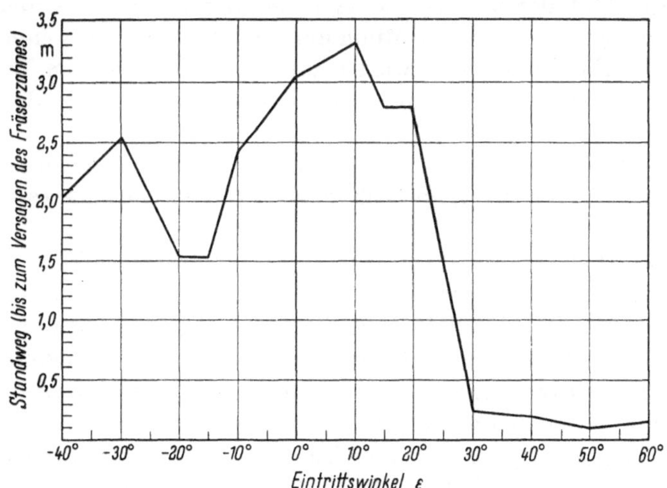

Abb. S/34. Darstellung der plötzlichen Standzeitänderung beim Stirnfräsen in Abhängigkeit vom Eintrittswinkel ε (Versuchsergebnisse bei der Carboloy Co.)

---

[1] LUCHT, F. W.: Some effects of work positioning when face milling steel. Trans. ASME, April 1946.

Die Standzeit ist hier als Standweg in Metern bis zum Versagen des Werkzeuges ausgedrückt.

Diese Ergebnisse können nicht mit der Aufschlagstärke allein erklärt werden, da letztere ein Maximum bei einem bestimmten Eintrittswinkel erreichen und sowohl bei größeren als auch kleineren Eintrittswinkeln abnehmen müßte. Die Standzeit in den Versuchen fiel aber bei größer werdenden Eintrittswinkeln ab, was darauf hindeutet, daß sowohl der Aufschlagsort als auch die Aufschlagsstärke eine Rolle in dem plötzlichen Standzeitabfall spielen müssen. Anstatt die Aufschlagsstärke selbst heranzuziehen, ist es bequemer, die Eindringzeit, die ja einen Reziprokwert der Aufschlagsstärke darstellt, zu benutzen.

Eine Analyse der Versuchsergebnisse der Abb. S/33 ist in Tab. S/5 rechnerisch durchgeführt, wobei zuerst die Größen D und F gemäß Gln. (S/3a) und (S/3b) für Eintrittswinkel von $-40°$ bis $+60°$ in Millimeter ermittelt werden. Aus den Vorzeichen für D und F ergibt sich der Aufschlagsort (Spalte 4), wie in Spalte 5 auf Grund der Tab. S/1 gezeigt ist. Beispielsweise liegt T-Aufschlag vor, wenn sowohl D als auch F positiv sind (6. und 7. Spalte der Tab. S/1). In Spalten 6, 7 und 8 der Tab. S/5 wird der 2. Eintrittsort, d. h. seine Lage, wie z. B. U und die Entfernung von U von der Eintrittsebene, im Augenblick des T-Aufschlages auf Grund der Größenordnung von D und F ($D > F$ usw.) nach Tab. S/3 bestimmt. Die übrigen Eintrittsorte und ihre Entfernungen sind in Spalten 9—14 enthalten.

Aus Spalte 14 der Tab. S/5 können die Gesamteintrittszeiten entnommen werden, die hier ein Minimum bei $\varepsilon = +10°$ aufweisen und bei größeren Eintrittswinkeln wieder zunehmen. Mit anderen Worten, die Standzeit müßte auf Grund der ansteigenden *Gesamt*eindringzeit auch ansteigen, da der Aufprall und das Anwachsen der Schnittkraft von Null bis zum vollen Eingriff sich entsprechend verringert. Die Ergebnisse der Abb. S/33 zeigten jedoch ein anderes Standzeitverhalten.

Die Lösung dieses Widerspruches kann am besten an Hand einer graphischen Darstellung der in Tab. S/5 errechneten *Teil*eindringzeiten erkannt werden. In Abb. S/35 sind diese Zeiten gemäß Spalten 8, 11 und 14 der Tab. S/5 in Abhängigkeit vom Eintrittswinkel ε aufgetragen. Eindringzeit „Null“ kennzeichnet den jeweiligen Aufschlag (z. B. T für $\varepsilon = -40°$), der nächste Eintrittsort ist U der 0,063/1000 sek nach Aufschlag in das Werkstück eindringt (erste Reihe der Tabelle S/5). Der 3. Eintrittsort ist S, der jedoch 17mal soviel Zeit bis zum Eintritt verstreichen läßt (1,07/1000 sek), wie Punkt U. Schließlich folgt Punkt V recht schnell hinter Punkt S. Die Teileindringzeit zwischen Aufschlag und 2. Eintritt ist stets gleich der Zeit zwischen 3. und 4. Eintritt.

Tabelle S/5. *Analyse der plötzlichen Standzeitänderung beim Stirnfräsen mit verschiedenen Eintrittswinkeln ε (Abb. S/33)*

Ein-tritts-winkel ε	F gemäß Gl. (S/3 b) mm	D gemäß Gl. (S/3 a) mm	Aufschlagsort		Entfernungen, Eindringzeit und Lage der anderen Eintrittsorte im Augenblick des Aufschlages									
					2. Eintritt			3. Eintritt			4. Eintritt			
				Begründung s. Spalten 6 u. 7 Tab. S/1	mm und Lage	Begründung s. Tab. S/1 und S/3	Teil-Ein-dringzeit $^1/_{1000}$ sek	mm und Lage	Begründung s. Tab. S/1 und S/3	Teil-Ein-dringzeit $^1/_{1000}$ sek	mm und Lage	Begründung s. Tab. S/1 und S/3	Gesamt-Eindring-zeit $^1/_{1000}$ sek
1	2	3	4	5	6	7	8	9	10	11	12	13	14
$-40°$	$+0,127$	$+2,14$	T	D positiv F positiv	0,127 U	$y_U=+F$ $D>F$	0,063	2,14 S	$y_S=+D$ $D>F$	1,07	2,267 V	$y_V=D+F$ $D>F$	1,134
$-30°$	$+0,087$	$+1,55$	T	D positiv F positiv	0,087 U	$y_U=+F$ $D>F$	0,0435	1,55 S	$y_S=+D$ $D>F$	0,775	1,657 V	$y_V=D+F$ $D>F$	0,829
$-20°$	$+0,044$	$+1,08$	T	D positiv F positiv	0,044 U	$y_U=+F$ $D>F$	0,022	1,08 S	$y_S=+D$ $D>F$	0,54	1,124 V	$y_V=D+F$ $D>F$	0,562
$-10°$	0	$+0,67$	UT	D positiv $F=0$	0,67 VS	$y_S=y_V=+D$ $D=+;F=0$	0,335	—	—	—	—	—	—
$0°$	$-0,044$	$+0,285$	U	D positiv F negativ	0,044 T	$y_T=-F$ $D>F$	0,022	0,285 V	$y_V=+D$ $D>F$	0,143	0,329 S	$y_S=D-F$ $D>F$	0,165
$+10°$	$-0,087$	$-0,107$	V	D negativ F negativ	0,087 S	$y_S=-F$ $D<F$	0,044	0,107 U	$y_U=-D$ $D<F$	0,054	0,194 T	$y_T=-F-D$ $D<F$	0,097
$+20°$	$-0,127$	$-0,520$	V	D negativ F negativ	0,127 S	$y_S=-F$ $D<F$	0,063	0,52 U	$y_U=-D$ $D<F$	0,27	0,647 T	$y_T=-F-D$ $D<F$	0,324
$+30°$	$-0,163$	$-0,985$	V	D negativ F negativ	0,163 S	$y_S=-F$ $D<F$	0,0815	0,985 U	$y_U=-D$ $D<F$	0,493	1,148 T	$y_T=-F-D$ $D<F$	0,574
$+40°$	$-0,193$	$-1,57$	V	D negativ F negativ	0,193 S	$y_S=-F$ $D<F$	0,097	1,57 U	$y_U=-D$ $D<F$	0,785	1,763 T	$y_T=-F-D$ $D<F$	0,882
$+60°$	$-0,238$	$-3,55$	V	D negativ F negativ	0,238 S	$y_S=-F$ $D<F$	0,119	3,55 U	$y_U=-D$ $D<F$	1,775	3,188 T	$y_T=-F-D$ $D<F$	1,894

Konstante Versuchswerte: Vorschub $s_z=0,25$ mm/Zahn; Schnittiefe $t=3,8$ mm; Eckenwinkel $e=30°$; Axial- und Radialwinkel $a=r=-10°$; Schnitt-geschwindigkeit $v=120$ m/min; Schnittbogenlänge 80 mm

Legt man nun eine Verbindungskurve durch alle S-Punkte der Abb. S/35, so erkennt man, daß die empfindliche Spitze S des Fräserzahnes sehr schnell dem Aufschlag folgt, wenn der Eintrittswinkel $\varepsilon \geqq +10°$ wird! Von da an fiel die Standzeit sehr plötzlich ab (siehe Abb. S/33).

Wir kommen also zu dem neuen Ergebnis, daß die Standzeit des Fräsers durch die Eintrittszeit der Zahnspitze d. h. des Punktes S, wesentlich bestimmt wird. Ist sie groß wie bei $\varepsilon = -40°$, so ist die Standzeit

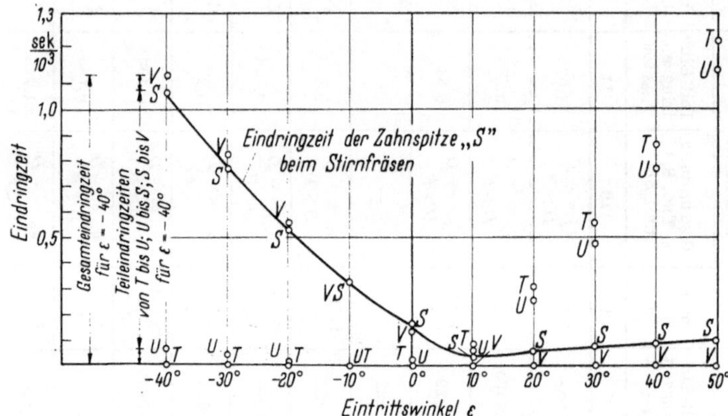

Abb. S/35. Darstellung der Teil- und Gesamteindringzeiten zur Erforschung der Gründe der plötzlichen Standzeitänderungen bei Veränderung des Eintrittswinkels ε (Analyse der Versuchsergebnisse der Abb. S/33)

groß; ist die Eintrittszeit für S klein wie für $\varepsilon > 10°$, so ist die Standzeit schlecht. Bei $\varepsilon = 0°$ liegt der günstige U-Aufschlag in diesem Beispiel vor und S ist der letzte Eintrittspunkt, daher ist die Standzeit auch gut wie die praktischen Versuche bewiesen haben! Sie ist hier sogar das Maximum (Abb. S/33).

Die Eindringzeit des Punktes S ist für alle Eintrittswinkel, die in diesem Beispiel größer als $+10°$ sind sehr klein. S folgt dem V-Aufschlag sehr schnell nach, so daß die empfindliche Spitze S infolge des kurz vorher erfolgten V-Aufschlages ausbricht. *Dies erklärt somit den Einfluß der Schneidengeometrie auf den plötzlichen Standzeitabfall mit größer werdendem Eintrittswinkel ε!*

Für die Praxis ist daraus ferner zu folgern, daß es hinsichtlich der Standzeit erheblich vorteilhafter ist große Stirnfräser zu verwenden, deren Drehachse vor der Eintrittsebene, d. h. mit negativem Eintrittswinkel, angeordnet werden kann.

Ein weiterer Gesichtspunkt für die Aufklärung des plötzlichen Standzeitabfalles wird später (s. Seiten 65 ff.) erörtert werden, nämlich der offensichtlich nachteilige Einfluß des Gegenlauffräsens, das bei positivem Eintrittswinkel vorliegt und sozusagen ein „Schlittern" des Fräserzahnes fördert, d. h. einen dünnen Spananfang ergibt. Bei negativem Eintrittswinkel liegt dagegen Gleichlauffräsen vor, wobei der Span zuerst dick ist und bei weiterer Drehung des Fräsers dünner wird. Dies ist im allgemeinen gut für lange Standzeit.

Ebenso spielen Schwingungserscheinungen hinein (s. Seiten 46 u. 47).

Weitere praktische Ergebnisse, für die die obigen Ableitungen ebenfalls die Begründung abgeben, wurden von KRABACHER[1] und HAGGERTY in einem Vortrag bekanntgegeben, worin gesagt wurde: „Gute Standzeiten wurden nur bei Eintrittswinkeln zwischen $-10°$ und $-20°$ erzielt. Bei Eintrittswinkeln zwischen $+10°$ und $+50°$ ist die Standzeit sehr gering. Das bezieht sich besonders auf das Stirnfräsen von Stahl".

Abb. S/36 zeigt ihre Versuche, die beweisen, daß auch bei oxydkeramischen Fräsern mit gerader Hauptschneide (Kurve *b*) die Standzeit plötzlich abfällt, wenn ε (in diesem Fall) größer als $-10°$ wird. Der geringe Wiederanstieg bei $\varepsilon > 35°$ ist ebenfalls auf die Eingriffszeiten der Spitze *S* zurückzuführen. Abb. S/35 zeigte dies schon in geringem Maße. Die Geometrie der Schneidenwinkel spielt natürlich eine Rolle; der Radial- und Axialwinkel war $-5°$ in diesen und $-10°$ in den vorher erörterten Versuchen.

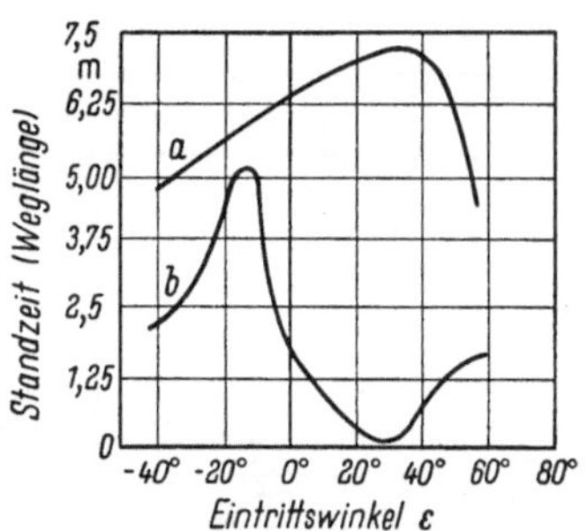

Abb. S/36
Abhängigkeit der Standzeit vom Eintrittswinkel (ε) bei oxydkeramischen Fräserzähnen. *a* Schräge Hauptschneide; *b* gerundete Hauptschneide (KRABACHER u. HAGGERTY)

Prof. RAYMOND O. CATLAND hat meine oben abgeleiteten Eindringzeiten in Versuchen bestätigt, die er am California Institute of Technology mittels Oszillographen durchgeführt hat[2]. Er veränderte den Eintrittswinkel dadurch, daß er den Tisch einer Waagerechtfräsmaschine, auf dem das Werkstück aufgespannt war, nach jedem Versuch um $^1/_2$ Zoll (= $\sim$12,5 mm) senkte. Anfangs war die Oberkante des Werkstückes etwa 75 mm oberhalb und beim letzten Versuch schließlich 75 mm unterhalb der Spindelachse.

Die Fräser hatten $0°$ Axial- und Radialwinkel. Der größte Eintrittswinkel war $+37°$ (wenn der Tisch in oberster Stellung war), der

---

[1] KRABACHER, E. J., u. W. A. HAGGERTY: Performance Characteristics of Ceramic Tools in Turning and Milling. Paper No. 145, vol. 58, book 2, vorgetragen vor der Tagung der Am. Soc. of Tool Engineers, Sept./Okt. 1958, Los Angeles, California.

[2] CATLAND, R. O.: Cutter Research, California Institute of Technology, durchgeführt mit Unterstützung des Office of Naval Research, US Navy. Veröffentlicht in "Metal Cutting Data", Bd. II, Nr. 2—CR 2, Februar 1947, S. 8—10.

kleinste $-37°$. Drei seiner Oszillogramme sind in Abb. S/37, S/38 und S/39 wiedergegeben für $\varepsilon = +37°$, $\varepsilon = 0°$ und $\varepsilon = -37°$. Die Gesamteintrittszeit ist durch den Winkel zwischen einer Senkrechten zu der von links nach rechts verlaufenden Zeitachse und der Oszillogrammkurve dargestellt, die das Anwachsen der Schnittkraft zeigt. Die Gesamteintrittszeiten stimmten nach Angabe von CATLAND mit den nach obigen Gleichungen rechnerisch ermittelten sehr genau überein.

Abb. S/38 zeigt einen Vollaufschlag, der gemäß Gl. (S/3a) und (S/3b) eintritt, wenn $\varepsilon = 0°$, $r = 0°$ und $a = 0°$ sind, wie es hier der Fall war. Die Gesamteintrittszeit ist Null, d. h., alle Punkte der Spanfläche dringen gleichzeitig in die Eintrittsebene ein und die Schnittkraft wächst sozusagen ohne Zeitverzögerung sogleich auf den vollen Wert an. Dies ist auf der Abbildung deutlich zu erkennen. Man sieht auch, daß dabei heftige Schwingungen entstehen, die natürlich für den praktischen Betrieb sehr unerwünscht sind.

Diese Schwingungen werden durch die elastischen Kräfte, besonders im Getriebe, und die dem Aufprall folgende Trennung der zusammenstoßenden Körper (Fräser und Werkstück) hervorgerufen. Echter Stoß erfordert Berührung und nachfolgende Körpertrennung.

In einer kurz vor Abschluß der Handschrift erschienenen Veröffentlichung[1], die sich gleichfalls mit der

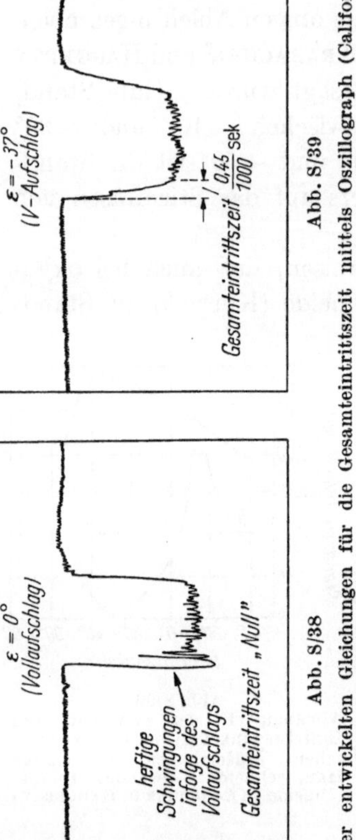

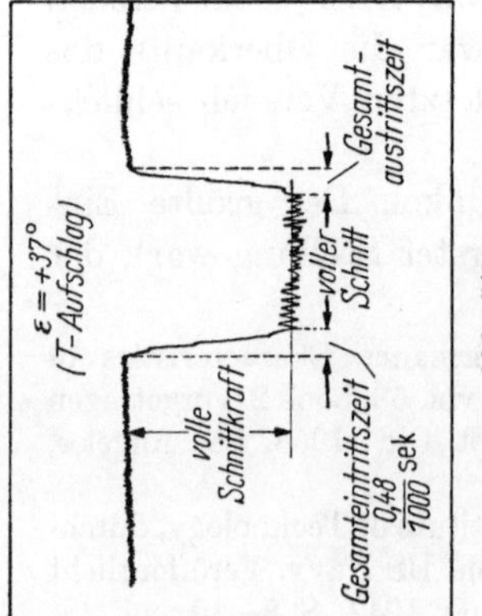

Abb. S/37—S/39. Praktische Nachprüfung der hier entwickelten Gleichungen für die Gesamteintrittszeit mittels Oszillograph (California Institute of Technology)

[1] LEHWALD, W.: Untersuchungen über den Einfluß der Auftreffbedingungen beim Stirnfräsen mit Hartmetall. Bericht aus dem Laboratorium für Werkzeugmaschinen und Betriebslehre der TH Aachen. Ind.-Anz. 1962, Nr. 11, S. 39—44.

Nachprüfung der Aufschlagsverhältnisse beim Stirnfräsen befaßt, kam LEHWALD ebenfalls zu dem Ergebnis, daß die mit meinen Gleichungen errechneten Eintrittszeiten gut mit den von ihm durchgeführten Messungen übereinstimmen. Abb. S/40 und S/41 geben, LEHWALDs Oszillogramme für UT- bzw. UV-Kontakt wieder. Bei UT-Kontakt ergibt die Rechnung eine Eindringzeit von 0,203 msek, die Versuche ergaben 0,20 msek. Für UV-Kontakt folgt aus der Berechnung eine erheblich kürzere Eindringzeit, nämlich nur etwa $^1/_{10}$

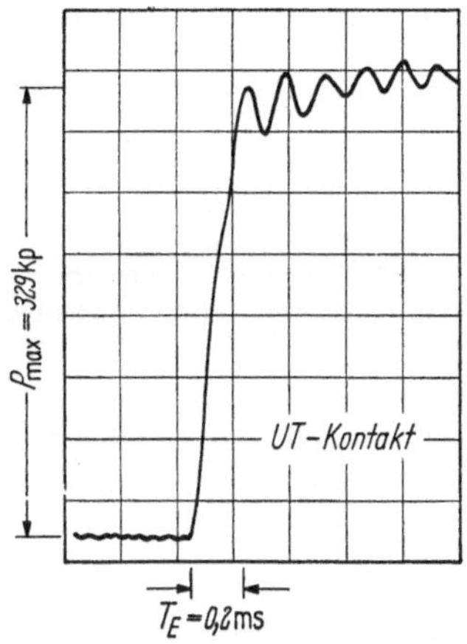

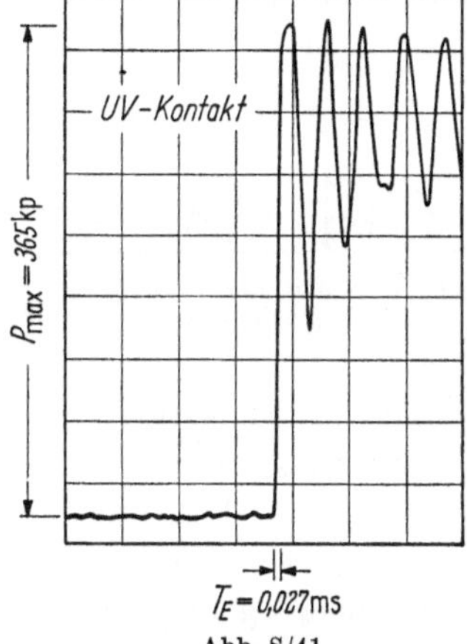

Abb. S/40
Lange Gesamteintrittszeit mit geringen Schwingungsamplituden bei UT-Kontakt

Abb. S/41
Kurze Gesamteintrittszeit mit starken Schwingungsamplituden bei UV-Kontakt (LEHWALD)

der Eindringzeit für UT-Kontakt, d. h. 0,021 msek. Die Versuche ergaben 0,027 msek. Aus Abb. S/40 für UT-Kontakt mit langer Eintrittszeit ersieht man, daß der Fräserzahneingriff erheblich schwingungsfreier als bei kurzer Eintrittszeit (Abb. S/41) erfolgt. Ähnlich wie bei CATLANDs Versuchen zeigen auch LEHWALDs Versuche starke Schwingungsamplituden bei kurzzeitigem Eingriff, d. h. bei hohem Stoßfaktor.

Andere praktische Ergebnisse bewiesen z. B., daß es möglich ist, durch kleine Änderungen des Radialwinkels (von $-10°$ auf $-15°$) bei gleichzeitiger Steigerung des Vorschubs von 360 mm/min auf 600 mm/min die Standzeit der Stirnfräser stark zu erhöhen. Vor der Untersuchung der Aufprallverhältnisse konnten die Aufspannflächen an etwa 500 Kurbelwellen in einer Automobilfabrik ohne Fräserwechsel gefräst werden, während mehr als 1100 solcher Kurbelwellenaufspannflächen nach der Änderung ohne Fräserwechsel gefräst werden konnten.

In einem anderen Fall, einer Traktorenfabrik, war der Eintrittswinkel $\varepsilon = +22°$ mit V-Aufschlag, wobei der Stirnfräser natürlich hinter der Eintrittsebene lag. Als die Stirnfräserachse über die Eintrittsebene gebracht wurde, so daß $\varepsilon = 0°$ wurde, entstand U-Aufschlag mit erheblich vermindertem „Hämmern" beim Eintritt der Fräserzähne und verbesserter Standzeit. Der Betriebsleiter war von der Arbeitsweise sehr befriedigt.

k) Weitwinkelfräsen

Auf Seite 70 des ersten Bandes ist bereits kurz auf die Anwendung sehr großer Eckenwinkel für die Produktionserhöhung hingewiesen worden, die der Verfasser im Jahre 1939 mit solchen Fräsern erzielte. Es handelte sich hierbei um Eckenwinkel, die gewöhnlich größer als 70° sind (d. h. Anstellwinkel $\varkappa < 20°$). Die Teileingriffzeiten und die

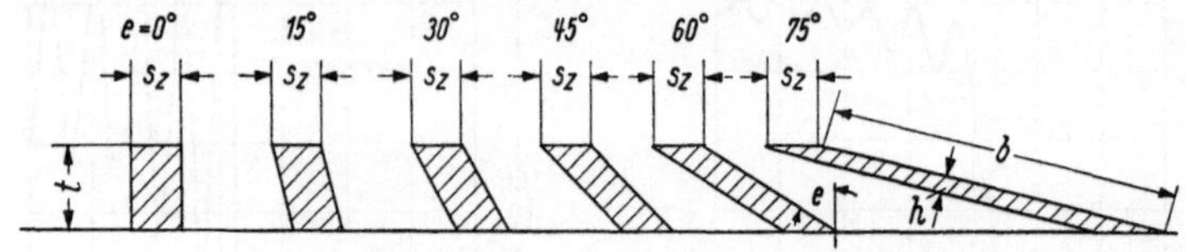

Abb. S/42. Änderung des Schlankheitgrades (b/h) des Spanquerschnittes bei Änderung des Eckenwinkels (e) und gleichbleibendem Vorschub (s_z)

Reihenfolge des Eingriffes der verschiedenen Punkte des Zahnes spielen dabei erfahrungsgemäß eine kleinere Rolle als bei den bisher behandelten, üblicheren Eckenwinkeln.

Bei sehr großen Eckenwinkeln wird der Span sehr dünn, wie aus Abb. S/42 hervorgeht und die zerspanungsphysikalischen Einflüsse treten mehr in den Vordergrund als die Aufschlagseinflüsse. Bei 75° Eckenwinkel ist der Schlankheitsgrad des Spanquerschnittes (vgl. Bd. I, Seite 129) erheblich größer als bei 0° Eckenwinkel, nämlich umgekehrt dem Quadrat des Cosinus des Eckenwinkels [$e = 90 - \varkappa$; vgl. Bd. I, Seite 136, Gl. (96)], d. h.

$$\frac{1}{\cos^2 75°} = \frac{1}{0,0665} = 15 : 1.$$

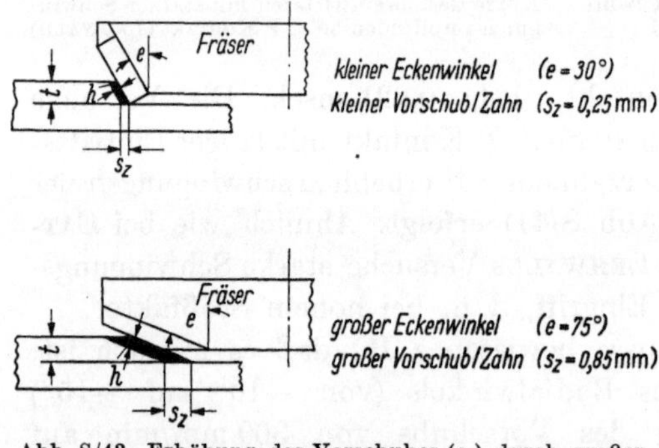

Abb. S/43. Erhöhung des Vorschubes (s_z) durch großen Eckenwinkel bei gleicher Spandicke (h) und Schnittiefe (t)

Schlanke Spanquerschnitte gestatten im allgemeinen bessere Standzeiten als gedrungene, jedoch auf Kosten der Erhöhung des spezifischen Schnittdruckes (vgl. Bd. I, Seite 200). Man kann weitere Vorteile mit großen Eckenwinkeln durch Erhöhung des Vorschubes/Zahn bei gleichbleibender Spandicke h erzielen (Abb. S/43). In diesem Beispiel konnte der Vorschub von 0,25 mm/Zahn bei $e = 30°$ auf 0,85 mm/Zahn bei $e = 75°$ gesteigert werden, was dem theoretischen

Vorschubverhältnis

$$\frac{s_{75}}{s_{30}} = \frac{\cos 30°}{\cos 75} = 3,35 : 1$$

entspricht. Entsprechend wurde auch die Spanbreite b dadurch vergrößert. Der Spanquerschnitt nahm im Vorschubverhältnis zu, was eine Zunahme der Schnittkräfte zur Folge hat auf die später im Kapitel Schnittkräfte noch einzugehen sein wird. Die Standzeit wurde durch den großen Eckenwinkel wesentlich verbessert (vgl. auch Abb. S/69),

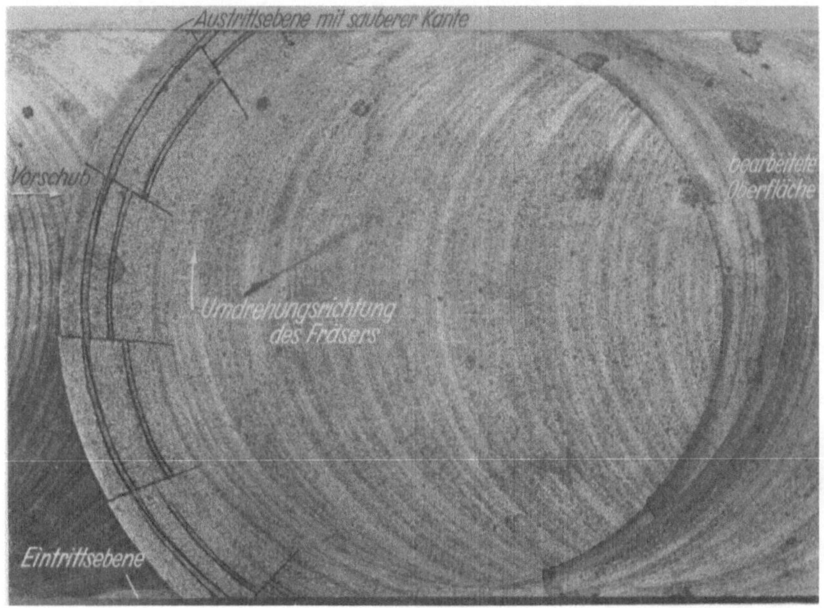

Abb. S/44. Stirnfräsen mit Weitwinkelfräser mit 2 Spanbrechernuten. Vorschub: 1775 mm/min; Vorschub/Zahn: 3 mm; Werkstoffabtragung: 795 cm³/min (saubere Austrittskante)

weil die Gesamteintrittszeit stark zunahm und Schwingungen, die bei kurzer Gesamteintrittszeit leicht auftreten (vgl. Abb. S/38), unterbunden werden konnten.

Zur weiteren Erforschung dieser Zusammenhänge wurden von mir Vergleichsversuche zwischen einem Weitwinkelstirnfräser (d. h. einem Stirnfräser mit großem Eckenwinkel) und einem üblichen Stirnfräser vorgenommen. Abb. S/44 zeigt die rattermarkenfreie Oberfläche des mit dem Weitwinkelfräser bearbeiteten Werkstückes, Abb. S/45 die mit Rattermarken versehene Oberfläche, wenn ein Normalfräser benutzt wurde. Allerdings wurden so große Vorschübe verwendet, wie sie für übliche Fräser selten in Frage kommen, nämlich 1775 mm/min (Weitwinkelfräser) und 905 mm/min (Normalfräser). Die Versuche mit dem Normalfräser mußten wegen der heftigen Schwingungen abgebrochen werden. Die Doppellinien auf Abb. S/44 sind durch Spanbrechernuten verursacht.

Ein weiterer Vorteil der Weitwinkelfräser liegt ferner in der sauberen Kante der Austrittsebene im Gegensatz zur zerklüfteten Kante beim

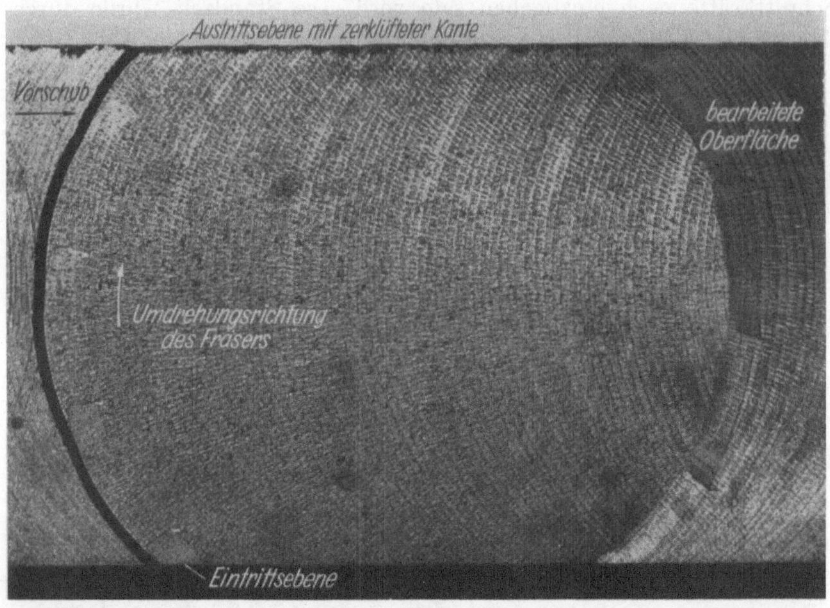

Abb. S/45

Stirnfräsen mit normalem Eckenwinkel. Vorschub: 905 mm/min; Vorschub/Zahn: 2,5 mm; Werkstoffabtragung: 410 cm³/min. (Man beachte die zerklüftete Kante der Austrittsebene und die heftigen Rattermarken)

Normalfräser, wie aus einem Vergleich der Austrittsebenen der Abb. S/44 und S/45 hervorgeht. Obgleich sich diese Versuche auf Gußeisen beziehen, ist anzunehmen, daß auch beim Fräsen der neueren Werkstoffe, wie z.B. Beryllium und ähnlichem, das Ausbrechen des Werkstoffes in der Austrittsebene durch Weitwinkelfräser vermieden werden kann. Gegenwärtig spannt man Stahlplatten gegen die Austrittsebenen bei Beryllium zur Vermeidung des Ausbrechens bei Normalfräsern.

Abb. S/46 zeigt schematisch die Arbeitsweise von Weitwinkelfräsern. Man benutzt positive Eintrittswinkel (ε), da die Fräserdurchmesser andernfalls unhandlich groß und die Fräser teuer werden. Die Durchmesser der Weitwinkelfräser sind sowieso schon größer als die der üblichen Fräser. Der Innendurchmesser entspricht ungefähr der Breite des Werkstückes, so daß sich die Schneide am Innendurchmesser (Punkt V) etwa in Richtung der Austrittsebene bewegt, was den Ausbruch der Kante verhindert, da keine wesentlichen Kräfte senkrecht zur Austrittsebene mehr vorhanden sind, wenn der Punkt V als letzter Punkt der Schneide aus dem Werkstück austritt.

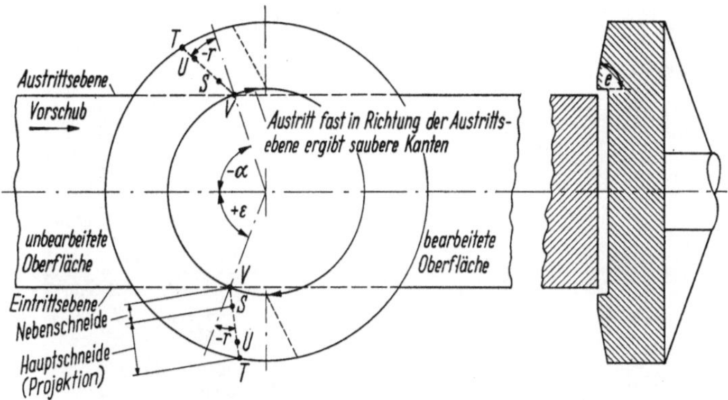

Abb. S/46
Schema der Zerspanung mit Weitwinkelfräser (e großer Eckenwinkel; Axialwinkel = 0°)

Da die Fräserachse hierbei über der Mittellinie des Werkstückes liegt, ist der Eintrittswinkel positiv und der Austrittswinkel negativ von gleicher Zahlengröße. Tab. S/6 enthält Einzelheiten.

Tabelle S/6

Fräser Nr.	Werkzeugwinkel der Weitwinkelfräser (Grad)						Gesamteindringzeit E_g $^1/_{1000}$ sek	Ungefähre Schneidenlänge mm	Innen-Dmr. des Fräsers mm	Außen-Dmr. des Fräsers mm	Erster Eintritt letzter Austritt	Letzter Eintritt erster Austritt
	Eckenwinkel e	Radialwinkel r	Axialwinkel a	Eintrittswinkel ε	Spanwinkel γ	Neigungswinkel $\lambda *$						
1	2	3	4	5	6	7	8	9	10	11	12	13
1	78	−30	+15	+45	+8	32	23	42	148	217		
1	78	−30	+15	+60	+8	32	34	42	148	217		
2	78	−45	+20	+45	+8$^1/_2$	46	31	49	148	217		
2	78	−45	+20	+60	+8$^1/_2$	46	42	49	148	217	V	T
3	80	−30	+14	+45	+8$^1/_2$	31$^1/_2$	29	49	148	232		
3	80	−30	+14	+60	+8$^1/_2$	31$^1/_2$	42	49	148	232		

Unveränderte Versuchswerte: Schnittiefe $t = 4{,}75$ mm; Vorschub pro Zahn $s_Z = 0{,}75$ mm. Schnittgeschwindigkeit am Außendurchmesser 100 m/min; Breite des Werkstückes 125 mm. Die Schneidenlänge gestattet bis 7 mm Schnittiefe

---

* Positiv nach amerikanischer, negativ nach europäischer Bezeichnungsweise (vgl. Bd. I, Seite 67).

Ein Vergleich der Tab. S/6 mit Tab. S/5 (Spalten 8 bzw. 14) zeigt, daß die Gesamteindringzeiten bei Weitwinkelfräsern und $\varepsilon = +45°$ etwa 25- bis 30mal so groß sind als bei üblichen Fräsern mit 30° Eckenwinkel! Abb. S/47 zeigt einen Weitwinkelfräser von etwa 245 mm Dmr. bei der Bearbeitung von Gußeisen[1] von etwa 150 mm Breite. Die Schnitttiefe war 3,8 mm und der Vorschub 2540 mm/min! Der Fräser hatte 12 Zähne, 75° Eckenwinkel, $+15°$ Axialwinkel und $-30°$ Radial-

Abb. S/47
Weitwinkelfräser beim Bearbeiten von Gußeisen mit einem Vorschub von 2540 mm/min

winkel. Die Schnittgeschwindigkeit betrug 107 m/min. Die Standzeit des Fräsers war außergewöhnlich gut, es konnten bei dieser Schnittgeschwindigkeit insgesamt 16400 cm³ Werkstoff ohne Nachschleifen der Fräserzähne gefräst werden.

2. Geschwenkte Eintrittsebene

Während die bisherigen Ableitungen Fälle betrafen, in denen sich die Eintrittsebene in der Vorschubrichtung erstreckte und parallel zur Fräserachse lag, sollen nunmehr Fälle betrachtet werden, bei denen die Eintrittsebene um einen Winkel zur Vorschubrichtung geschwenkt ist. Dieser Winkel soll Schwenkwinkel (μ) (swivel angle) genannt werden. Solche Fälle kommen natürlich in der Praxis häufig vor, wie z. B.

---

[1] KRONENBERG, M.: Amerikanische Werkzeugmaschinen-Ausstellung. Schweiz. techn. Z. 1948, Nr. 30/31, S. 498. Vgl. auch: ERNST, H., u. M. FIELD: Speed and Feed Selection in Carbide Milling with Respect to Production, Cost and Accuracy. Trans. ASME April 1946, S. 207ff.

bei Zylinderköpfen von Automobilmotoren, deren Umriß teilweise aus
Geraden parallel zum Vorschub und teilweise aus geschwenkten Geraden
besteht.

Bei geschwenkten Eintrittsebenen ist der Eintrittswinkel keine
konstante Größe mehr, sondern ändert sich mit dem Fortschritt des
Vorschubes des Fräsmaschinentisches, so daß der Begriff des momen-

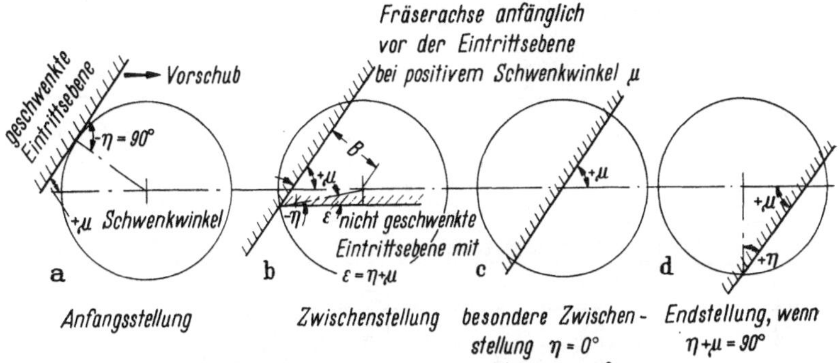

Abb. S/48a—d. Aufschlagsorte bei positivem Schwenkwinkel (μ) der Eintrittsebene

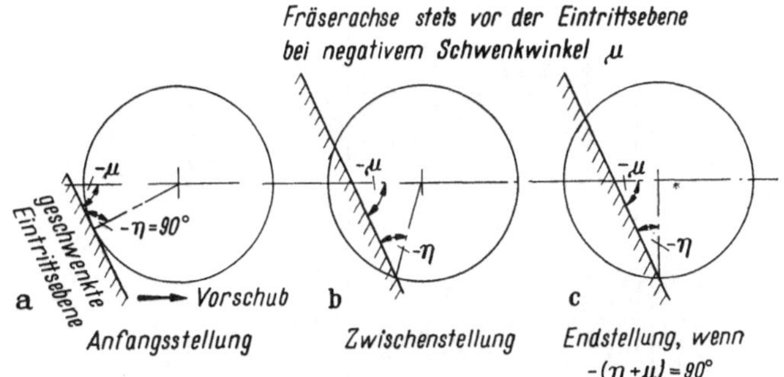

Abb. S/49a—c. Aufschlagsorte bei negativem Schwenkwinkel (μ) der Eintrittsebene

tanen Eintrittswinkels (η) entsteht. Der Eintrittswinkel war bisher definiert als der Winkel, der von einer radialen Linie, die von der Drehachse des Fräsers zur Zahnspitze S verläuft, mit der Eintrittsebene
gebildet wird. In entsprechender Weise wird der momentane Eintrittswinkel (η) von der radialen Linie und der geschwenkten Eintrittsebene gebildet wie in Abb. S/48 und S/49 für die wichtigsten Fälle gezeigt ist. Der momentane Eintrittswinkel ändert sich von $-\eta = 90°$ in
der Anfangsstellung bis zu $\eta + \mu = 90°$ in der Endstellung (Abb. S/48),
wenn der Schwenkwinkel positiv ist oder von $-\eta = 90°$ bis zu
$-(\eta + \mu) = 90°$ (Abb. S/49) bei negativem Schwenkwinkel.

Die früher abgeleiteten Beziehungen können durch Einsetzen von

$$\varepsilon = \eta + \mu \qquad (S/32)$$

erweitert werden, wie aus Bild b) in Abb. S/48 ersichtlich ist.

Die Fräserachse liegt in Abb. S/48a vor der Eintrittsebene, während sie in d) infolge des Fortschrittes der Bewegung in Richtung des Vorschubes hinter der Eintrittsebene liegt. Der anfänglich negative Eintrittswinkel ändert sich in positivem Eintrittswinkel um; das

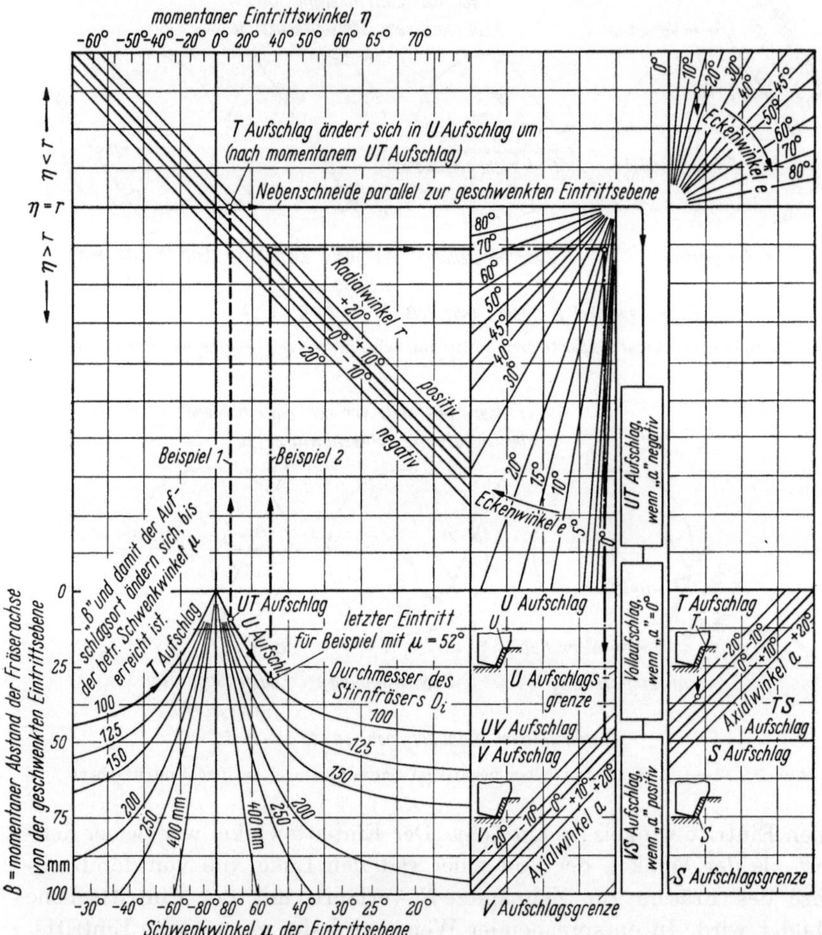

Abb. S/50. Nomogramm zum Ablesen der Aufschlagsorte bei geschwenkter Eintrittsebene. (Das Beispiel bezieht sich auf einen Stirnfräser von $D_i = 100$ mm Dmr. mit $+10°$ Radialwinkel, $-10°$ Axialwinkel und einem Schwenkwinkel von $52°$)

bedeutet, daß sich der Aufschlagsort gleichfalls ändert. Bei negativem Schwenkwinkel μ, wie in Abb. S/49, bleibt die Fräserachse stets vor der Eintrittsebene. Die Endstellung ist in Abb. S/49c gezeigt; bei weiterem Vorschub bewegt sich der Fräserzahn über die bereits gefräste Oberfläche, so daß keine Eintrittsebene mehr vorhanden ist.

Die sich ergebenden Zusammenhänge sind in Abb. S/50 in Form eines Nomogramms dargestellt, das dem Nomogramm (Abb. S/17) entsprechend aufgebaut ist, mit dem Unterschied, daß in Abb. S/50 der Wechsel der Aufschlagsorte durch Entlanggehen auf einer Durchmesserkurve bestimmt werden kann (vgl. verstärkte Kurve für 100 Dmr.).

Das Beispiel bezieht sich auf einen Fräser mit 100 mm Dmr., 15° Eckenwinkel, $+10°$ Radialwinkel, $-10°$ Axialwinkel und einen Schwenkwinkel von $+52°$. Durch Entlanggehen auf der 100 Dmr.-Kurve kann — in derselben Weise wie bei Abb. S/17 — festgestellt werden, daß T-Aufschlag vorliegt bis der momentane Eintrittswinkel η dem Radialwinkel r gleicht, dann tritt UT-Aufschlag auf (Beispiel 1). Verfolgt man die 100 Dmr.-Kurve weiter (auf dem absteigenden Ast), so erkennt man, daß sich der UT-Aufschlag in U-Aufschlag infolge des Fortschrittes des Tischvorschubes der Fräsmaschine geändert hat, bis der am unteren Rand angegebene Schwenkwinkel von 52° (siehe Beispiel 2) erreicht ist. Bei weiterem Tischvorschub ist keine Eintrittsebene mehr vorhanden, da der Fräser dann im vollen Material arbeitet.

3. Gebogene Eintrittsfläche

Von den Fällen gekrümmter oder bogenförmiger Eintrittsflächen soll hier nur die kreisförmige Eintrittsfläche betrachtet werden, da die Verhältnisse für andere Formen daraus oder aus den vorstehenden Ableitungen für geschwenkte Eintrittsebenen abgeleitet werden können.

Es sei angenommen, daß das Werkstück ein Kreiszylinder ist, dessen Achse parallel zur Fräserachse, d. h. senkrecht auf dem Tisch einer Senkrechtfräsmaschine steht und daß die Verbindungslinie dieser beiden Achsen in der Richtung des Tischvorschubes liegt.

Die geometrischen Beziehungen zur Ermittlung des Zahneintrittes (Aufschlagsort), sind aus Abb. S/51 abzuleiten. Der Radius des Werkstückes ist mit r' bezeichnet, um Verwechslungen mit dem Radialwinkel (r) zu vermeiden. Während bei geraden Eintrittsebenen der Abstand (A) der Fräserachse in Beziehung zum Eintrittswinkel gesetzt wurde (vgl. Abb. S/17), wird hier die momentane Überdeckung (m) von Fräser und Werkstück in Beziehung zum momentanen Eintrittswinkel (η) gebracht. Die folgenden Gleichungen ergeben sich aus Abb. S/51:

$$r' \cos\mu = R \sin(\mu + \eta) \tag{S/33}$$

$$G = r' \sin\mu + \sqrt{R^2 - r'^2 \cos^2\mu} \tag{S/34}$$

$$m = R + r' - G. \tag{S/35}$$

Durch trigonometrische Umformungen mit Benutzung von

$$\sin \mu = \frac{\tan \mu}{\sqrt{1 + \tan^2 \mu}}$$

und

$$\cos \mu = \frac{1}{1 + \tan^2 \mu},$$

erhält man hieraus die Abhängigkeit der Größen G und m vom momentanen Eintrittswinkel (η) anstatt vom momentanen Schwenkwinkel (μ),

$$\frac{G}{R} = \sqrt{1 - 2\,\frac{r'}{R}\sin\eta + \left(\frac{r'}{R}\right)^2} \qquad \text{(S/36)}$$

$$\boxed{\frac{m}{2\,r'} = \left(\frac{R + r' - \sqrt{R^2 - 2r\,R\sin\eta + r'^2}}{2\,r'}\right) \cdot 100\,\% } \qquad \text{(S/37)}$$

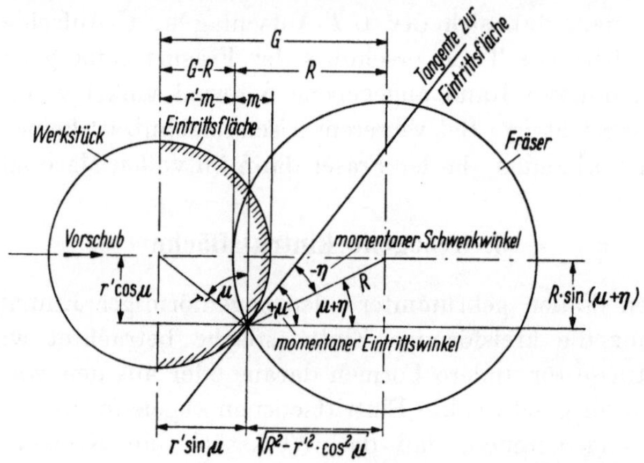

Abb. S/51. Geometrische Beziehungen für den Zahneingriff beim Stirnfräsen von zylindrischen Werkstücken

wobei die Überdeckung m in Prozent des Werkstückdurchmessers ausgedrückt ist und somit einen Anhalt für die bereits bearbeitete Fläche des Werkstückes gibt.

Abb. S/52 ist eine graphische Darstellung für den Zusammenhang zwischen m und dem momentanen Eintrittswinkel η und kann an Stelle des linken unteren Teiles der Abb. S/50 zur Ermittlung der Aufschlagsbedingungen benutzt werden. Man braucht nur die zutreffende Kurve für den Fräserradius R, der als Vielfaches des zum Werkstückradius r' eingezeichnet ist, zu verfolgen, den momentanen Eintrittswinkel zu bestimmen und aus Abb. S/50 die Aufschlagsbedingungen festzustellen. Zur Vermeidung von Wiederholungen wurden die $STUV$-Felder und die übrigen Angaben hier fortgelassen, da sie leicht aus Abb. S/50 zu ersehen sind.

Das Beispiel der Abb. S/52 bezieht sich auf einen Radialwinkel $r = +10°$, Axialwinkel $a = -10°$, Eckenwinkel $e = 15°$ und auf einen Fräserdurchmesser, der 4mal so groß ist wie der Werkstückdurchmesser ($R = 4r'$). Als Ergebnis findet man, daß T-Aufschlag vorliegt bis zu

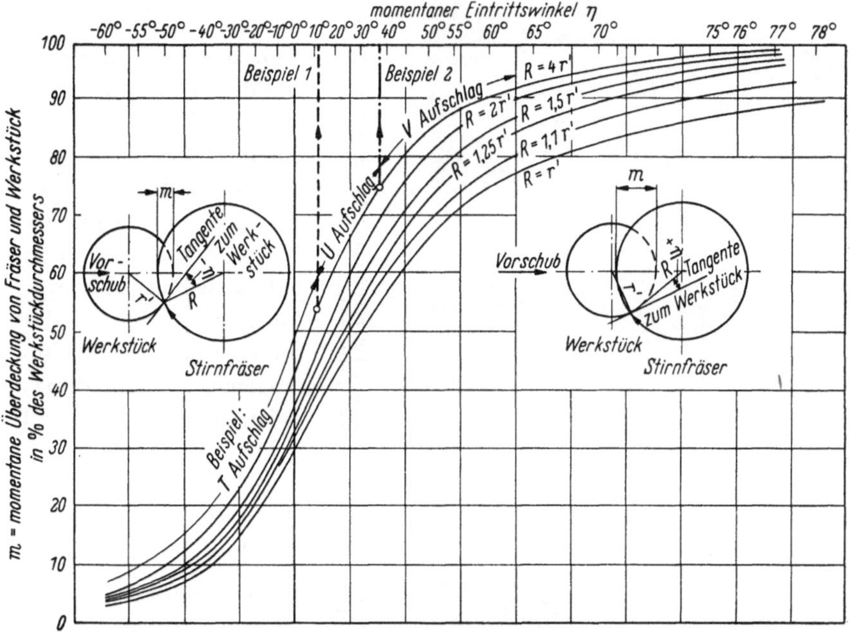

Abb. S/52. Nomogramm zum Ablesen der Aufschlagsorte bei zylindrischen Werkstücken

54% Überdeckung von Fräser und Werkstück, gefolgt von UT-Aufschlag, der sogleich in U-Aufschlag übergeht und anhält, bis die Überdeckung 75% beträgt. Danach erfolgt die restliche Bearbeitung mit V-Aufschlag bis zur 100%igen Überdeckung.

B. Geometrie der Spanbildung

1. Der Spanabfluß

Der Spanabfluß, d. h. die Richtung, in der sich der Span aus dem Fräser hinaus oder in ihn hinein windet, hängt besonders stark vom Neigungswinkel der Hauptschneide ab, der bereits in Bd. I, Seiten 59 ff., besprochen worden ist. In vielen Fällen von Gußeisenbearbeitung und besonders beim Fräsen von Stahl windet sich der Span aus dem Raum zwischen Fräserkörper und Werkstückoberfläche *dann* hinaus, wenn der Neigungswinkel λ positiv (nach amerikanischer Definition) oder negativ (nach europäischer Definition) ist. Ein Hinauswinden des

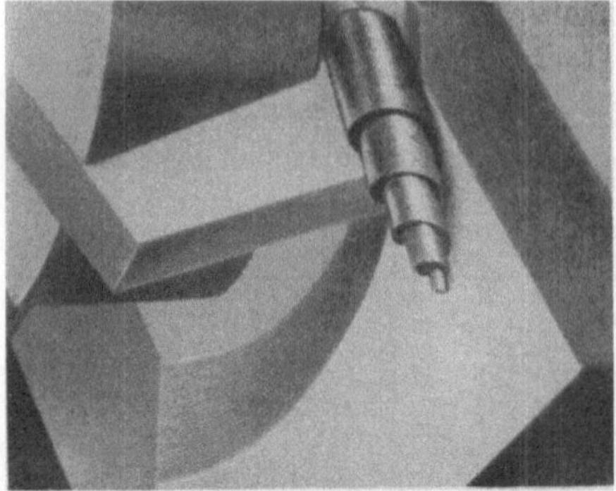

d

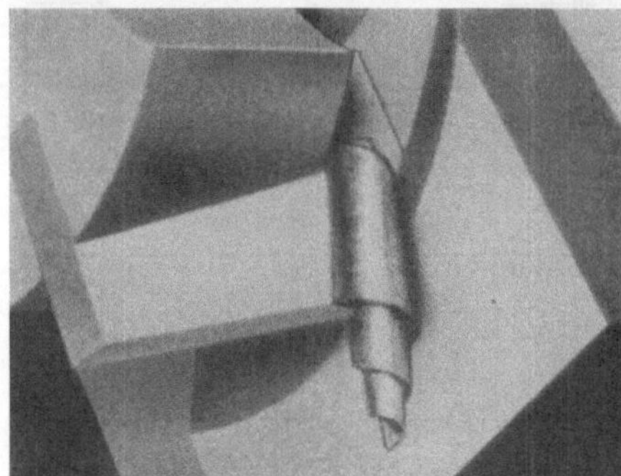

c

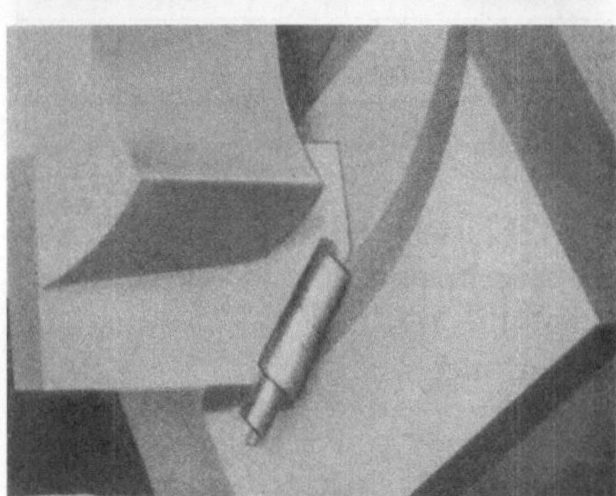

b

a

Abb. 8/53a—d. Herauswinden des Spanes aus dem Raum zwischen Stirnfräser und Werkstück bei positivem Neigungswinkel (amerikanische Definition) der Hauptschneide (negativ nach europäischer Definition)

Spanes ist anzustreben, weil dadurch eine Beschädigung der bearbeiteten Oberfläche durch die Späne vermieden werden kann und weil sich keine heißen Späne auf dem Werkstück oder im Werkzeug ansammeln. Die Hitze, die die Späne ausstrahlen, verursacht unerwünschte Wärmedehnungen und infolgedessen Verlagerungen der Spindel der Fräsmaschine, Arbeitsungenauigkeiten, Standzeitverminderungen und andere Störungen.

Die Gleichung des Neigungswinkels [Gl. (67), Bd. I, Seite 67] lautete

$$\tan \lambda = \tan a \cos e - \tan r \sin e .$$

Sie kann mit Hilfe des Nomogramms (Abb. 56, Bd. I) gelöst werden. Ein positiver Neigungswinkel, der dem Spanabfluß förderlich ist, kann z. B. durch einen Radialwinkel von $r = -30°$, in Verbindung mit einem Axialwinkel von $a = +10°$ bei einem Eckenwinkel von $e = 60°$ erhalten werden, wie das in Abb. 56, Bd. I, gezeichnete Beispiel zeigt. In diesem Fall würde der Spanwinkel $\gamma = -8°$ sein.

Fräser mit solchen Messerstellungen sind seit vielen Jahren auf dem Markt. In Abb. S/53 ist das Herauswinden des Spanes gut zu erkennen[1], ebenso an dem Modell Abb. 48, Bd. I, Seite 58.

Für sehr große Eckenwinkel (Weitwinkelfräser) wird in der vorstehenden Gleichung $\sin e \approx 1{,}0$ und $\cos e \approx 0$ und somit $\lambda \approx -r$, d. h., daß auch für sehr große Eckenwinkel negative Radialwinkel vorgesehen werden sollten, um positive Neigungswinkel der Hauptschneide und günstigen Spanabfluß zu erzielen.

2. Die Spanlänge (Bogenlänge)

Beim Stirnfräsen kann man den Unterschied zwischen einem Kreisbogen und dem Bogen einer verlängerten Zykloide, den der Fräserzahn beschreibt, vernachlässigen und genügend genaue Werte für die Länge des nichtgestauchten Spanes auf Grund von Kreisbogenberechnungen erhalten.

Beim Umfangfräsen mit kleinen Walzenfräsern (z. B. 50 mm Dmr.) trifft dies nicht zu, da der Spanbogen bei einer Vorschubgeschwindigkeit von 1000 mm/min etwa 10% vom Kreisbogen abweicht.

Genaue Untersuchungen von MARTELLOTTI[2] ergaben für *Umfangs*fräsen die folgende Gleichung für den augenblicklichen Krümmungsradius ϱ:

$$\varrho = \frac{\left[\dfrac{D^2}{4} + \left(\dfrac{s_Z Z}{2\pi}\right)^2 + \dfrac{s_Z Z}{\pi}\left(\dfrac{D}{2} - t\right)\right]^{3/2}}{\dfrac{s_Z Z}{2\pi}\left(\dfrac{D}{2} - t\right) + \dfrac{D^2}{4}}$$

wobei t die momentane Schnittiefe ist. Ist das Produkt aus Vorschub/Zahn s_Z und Zähnezahl Z klein im Vergleich mit dem Fräserdurchmesser, so wird der Krümmungsradius gleich dem Fräserradius.

Beim *Stirn*fräsen setzt sich die Spanlänge aus 2 Teilen zusammen, die zu addieren sind, wenn die Fräserachse hinter der Eintrittsebene liegt oder zu subtrahieren, wenn sie vor ihr liegt, wie aus Abb. S/54 und S/55 zu erkennen ist.

Die X-Achse des Koordinatensystems ist so gelegt, daß sie Gegenlauf- und Gleichlauffräsen trennt, sie geht daher durch die Fräserachse und liegt in Richtung des Vorschubes. Bogen L_2 wird im Gegenlauffräsen, Bogen L_1 im Gleichlauffräsen erzeugt. *Winkel, die vor der X-Achse in Drehrichtung des Fräsers liegen, werden positiv, die hinter der X-Achse liegenden, negativ gerechnet.* Aus der Geometrie der Abb. S/54

---

[1] Ingersoll Milling Machine Co., Rockford, Ill.

[2] MARTELLOTTI, M. E.: An analysis of the milling process. Trans. ASME 43 (1941) Nr. 8, S. 679, Gleichung 6.

und S/55 folgt:

$$L_1 = -\alpha\,\frac{D}{2}\;;\quad -\sin\alpha = \frac{2(b-A)}{D}\;;\quad \text{daher}\quad L_1 = \frac{D}{2}\,\text{arc}\sin\frac{2(A-b)}{D}$$

$$\text{(S/38)}$$

$$L_2 = \varepsilon\,\frac{D}{2}\;;\quad \sin\varepsilon = \frac{2A}{D}\;;\quad \text{daher}\quad L_2 = \frac{D}{2}\,\text{arc}\sin\frac{2A}{D}.\quad\text{(S/39)}$$

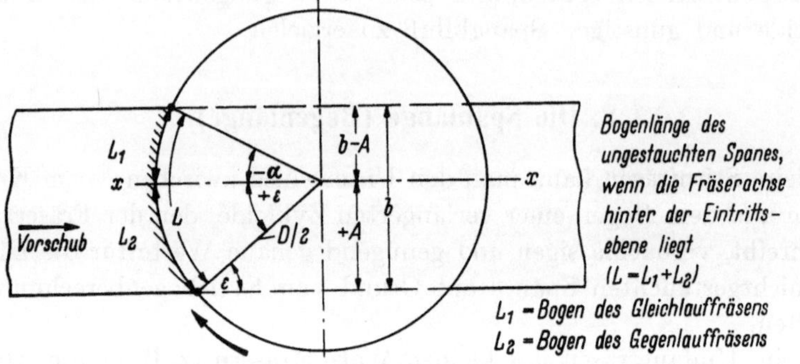

Abb. S/54

Bogenlänge des ungestauchten Spanes, wenn die Fräserachse hinter der Eintrittsebene liegt

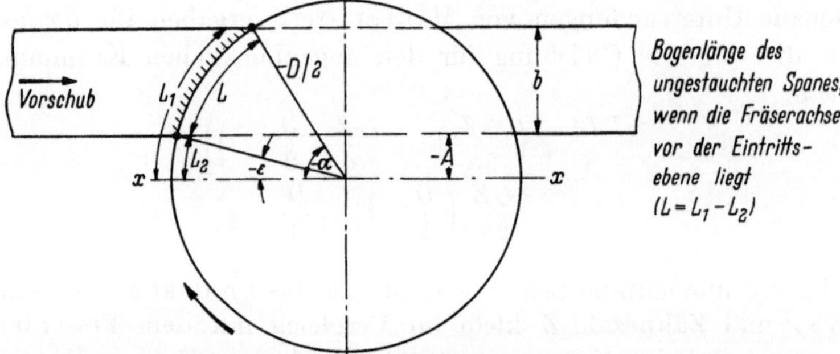

Abb. S/55

Bogenlänge des ungestauchten Spanes, wenn die Fräserachse vor der Eintrittsebene liegt

Die gesamte Bogenlänge L wird somit:

$$\boxed{L = \frac{D}{2}\left[-\text{arc}\sin\frac{2(A-b)}{D} + \text{arc}\sin\frac{2A}{D}\right] = \frac{D}{2}(\varepsilon - \alpha)}\quad\text{(S/40)}$$

Der größtmögliche Gesamtbogen ist gemäß Abb. S/56 von der Fräsbreite b unabhängig und ergibt sich aus:

$$L_{\max} = \frac{D}{2}\left[\frac{\pi}{2} + \frac{\pi}{2}\right] = \frac{\pi D}{2}.\quad\text{(S/41)}$$

Die Bogenlängen des ungestauchten Spanes können mit Hilfe der Abb. S/57 graphisch ermittelt werden. L_1 und L_2 werden je für sich bestimmt und gemäß den Vorzeichen addiert oder subtrahiert. Das

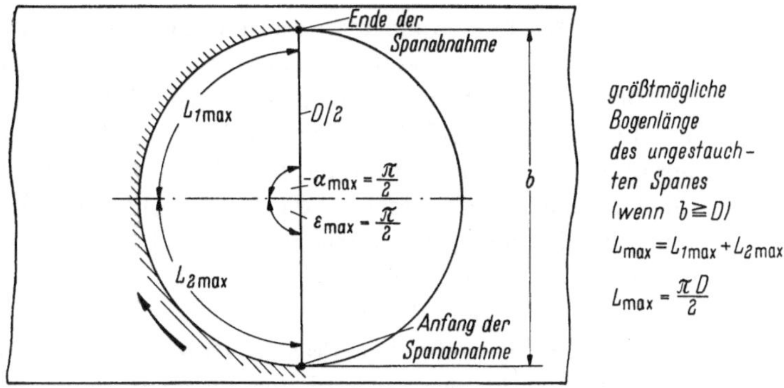

Abb. S/56. Größtmögliche Bogenlänge des ungestauchten Spanes (wenn $b \lessgtr D$)

Diagramm ist also 2mal zu benutzen. Die Parallelen im linken oberen Feld der Abb. S/57 gelten für L_1 und die schräge Linie in diesem Feld für L_2. Das Beispiel gilt für einen Fräserdurchmesser von $D = 500$ mm, dessen Achse im Abstand $A = -50$ mm vor der Eintrittsebene des Werkstückes von $b = 150$ mm liegt.

Ausgehend von $A = -50$ mm bestimmt man L_1, indem man die Waagerechte bis zu $b = 150$ mm verfolgt und vom Schnittpunkt senkrecht nach unten bis zur Geraden für $D = 500$ Dmr. weiter-

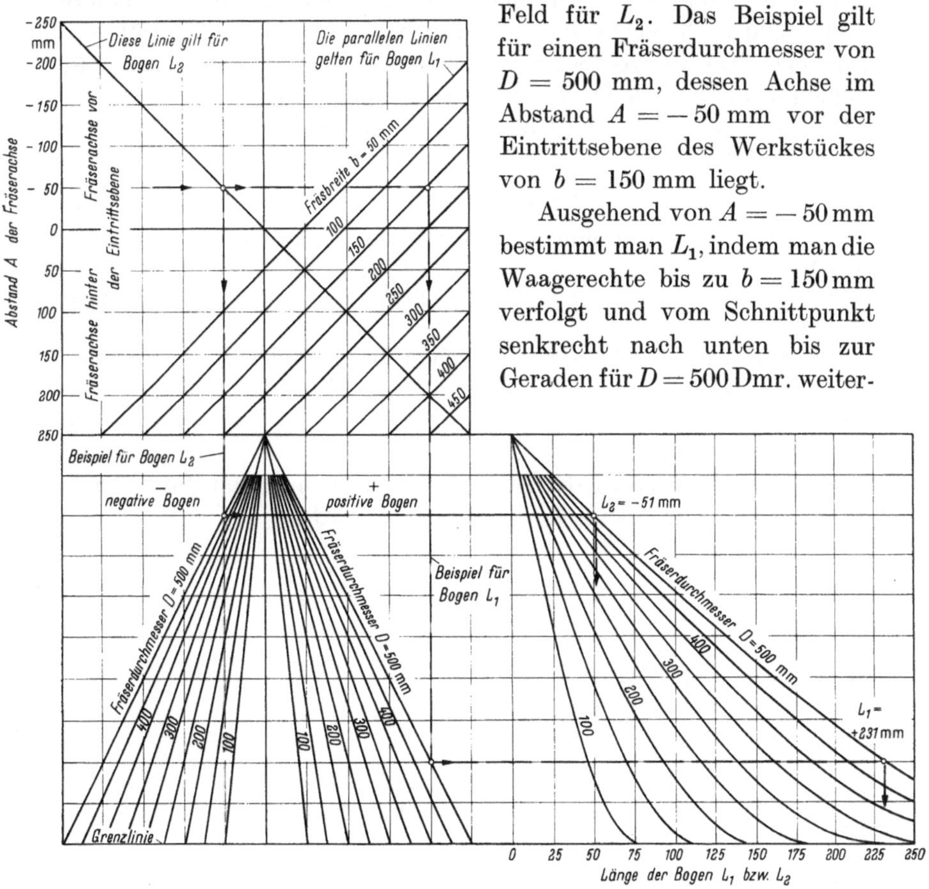

Abb. S/57. Nomogramm zum Ablesen der Bogenlänge des nicht gestauchten Spanes

geht. L_1 ergibt sich zu 231 mm, wenn man die horizontale Linie weiter bis zur Kurve für $D = 500$ Dmr. verfolgt. Entsprechend verfährt man bei Ermittlung von L_2 $(= -51$ mm$)$; dieser Bogen ist — wie auch aus Gl. S/39 hervorgeht — unabhängig von der Fräsbreite b. Die Gesamtlänge des ungestauchten Spanes ist daher $L = 231 - 51 = 180$ mm; er wird nur im Gleichlauffräsen erzeugt, da L_2 außerhalb des Werkstückes liegt. Zur Berechnung des Gesamtbogens s. a. Tab. A/9 (Anhang).

Die als „Grenzlinie" in Abb. S/57 gekennzeichnete untere Begrenzung entspricht dem kleinsten Durchmesser der noch die gesamte Werkstückfläche für den betreffenden Fräserabstand A überstreicht. Ist der Fräserdurchmesser kleiner, so wird der Bogen L_1 davon nicht beeinflußt (s. Abb. S/56), da der Winkel seinen Größtwert $\pi/2$ erreicht hat Gl. (S/41).

Nimmt man z. B. in obigem Beispiel statt 500 mm Fräserdurchmesser nur 300 mm, so geht man auf der Grenzlinie bis zur Kurve für $D = 300$ nach rechts und liest dort ab: $L_1 = 234$ mm (nicht eingezeichnet). Die Länge des ungestauchten Spanes ist somit $234 - 51 = 183$ mm, da L_2 sich für $D = 300$ nur wenig ändert.

Der kleinste die gesamte Werkstückbreite überstreichende Fräserdurchmesser folgt aus:

$$D_{\min} = 2(b - A). \tag{S/42}$$

Bei kleinerem Fräserdurchmesser bleibt eine Restbreite (b_r) ungefräst, nämlich:

$$b_r = b - A - \frac{D}{2}. \tag{S/43}$$

Bei 300 mm Dmr. bleibt also in obigem Beispiel eine Restbreite von $150 + 50 - 150 = 50$ mm unbearbeitet, ein Fall, der häufig in der Praxis vorkommt, wenn nicht die gesamte Oberflächenbreite zu fräsen ist.

Durch Differenzierung der Gl. (S/40) kann man prüfen, für welchen Abstand A die Bogenlänge L ein Minimum wird.

Man setzt:

$$y = \frac{L}{\frac{D}{2}} ; \quad u = -\frac{2(A - b)}{D} = \frac{2(b - A)}{D}; \quad v = \frac{2A}{D}$$

und erhält aus Gl. (S/40):

daher
$$y = \sin^{-1,0} u \pm \sin^{-1,0} v$$

wobei
$$dy = \frac{1}{\sqrt{1 - u^2}}\, du \pm \frac{1}{\sqrt{1 - v^2}}\, dv$$

ist.
$$du = -\frac{2\,dA}{D} \quad \text{und} \quad dv = +\frac{2\,dA}{D}$$

Durch Einsetzen dieser Differentiale erhält man:

$$\frac{dy}{dA} = -\frac{2}{D}\left[\frac{1}{\sqrt{1 - \dfrac{4(b-A)^2}{D^2}}} \mp \frac{1}{\sqrt{1 - \dfrac{4A^2}{D^2}}}\right].$$

Setzt man $dy/dA = 0$, so wird nach Kürzungen:

$$b^2 - 2bA + A^2 = A^2$$

d. h.

$$A = \frac{b}{2}.$$

Der kürzeste Bogen entsteht also bei mittigem Fräsen und der kürzeste ungestauchte Span hat eine Länge von:

$$L_{\min} = D \text{ arc sin} \frac{b}{D}. \qquad (S/44)$$

Der kleinste Eingriffswinkel ist $2\,\text{arc sin}(b/D)$, nämlich gleich dem Klammerglied der Gl. (S/40) für $A = b/2$.

Abb. S/58 zeigt, daß die Verwendung des Verhältnisses b/D nur bei mittigem Fräsen bis zu etwa $b/D \leqq 0{,}5$ zulässig ist, da für größere b/D-Werte arc sin (b/D) nicht mehr annähernd gleich b/D ist.

Abb. S/59 dient zur Erleichterung der Berechnung der arc sin-Funktionen bei rechnerischer Ermittlung von L_1 und L_2.

3. Die Spandicke

Zur Bestimmung der augenblicklichen Dicke des nicht gestauchten Spanes wird der Winkel ω als laufende Polarkoordinate eingeführt. Er zeigt die augen-

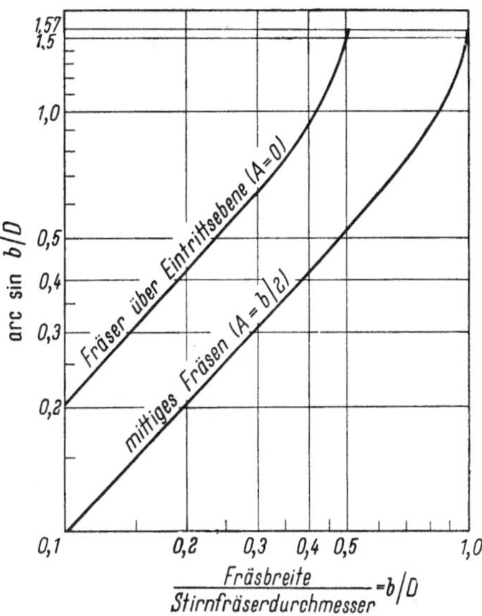

Abb. S/58. Beziehung zwischen dem Verhältnis b/D und arc sin b/D für verschiedene Stellungen des Fräsers

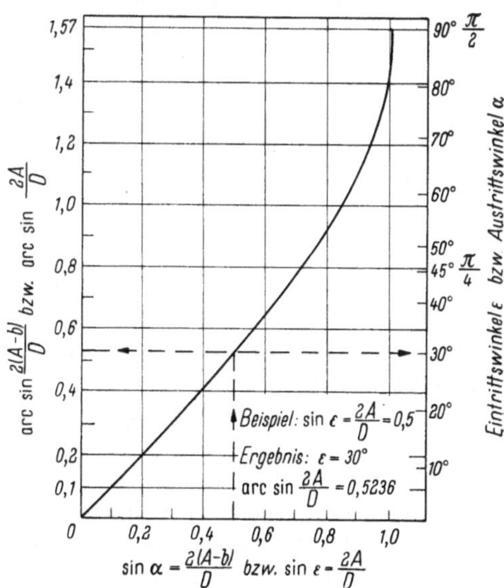

Abb. S/59. Diagramm zu den Gleichungen für L_1 und L_2 [(S/38) bzw. (S/39)]

blickliche Stellung des Zahnes (oder, genauer gesagt, der Bezugsebene) zur X-Achse an (Abb. S/60). Er wird ebenfalls wie Eintrittswinkel ε und Austrittswinkel α (siehe vorstehenden Abschnitt) vor der X-Achse in Drehrichtung des Stirnfräsers positiv und hinter ihr negativ gerechnet. $\omega = 0°$ liegt auf der X-Achse.

Aus den geometrischen Beziehungen der Abb. S/60 ergibt sich für die augenblickliche Spandicke h_a:

$$h_a = s_Z \cos\varepsilon \cos\omega \qquad (S/45)$$

wobei die Spandicke auch in der Bezugsebene gemessen wird, wie es für die anderen Größen früher erörtert wurde.

Aus Gl. (S/45) folgt, daß die Augenblicksspandicke (h_a) ihren Größtwert erreicht, wenn der Fräserzahn (bzw. die Bezugsebene) in solcher Stellung ist, daß

$$\cos\omega = \max \qquad (S/46)$$

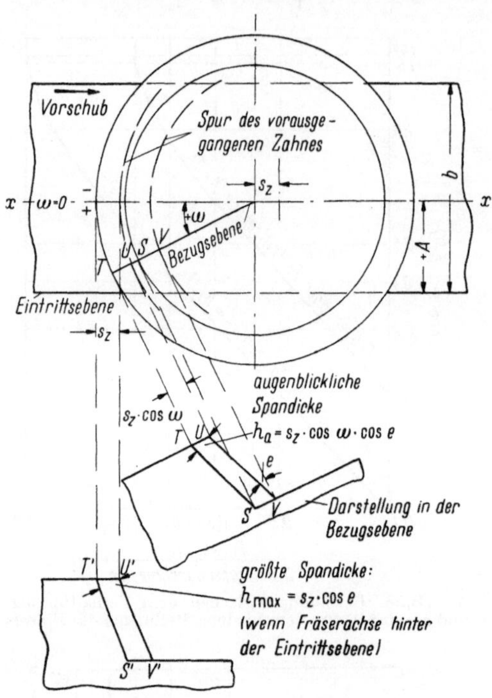

Abb. S/60. Augenblickliche und größte Dicke des nicht gestauchten Spanes beim Stirnfräsen

wird. Dabei sind 2 Fälle zu unterscheiden, nämlich, ob die Fräserachse hinter oder vor der Eintrittsebene liegt. Für den ersten Fall (Abb. S/60) gilt

$$\cos\omega_{\max} = 1{,}0, \quad \text{daher} \quad \omega_h = 0 \qquad (S/47)$$

wobei der Index h anzeigen soll, daß die Fräserachse hinter der Eintrittsebene liegt.

Somit ergibt sich als größte Spandicke für Fall 1 aus Gl. (S/45) und gemäß Abb. S/60

$$h_{\max_h} = s_Z \cos\varepsilon. \qquad (S/48)$$

Liegt die Fräserachse jedoch *vor* der Eintrittsebene (Abb. S/61), so kommt der Zahn erst zum Schnitt, nachdem er durch die Nullstellung ($\omega = 0°$) hindurchgegangen ist. Der Kleinstwert für ω, der $\cos\omega$ ein Maximum macht, ist gleich dem Eintrittswinkel ε, d. h.:

$$-\omega_v = -\varepsilon \qquad (S/49)$$

wobei

$$\cos\omega_v = \cos\varepsilon = \sqrt{1 - \left(\frac{2A}{D}\right)^2}. \qquad (S/50)$$

Mit Benutzung der Gl. (S/45) erhält man:

$$h_{\max_v} = s_Z \cos\varepsilon \sqrt{1 - \left(\frac{2A}{D}\right)^2}. \qquad (S/51)$$

Der Index v zeigt an, daß die Fräserachse vor der Eintrittsebene liegt.

Die größte Spandicke ($h_{\max}$) ist also vom Durchmesser des Fräsers und seiner Entfernung von der Eintrittsebene nur dann unabhängig, wenn er hinter der Eintrittsebene liegt, ($h_{\max_h}$) jedoch wird die größte Spandicke vom Durchmesser und Achsabstand abhängig, wenn die Fräserachse vor der Eintrittsebene liegt ($h_{\max_v}$). *In diesem Fall kann man also die größte Spandicke (außer durch den Vorschub und den Eckenwinkel) auch durch Fräserdurchmesser und Achsabstand beeinflussen und hat daher eine zusätzliche Kontrolle über die Schnittverhältnisse in der Hand. Ein weiterer Vorteil dieser Lage der Fräserachse ist es, daß die Bearbeitung mit der größten Spandicke beginnt, entsprechend dem Gleichlaufverfahren beim Umfangsfräsen. Dieser Gesichtspunkt hat auch zur langen Standzeit bei negativen Eintrittswinkeln beigetragen, die in den oben besprochenen Versuchen gefunden wurde[1].*

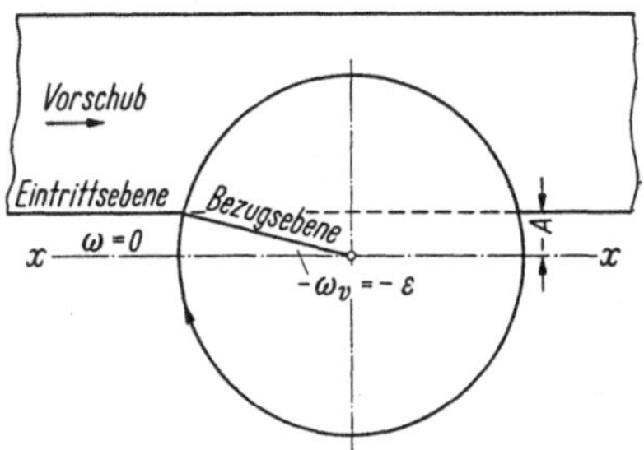

Abb. S/61. Schnittbeginn bei vor der Eintrittsebene liegender Fräserachse

Die Änderung der größten Spandicke mit der Fräserstellung kann am besten graphisch auf dem Diagramm, Abb. S/62, verfolgt werden. Für Lage der Fräserachse hinter der Eintrittsebene braucht man nur die oberste horizontale Linie bis zum betreffenden Eckenwinkel zu verfolgen und senkrecht darunter das Verhältnis der größten Spandicke zum Vorschub abzulesen. Beispielsweise (nicht eingezeichnet) ist die größte Spandicke bei 45° Eckenwinkel stets etwa 71% des Vorschubs ($h_m/s_Z = 0{,}707$), wenn die Fräserachse hinter der Eintrittsebene liegt.

Nimmt man dagegen einen Stirnfräser von 100 mm Dmr. und stellt ihn 30 mm *vor* die Eintrittsebene, so zeigt Beispiel 1 der Abb. S/62, daß die größte Spandicke nur $56\frac{1}{2}\%$ des Vorschubs beträgt ($h_m/s_Z = 0{,}565$). *Eine geringe Änderung des Fräserachsenabstandes um nur 10 mm, von 30 auf 40 mm, bewirkt eine erhebliche Verringerung der größten Spandicke,*

---

[1] Vgl. Seite 44 und Seite 68.

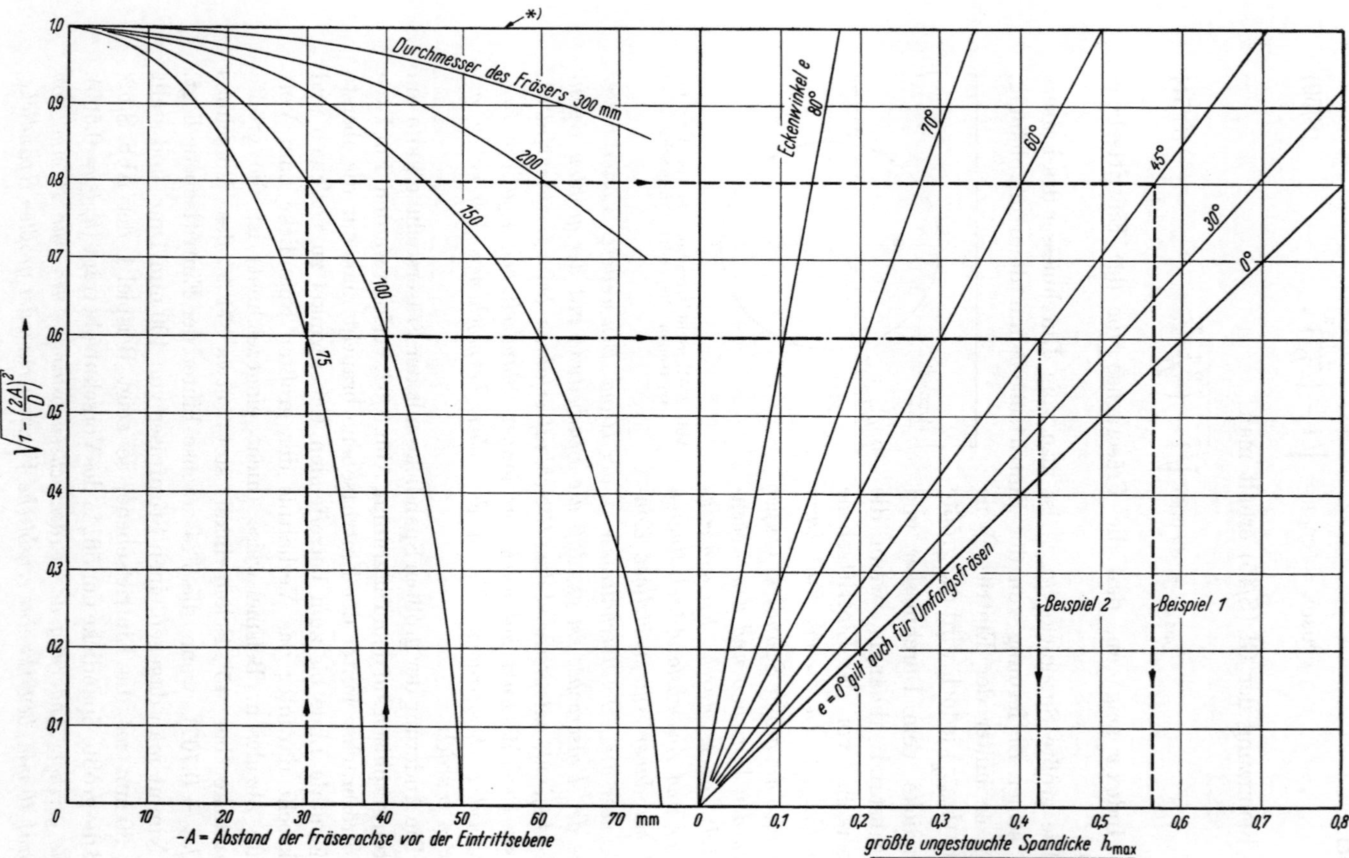

Abb. 8/62. Diagramm zur Bestimmung der größten Dicke (h_{max}) des ungestauchten Spanes. *) Die oberste Linie gilt für alle Fälle, in denen die Fräserachse hinter der Eintrittsebene liegt

wie Beispiel 2 der Abb. S/62 leicht erkennen läßt, nämlich auf $42\frac{1}{2}\%$ des Vorschubs, was einer Verringerung der größten Spandicke von 25% entspricht.

Gl. (S/45) dient auch zur Berechnung der Veränderung der Spandicke vom Eintritt bis zum Austritt des Zahnes aus dem Werkstück, d. h. für alle Winkel ω zwischen diesen beiden Grenzen. Betrachtet

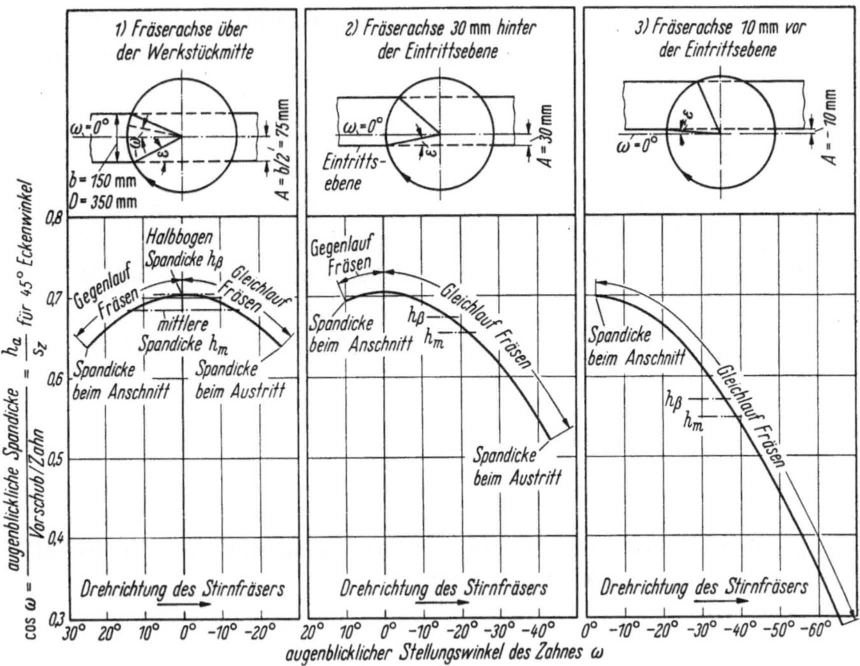

Abb. S/63. Änderung der Spandicke mit dem augenblicklichen Stellungswinkel (ω) des Fräserzahnes und mit der Lage der Fräserachse zum Werkstück

man den Vorschub/Zahn und den Eckenwinkel als Konstante, so ist

$$h_a = \text{const} \cdot \cos\omega$$

d. h., die Spandicke ändert sich nach einem Teil einer Kosinuskurve, wobei es praktisch von Bedeutung ist, um welchen Teil einer Kosinuskurve es sich in einem gegebenen Fall handelt. Abb. S/63 soll dies näher erläutern. 3 Fälle sind in Betracht gezogen, nämlich

1. mittiges Fräsen (linke Kurve)
2. Fräserachse hinter der Eintrittsebene (mittlere Kurve)
3. Fräserachse vor der Eintrittsebene (rechte Kurve).

Um den in Frage kommenden Teil der Kosinuskurve zu finden, bestimmt man zuerst die Eintritts- und Austrittswinkel, gemäß Gl. (S/38) und (S/39), nämlich:

$$\text{Austrittswinkel:} \quad \alpha = \arcsin \frac{2(A-b)}{D} \qquad (S/38a)$$

$$\text{Eintrittswinkel:} \quad \varepsilon = \arcsin \frac{2A}{D}. \qquad (S/39a)$$

Die Beispiele der Abb. S/63 beziehen sich auf einen Eckenwinkel $e = 45°$, eine Fräsbreite $b = 150$ mm und einen Fräserdurchmesser von $D = 350$ mm. Der Achsabstand A für Fall 1) ist $A = +75$ mm, für Fall 2): $A = +30$ mm und für Fall 3): $A = -10$ mm. Man erhält somit:

$$1) \quad \alpha = \arcsin \frac{2(75-150)}{350} \quad = -0{,}43 \qquad \text{d. h.:} \quad \alpha = -25\tfrac{1}{2}°$$

$$\varepsilon = \arcsin \frac{2 \cdot 75}{350} \quad = +0{,}43 \qquad \text{d. h.:} \quad \varepsilon = +25\tfrac{1}{2}°$$

$$2) \quad \alpha = \arcsin \frac{2(30-150)}{350} \quad = -0{,}685 \qquad \text{d. h.:} \quad \alpha = -43°10'$$

$$\varepsilon = \arcsin \frac{2 \cdot 30}{350} \quad = +0{,}1715 \qquad \text{d. h.:} \quad \varepsilon = +9°54'$$

$$3) \quad \alpha = \arcsin \frac{2(-10-150)}{350} \quad = -0{,}915 \qquad \text{d. h.:} \quad \alpha = -60°30'$$

$$\varepsilon = \arcsin \frac{2(-10)}{350} \quad = -0{,}057 \qquad \text{d. h.:} \quad \varepsilon = -3°16'.$$

Das Verhältnis der Austritts- bzw. Eintrittsspandicke zum Vorschub/ Zahn bei $e = 45°$ folgt aus Gl. (S/45):

$$\frac{h}{s_Z} = 0{,}707 \cos\alpha \quad \text{bzw.} \quad \frac{h}{s_Z} = 0{,}707 \cos\varepsilon.$$

Bei mittigem Fräsen ist die Eintritts- und Austrittsspandicke gleich, nämlich $0{,}639\, s_Z$ in obigem Beispiel. Bei Fall 2) ist die Eintrittsspandicke $0{,}695\, s_Z$, die Austrittsspandicke $0{,}519\, s_Z$ und bei Fall 3) fängt der Span mit einer Dicke von $0{,}706\, s_Z$ an und tritt mit $h = 0{,}288\, s_Z$ aus. Abb. S/63 zeigt die Spandickenänderung zwischen diesen Anfangs- und Endwerten. Bei mittigem Fräsen liegt die größte Spandicke in der Mitte des Spanbogens, die erste Hälfte erfolgt im Gegenlauffräsen, die zweite im Gleichlauffräsen. Bei Fall 2) ist der Spananfang stärker und noch stärker bei Fall 3), wo die gesamte Zerspanung im Gleichlauffräsen vor sich geht.

Der Nachteil des gegenläufigen Fräsens ist auf die ungünstige Spanbildung zurückzuführen. Ist nämlich die Schnittiefe beim Drehen oder die Anfangsspandicke beim Fräsen klein im Verhältnis zur immer vorhandenen Schneidenabrundung, so kann u. U. das Werkzeug durch die an der Werkzeugnase auftretenden Kräfte (Abb. S/64) angehoben werden, so daß es nur über das Werkstück gleitet und auf ihm entlang schleift, wodurch die Standzeit ungünstig beeinflußt wird (vgl. auch Bd. I, Seiten 102ff.). Bei größerer Schnittiefe oder Anfangsspandicke überwiegen die an der Spanfläche wirkenden Kräfte, so daß ein Abheben vermieden wird.

Die Ausführungen zu Abb. S/33 zeigten den plötzlichen Standzeitabfall deutlich, sobald der Eintrittswinkel positiv wurde, d. h. für den Fall des Gegenlauffräsens mit geringer Anfangsspanstärke entsprechend dem Fall 1) der Abb. S/63. Schwingungen treten bei positivem Eintrittswinkel (ε)

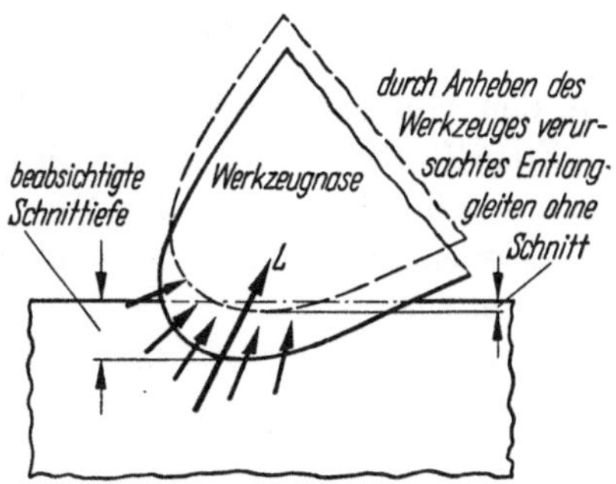

Abb. S/64. Kräfte an der Werkzeugnase

häufiger als bei negativem auf; sie tragen offensichtlich auch stark zu den ungünstigeren Standzeiten bei positivem Eintrittswinkel bei.

4. Zähnezahl in Stirnfräsern

a) Im Eingriff stehende Zähne

Die Anzahl der im Eingriff stehenden Zähne (Z_e) kann aus der Gleichheit des Verhältnisses der gesamten Zähnezahl (Z) des Stirnfräsers zum Gesamtbogen (2π bzw. $360°$) und der Zahl der im Eingriff stehenden Zähne zum zugehörigen Bogen oder Eingriffswinkel abgeleitet werden. Es ergibt sich:

$$\frac{Z}{2\pi} = \frac{Z_e}{\varepsilon - \alpha}$$

und daher

$$Z_e = \frac{Z(\varepsilon - \alpha)}{2\pi} \quad \text{bzw.} \quad = \frac{Z(\varepsilon - \alpha)}{360°} \tag{S/52}$$

wobei Eintrittswinkel (ε) und Austrittswinkel (α) im Bogenmaß bzw. in Winkelgraden einzusetzen sind.

Unter Benutzung der Gl. (S/40) kann man Gl. (S/52) überführen in:

$$Z_e = \frac{Z}{2\pi}\left(\arcsin\frac{2A}{D} - \arcsin\frac{2(A-b)}{D}\right). \tag{S/53}$$

Bei mittigem Fräsen ($A = b/2$ bzw. $\varepsilon = -\alpha$) ist die Zahl der im Eingriff befindlichen Zähne:

$$Z_{em} = \frac{Z}{\pi}\arcsin\frac{b}{D} = \frac{Z \cdot 2\varepsilon°}{360°}. \tag{S/54}$$

Liegt die Fräserachse über der Eintrittsebene ($A = 0$ bzw. $\varepsilon = 0$), so erhält man aus Gl. (S/52) und (S/53):

$$Z_{e\varepsilon} = \frac{+Z}{2\pi}\arcsin\frac{2b}{D} = \frac{-Z\alpha°}{360°}. \tag{S/55}$$

Dies wird eine positive Zahl, da α negativ ist. Liegt die Fräserachse über der Austrittsebene ($A = b$; $\alpha = 0°$), so wird in entsprechender Weise:

$$Z_{e\alpha} = \frac{Z \arc\sin\dfrac{2b}{D}}{2\pi} = \frac{Z\,\varepsilon°}{360°}\,. \tag{S/56}$$

Aus den Gln. (S/54) bzw. (S/55), (S/56), läßt sich die Änderung der im Eingriff stehenden Zähne für den Fall ermitteln, daß die Fräserachse aus der Lage über der Mittellinie des Werkstückes heraus in eine der Ebenen (Eintritts- oder Austritts-) am Werkstück verstellt wird. Es ergibt sich:

$$\frac{Z_{e\varepsilon}}{Z_{em}} = \frac{\arc\sin\dfrac{2b}{D}}{2\arc\sin\dfrac{b}{D}}\,. \tag{S/57}$$

Bei Benutzung der Winkelwertgleichungen (S/54) und (S/56) ist zu beachten, daß nicht derselbe Winkel ε eingesetzt werden kann, da er sich durch die Achsenversetzung ändert. Es ist übersichtlicher mit dem Bogenverhältnis zu rechnen [Gl. (S/57)].

Beispiel: Die Änderung der Zahl der im Eingriff befindlichen Zähne soll für einen Fräserdurchmesser von $D = 360$ mm und eine Fräsbreite $b = 180$ mm berechnet werden, wenn die Fräserachse aus der Mittelstellung zur Eintrittsebene verstellt wird.

Aus Gl. (S/57):

$$\frac{Z_{e\varepsilon}}{Z_{em}} = \frac{\arc\sin\dfrac{360}{360}}{2\arc\sin\dfrac{180}{360}} = \frac{\arc\sin 1{,}0}{2\arc\sin 0{,}5} = \frac{1{,}5708}{2 \cdot 0{,}5236} = 1{,}5\,.$$

In diesem Beispiel erhöht sich also durch die Verstellung der Fräserachse aus Werkstücksmitte zur Begrenzungsebene die Zahl der im Eingriff befindlichen Zähne um 50%. Für andere Verhältnisse b/D ändert sich dieser Prozentsatz entsprechend Gl. (S/57). Das Verhältnis b/D oder $2b/D$ kann nicht größer als 1,0 werden, da bei mittigem Fräsen der Grenzwert für die Fräsbreite gleich dem Fräserdurchmesser ist ($b = D$), während die Fräsbreite beim Fräsen über einer der Begrenzungsebenen nicht größer als der Fräserradius werden kann ($b \leq D/2$).

Eine viel benutzte Regel der Praxis besagt, daß der Fräserdurchmesser 1,5 — 3mal so groß sein soll wie die Fräsbreite und daß man mit einem Verhältnis $D/b = 2{,}0$ anfangen soll, wenn keine vorgehenden Erfahrungen vorliegen.

b) Gesamtzahl der Zähne in Stirnfräsern

Die folgende Gleichung wird in den USA als „Faustformel" und Richtwert benutzt:

$$Z = \frac{1000\,M\,N}{s_z\,n\,t\,b}\,. \tag{S/58}$$

Die Größe M stellt die spezifische Spanmenge dar, d. h. das minutliche Spanvolumen in cm³/min/PS (vgl. Bd. I, Seite 167), wobei folgende Mittelwerte für Überschlagsrechnungen verwendet werden können, falls genauere Werte für M nicht vorliegen:

$M = 10$ bei Bearbeitung von hartem Stahl
$M = 15$ bei Bearbeitung von mittlerem Stahl
$M = 20$ bei Bearbeitung von weichem Stahl
$M = 25$ bei Bearbeitung von Gußeisen
$M = 40$ bei Bearbeitung von Aluminium.

Natürlich ist das Ergebnis auf ganze Zahlen zu runden und auch mit Gl. (S/53) abzustimmen.

Beispiel: Die Anzahl der Zähne für einen Messerkopf sei für die folgenden Werte bei Bearbeitung von weichem Stahl zu bestimmen: $N = 10\,\mathrm{PS}$; $s_Z = 0{,}25\,\mathrm{mm/Zahn}$; $n = 270\,\mathrm{U/min}$ für einen Fräserdurchmesser von 200 mm und eine Schnittgeschwindigkeit von etwa 170 m/min; $t = 3{,}2\,\mathrm{mm}$; $b = 120\,\mathrm{mm}$:

$$Z = \frac{20\,000 \cdot 10}{0{,}25 \cdot 270 \cdot 3{,}2 \cdot 120} = (\text{etwa})\ 8\ \text{Zähne}.$$

Bei Gußeisenbearbeitung würden sich etwa 10 Zähne und für Aluminiumbearbeitung 15—16 Zähne ergeben.

In der Schweiz werden Zähnezahlen für Hartmetallmesserköpfe gemäß nachstehender Tab. S/7 empfohlen.

Tabelle S/7. *Zähnezahl bei Hartmetallmesserköpfen*[1]

Messerkopf-Dmr. in mm	100	150	200	250	300	400
Stahl	4—6	6—8	10—12	12—14	16	18—20
Gußeisen	6	8	10	12	14	16
Buntmetalle	6	8	10	12	14	16
Leichtmetalle	3	4	5—6	6	8	8—10

Ein Vergleich der Tab. S/7 mit den vorstehenden Werten für M [Gl. (S/58)] zeigt, daß nach Schweizer Ansicht die Zähnezahl von Stahl zu Leichtmetall geringer wird, während nach amerikanischer Praxis die Zähnezahl bei sonst gleichen Verhältnissen im Verhältnis 1:4 ansteigt. Sowohl in Tab. S/7 als auch in Gl. (S/58) ist keine Rücksicht auf die Zahl der im Eingriff stehenden Zähne genommen, wie dies für Schwingungsminderung u. a. m. wichtig ist.

BURMESTER empfiehlt für Stahlbearbeitung Zähnezahlen von 6 bei 125 Dmr. bis zu 28 bei 1000 Dmr. und für Gußeisen von 8 bei 125 Dmr. bis zu 38 bei 1000 mm Dmr.

---

[1] technica, Basel, 23. Sept. 1953, S. 9 (anonym).

C. Schnittgeschwindigkeit
1. Richtwerte

Wie in Bd. I, Seiten 77 ff., dargelegt, ist es beim Drehen zweckmäßig die Schnittgeschwindigkeitsverhältnisse in 2facher Abhängigkeit zu betrachten, nämlich als F-v-Beziehung (Spanquerschnitt — Schnitt-

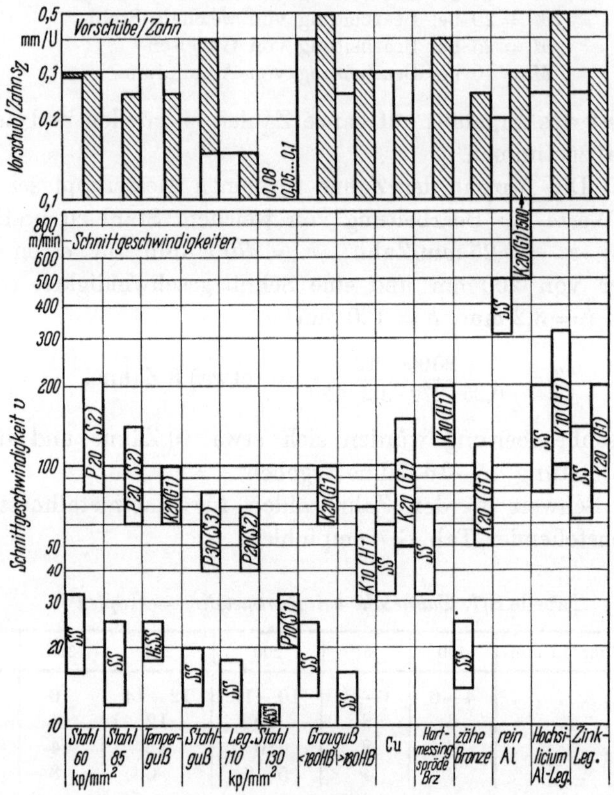

Abb. S/65
Europäische Richtwerte für Stirnfräsen verschiedener Metalle (mit Normbezeichnungen)

geschwindigkeit) und als T_L-v-Beziehung (Standzeit — Schnittgeschwindigkeit).

Beim Stirnfräsen sind diese beiden Beziehungen bisher wesentlich weniger untersucht worden als beim Drehen, so daß oft Zuflucht zu sogenannten Richtwerten genommen werden mußte.

Eine graphische Auswertung solcher Richtwerte aus europäischen Quellen ist in Abb. S/65 und aus amerikanischen Quellen in Abb. S/66 und S/67 vorgenommen. Richtwerte sind oft unbefriedigend, weil in ihnen keine Rücksicht auf die Abhängigkeit der Schnittgeschwindigkeit vom Vorschub (oder Spanquerschnitt) oder von der Standzeit genommen wird. Die in der oberen Hälfte dieser Abbildungen dargestellten Vorschubgrenzen stehen in keinem unmittelbarem Zusammenhang mit den darunter befindlichen Schnittgeschwindigkeiten.

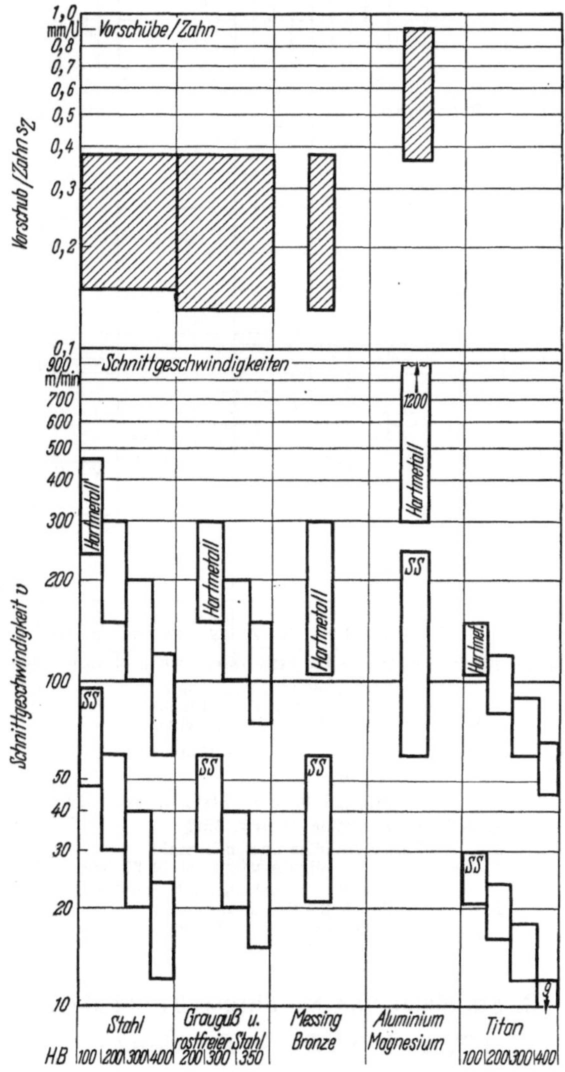

Abb. S/66
Amerikanische Richtwerte für Stirnfräsen verschiedener Metalle (*SS* Schnellstahl)

Man findet sogar noch oft Angaben, wie „Schruppen" und „Schlichten", obgleich „Schlichten" im Großmaschinenbau etwa dem „Schruppen" im Präzisionsmaschinenbau entspricht. Was der eine Betriebsingenieur als Schlichten ansieht, ist oft gröbstes Schruppen für einen anderen.

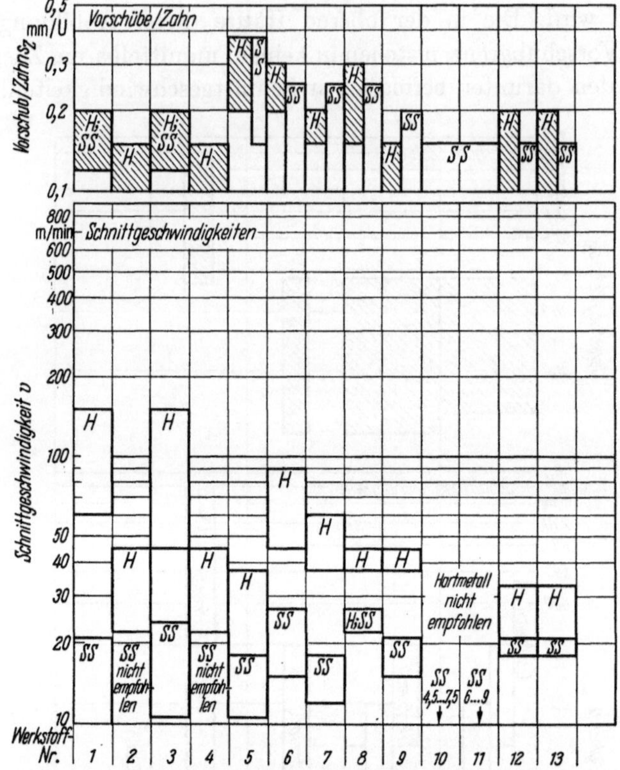

Abb. S/67. Amerikanische Richtwerte für Stirnfräsen von hochwarmfesten Metallen.

Schnittiefen etwa 1,3 ... 4 mm
Schnittbreiten etwa 25 ... 125 mm
Werkzeuge: H Hartmetall; SS Schnellstahl

Erläuterung zu den Werkstoffnummern[1]

Nr.	Werkstoff
1; 2	Niedriglegierte mart. Stahl 37 bzw. 52 R_c
3; 4	Gesenkstähle 37 bzw. 52 R_c
5	Rostbeständige austenit. Stahl
6; 7	Rostbeständige martens. Stahl 37 bzw. 42 R_c
8; 9	Rostbeständige halbaustenit. Stahl 320 bzw. 444 HB
10	Hochnickelhaltige Legierungen
11	Hochkobalthaltige Legierungen
12; 13	Titan 312 bzw. 365 HB

2. Standzeit und Schnittgeschwindigkeit

(T_L-v- bzw. T_{Vol}-v-Beziehung)

Die Standzeit kann in verschiedener Weise ausgedrückt werden, z. B. in Minuten oder in Kubikzentimeter Metallabtragung bis zum Wiederanschleifen des Werkzeuges. Während die Standzeit beim Drehen gewöhnlich in Minuten gemessen wird, hat es sich beim Fräsen oft als praktischer erwiesen, das Standvolumen (cm³ Metallabtragung) zu benutzen.

---

[1] Chemische Zusammensetzung s. Anhang, Tab. A/1.

Die minutliche Standzeit gibt die Fertigungsverhältnisse nicht immer zweckentsprechend wieder, wie aus Abb. S/68 und S/69 für Fräsen ersichtlich wird. Beide Abbildungen beziehen sich auf den

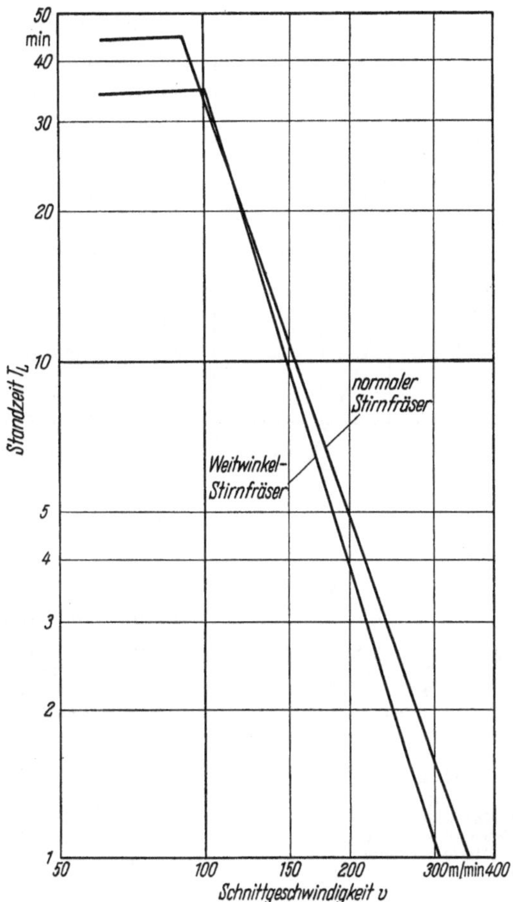

Abb. S/68. Vergleich der minutlichen Standzeit des Weitwinkelstirnfräsers mit der eines nor malen Stirnfräsers (alle Daten wie in Abb. S/69). Obgleich die minutliche Standzeit für beide Fräser praktisch dieselbe war, hat der Weitwinkelfräser jedoch etwa dreimal soviel Werkstücke gefräst wie der normale Fräser

Vergleich der Standzeit und des Standvolumens eines Weitwinkelfräsers mit einem normalen Stirnfräser. Während man aus Abb. S/68 zu dem Schluß kommt, daß beide Fräserarten fast dieselbe Standzeit für gleiche Schnittgeschwindigkeiten haben, läßt Abb. S/69 deutlich *die Überlegenheit der Zerspanungsmenge des Weitwinkelfräsers erkennen.*

Die Versuche wurden teilweise an der University of Cincinnati durchgeführt. Der Hauptunterschied der beiden Fräser liegt im Eckenwinkel (e), der der Komplementwinkel des Anstellwinkels ist. Bei dem vom Verfasser ursprünglich entwickelten Weitwinkelfräser war $e = 75°$ und bei dem normalen Fräser 30°. Weitere Einzelheiten wurden bereits im Zusammenhang mit der Eingriffszeit (s. Seite 48) besprochen. Hier soll der Zusammenhang mit Standzeit bzw. Standvolumen untersucht werden.

Aus Abb. S/69 geht hervor, daß der Weitwinkelfräser bei $v = 100$ m/min etwa 15 000 cm³ bis zum Wiederanschliff zerspant hatte. Mit dem *normalen Fräser konnten dagegen nur etwa ¹/₃ soviel Werkstücke, nämlich 5000 cm³, gefräst werden.* Der Vergleich der Abb. S/68 und S/69 zeigt deutlich, wie abwegig eine Beurteilung auf Grund der minutlichen Standzeit manchmal werden kann. Bei den Versuchen wurden Schlagzahnfräser bei mittiger Einstellung über den Werkstücken benutzt (Abb. S/70).

Der Abfall der Standzeit bei Schnittgeschwindigkeiten unter 90 m/min ist m. E. auf die in Bd. I, Seite 306, bereits erörterte, durch selbsterregte Schwingungen verursachte, dynamische Unstabilität von Hartmetallwerkzeugen, wenn sie mit zu kleiner Schnittgeschwindigkeit laufen, zurückzuführen; sie macht sich

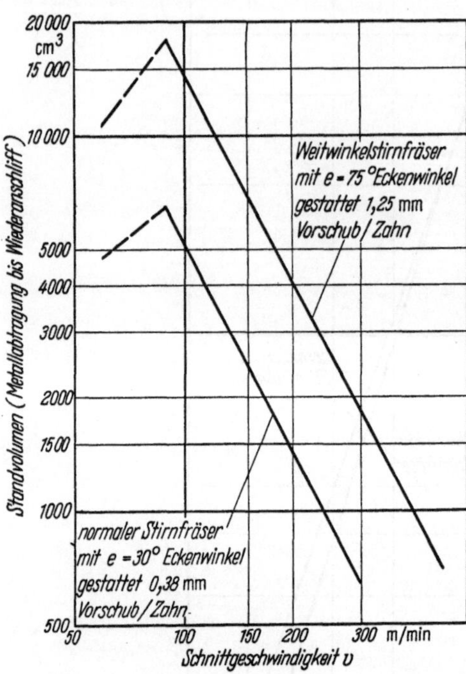

Abb. S/69. Vergleich des Standvolumens (cm³ Metallabtragung) des Weitwinkelstirnfräsers mit dem eines normalen Stirnfräsers

Gemeinsame Schnittbedingungen:

Hartmetall 44 A
Werkstoff Meehanite -A- 190 *HB*
Fräsbreite 154 mm
Schnittiefe 4,75 mm
Größte Spanstärke 3,3 mm

Schneidengeometrie:

Weitwinkelfräser: Axialwinkel +15°
Radialwinkel − 30°
Eckenwinkel 75°
Spanwinkel +6°
Neigungswinkel + 32° (amerikanische Definition vgl. Bd. I, Seite 67)
Normaler Stirnfräser: Axialwinkel + 3°
Radialwinkel +3°
Eckenwinkel 30°
Spanwinkel +4°
Neigungswinkel etwa +1° (amerikanische Definition)

beim Stirnfräsen infolge der Aufprallverhältnisse stärker bemerkbar als beim Drehen.

Stirnfräsversuche zur Feststellung des Einflusses des Eckenwinkels e auf die Standzeit wurden in den Jahren 1944/1945 auch vom

California Institute of Technology[1] durchgeführt. Die Ergebnisse sind in Abb. S/71a—d dargestellt. Bearbeitet wurde Stahl NE 8630 von 400 und 200 Brinell Härte. Man erkennt, daß die Standzeit sich um 700% erhöhte, wenn der Eckenwinkel von 15° auf 75° vergrößert wurde, nämlich von 15 auf 120 min und die Schnittgeschwindigkeit 120 m/min betrug (Abb. S/71a).

Bei $v = 225$ m/min (Abb. S/71b) stieg die Standzeit von $2^1/_2$ min auf 40 min, also auf das 16fache. Bei dem angelassenen Stahl (200 HB)

Abb. S/70. Versuchseinrichtung für Vergleich des Weitwinkelfräsens mit üblichem Stirnfräsen.
(Auf dem Fräsmaschinentisch stehen drei weitere Fräseinsätze mit verschiedenen Eckenwinkeln)
(University of Cincinnati und Cincinnati Milling Mach. Co.)

und höherer Schnittgeschwindigkeit war der Einfluß des Eckenwinkels auch sehr groß, aber weniger als beim gehärteten Werkstoff (400 HB). Gemäß Abb. S/71c erhöhte sich die Standzeit von 50 min auf etwas über 150 min ($v = 235$ m/min), während bei $v = 130$ m/min eine 8fache Erhöhung, von 10 auf 80 min (d. h. 700%), festgestellt wurde (Abb. S/71d).

Die Versuche wurden mit ausgewuchteten Schlagzahnfräsern ausgeführt (Abb. S/72). Die Schnittiefe betrug einheitlich 4,75 mm, der Vorschub 0,38 mm/U. Die Schnittbreite $b = 83$ mm, die Schneiden-

---

[1] California Inst. of Technology, Data Sheets CR-30-2, Oct. 15, 1945, Sheet 8, Office of Production Research and Development, Washington DC.

winkel (Axial- und Radialwinkel $= -10°$) und der Fräserdurchmesser $D = 260$ mm Dmr. wurden nicht geändert.

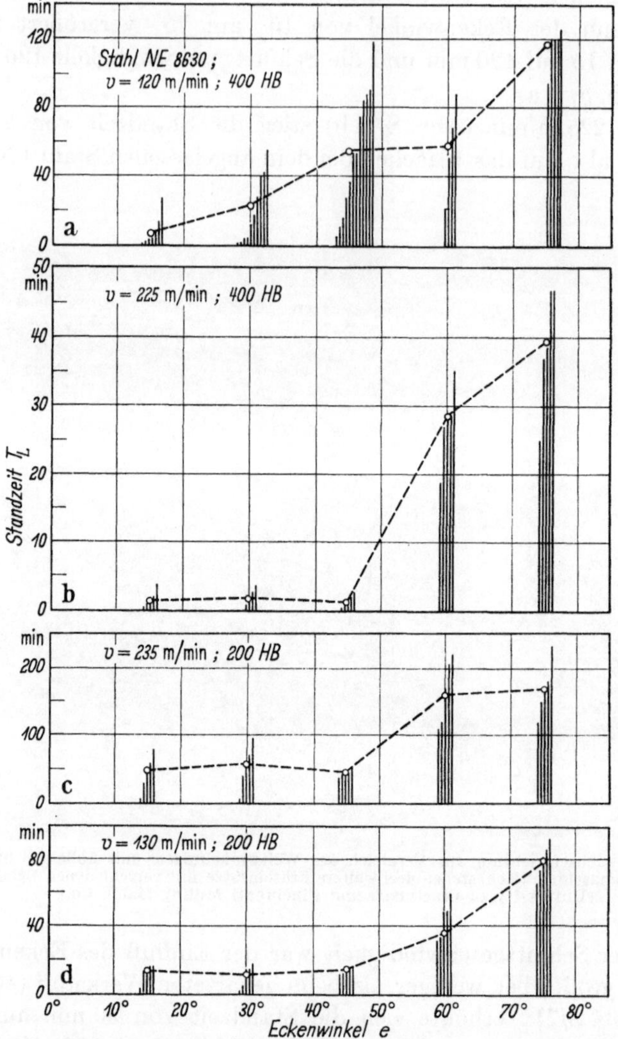

Abb. S/71a—d. Einfluß des Eckenwinkels e auf die Standzeit T_L (nach Versuchen des California Institute of Technology)

Der Zusammenhang zwischen Standvolumen (T_{Vol}) und Standzeit (T_L) ist beim Stirnfräsen theoretisch derselbe wie beim Drehen. Jedoch haben die genannten Versuche an der hiesigen Universität gezeigt, daß ein Berichtigungswert eingefügt werden kann, der die bessere Standzeit, die beim Drehen mit nichtunterbrochenem Schnitt entsteht, berücksichtigt.

Für Drehen wurde in Bd. I, Seiten 89 ff., folgende Gleichung entwickelt:

$$T_L = \frac{T_{\mathrm{Vol}}}{F\,v} = \frac{T_{\mathrm{Vol}}}{s\,t\,v}. \tag{S/59}$$

Abb. 66, Bd. I, kann für größere Bereiche als dort angegeben benutzt werden, wenn v mit 10 multipliziert und T_L durch 10 dividiert wird

Für Stirnfräsen ergibt sich folgende Ableitung:
Wenn n_t die *Gesamt*zahl der Fräserdrehungen bis zum Wiederanschliff und T_{Vol}, das während dieser Fräserumdrehungen per Zahn ($=$ je

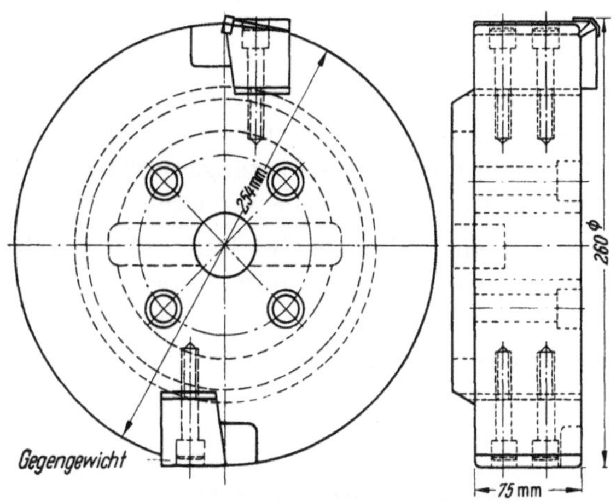

Abb. S/72. Ausgewuchteter Schlagzahnfräser

Schneide) zerspante Volumen (Standvolumen) bezeichnet, so gilt:

$$T_{\mathrm{Vol}} = n_t\,s_Z\,t\,L. \tag{S/60}$$

Die Schnittzeit je Eingriff des Zahnes beträgt

$$t = \frac{L}{v} \tag{S/61}$$

wobei $L =$ Bogenlänge und $v =$ Schnittgeschwindigkeit bedeuten.

Die Standzeit T_L ist das Produkt aus n_t und Schnittzeit je Eingriff, d. h. die Schnittzeit für die Summe aller Eingriffe (T_L darf nicht mit der Fräszeit T_m verwechselt werden, die die gesamte Zeit, einschließlich der Zeit für die Schnittunterbrechungen, darstellt).

Somit ergibt sich, unter Benutzung von Gl. (S/60):

$$T_L = n_t\,\frac{L}{v} = \frac{T_{\mathrm{Vol}}\,L}{s_Z\,t\,L\,v} = \frac{T_{\mathrm{Vol}}}{s_Z\,t\,v}. \tag{S/62}$$

T_{Vol} ist in cm³, s_Z und t in mm und v in m/min einzusetzen, so daß sich T_L in Minuten ergibt. Wenn T_{Vol} in cm³/Zahn gegeben ist, ergibt sich T_L in Minuten/Zahn.

Berechnet man T_L gemäß Gl. (S/62) für den Weitwinkelfräser und den normalen Fräser für z. B. $v = 100$ m/min Schnittgeschwindigkeit, $t = 4{,}75$ mm Schnittiefe und $s_Z = 1{,}25$ mm/U, $T_{\text{Vol}} = 15\,000$ cm³ (diese beiden letzten Werte gelten für den Weitwinkelfräser) bzw. $s_Z = 0{,}38$ mm/U nnd $T_{\text{Vol}} = 5000$ cm³ (für den Normalfräser), so ergibt sich

$$T_{L_w} = \frac{15\,000}{1{,}25 \cdot 4{,}75 \cdot 100} = 25{,}2 \text{ min} \quad \text{(Weitwinkelfräser)}$$

bzw.

$$T_{L_n} = \frac{5000}{0{,}38 \cdot 4{,}75 \cdot 100} = 27{,}7 \text{ min} \quad \text{(Normalfräser)}.$$

Tatsächlich sind diese beiden Standzeiten bei $v = 100$ m/min besser gewesen als errechnet wurde (vgl. Abb. S/68 und S/69), nämlich etwa 35 bzw. 45 min; Gl. (S/62) ergibt für Fräsen etwas zu ungünstige Werte. Ein Berichtigungsfaktor von schätzungsweise 1,2 . . . 1,4 erscheint daher angebracht bis weitere Versuche vorliegen.

Die Umrechnung einer TAYLOR-Gleichung für Standzeit in eine solche für Standvolumen läßt sich in folgender Weise durchführen. Bezeichnet man den Exponenten des Standvolumens (T_{Vol}) mit x und die Schnittgeschwindigkeit für Abnahme von 1 cm³ mit der Konstanten C_{Vol}, so kann gesetzt werden:

$$v\, T_{\text{Vol}}^x = C_{\text{Vol}}. \tag{S/63}$$

Die TAYLOR-Gleichung für Standzeit lautet:

$$v\, T_L^y = C_T. \tag{S/63a}$$

Die Standzeit T_L bezieht sich dabei natürlich auf die Zeit während der Spanabnahme erfolgt, d. h. die Zeit, für die je Umdrehung wiederkehrenden Schnittpausen beim Fräsen (oder unterbrochenem Schnitt beim Drehen) wird nicht einbezogen.

Ersetzt man T_{Vol} gemäß Gl. (S/62), so ergibt sich

$$v^{(1 + x)} (s_Z\, t\, T_L)^x = C_{\text{Vol}}$$

und nach Vereinfachung:

$$v\, (T_L)^{\frac{x}{1+x}} = \frac{(C_{\text{Vol}})^{\frac{1}{1+x}}}{(s_Z\, t)^{\frac{x}{1+x}}}. \tag{S/64}$$

Demgemäß wird bei Vergleich mit der TAYLOR-Gleichung:

$$x = \frac{y}{1 - y} \quad \text{und} \quad C_{\text{Vol}} = C_T^{(1 + x)} (s_Z\, t)^x. \tag{S/65}$$

Im englischen Maßsystem ist C_{Vol} noch mit 12^x zu multiplizieren, wenn v in ft/min gegeben ist.

Der Standvolumenexponent x ist also immer größer als der Standzeitexponent y und die Standvolumengeraden im doppellogarithmischen Netz verlaufen „flacher" als die für die Standzeit. Die Anwendung

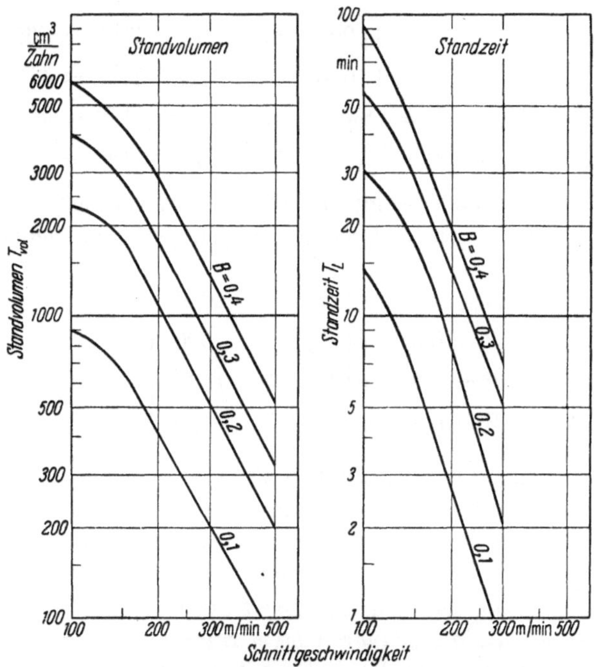

Abb. S/73. Standvolumen und Standzeit in Abhängigkeit von der Schnittgeschwindigkeit (nach FRÖHLICH u. SIEBEL)

Stirnfräser 250 mm Dmr. $\varepsilon = -4{,}75°$
Z = 10 Zähne b = 95 mm
t = 3 mm   Werkstoff C 35 N
s_z = 0,25 mm/Zahn σ_B = 58 kp/mm^2

dieser Umrechnung ist natürlich nur für den Bereich zulässig, in dem sich Gerade im log—log-Netz ergeben.

Bei Berücksichtigung eines Berichtigungsfaktors (s. Seite 78) kann C_T der Gl. (S/65) erhöht werden auf:

$$C_T = \frac{1{,}2 \ldots 1{,}4 \, C_{\mathrm{Vol}}^{\frac{1}{1+x}}}{(s_z \, t)^{\frac{x}{1+x}}}. \tag{S/66}$$

FRÖHLICH[1] und SIEBEL[2] haben Standvolumenversuche beim Stirnfräsen von Stahl unternommen und die links in Abb. S/73 wieder-

---

[1] FRÖHLICH, K. H.: Beitrag zur Frage des Standzeitverhaltens beim Stirnfräsen von Stahl mit Hartmetall. Ind.-Anz. 1955, Nr. 45, S. 624ff.

[2] SIEBEL, H.: Einfluß der Schneidengeometrie auf die Standzeit beim Stirnfräsen. Ind.-Anz. 1956, Nr. 63, S. 944ff.

gegebenen Kurven entwickelt. Aus ihnen lassen sich für Schnitt-geschwindigkeiten über 200 m/min und bei Ausmittlung der Exponenten die folgenden Gleichungen für Stirnfräsen bei verschiedenen Verschleißmarkenbreiten B ableiten:

$$\left.\begin{array}{llll}
B = 0,4: & v\,(T_{\mathrm{Vol}})^{0,535} = 14\,000 & \text{bzw.} & v\,(T_L)^{0,348} = 565 \\
B = 0,3: & v\,(T_{\mathrm{Vol}})^{0,535} = 11\,000 & \text{bzw.} & v\,(T_L)^{0,348} = 480 \\
B = 0,2: & v\,(T_{\mathrm{Vol}})^{0,535} = 8400 & \text{bzw.} & v\,(T_L)^{0,348} = 403 \\
B = 0,1: & v\,(T_{\mathrm{Vol}})^{0,535} = 5150 & \text{bzw.} & v\,(T_L)^{0,348} = 292
\end{array}\right\} \quad (\text{S}/67)$$

Sie haben ihre Fräsversuche mit Drehversuchen verglichen, aus denen sich folgende Gleichungen für Drehen mit nicht unterbrochenem Schnitt ergeben:

$$\left.\begin{array}{ll}
B = 0,4: & v\,(T_L)^{0,51} = 2030 \\
B = 0,3: & v\,(T_L)^{0,51} = 1600 \\
B = 0,2: & v\,(T_L)^{0,51} = 1175 \\
B = 0,1: & v\,(T_L)^{0,51} = 735
\end{array}\right\} \quad (\text{S}/68)$$

Trotzdem der Exponent beim Drehen (0,51) größer ist als beim Stirn-fräsen (0,348), ist die Standzeit beim Drehen nach diesen Angaben wesentlich besser als beim Stirnfräsen, selbst wenn man einen Berichtigungsfaktor für Stirnfräsen berücksichtigt.

Es sind insbesondere die Aufschlagsverhältnisse und die Fräserstellung zur Eintrittsebene, die die Standzeit beim Stirnfräsen herabsetzen und es wäre daher erwünscht, wenn Versuche mit unterbrochenem Schnitt beim Drehen zum Vergleich mit denen beim Stirnfräsen vorgenommen würden, als Erweiterung der Drehversuche, die bisher meistens mit nicht unterbrochenem Schnitt durchgeführt wurden!

BOSTON und GILBERT haben Meehanite mit Hartmetallstirnfräsern bearbeitet[1] und den Einfluß des Freiwinkels auf Standzeit und Standvolumen untersucht. Dabei haben sie sowohl die Standzeit T_L, d. h. ohne Schnittpausen, als auch die Fräszeit T_M (einschl. Schnittzeitpausen) ermittelt. Die Beziehung zwischen diesen beiden Größen ist mit $T_L = 0,146\,T_M$ angegeben, obwohl in den Diagrammen eine Aufrundung auf $T_L = 0,16\,T_M$ zwecks Vereinfachung des Netzes vorgenommen wurde. Dadurch entstehen einige Abweichungen zwischen Gleichungen und Diagrammen, die Ausmittlungen erforderlich machen.

Die Gleichungen, die teilweise von BOSTON und GILBERT angegeben und teilweise von mir aufgestellt wurden, erfordern Umrechnung aus dem englischen in das metrische Maßsystem.

---

[1] BOSTON, O. W., u. W. W. GILBERT: Effect of varying relief angles when face milling cast iron with sintered carbide-tipped cutters. Trans. ASME Paper Nr. 46-A-8.

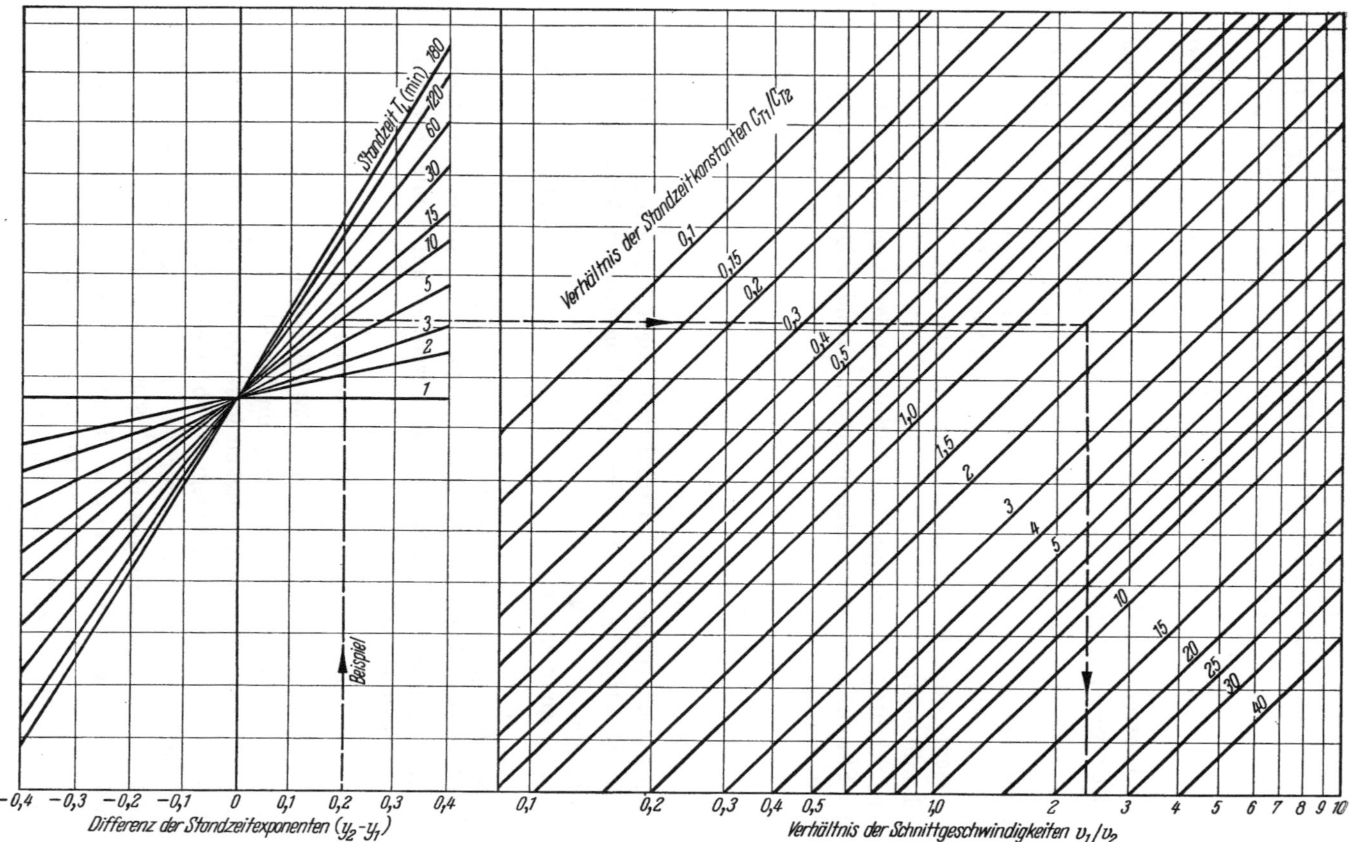

Abb. S/74. Nomogramm zum Ablesen des Schnittgeschwindigkeitsverhältnisses zweier Werkzeuge mit verschiedenen Standzeitexponenten und verschiedenen Standzeitkonstanten

Die Berücksichtigung der Schnittpausen ergibt im englischen und metrischen Maßsystem die gleiche Verhältniszahl zwischen den Konstanten der TAYLOR-Gleichungen (C_T für Standzeit und C_{TM} für Fräszeit einschließlich Schnittzeitpausen). Da T_L und T_M gleiche Exponenten (y) haben, ergibt sich

$$\frac{C_T}{C_{TM}} = \left(\frac{T_L}{T_M}\right)^y. \tag{S/69}$$

Für die Umrechnung der C_T- (und C_{TM}-)Konstanten aus dem englischen in das metrische System gilt:

$$C_{T(\text{metrisch})} = 0{,}304\, C_{T(\text{englisch})} \tag{S/70}$$

wenn die Schnittgeschwindigkeit im metrischen System in m/min und die im englischen System in ft/min ausgedrückt wird. Diese Umrechnung folgt leicht aus der TAYLOR-Gleichung [Gl. (S/63a)], wenn man $T_L = 1$ min setzt.

Das Schnittgeschwindigkeitsverhältnis zweier Werkzeuge (1, 2) für gleiche Standzeit T_L kann allgemein auf Grund folgender Gleichung ermittelt werden:

$$\frac{v_1}{v_2} = \frac{C_{T1}}{C_{T2}}\, T_L^{(y_2 - y_1)}.$$

Abb. S/74 ermöglicht die Lösung dieser Gleichung auf graphischem Weg. Das Beispiel zeigt, daß eine Differenz der Exponenten von 0,2 bei einer Standzeit von $T_L = 10$ min und einem Verhältnis der Standzeitkonstanten C_{T_1}/C_{T_2} von 1,5 einem Schnittgeschwindigkeitsverhältnis von v_1/v_2 von 2,4 entspricht.

Die Umrechnung der englischen Konstanten für das Standvolumen ($C_{\text{Vol englisch}}$) in die metrische Konstante ($C_{\text{Vol metrisch}}$) erfordert zusätzlich die Berücksichtigung des Exponenten x für T_{Vol}, d. h., der Multiplikator 16,39 (Kubikzoll in Kubikzentimeter) wird $16{,}39^x$ und ferner muß $C_{\text{Vol englisch}}$ mit 0,304 multipliziert werden, um ft/min in m/min umzuändern, daher ergibt sich:

$$C_{\text{Vol metrisch}} = 16{,}39^{\frac{y}{1-y}} \cdot 0{,}304\, C_{\text{Vol englisch}} \tag{S/71}$$

hierbei ist der Exponent x gemäß Gl. (S/65) eingesetzt worden. $C_{\text{Vol metrisch}}$ ist die Schnittgeschwindigkeit in m/min für Abnahme von 1 cm³ und $C_{\text{Vol englisch}}$ die Schnittgeschwindigkeit in ft/min für Abnahme von 1 in³.

Die nachstehende Tab. S/8 zeigt die so ausgewerteten Versuche von BOSTON und GILBERT für Stirnfräsen von Meehanite von 190 HB mit folgenden Bearbeitungswerten: Schnittiefe 2,54 mm, Vorschub 0,25 mm/Zahn, Fräsbreite 111 mm, Fräserdurchmesser 230 mm Dmr, Hartmetall $K - 2 - S$. Schnittgeschwindigkeiten zwischen etwa 60 m/min und etwa 450 m/min. Mittiges Fräsen, Axialwinkel $+7°$, Radialwinkel $+4°$, Verschleißmarkenbreite $B = 0{,}75$ mm.

Tabelle S/8. *Exponenten und Konstante für Gleichungen der Form* $v\,T^{\text{exp}} = const$
(für Stirnfräsen von Meehanite)

Schneidengeometrie		Exponenten für		Konstante					
				Englisches Maßsystem			Metrisches Maßsystem		
Ecken-winkel	Frei-winkel	Stand-zeit und Fräs-zeit	Stand-volumen	für Fräszeit	für Standzeit	für Stand-volumen	für Fräszeit	für Standzeit	für Stand-volumen
e	α	y	x	C_{TM} ft/min	C_T ft/min	C_{Vol} in³	C_{TM} m/min	C_T m/min	C_{Vol} cm³
45°	12,8°	0,36	0,57	2800	1450	7600	850	443	11 300
	4,2°	0,57	1,33	2950	1050	31 000	900	320	390 000
0°	12°	0,39	0,64	2300	1130	5870	700	342	10 550
	3°	0,34	0,515	640	345	700	195	105	895

Die Verbesserung der Standzeiten und Standvolumina durch Vergrößerung des Freiwinkels α (gemessen in einer Ebene senkrecht zur Hauptschneide) geht aus den Angaben der Tab. S/8 hervor (vgl. hierzu Seite 93). Beispielsweise wird die Standzeit T_L (s. vorletzte Kolonne) bei 100 m/min Schnittgeschwindigkeit nach den Untersuchungen von Boston und Gilbert von $T_L = \left(\dfrac{320}{100}\right)^{\frac{1}{0,57}} = 7,6\,\text{min}$ auf $T_L = \left(\dfrac{443}{100}\right)^{\frac{1}{0,36}} = 62\,\text{min}$ erhöht, wenn der Freiwinkel von 4,2 auf 12,8° vergrößert wird bei einem Eckenwinkel von $e = 45°$. Das Standvolumen wird dabei gem. Gl. (S/63) von 500 cm³ auf 4000 cm³ erhöht. Ist der Eckenwinkel $e = 0°$, so beeinflußt der Freiwinkel α die Standzeit in noch größerem Ausmaß, sie erhöht sich von $T_L = 1,02\,\text{min}$ bei 3° Freiwinkel auf 23,5 min bei 12° Freiwinkel.

3. Gesamtgleichungen für die Schnittgeschwindigkeit
a) Aus Versuchen

Eine Gleichung zwischen Schnittgeschwindigkeit (v), Standzeit (T_L), Brinellhärte (HB), Vorschub je Zahn (s_Z), Schnittiefe (t), Fräsbreite (b) und Zähnezahl (Z) kann man empirisch durch Untersuchung der T_L-v-Beziehung und nachfolgender Anpassung der jeweils untersuchten Einflußgröße an die v_{60}-Schnittgeschwindigkeit erhalten.

Man setzt:

$$\left.\begin{aligned}
v\,T_L^y &= C_T \\
v_{60}\,(\text{HB})^a &= C_1 \\
v_{60}\,s_Z^b &= C_2 \\
v_{60}\,t^c &= C_3 \\
v_{60}\,b^d &= C_4 \\
v_{60}\,Z^e &= C_5
\end{aligned}\right\} \qquad (\text{S}/72\,\text{a—f})$$

Multipliziert man diese Gleichungen nach Division durch v_{60}, so erhält man:

$$T_L^y \, v \, (\mathrm{HB})^a \, s_Z^b \, t^c \, b^d \, Z^e = \mathrm{const.} \tag{S/73}$$

Die Konstante ergibt sich zu

$$\mathrm{const} = \frac{C_1}{v_{60}} \, \frac{C_2}{v_{60}} \, \frac{C_3}{v_{60}} \, \frac{C_4}{v_{60}} \, \frac{C_5}{v_{60}} = \frac{C_1 \, C_2 \, C_3 \, C_4 \, C_5}{v_{60}^5} \tag{S/74}$$

mithin wird

$$\boxed{v = \frac{C_1 \, C_2 \, C_3 \, C_4 \, C_5}{T_L^y \, v_{60}^5 \, (\mathrm{HB})^a \, s_Z^b \, t^c \, b^d \, Z^e}} \tag{S/75}$$

Zahlenwerte für die $C_1 \ldots C_5$-Konstanten und die Exponenten y, $a \ldots e$ der Gl. (S/73) können aus Versuchen abgeleitet werden, die GILBERT, BOSTON und SIEKMANN an Gußeisen durchgeführt haben[1]. Die Einzelversuche sind in Abb. S/75 und S/76a—e nach Umrechnung in metrische Werte dargestellt. Es wurde immer nur eine Größe geändert. Die T_L—v-Beziehung (Abb. S/75) ergibt die Gleichung

$$v \, T_L^{0,32} = 550 \tag{S/76}$$

für die in der Abbildung angeführten Werte für Vorschub, Schnitttiefe, Zähnezahl, Fräsbreite und Brinellhärte; v_{60} wird daher 149 m/min. Die anderen Beziehungen (Abb. S/76a—e) lassen sich wie folgt formelmäßig ausdrücken

$$(\mathrm{HB})^{1,32} = \frac{145\,000}{149} = 974 \quad = \frac{C_1}{v_{60}} \tag{S/77a}$$

$$s_Z^{0,16} = \frac{151}{149} = 1{,}01 \quad = \frac{C_2}{v_{60}} \tag{S/77b}$$

$$t^{0,08} = \frac{160}{149} = 1{,}075 = \frac{C_3}{v_{60}} \tag{S/77c}$$

$$b^{0,57} = \frac{2400}{149} = 16{,}1 \quad = \frac{C_4}{v_{60}} \tag{S/77d}$$

$$Z^{0,17} = \frac{131}{149} = 0{,}88 \quad = \frac{C_5}{v_{60}}. \tag{S/77e}$$

Die Gesamtgleichung für die Schnittgeschwindigkeit bei mittigem Stirnfräsen von Gußeisen für die sich die Konstante zu 15000 aus Gln. (S/77a—e) ergibt, lautet daher:

$$v_{\text{Gußeisen}} = \frac{15\,000}{T_L^{0,32} \, \mathrm{HB}^{1,32} \, s_Z^{0,16} \, t^{0,08} \, b^{0,57} \, Z^{0,17}} \text{ m/min.} \tag{S/78}$$

---

[1] GILBERT, W. W., O. W. BOSTON u. H. J. SIEKMANN: Cutter Life for Face Milling of Cast Iron. Paper 53-A-49 presented at the Annual Meeting ASME, New York, Dezember 1953.

Aus dem Vergleich der Exponenten geht hervor, daß eine Änderung der Brinellhärte den stärksten Einfluß auf die v_{60}-Schnittgeschwindig-keit hat. Beispielsweise verlangt eine $33^1/_3\%$ige Erhöhung der Brinellhärte von 150 HB auf 200 HB eine Herabsetzung der Schnittgeschwindigkeit um:

$$\frac{v_1}{v_2} = \left(\frac{\mathrm{HB}_2}{\mathrm{HB}_1}\right)^{1,32} = \left(\frac{150}{200}\right)^{1,32}$$

$$= 0{,}684 = 31{,}6\% .$$

Dagegen ergibt sich für $33^1/_3\%$ Erhöhung des Vorschubes nur 4% Abfall der Schnittgeschwindigkeit, dieselbe prozentuale Erhöhung der Schnittiefe erfordert nur 2,3% Verringerung der Schnittgeschwindigkeit; für die Fräsbreite sind entsprechenderweise 15%, für die Zähnezahl 4,8% und für die Standzeit 8,8% Herabsetzung der Schnittgeschwindigkeit erforderlich.

Gl. (S/78) bezieht sich auf ein Verhältnis der Fräsbreite (b) zum Fräserdurchmesser D von $b/D = 0{,}47$. Bei anderem b/D-Verhältnis ist die Konstante der Gl. (S/78) mit dem Faktor M zu multiplizieren (Abb. S/77). Die Gleichung

$$M = \frac{0{,}76}{\left(\dfrac{b}{D}\right)^{0,36}} \qquad (\text{S}/79)$$

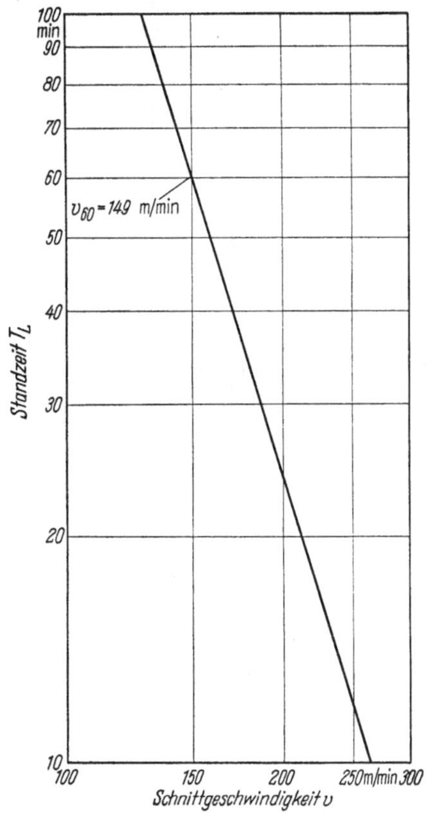

Abb. S/75. Standzeit-Schnittgeschwindigkeitsbeziehung für Stirnfräsen von Gußeisen (ausgewertet aus Versuchen von GILBERT, BOSTON u. SIEKMANN)

$$v\,T_L^{0,32} = 550 \qquad Z = 1$$
$$s_z = 0{,}25 \text{ mm/U} \qquad b = 108 \text{ mm}$$
$$t = 2{,}54 \text{ mm} \qquad \mathrm{HB} = 190$$

gilt nur für $b/D < 0{,}8$, darüber hinaus ist der durch das Kurvenstück der Abb. S/77 dargestellte Wert für M zu benutzen.

Für das mittige Fräsen von Grauguß ist ferner die folgende Gesamtgleichung für die Schnittgeschwindigkeit aufgestellt worden[1]:

$$v = \frac{19\,000\,D^{0,20}\,K}{T_L^{0,25}\,\mathrm{HB}^{0,85}\,s_z^{0,4}\,t^{0,15}\,b^{0,20}} . \qquad (\text{S}/80)$$

---

[1] TSCHIRF, L., u. E. EDER: Das Schnellzerspanen durch Drehen und Fräsen mit Hartmetallwerkzeugen. VDI-Z. 101 (1959) Nr. 25, S. 1191.

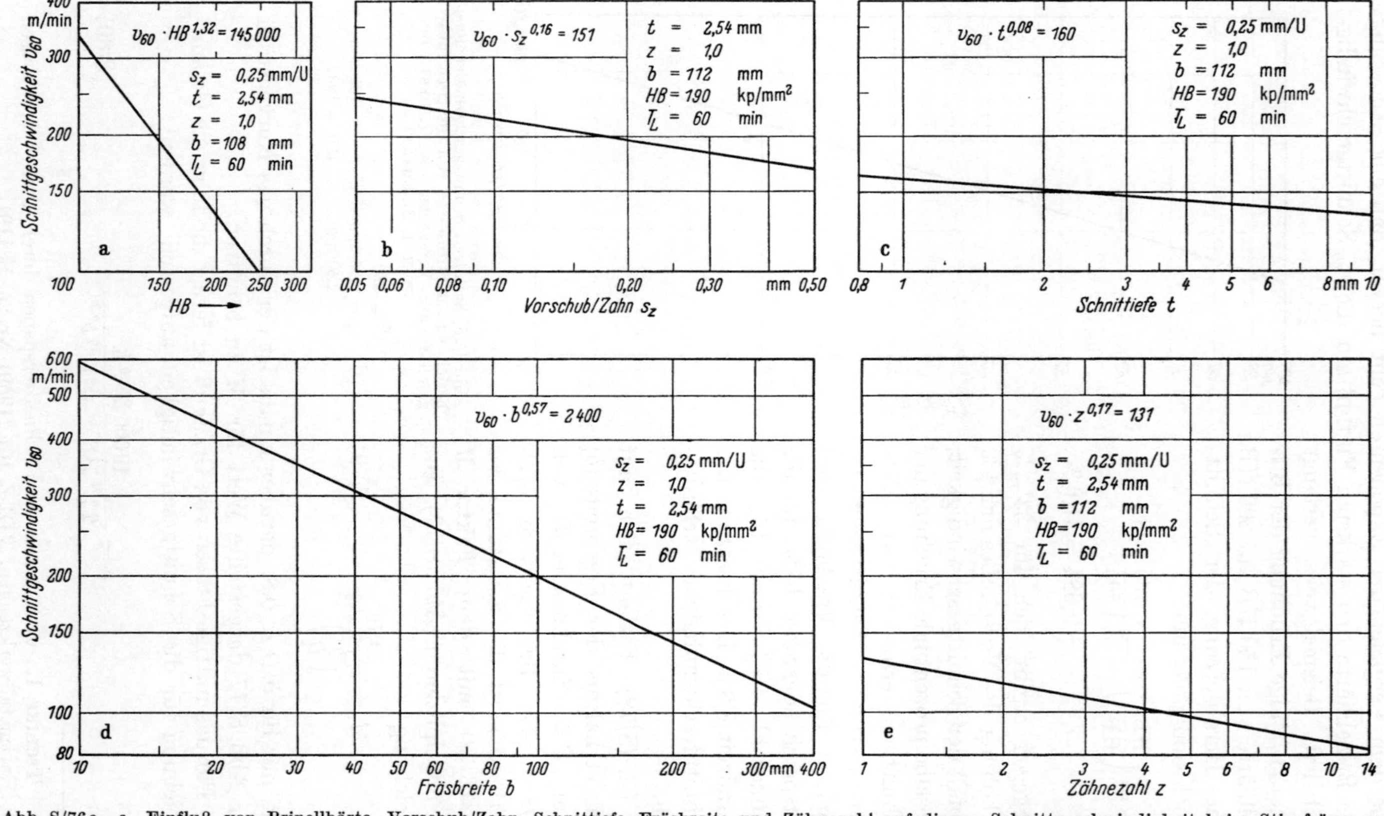

Abb. S/76a—e. Einfluß von Brinellhärte, Vorschub/Zahn, Schnittiefe, Fräsbreite und Zähnezahl auf die v_{60} Schnittgeschwindigkeit beim Stirnfräsen von Gußeisen (ausgewertet aus Versuchen von GILBERT, BOSTON u. SIEKMANN)

Auch nach dieser Gleichung hat eine Änderung der Brinellhärte, den größten und die der Schnittiefe den geringsten Einfluß auf die Schnittgeschwindigkeit. In dieser Hinsicht stimmen also amerikanische Untersuchungen [Gl. (S/78)] mit europäischen Untersuchungen [Gl. (S/80)] überein, obgleich das Ausmaß der erforderlichen Verringerung sehr verschieden ist und der Aufklärung bedarf.

Legt man wiederum eine $33^1/_3\%$ige Erhöhung der einzelnen Größen zugrunde, so verlangt Gl. (S/80) hinsichtlich der Brinellhärte nur 21,5% Verringerung der Schnittgeschwindigkeit gegenüber 31,6% gemäß Gl. (S/78). Der Vorschub je Zahn (s_Z) erfordert

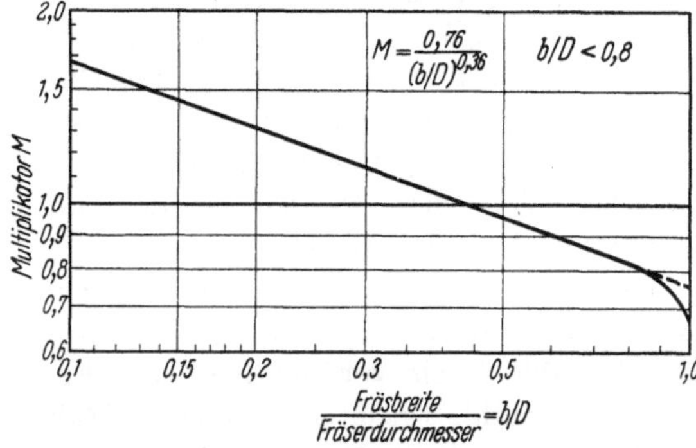

Abb. S/77. Schnittgeschwindigkeitsmultiplikatoren zur Berücksichtigung des Verhältnisses von Fräsbreite zu Fräserdurchmesser bei mittigem Stirnfräsen von Gußeisen

jedoch eine wesentlich größere Verminderung der Schnittgeschwindigkeit, nämlich von 10,8% [Gl. (S/80)] gegenüber 4% [Gl. (S/78)]. Bei der Schnittiefe fordert Gl. (S/80) 4,5% Herabsetzung der Schnittgeschwindigkeit, während Gl. (S/78) nur 2,3% fordert; Gl. (S/78) nimmt die Zähnezahl Z in Betracht, bei Gl. (S/80) ist dies nicht der Fall; andererseits enthält Gl. (S/80) das b/D-Verhältnis von Fräsbreite zum Fräserdurchmesser mit demselben Exponenten (0,20) während, unter Zuhilfenahme der Gl. (S/79), das b/D-Verhältnis erheblich verschiedene Exponenten für b und D in Gl. (S/78) aufweist. Die a. a. O. vertretene Ansicht (Abbildungen 1—4, Seite 1193), daß die Schnittgeschwindigkeit nicht geändert zu werden braucht, solange b/D unverändert bleibt, wird durch die amerikanischen Ergebnisse nicht bestätigt.

Übereinstimmung von Forschungsergebnissen verschiedener Urheber stärkt die Ergebnisse aller Beteiligten, Nichtübereinstimmung verlangt Nachprüfung durch weitere Versuche. Es ist daher kein überflüssiges Bemühen, wenn die gleichen Untersuchungen an verschiedenen Orten unternommen werden. Jedoch wäre es wünschenswert, wenn vergleichbare sonstige Umstände, wie z. B. die der Schneidengeometrie, an allen Stellen zugrunde gelegt würden. Dies ist bei Gl. (S/78) und (S/80) nicht feststellbar, da die Schneidengeometrie für Gl. (S/80) nicht angegeben ist.

Für mittiges Fräsen von Stahl liegt folgende Gesamtgleichung für die Schnittgeschwindigkeit vor:

$$v = \frac{20\,200\,K\,D^{0,20}}{T_L^{0,20}\,\sigma_B^{0,95}\,s_Z^{0,40}\,t^{0,10}\,b^{0,20}}. \tag{S/81}$$

Die Exponenten für den Vorschub s_Z und für das Verhältnis b/D sind die gleichen wie für Gußeisen [Gl. (S/80)], die anderen weichen etwas von denen für Gußeisen ab.

Während Gl. (S/80) nur für Vorschübe von $0{,}2 \ldots 0{,}6$ mm/Zahn und für b/D von $0{,}15 \ldots 0{,}9$ gilt [ähnlich Gl. (S/78) und (S/79), die nur für $b/D < 0{,}8$ gelten], liegen die Grenzen der Gl. (S/81) für s_Z bei $0{,}08$ und $0{,}2$ mm/Zahn, für die Werkstoffestigkeit σ_B bei 55 und 85 kp/mm² und für b/D ebenfalls bei $0{,}15 \ldots 0{,}90$. Die geraden Linien im doppellogarithmischen Feld endeten offenbar bei diesen Grenzwerten und gingen bei den europäischen Versuchen in Kurven über. Bei den amerikanischen Versuchen wurden gerade Linien erhalten, wie aus Abbildung S/76 a—e zu erkennen ist.

Weitere Gesamtgleichungen für die Schnittgeschwindigkeit können aus den Werten von Burmester[1] abgeleitet werden, der seine Ergebnisse in Zahlentafeln veröffentlicht hat. Er berücksichtigt, beim Stirnfräsen von Stahl, Fräsbreite, Vorschub/Zahn, eine Werkstoffkonstante (k_{vM}), Zugfestigkeit, Fräserdurchmesser, Schnittiefe, Fräszeit sowie Oberfläche und Hartmetallsorte, und führt für diese Größen Koeffizienten ein, die miteinander zu multiplizieren sind, um die Schnittgeschwindigkeit zu ermitteln.

Da Zahlentafeln notwendigerweise sprungweise Angaben enthalten und eine stetige Vergleichsmöglichkeit besser durch Gleichungen zu erreichen ist, sind in Abb. S/78 a—f Burmesters Koeffizienten in doppellogarithmischen Netzen aufgezeichnet und ausgewertet worden. Für Stirnfräsen von Stahl erhält man auf diese Weise die folgenden Beziehungen:

$$k_{v\sigma_B} = \frac{427}{\sigma_B^{1,43}}\;;\qquad k_{vs_Z} = \frac{0{,}39}{s_Z^{0,4}}\;;\qquad k_{va} = \frac{1{,}0}{t^{0,061}}$$

$$C_v = \frac{715}{b^{0,2}}\;;\qquad k_{vD} = 0{,}39\,D^{0,176} \left.\right\} \quad \text{(S/82 a–f)}$$

$$k_{vT} = \frac{2{,}37}{T_M^{0,184}} \quad \text{bzw.} = \frac{4{,}15}{T_M^{0,27}}$$

Die erste Gleichung für den Koeffizienten k_{vT} gilt für Stahlsorten bei denen $\sigma_B < 100$ kp/mm², und die zweite für Stahlsorten, bei denen $\sigma_B > 100$ kp/mm² ist. Die von Burmester als Standzeit bezeichnete Zeit ist offenbar identisch mit der hier Fräszeit genannten Zeit, bei der die Schnittpausenzeit eingerechnet ist.

Multipliziert man die Gln. (S/82 a—f) miteinander, so ergibt sich für das Stirnfräsen von Stahl mit $\sigma_B < 100$:

$$v = \frac{110000\,k_{vM}\,D^{0,176}}{(T_M)^{0,184}\,\sigma_B^{1,43}\,s_Z^{0,4}\,t^{0,06}\,b^{0,2}}\ \text{m/min.} \qquad \text{(S/83)}$$

---

[1] Burmester, H. J.: Sowjetische Erfahrungen mit Hartmetall-Stirnfräsern und ihre Anwendbarkeit unter deutschen Verhältnissen. Ind.-Anz. 1956, Nr. 11.

Für das Stirnfräsen von Stahl mit $\sigma_B > 100$ erhält man:

$$v = \frac{193\,000\,k_{v\,M}\,D^{0,176}}{(T_M)^{0,27}\,\sigma_B^{1,43}\,s_Z^{0,4}\,t^{0,06}\,b^{0,2}}\ \text{m/min.}\qquad\text{(S/84)}$$

Die Sammelkonstanten 110000 bzw. 193000 der Gln. (S/83) und (S/84) erscheinen auf den ersten Blick sehr groß im Vergleich zur Sammelkonstante 20200 der Gl. (S/81). Berücksichtigt man jedoch, daß

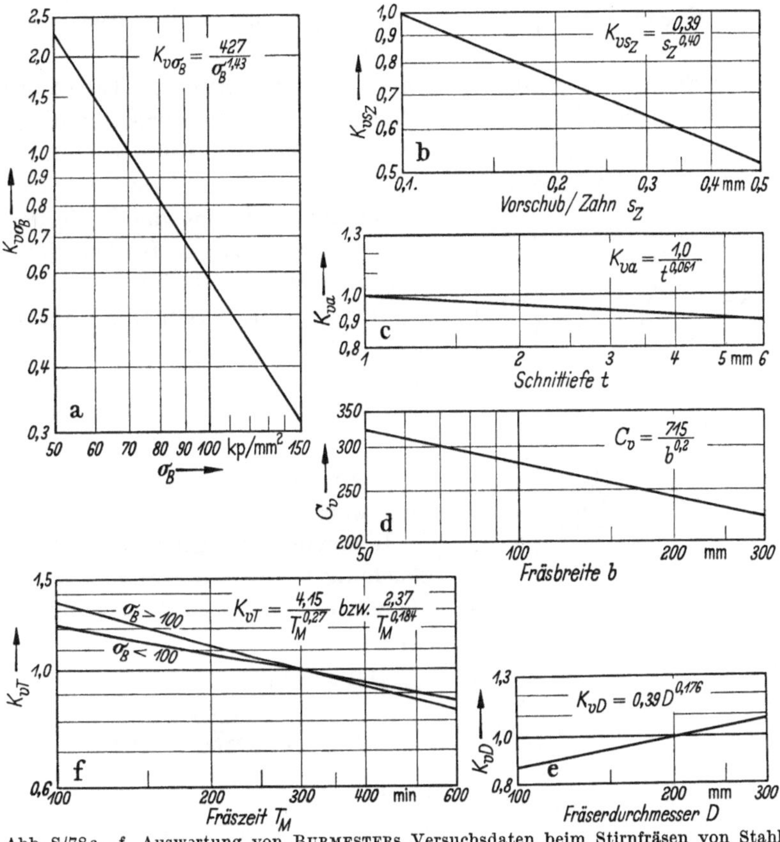

Abb. S/78a—f. Auswertung von BURMESTERS Versuchsdaten beim Stirnfräsen von Stahl

sich Gl. (S/81) auf die Standzeit T_L bezieht, während der Zahn tatsächlich Zerspanungsarbeit leistet, und Gln. (S/83) und (S/84) auf die Fräszeit T_M, die die Zeit für die Schnittpausen einschließt, so stimmen die Sammelkonstanten verhältnismäßig gut überein. Ist beispielsweise bei mittigem Fräsen die Bogenlänge $L = 142$ mm und der Fräserumfang $250\,\pi = 785$ mm, so ist $\dfrac{T_L}{T_M} = 0,183$, so daß die Sammelkonstante 110000 der Gl. (S/83) gleich der Sammelkonstanten 20200 der Gl. (S/81) wird ($110\,000 \cdot 0,183 = 20200$).

Der Koeffizient K_{vM} kann der Tab. S/9 entnommen werden.

Tabelle S/9

	Zu bearbeitender Werkstoff			
	Kohlenstoffstahl		Cr-, CrNi-, CrVa-, CrMo- Stähle	Mn-, CrMn, CrNiW- Stähle
	C < 0,6	C > 0,6		
K_{vM} für Stahl	1,0	0,85	0,6	0,65

Für Stirnfräsen von *Gußeisen* ergeben BURMESTERS Tabellenwerte eine gebrochene Linie für die Abhängigkeit des Koeffizienten K_{vM} von der Brinellhärte (Abb. S/79). Solch plötzliche Unterbrechung der Stetigkeit in den gegenseitigen Beziehungen von Zerspanungsgrößen ist oft auf Änderung der Kriterien zurückzuführen, wie z. B. bei der Abhängigkeit der Standzeit von der Schnittgeschwindigkeit, bei der eine Temperatur beherrschte Abhängigkeit eine steilere Linie ergibt als eine von mechanischen Einflüssen beherrschte Abhängigkeit. Ob ähnliche Umstände hier vorliegen ist nicht zu erkennen, wäre aber der Prüfung wert.

Infolgedessen ergeben sich 2 Gesamtgleichungen für die Schnittgeschwindigkeit bei Gußeisenbearbeitung, nämlich:

für HB < 200

$$v = \frac{12\,500\,B^{0,25}}{(T_M)^{0,28}\,(s_Z)^{0,333}\,(\mathrm{HB})^{0,7}} \qquad (\mathrm{S}/85)$$

für HB > 200

$$v = \frac{2500\cdot 10^6\,B^{0,25}}{(T_M)^{0,28}\,(s_Z)^{0,333}\,(\mathrm{HB})^{3}}. \qquad (\mathrm{S}/86)$$

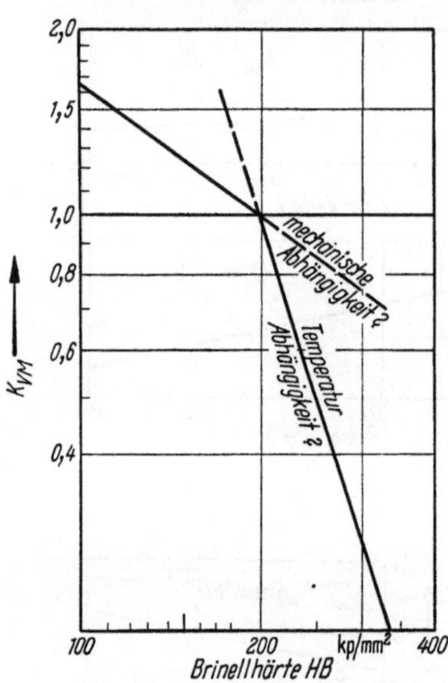

Abb. S/79. Unstetige Abhängigkeit der Größe K_{vM} von der Brinellhärte HB für Gußeisen

In diesen Gleichungen ist der Fräserdurchmesser, die Fräsbreite und die Schnittiefe entsprechend BURMESTERS Zahlentafel 12 nicht berücksichtigt. In den von sowjetischer Seite empfohlenen Zahlenwerten fehlt bei Gußeisen die Berücksichtigung der Brinellhärte, was wohl den von BURMESTER angeführten Unterschied erklären mag. Bei den sowjetischen Werten für Stirnfräsen von Stahl ergibt sich im Durchschnitt eine $42^1/_2\%$ größere Standzeit (oder Fräszeit) wenn $\sigma_B < 100$ und 172% größere Standzeit (oder Fräszeit) wenn

$\sigma_B > 100$ ist. Allerdings sind die Verschleißmarkenbreiten in den beiden letzteren Fällen größer als in den deutschen Angaben, so daß größere Standzeiten infolge Zulassung größeren Verschleißes erzielt werden können.

Übereinstimmende Ergebnisse liegen dagegen hinsichtlich des Einflusses des Freiwinkels auf die Zerspanung beim Stirnfräsen vor.

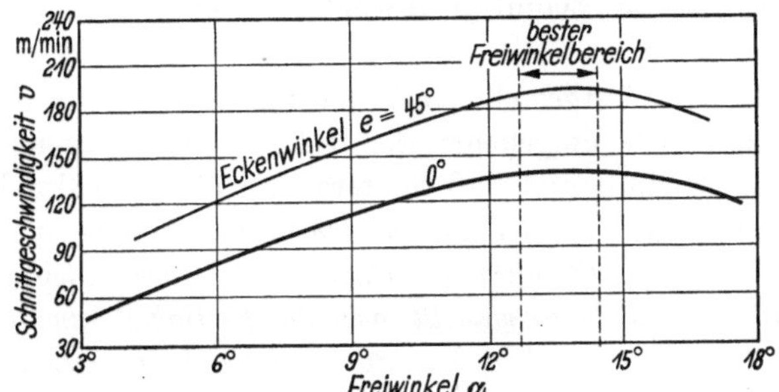

Abb. S/80. Nach Versuchen von BOSTON u. GILBERT auf Meehanite

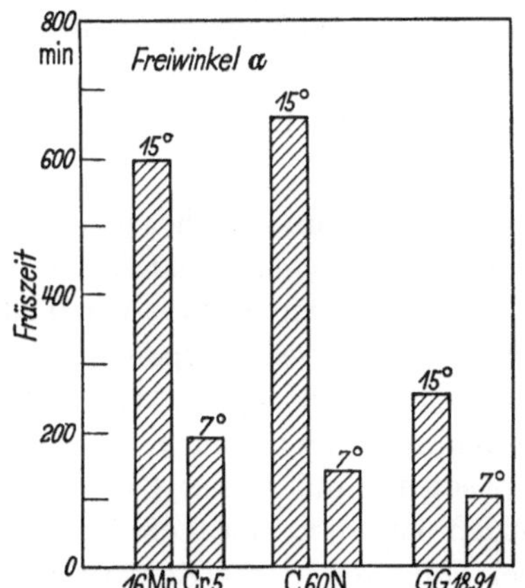

Abb. S/81. Nach Versuchen von BURMESTER

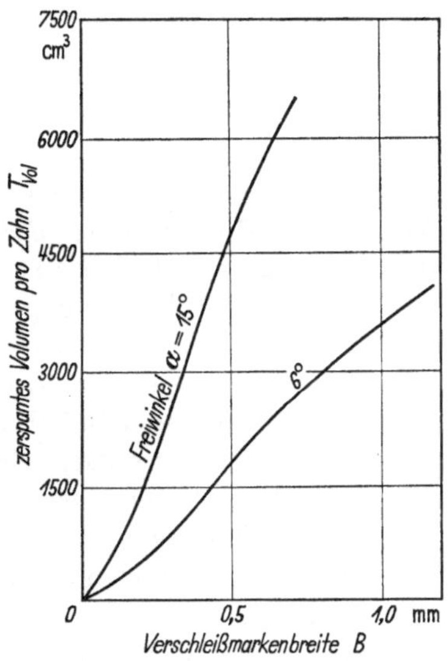

Abb. S/82. Nach Versuchen von FRÖHLICH (TH Aachen) auf 37 MnSi 5 (σ_B = 72 kp/mm²; D = 250 mm Dmr.; v = 108 m/min; s_z = 0,25 mm/Zahn; t = 3 mm; b = 95 mm)

Abb. S/80—S/82
Übereinstimmende Ergebnisse über den Einfluß des Freiwinkels α auf die Zerspanung beim Stirnfräsen verschiedener Werkstoffe (günstiger Freiwinkel: $\alpha = 12° \ldots 15°$)

Abb. S/80—S/82 zeigen, daß sowohl in den Vereinigten Staaten als auch nach BURMESTERs Versuchen (Abb. S/81) und denen der TH Aachen (Abb. S/82) die besten Ergebnisse mit Freiwinkeln zwischen 12° und 15° zu erreichen sind, und zwar bei allen untersuchten Werkstoffen (vgl. auch Seite 85).

b) Aus der Dimensionsanalyse

Da mittiges Fräsen in vieler Hinsicht dem Innendrehen mit unterbrochenem Schnitt entspricht, ist ein Exponentenvergleich zwischen Drehen und Fräsen aufschlußreich. Man kann feststellen, daß die Dimensionsanalyse [Gln. (43) und (57) Bd. I] und die Ausführungen auf Seite 160, Bd. I, sich hinsichtlich des Einflusses der Festigkeitswerte (Brinellhärte) auf die Schnittgeschwindigkeit auch auf Stirnfräsen erstrecken!

Es wurde dort festgestellt, daß der C_v-Festwert für die Schnittgeschwindigkeit sich umgekehrt der 1,2. bis 1,85. Potenz der Zugfestigkeit ändern muß und daß letztere von überragender Bedeutung ist. *Die Zusammenstellung der Exponenten in Tab. S/10 bestätigt diese für Drehen abgeleitete Schlußfolgerung auch für Stirnfräsen. Bei allen Untersuchungen hat es sich herausgestellt, daß die Festigkeit bzw. Brinellhärte den größten Exponenten hat, d. h., daß sie die Schnittgeschwindigkeit am stärksten beeinflußt.* Die Exponenten der Brinellhärte aus BOSTON und GILBERTS Versuchen (1,32) auf Gußeisen und aus BURMESTERS Untersuchungen (1,43) auf Stahl stimmen auch der Größenordnung nach mit dem Exponenten (1,3) der Tab. 100, Bd. I, Seite 396, überein und liegen zwischen der 1,2 . . . . 1,85. Potenz der Zugfestigkeit. Eine gute Bestätigung der Dimensionsanalyse und der Versuche!

Ähnlich gut ist die Übereinstimmung der Fräs- und Drehexponenten für Vorschub und Schnittiefe. Für Drehen von Gußeisen hat der Vorschubexponent p (gemäß Tab. 103, Bd. I, Seite 398) einen Wert von 0,30. Aus BURMESTERS Untersuchungen folgte ein Vorschubexponent von 0,333 und aus denen von TSCHIRF und EDER ein solcher von 0,40. Bei Stahlbearbeitung ist die Übereinstimmung zwischen Stirnfräsen und Drehen noch besser, nämlich 0,40 (TSCHIRF und EDER), 0,40 (BURMESTER), 0,42 (KRONENBERG). Einheitlich ist auch der Schnittiefenexponent der kleinste und beträgt bei Gußeisen 0,08 (BOSTON und GILBERT), 0,15 (TSCHIRF und EDER), 0,10 (KRONENBERG); für Stahl ergibt sich 0,10 (TSCHIRF und EDER), 0,06 (BURMESTER) und 0,14 (KRONENBERG).

Diese zuerst erstaunlich erscheinende gute Übereinstimmung zwischen Stirnfräsen und Drehen deutet darauf hin, daß die Änderung der Schnittgeschwindigkeit in Abhängigkeit von Standzeit, Vorschub und Schnittiefe für Stirnfräsen und Drehen gleich ist. Die Ursache liegt darin, daß Form und Größe der Spanquerschnitte bei diesen beiden Zerspanungsmethoden gleich oder ähnlich sind. Man wird also (hinsichtlich der Schnittgeschwindigkeit-*Änderung*) Daten aus Drehversuchen auf Stirnfräsen übertragen können. Hinsichtlich der Schnittgeschwindigkeits-*Größe* kann man ähnliche Übereinstimmungen erwarten, wenn Stirnfräsen mit (noch mangelnden) Innendrehversuchen mit unterbrochenem Schnitt verglichen werden kann.

Weitere Vergleiche sind aus Tab. S/10 ersichtlich.

4. Schnittgeschwindigkeiten für die neueren Metalle

a) Zirkon

Die folgenden Schnittgeschwindigkeitsgleichungen gelten für Stirnfräsen[1] von Zirkonlegierungen (98 % Zr; 1,5 % Sn Rest Ni; Cr):

mit Hartmetall C 5 (Stahlbearbeitungshartmetall)[2]

$$v\,T_L^{0,32} = 275 \qquad\qquad (\text{S}/87\,\text{a})$$

mit Hartmetall C 11 (für Nichteisenmetalle)

$$v\,T_L^{0,288} = 269. \qquad\qquad (\text{S}/87\,\text{b})$$

Die Schnittgeschwindigkeit für 60 min Standzeit ist demgemäß 74 m/min mit Hartmetall C 5 und 82 m/min mit Hartmetall C 11, bezogen auf einen Vorschub/Zahn von 0,204 mm, eine Schnittiefe von 1,59 mm und eine Fräsbreite von 17,5 mm. Die Schneidenwinkel waren dabei: Axialwinkel $+6°$; Radialwinkel $-10°$, Eckenwinkel $45°$. Der Spanwinkel war somit (vgl. Bd. I, Seite 71, Abb. 56) $-3°$. Unter diesen Schnittbedingungen lag der günstigste Vorschub zwischen 0,125 und 0,25 mm/Zahn.

Die Temperaturen an der Spanfläche liegen etwa 35 % höher als die bei Stahlbearbeitung, sie stiegen von 950 °C bei 75 m/min Schnittgeschwindigkeit auf 1150 °C bei $v = 150$ m/min. Unter gleichen Bedingungen würde die Temperatur bei Stahlbearbeitung von etwa 700 °C auf etwa 870 °C steigen. Die Wärmeleitfähigkeit von Zirkon ist 0,057 cal/ cm · sek °C gegenüber 0,10 bis 0,12 bei Kohlenstoffstählen.

b) Titan

Eine der wichtigsten beim Stirnfräsen von Titan und Titanlegierungen zu beachtende Größen ist der Winkel $(-\alpha)$, mit dem die Zähne aus dem Werkstück austreten (Abb. S/54—S/56). Bekanntlich haben Titanspäne die Neigung, am Werkzeug festzukleben. Beim Wiedereintritt des Zahnes bricht die Schneide leicht aus, da der festgeschmolzene Span als Hebelarm wirkt und beim Auftreffen auf die Eintrittsebene Stückchen des Hartmetalls ausreißt. Diese Ausbruchsgefahr ist um so stärker, je dicker der Span beim Austritt aus dem Werkstück

---

[1] PENTLAND, W.: Milling Zircalloy. Vortrag vor der ASTME-Jahrestagung in Detroit April 1960. ASTME-Paper Nr. 250, 1960.

[2] Amerikanische Normbezeichnungen·für Hartmetalle siehe Anhang, Tab. A/6, Seite 335.

Tabelle S/10. *Exponentenvergleich für Schnittgeschwindigkeitsgleichungen (Stirnfräsen und Drehen mit Hartmetall)*

Exponenten für	Symbol	Gußeisen					Stahl				
		Boston und Gilbert	Tschirf und Eder	Bur-mester	Bur-mester	Kronenberg Bd. I, Tab. 103 (Drehen)	Tschirf und Eder	Bur-mester	Bur-mester	Fröhlich und Siebel	Kronenberg Bd. I, Tab. 100 (Drehen)
		Gleichung					Gleichung				
		(S/78)	(S/80)	(S/85)[1]	(S/86)[1]		(S/81)	(S/83)[1]	(S/84)[1]	(S/67)	
Standzeit oder Fräszeit	T_L T_M	0,32	0,25	0,28	0,28	0,25	0,20	0,184	0,27	0,348	0,15...0,30
Brinellhärte bzw. Zugfestigkeit	HB σ_B	1,32	0,85	0,7	3,0	1,2...1,85[2]	0,95	1,43	1,43		1,3 / 1,2...1,85[2]
Vorschub pro Zahn bzw. pro Umlauf	s_z	0,16	0,40	0,333	0,333	0,30	0,40	0,40	0,40		0,42
Schnittiefe	t	0,08	0,15			0,10	0,10	0,06	0,06		0,14
Fräsbreite	b	0,57	0,20				0,20	0,20	0,20		
Zähnezahl	Z	0,17									
Fräserdurchmesser	D		0,20				0,20	0,176	0,176		
Verschleißmarkenbreite	B			0,25	0,25						
Grenzen der Gültigkeit	s_z b/D σ_B HB	<0,8	0,2...0,6 / 0,15...0,90	<200	>200		0,08...0,20 / 0,15...0,90 / 55...85	<100	>100		
Sammelkonstante		15000	19000K	12500	2500·10⁶		20200K	110000K_{vM}	193000K_{vM}		

[1] Vom Verfasser abgeleitet.　　[2] Nach Dimensionsanalyse Bd. I, Seite 160, Gl. (121).

ist. Es ist daher ratsam, für einen dünn auslaufenden Span zu sorgen, der sich leichter vom Zahn löst ohne ihn zu beschädigen als ein stärker auslaufender Span. Erfolgreiches Stirnfräsen von Titan hängt stark von dieser Maßnahme ab.

In Abb. S/63 ist bereits dargelegt worden, daß man es in der Hand hat, die Spanstärke h durch die Stellung der Fräserachse zur

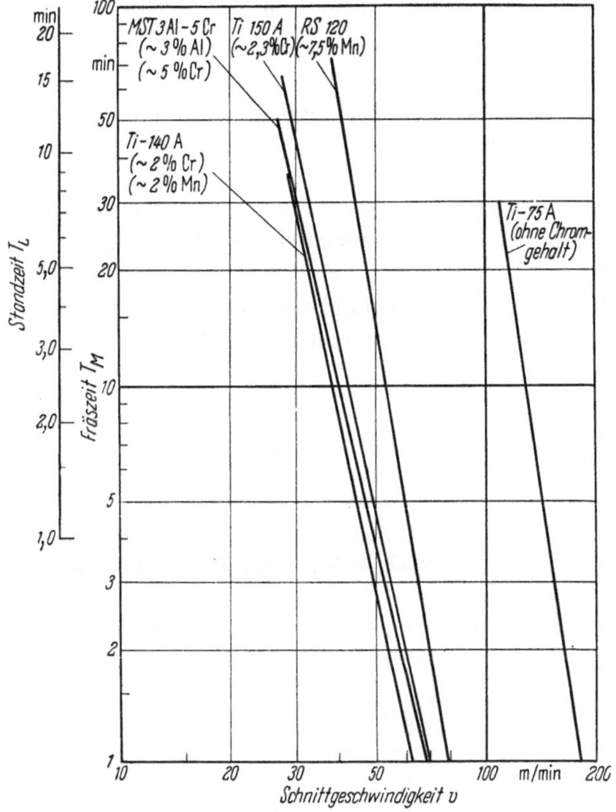

Abb. S/83. Schnittgeschwindigkeit und Standzeit für Stirnfräsen verschiedener Titanlegierungen mit Hartmetall und Weitwinkelfräser.

Schneidenwinkel: e = Eckenwinkel 60° γ = Spanwinkel − 5°
a = Axialwinkel 0° λ = Neigungswinkel + 8°
r = Radialwinkel −10°   (amerikanischer Neigungswinkel −8°)
Schnittiefe t = 1,27 mm; Vorschub/Zahn s_z = 0,127 mm; zugelassene Verschleißmarkenbreite für Standzeitende B = 0,38 mm. Kühlung mit löslichem Öl

Ein- und Austrittsebene des Werkstückes zu beeinflussen. Ein sich zum Austritt hin verdünnender Span entsteht, wenn die Fräserachse *vor* der Eintrittsebene liegt, d. h., wenn der Austrittswinkel $(-\alpha)$ [Gl. (S/38)] zahlenmäßig möglichst groß wird. Am besten ist es, sowohl für Werkstück als auch Stirnfräser, wenn der Zahn in Richtung der Austrittsebene austritt, d. h., wenn der Austrittswinkel $-90°$ gemacht wird. Dies läßt sich nicht immer allein durch die Stellung der Fräserachse erreichen, jedoch lehrt ein Blick auf Gl. (S/45), daß dünne Späne entstehen, wenn der Eckenwinkel e des Fräsers groß ist, z. B. 60°, da $\cos e$ dann klein wird.

Diese Ableitungen (Fräserstellung und Eckenwinkel) sind durch Versuche großen Umfangs bestätigt worden, die von der U.S. Air Force gefördert wurden[1]. Vergleichsversuche zeigten, daß die Standzeit allein durch die Fräserstellung (und den Austrittswinkel) bei 20 m/min Schnittgeschwindigkeit auf das $2^1/_2$fache und bei $v = 15$ m/min auf etwa das 5fache gesteigert werden konnte. Schwingungen treten bei mittigem Stirnfräsen leichter auf als wenn die Fräserachse vor der Eintrittsebene liegt.

In den weiteren Versuchen, die in Abb. S/83 graphisch ausgewertet sind, wurden ausschließlich Eckenwinkel von 60°, d. h. Anstellwinkel von 30°, benutzt.

Die Standzeit-Schnittgeschwindigkeits-Beziehung für fünf verschiedene Titanlegierungen wurde untersucht. Einzelheiten der Schneidenwinkel und Schnittgrößen finden sich in der Unterschrift der Abb. S/83. Die Fräserachse wurde stets so zum Werkstück gestellt, daß die Zähne ungefähr senkrecht zur Eintrittsebene in das Werkstück eintreten und parallel zur Austrittsebene austreten und so einen Bogen von etwa 90° im Werkstück durchlaufen.

Jeder der beiden Zähne des doppelzahnigen Schlagzahnfräsers leistete also während $^1/_4$ jeder Fräserumdrehung Zerspanungsarbeit, so daß das Verhältnis von Standzeit T_L zu Fräszeit T_M 1 : 4 war.

In Tab. S/11 sind die Ergebnisse der vorgenommenen Auswertungen zusammengestellt, wobei die oberen Grenzen für die Fräszeit (T_M) bzw. Standzeit (T_L) aus den Geraden der Abb. S/83 zu ersehen sind.

In der unteren Reihe der Tab. S/11 ist zum Vergleich die T_L-v-Gleichung für Stirnfräsen von Ti-75 A mit Schnellstahl angeführt. Für 10 min Standzeit kann also Ti-75 A mit 102 m/min bei Hartmetallbenutzung (oberste Reihe) und mit 30 m/min bei Schnellstahlbenutzung (unterste Reihe) stirngefräst werden, was einem Verhältnis von 3,4 : 1 entspricht. Titan mit Chromzusatz läßt sich mit Schnellstahl nicht bearbeiten.

Der Exponent y ist ein Kennzeichen für die Empfindlichkeit der Standzeit gegenüber einer Änderung der Schnittgeschwindigkeit. Je steiler die T_L-v-Geraden sind, d. h. je kleiner der Standzeitexponent y

---

[1] Increased Production, Reduced Cost through a better understanding of the machining process and control of materials, tools, machines. Prepared by Curtiss-Wright Corp. for the United States Air Force, Bd. III (1954): Titanium, Bd. IV (1960): High Strength Thermal Resistant Materials.

Tabelle S/11. *Standzeit und Schnittgeschwindigkeit beim Stirnfräsen von Titanlegierungen*

Werkstoff Kennzeichnung	Wesentlichste Legierungszusätze	Gleichung		Werkzeug	Bemerkungen m/min
Ti-75 A	ohne Cr	$v\,T_L^{0,155} = 145$		Weitwinkelfräser mit Hartmetall $C_1,\ C_2$	$v_{10} = 102$
RS-120	etwa 7,5% Mn	$v\,T_L^{0,174} = 62$		Weitwinkelfräser mit Hartmetall $C_1,\ C_2$	$v_{10} = 41,6$
Ti-150 A	etwa 2,3% Cr	$v\,T_L^{0,217} = 52$	Weitere Einzelheiten siehe Unterschrift Abb. S/83	Weitwinkelfräser mit Hartmetall $C_1,\ C_2$	$v_{10} = 31,5$
MST-3 AL-5 Cr	3% Al; 5% Cr	$v\,T_L^{0,23} = 49$		Weitwinkelfräser mit Hartmetall $C_1,\ C_2$	$v_{10} = 29$
Ti-140 A	2% Cr; 2% Mn	$v\,T_L^{0,21} = 46,2$		Weitwinkelfräser mit Hartmetall $C_1,\ C_2$	$v_{10} = 28,5$
Ti-75 A	ohne Cr	$v\,T_L^{0,274} = 56$		Schnellstahl	$v_{10} = 30$

ist, desto mehr wird die Standzeit von einer Schnittgeschwindigkeits-änderung beeinflußt. *Dies ist besonders beim Auftreten von Schwingungen, bei denen sich die Schnittgeschwindigkeit periodisch ändert, zu beachten. Größere Standzeitexponenten deuten oft auf verringerte Schwingungsempfindlichkeit hin.*

Auf Grund der Exponenten der Tab. S/11 kann daher vermutet werden, daß die chromhaltigen Titanlegierungen weniger schwingungsempfindlich sind, also diejenigen ohne Chromzusatz. Versuche in dieser Hinsicht liegen m. W. nicht vor, wären aber angebracht.

Hartmetalle, die Titan-Karbid enthalten (wie für Stahlbearbeitung), haben sich weniger gut für Bearbeitung von Titan erwiesen als solche für Gußeisenbearbeitung, die kein Titankarbid enthalten, weil dieses die Neigung hat, sich im Titanwerkstück aufzulösen und zu verschweißen. Daher werden Hartmetalle der Gußeisengruppe (deutsche Norm K 20, amerikanische Norm C 1 oder C 2) für Bearbeitung von Titan vorgezogen.

Einige Gleichungen sind zum Vergleich mit nichtunterbrochenem Schnitt beim Drehen von Titan in Tab. S/12 wiedergegeben.

Obgleich die Prozentsätze stark schwanken, zeigen die Werte der Tab. S/12 jedoch, daß Drehen mit *nicht*unterbrochenem Schnitt wesentlich größere Schnittgeschwindigkeiten gestattet als Stirnfräsen, das stets unterbrochenen Schnitt darstellt.

Tabelle S/12. *Standzeit — Schnittgeschwindigkeitsbeziehung für nicht unterbrochenen Schnitt beim Drehen von Titanlegierungen*

Werkstoff Kennzeichnung	Gleichung	Werkzeug	Bemerkungen	
			v_{10} in m/min	v_{10} größer als beim Stirnfräsen %
Ti-75A	$v(T_L)^{0,21} = 250$	Hartmetall	154	51
Ti-150A	$v(T_L)^{0,25} = 134$	Hartmetall	74,5	136
MST-3AL-3Cr	$v(T_L)^{0,20} = 74$	Hartmetall	46,5	60
Ti-140A	$v(T_L)^{0,15} = 100$	Hartmetall	70,6	148

Die Verwendung von Oxydkeramik beim Stirnfräsen von Titan ist bisher wenig erfolgreich gewesen und kann besonders auf die Affinität von Titan und Sauerstoff zurückgeführt werden, da oxydkeramische Schneidwerkstoffe im wesentlichen eine sauerstoffhaltige Oberfläche besitzen. Eine Zunahme des Sauerstoffs von wenigen Zehntel Prozent kann die Standzeit stark herabsetzen.

Aus der Dimensionsanalyse (Bd. I, Seiten 39ff.) ergab sich, daß der dort eingeführte Begriff des vereinigten Wärmewertes H eine wichtige Rolle in der Zerspanung spielt und daß auch die TAYLOR-Gleichung davon wesentlich beeinflußt wird. Der vereinigte Wärmewert ist das Produkt aus spezifischer Wärme (c), spez. Gewicht (σ) und Wärmeleitfähigkeit (W), und ist etwa 4,25mal so groß für Stahl als für Titan. Da der spezifische Schnittdruck für Titan sich nicht stark von dem für Stahl unterscheidet (im Gegensatz zu Aluminium), folgt, daß die Schnittgeschwindigkeit bei Titan nur etwa $^1/_{4,25}$ der Schnittgeschwindigkeit von Stahl sein kann. Wenn beispielsweise eine Schnittgeschwindigkeit von 150 m/min eine Werkzeugtemperatur von etwa 540 °C bei Stahlbearbeitung ergibt, so entsteht dieselbe Temperatur bei Titanbearbeitung bereits bei einer Schnittgeschwindigkeit von 36 m/min.

Für Aluminiumbearbeitung muß jedoch in solchem Vergleich noch das Quadrat des spezifischen Schnittdruckverhältnisses (z. B. 9 : 1) einbezogen werden, so daß bei Aluminium die Schnittgeschwindigkeit 48mal so hoch sein kann bei gleicher Temperatur wie bei Titan, wenn das Verhältnis der vereinigten Wärmewerte von Aluminium zu Stahl 5,3 : 1 ist.

Der besonders niedrige vereinigte Wärmewert H für Titan ist somit der Hauptgrund für die niedrigen Schnittgeschwindigkeiten für Titanbearbeitung. Der vereinigte Wärmewert H ist übrigens stets in der Wärmeübertragung einer sich bewegenden Wärmequelle enthalten.

Manchmal wird die Ansicht vertreten, daß die Diffusionszahl $\sigma c/W$ in der Zerspanungstheorie berücksichtigt werden müsse. Die Dimensionsanalyse ergibt zwar diese Größe [s. Gl. (39), Bd. I, Seite 35], sie wird aber durch eine 2. Größe [Gl. (38), Bd. I] beeinflußt und in das die Temperatur bestimmende Produkt von $\sigma\, c\, W\, (\equiv H)$ umgewandelt[1].

c) Hochwarmfeste Metalle

Schnittgeschwindigkeiten für das Stirnfräsen von hochwarmfesten Metallen mit Hartmetallen lassen sich mit mehr Einzelheiten als Richtwerte zu enthalten vermögen aus Versuchen der U.S. Air Force ableiten (Tab. S/13). Es ist dabei zu beachten, daß es nicht immer möglich war, dieselbe Standzeit (Standweg) zugrunde zu legen und daß auch Änderungen im Vorschub notwendig waren. Jedoch kann man die relative Bearbeitbarkeit, soweit sie in Schnittgeschwindigkeitsbeziehungen zum Ausdruck kommt, aus der Auswertung gut erkennen.

Beispielsweise zeigt Tab. S/13, daß Udimet 500 den kürzesten Standweg (430 mm) bei der kleinen Schnittgeschwindigkeit von 21 m/min und einer sehr großen zugelassenen Verschleißmarkenbreite (1,0 mm) ergibt. Am besten läßt sich Halcomb 218 bearbeiten bei einer Schnittgeschwindigkeit von 270 m/min, einem Standweg von 2000 mm und einer Verschleißmarkenbreite von 0,38 mm.

Während die ersten 3 Gruppen mit Hartmetallen der U.S.A.-Norm C 6 oder C 5 (Hartmetalle für Stahlbearbeitung) bearbeitet wurden, eignen sich die C-1 oder C-2-Hartmetalle (für Gußbearbeitung) für die letzten 4 Gruppen.

Hochnickelhaltige und hochkobalthaltige Legierungen werden am besten mit Schnellstahl bearbeitet, wie es auch aus Abb. S/67 hervorging.

Eine Tabelle der chemischen Zusammensetzung der amerikanischen hochwarmfesten Metalle befindet sich im Anhang (Tab. A/1). Eine Tabelle entsprechender deutscher Metalle ist dort ebenfalls (Tab. A/2) zu finden. Nur die letzten 4 deutschen Metalle sind den aufgeführten amerikanischen Metallen ähnlich.

Heißzerspanungsversuche, die vom Verfasser Anfang 1950 bei Dreharbeiten durchgeführt wurden (vgl. Bd. I, Seiten 380—382) hatten gute technische, jedoch kostenmäßig unbefriedigende Ergebnisse, hauptsächlich wegen des hohen Energieaufwandes für das Erhitzen der Werkstücke. Neuere Versuche, die sich auch auf Stirnfräsen erstrecken, sind

---

[1] Näheres vgl. M. KRONENBERG: Comments on the analysis of cutting too temperatures. Trans. ASME, Febr. 1954, S. 227—231, und M. KRONENBERG: Ultra High Speed and Other Metal Cutting Phenomena Explored by Dimensional Analysis. ASTME Paper 331/61, presented at the 1961 ASTME Engineering Conference, Mai 1961, New York, auszugsweise in: "The Tool and Manufacturing Engineer", Mai 1961, S. 90—92.

Tabelle S/13. *Schnittgeschwindigkeiten für das Stirnfräsen hochwarmfester Metalle mit Hartmetall* (Anmerkung: Die Werte beziehen sich auf 2000 mm Standweg per Zahn, wenn nicht anders angegeben)

Gruppe	USA-Bezeichnung des Werkstoffes [1]	Schnittgeschwindigkeit v_{2000} m/min	Vorschub pro Zahn mm	Schnitttiefe mm	Verschleißmarkenbreite mm	Schneidenwinkel Grad				Hartmetall Norm [2]
						Axial	Radial	Eckenwinkel	Freiwinkel	
Gesenkstähle	Vasco Jet 1000	120	0,127	2,54	0,38	0	−7	45	6	C-6 oder C-5
	Halcomb 218	270	0,127	2,54	0,38					
	Peerless } Super Tricent }	130	0,127	2,54	0,38					
	UHS 260	160	0,127	2,54	0,38					
	Unimach 2	75	0,127	2,54	0,38					
Niedrig legierte martensitische Stähle	AISI 4130	105	0,127	2,54	0,40	0	−7	45	6	C-6 oder C-5
	AISI 4340 (320 HB)	140	0,127	2,54	0,40					
	AISI 4340 (515 HB)	38	0,127	2,54	0,40					
	17-22 AS	170	0,127	2,54	0,40					
	14 CMV Chromalloy	260	0,127	2,54	0,40					
Rostbeständige martensitische Stähle	AISI 410 38 R_c	80	0,254	2,54	0,40	0	−7	45	6	C-6 oder C-5
	AISI 410 45 R_c	45	0,127	2,54	0,40					
	AISI 422	115	0,254	2,54	0,40					
Rostbeständige austenitische Stähle	A-286	33	0,254	2,54	0,40	−4	−11	45	8	C-2
	N-155	21	0,254	2,54	0,40	−4	−11	45	8	C-2
	19-9 DL	für v_{1000} 35	0,375	2,54	0,40	0	0	45	8	C-2
	A-286	für v_{1000} 47	0,375	2,54	0,40	0	0	45	8	C-1
	AISI 302	für v_{2000} 170	0,375	2,54	0,40	0	0	45	8	C-2
Rostbeständige halbaustenitische härtbare Stähle	AM-350 (440 HB)	44	0,127	2,54	0,40	0	0	45	8	C-2
	AM-350 (320 HB)	40	0,254	2,54	0,40	0	0	45	8	C-2
	17-7-PH	27	0,127	2,54	0,40	0	0	45	8	C-1
Hochnickelhaltige Legierungen	Udimet 500	für v_{430} 21	0,127	2,54	1,00	0	−7	45	15	C-2
	sonstige Werkstoffe dieser Gruppe nicht für Hartmetall empfohlen									
Hochkobalthaltige Legierungen	H. S. 25	für v_{430} 30	0,254	2,54	1,00	0	0	45	10	C-2

[1] Siehe Anhang, Tab. A/1.
[2] Siehe Anhang, Tab. A/6.

noch im Gange. Ultra-Schnellzerspanungsversuche des Verfassers[1] in Zusammenarbeit mit der Lockheed Aircraft Corp. bezogen sich auf einschneidiges Zerspanen. Weitere systematische Überlegungen und Untersuchungen, wie sie PREGER[2] kürzlich erörterte, sind notwendig.

d) Beryllium, Uran

Für das Stirnfräsen von Kupfer mit Berylliumzusatz haben sich sowohl Schnellstahl- als auch Hartmetallschneiden bewährt. Einige Daten für Schnittgeschwindigkeit und Vorschub sind in Tab. S/14 zusammengestellt.

Tabelle S/14. *Stirnfräsen von Beryllium-Kupfer-Legierungen*

Legierungsbestandteile	Schnittiefen	Schnittgeschwindigkeiten		Vorschübe/Zahn
	mm	Schnellstahl m/min	Hartmetall m/min	mm
0,45 ... 2% Beryllium	bis zu 1,6	60 ... 90	150 ... 270	0,4 ... 0,75
mit 0,3 ... 2,6% Kobalt;	1,6 ... 3,2	45 ... 60	90 ... 180	0,3 ... 0,65
Rest Kupfer	über 3,2	30 ... 45	60 ... 120	0,2 ... 0,38

Unlegiertes Beryllium kann nicht mit Schnellstahlmessern gefräst werden, während gute Ergebnisse mit Hartmetallen der U.S.A.-Norm C-1 für Schruppen und C-2 für Schlichten erzielt werden können, wenn die Schneiden oft nachgeschliffen werden. Die Verschleißmarke breitet sich ziemlich gleichmäßig aus, während Kraterbildung seltener vorkommt. Eine Reihe von Sicherheitsmaßnahmen, die zu besprechen hier zu weit führen würde, sind einzuhalten, besonders hinsichtlich der Verhinderung der Verbreitung von Berylliumstaub in der Werkstatt.

Die Schnittgeschwindigkeiten für das Stirnfräsen von unlegiertem Beryllium hängen mehr von der Leistungsfähigkeit der Absaugeinrichtungen als von anderen Größen ab. Für Schruppen werden 18 ... 30 m/min, für Schlichten 30 ... 45 m/min gebraucht, bei Vorschüben von 75 ... 150 mm pro Minute.

---

[1] KRONENBERG, M.: Zwischenbericht über die Vervielfachung heute üblicher Schnittgeschwindigkeiten. Werkstattstechnik 49 (1959) S. 181—184. — KRONENBERG, M.: Zweiter Bericht über die Vervielfachung heute üblicher Schnittgeschwindigkeiten. Werkstattstechnik 51 (1961) S. 133—141. Vgl. auch M. KRONENBERG: Gedanken zur Theorie und Praxis der Ultra-Schnellzerspanung. Techn. Zbl. prakt. Metallbearb. 55 (1961) H. 8, S. 443 ff., Fortsetzungen (1961) H. 12, S. 659 ff., und 56 (1962) H. 9. S. 505—510.

[2] PREGER, K. TH.: Systematische Betrachtung der Verbesserungsmöglichkeiten für das Zerspanen hochfester Werkstoffe. Werkst. u. Betr. 95 (1962) H. 5, S. 275—279.

Beim Stirnfräsen von *Uran* werden Messerköpfe von 200 ... 300 mm Dmr. mit 10 ... 12 Hartmetallzähnen und Schnittgeschwindigkeiten von 50 ... 75 m/min benutzt. Die Schnittiefe bei einem Vorschub von 25 mm/min kann bis zu $6^1/_4$ mm betragen. Vertikalfräsmaschinen werden dabei bevorzugt, weil es auf diese Weise leichter möglich ist, das Werkstück gänzlich unter Wasser zu halten.

D. Schnittkraft

1. Einführende Zusammenhänge

Die Hauptschnittkraft (oder Umfangskraft) beim Stirnfräsen würde der beim Drehen gleich sein, wenn die Spandicke h_a beim Durchgang des Zahnes durch das Werkstück konstant bleiben würde, da Vorschub und Schnittiefe größenmäßig den beim Drehen nahekommen. Auch der Schlankheitsgrad G des Spanquerschnittes, der das Verhältnis von Schnittiefe zu Vorschub darstellt (Bd. I, Seite 129), liegt innerhalb derselben Grenzen wie beim Drehen, ganz im Gegensatz zum Umfangsfräsen, das hier nicht betrachtet werden soll, bei dem erheblich andere Schlankheitsgerade und Spanquerschnitte vorkommen. Zur Vermeidung langer Worte ist im nachfolgenden die Hauptschnittkraft öfters „Schnittkraft" genannt.

Wie schon in Abb. S/63 gezeigt wurde, ändert sich die augenblickliche Spandicke h_a vom Augenblick des Eintrittes des Zahnes in das Werkstück bis zum Austritt in oft erheblichem Umfang. Infolgedessen besteht in jedem Augenblick ein verschiedener spezifischer Schnittdruck, der hier der augenblickliche spezifische Schnittdruck k_{sa}, entsprechend der augenblicklichen Spandicke, genannt werden soll.

Ein schwierig zu lösendes Integral ergibt sich für die mittlere Schnittkraft, das weiter unten im einzelnen eingehend zu besprechen ist. Zunächst sind Richtwerte zu erörtern, wie sie sich aus der Praxis und Verallgemeinerung von Versuchsergebnissen ableiten lassen.

Es ist darauf hinzuweisen, daß die Beziehung zwischen spezifischem Schnittdruck (k_s) und spezifischer Spanmenge (M) notwendigerweise beim Fräsen mit der beim Drehen identisch ist, da es sich bei diesen beiden Werten nur um eine Umkehrung physikalischer Größen handelt, wie in Bd. I, Seite 167, näher erörtert wurde.

Die dort für Drehen abgeleitete Gleichung

$$M = \frac{4500}{k_s} \qquad\qquad \text{(125, Bd. I)}$$

gilt auch für Fräsen, wobei M in cm³/min/PS und k_s in kp/mm² gemessen werden. Falls die spezifische Spanmenge in cm³/min/kW ausgedrückt wird, erhält man die Beziehung:

$$M_K = \frac{6120}{k_s} \qquad \text{(S/88)}$$

2. Richtwerte für den spezifischen Schnittdruck (k_s)

Die Überschlagswerte, die für den spezifischen Schnittdruck beim
Drehen aus dem „Powerfactor" der Carboloy Co. in Tab. 56, Bd. I,
Seite 171, ausgewertet wurden, gelten auch für Stirnfräsen. In Tab. S/15
sind ergänzende Werte aufgeführt.

Tabelle S/15. *Richtwerte für den spezifischen Schnittdruck beim Stirnfräsen*

Werkstoff	Spez. Schnitt-druck kp/mm²	Werkstoff	Spez. Schnitt-druck kp/mm²
Vergütete legierte Stähle	420 ... 560	Gußeisen, mittel . . .	130 ... 170
Geglühte legierte Stähle	280 ... 370	Messing, Rotguß . . .	85 ... 170
Unlegierte Stähle. . . .	210 ... 280	Leichtmetalle.	55 ... 85

Weitere Richtwerte, ermittelt aus dem „Milling Set-up Calculator"
der Cincinnati Milling Machine Co. sind in Tab. S/16 enthalten.

Tabelle S/16. *Richtwerte für den spezifischen Schnittdruck
beim Stirnfräsen verschiedener Werkstoffe*

Werkstoff	Härte	k_s = spez. Schnittdruck kp/mm²	Werkstoff	k_s = spez. Schnittdruck kp/mm²
Stahl . . .	100 HB	325	Aluminium	
	150 HB	390	und Magnesium	12,5 ... 55
	200 HB	450		
	250 HB	525	Bronze, Messing	125 ... 275
	300 HB	580		
	350 HB	650	Zirkon	140 ... 165
	400 HB	690		
			Titan	
Gußeisen. .	weich	150	100 HB	180
	mittel	220	200 HB	230
	hart	275	300 HB	280
			400 HB	330

Für hochwarmfeste Werkstoffe lassen sich aus den von der U.S.
Air Force unterstützten Untersuchungen die in Tab. S/17 genannten
Richtwerte ableiten.

Tabelle S/17. *Richtwerte für den spezifischen Schnittdruck beim Stirnfräsen von hochwarmfesten Werkstoffen*
Grenzwerte: Schnittbreite: 25 … 125 mm
Schnittiefe: 1,25 … 3,8 mm

Werkstoffgruppe[1]	k_s = spez. Schnittdruck kp/mm²	Werkstoffgruppe	k_s = spez. Schnittdruck kp/mm²
Gesenkstähle 330 … 375 HB	415	Rostbeständige halbaustenitische härtbare Stähle	
500 … 550 HB . . . . (nur für Bearbeitung mit Hartmetall)	610	320 HB . . . . 440 HB	360 415 … 470
Niedriglegierte martensitische Stähle 330 … 375 HB	415	Hochnickelhaltige Legierungen . . . (nur für Bearbeitung mit Schnellstahl)	690
500 … 550 HB . . . . (nur für Bearbeitung mit Hartmetall)	550		
Rostbeständige martensitische Stähle 330 … 375 HB	385	Hochkobalthaltige Legierungen . . . (nur für Bearbeitung mit Schnellstahl)	690
500 … 550 HB	440		
Rostbeständige austenitische Stähle	385	Titanlegierungen 312 HB . . . . 365 HB	275 … 330 275 … 330

[1] Chemische Zusammensetzung und Bezeichnungen der zu den Werkstoffgruppen gehörigen Werkstoffe sind in Tab. A/1 im Anhang genauer aufgeführt. Die k_s-Werte der Tab. S/16 und S/17 enthalten einen Sicherheitszuschlag für Abstumpfung der Fräserzähne.

3. Das einfache Gesetz des spezifischen Schnittdruckes (Abhängigkeit vom Vorschub/Zahn)

Bessere Einsicht in die Änderung des spezifischen Schnittdruckes als aus Richtwerten kann aus Versuchen gewonnen werden, bei denen der Vorschub/Zahn berücksichtigt ist. Abb. S/84 stellt die Auswertung von Stirnfräsversuchen auf Gußeisen dar, die im Auftrage der U.S. Air Force unternommen worden sind; sie sind hier in folgende Gleichungen gebracht worden:

Ferritisches Gußeisen, scharfe Schneide

$$k_s = 82\,(s_Z)^{-0,11} \tag{S/89}$$

Perlitisches Gußeisen, scharfe Schneide

$$k_s = 114\,(s_Z)^{-0,22} \tag{S/90}$$

desgleichen stark abgestumpfte Schneide

$$k_s = 120\,(s_Z)^{-0,63}. \tag{S/91}$$

Aus einem Vergleich dieser Gleichungen folgt, daß der spezifische Schnittdruck von perlitischem Gußeisen etwa 60 bis 80% höher ist als der von ferritischem Gußeisen, wobei der kleinere Prozentsatz für einen Zahnvorschub von 0,3 mm und der größere für einen Zahnvorschub von 0,1 mm gilt. Zwischenwerte können aus Division der Gln. (S/90) und (S/89) gemäß folgender Formel ermittelt werden:

Verhältnis des spezifischen Schnittdruckes von perlitischem zu ferritischem Gußeisen

$$\frac{k_{s\,\text{perl.}}}{k_{s\,\text{ferr.}}} = 1{,}39\,(s_Z)^{-0,11}. \tag{S/92}$$

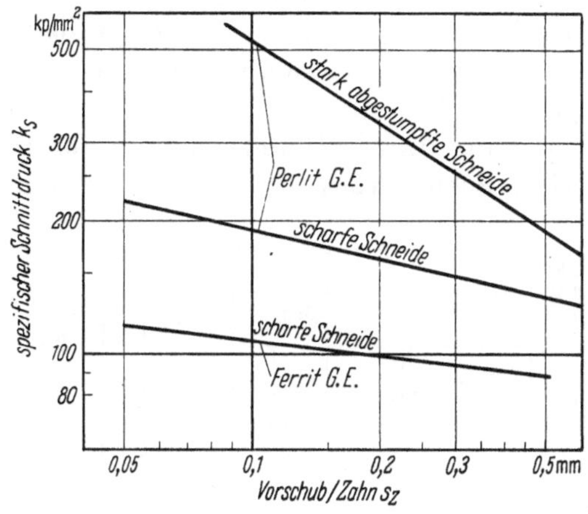

Abb. S/84. Abhängigkeit des spezifischen Schnittdruckes vom Vorschub/Zahn beim Stirnfräsen von Gußeisen

Die starke Zunahme des spezifischen Schnittdruckes bei Abstumpfung der Schneide ergibt sich aus dem Verhältnis des spezifischen Schnittdruckes bei stumpfer und scharfer Schneide

$$\frac{k_{s\,\text{stumpf}}}{k_{s\,\text{scharf}}} = 1{,}05\,(s_Z)^{-0,52}. \tag{S/93}$$

In gerundeten Werten ist der spezifische Schnittdruck mit stumpfer Schneide zwischen 100% (bei $s_Z = 0{,}3$) und 250% (bei $s_Z = 0{,}1$) größer als mit scharfer Schneide. In den Richtwerten des vorangegangenen Kapitels sind Sicherheitsfaktoren für etwa 25%ige Steigerung von k_s bei Abstumpfung enthalten.

Aus den Untersuchungen von HAIDT[1] lassen sich mit Hilfe der Gl. (S/88) Formeln für den spezifischen Schnittdruck ableiten, wobei folgende Gleichung für die spezifische Spanmenge M_K einzusetzen ist:

$$M_K = \frac{v\,t\,s_Z\,Z_e}{\text{kW}} \qquad \text{cm}^3/\text{min}/\text{kW} \tag{S/92}$$

je eingreifendem Zahn.

Demgemäß ergibt sich aus Gl. (S/88):

$$k_s = \frac{6120\,\text{kW}}{v\,t\,s_Z\,Z_e} \qquad \text{kp/mm}^2. \tag{S/93}$$

---

[1] HAIDT, H.: Das Fräsen von Stahl und Stahlguß mit Hartmetallmesserköpfen. Techn. Zbl. prakt. Metallbearb. 55 (1961) H. 4, S. 175—179.

Die Zahl der im Eingriff befindlichen Zähne (Z_e) muß in Betracht gezogen werden, da die Beziehung zwischen spezifischen Spanvolumen M_K und spez. Schnittdruck k_s für die je Schneide verbrauchten PS oder kW gilt.

Natürlich werden auf diese Weise mittlere Werte für k_s erhalten, da die Zahl der im Eingriff befindlichen Zähne, wie z. B. 1,1, auch einen Mittelwert darstellt, der besagt, daß während 10% der Eingriffszeit 2 Zähne und während 90% 1 Zahn Zerspanungsarbeit leistet (vgl. Seite 69).

Die aus Haidts Untersuchungen abgeleiteten Werte für den spezifischen Schnittdruck sind in Abb. S/85a—e für fünf verschiedene

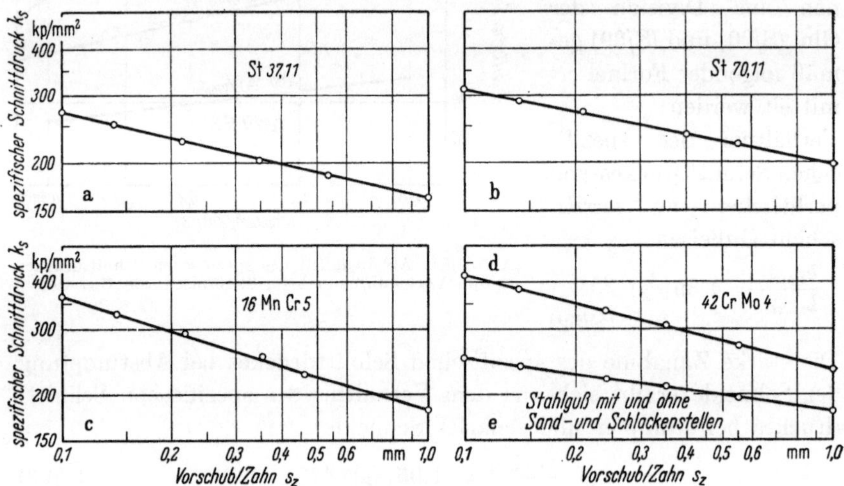

Abb. S/85a—e. Spezifischer Schnittdruck k_s in Abhängigkeit vom Vorschub/Zahn für verschiedene Werkstoffe (ermittelt aus Daten von HAIDT)

Werkstoffe in Abhängigkeit vom Vorschub/Zahn graphisch dargestellt worden. Es ergeben sich gerade Linien im doppellogarithmischen Koordinatensystem für die folgende Gleichungen gelten:

$$
\begin{aligned}
\text{St 37.11:} \quad & k_s = 164\,(s_Z)^{-0,23} \\
\text{St 70.11:} \quad & k_s = 200\,(s_Z)^{-0,19} \\
\text{16 MnCr 5:} \quad & k_s = 182\,(s_Z)^{-0,3} \\
\text{42 CrMo 4:} \quad & k_s = 237\,(s_Z)^{-0,25} \\
\text{Stahlguß:} \quad & k_s = 182\,(s_Z)^{-0,146}
\end{aligned}
\qquad (\text{S}/94\,\text{a--e})
$$

Nimmt man einen Vorschub von 0,25 mm/Zahn, der häufig in der Praxis vorkommt, als Vergleichsgrundlage an, so ergibt sich als Reihenfolge für steigenden spezifischen Schnittdruck:

Stahlguß: $k_s = 222$;   St 37.11 : $k_s = 226$;   St 70.11 : $k_s = 260$

16 MnCr 5: $k_s = 277$;   42 CrMo 4 : $k_s = 335$ kp/mm².

42 Cr Mo 4 hat also einen spezifischen Schnittdruck, der bei $s_Z = 0{,}25$ etwa 50% größer ist als für Stahlguß (mit und ohne Sandstellen).

Der Eingriffsbogen in HAIDTS Untersuchungen kann gemäß Gl. (S/52) aus dem Verhältnis der im Eingriff befindlichen Zähne (Z_e) zur Gesamtzahl der Zähne (Z) der angeführten Messerköpfe ermittelt werden:

$$(\varepsilon - \alpha) = \frac{2\pi Z_e}{Z}. \qquad \text{[aus Gl. (S/52)]}$$

Infolge Abrundung der angegebenen Werte schwankt das Verhältnis Z_e/Z in geringem Maße. Als Mittelwert für alle genannten Stahlwerkstoffe ergibt sich ein Bogen von

$$(\varepsilon - \alpha) = 1{,}425,$$

was einem Eingriffswinkel von $81° 40'$ entspricht. Für Stahlguß erhält man $(\varepsilon - \alpha) = 1{,}76$, d. h. einen Eingriffswinkel von $101°$.

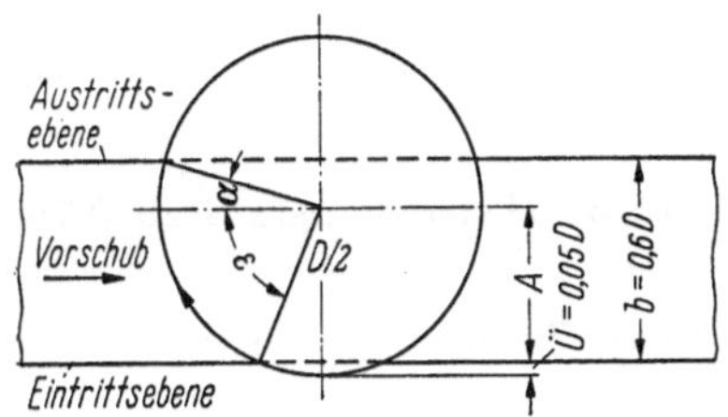

Abb. S/86
Beispiel für Überstand $\ddot{U}$ bei Anschnitt

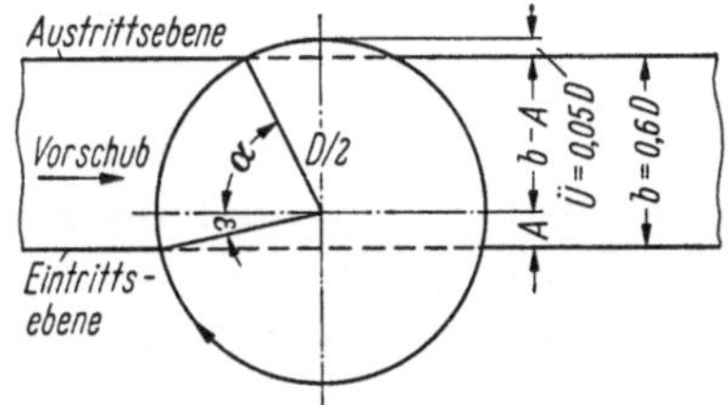

Abb. S/87
Beispiel für Überstand $\ddot{U}$ bei Ausschnitt

HAIDT hat nicht angegeben ob sich der Überstand $(\ddot{U})$ auf Anschneiden oder Ausschneiden bezieht. Die Schnittverhältnisse ändern sich dadurch erheblich, wie aus Abb. S/86 und S/87 ersehen werden kann. Für einen Überstand beim Anschneiden erhält man aus diesen Untersuchungen gemäß den Gln. (S/38) und (S/39) (Seite 60):

$$A = \frac{D}{2} - \ddot{U} \; = 0{,}45 D; \qquad b = 0{,}6 D$$

und daher

$$\sin\varepsilon = \frac{2A}{D} \; = 0{,}9; \qquad \varepsilon = 64° 10'$$

$$\sin\alpha = \frac{2(A-b)}{D} = -0{,}3; \qquad \alpha = -17° 30'$$

In diesem Fall liegt die Fräserachse nahe zur Austrittsebene und der größte Teil der Spanabnahme erfolgt im Gegenlauffräsen ($64° 10'$).

Die Auftreff- und Schwingungsverhältnisse sind ungünstiger im Vergleich zu Abb. S/87, wo $\ddot{U}$ für Ausschneiden angenommen ist. Hierfür gilt:

$$b - A = 0{,}45D; \qquad A = 0{,}15D$$

und daher

$$\sin\varepsilon = 0{,}3; \qquad \varepsilon = 17°30'; \qquad \sin\alpha = -0{,}9 = -64°10'.$$

Dabei erfolgt der größte Teil der Spanabnahme im Gleichlauffräsen, die Auftreffbedingungen (vgl. Seite 41) und Schwingungsverhältnisse sind günstiger für die Erhöhung der Standzeit.

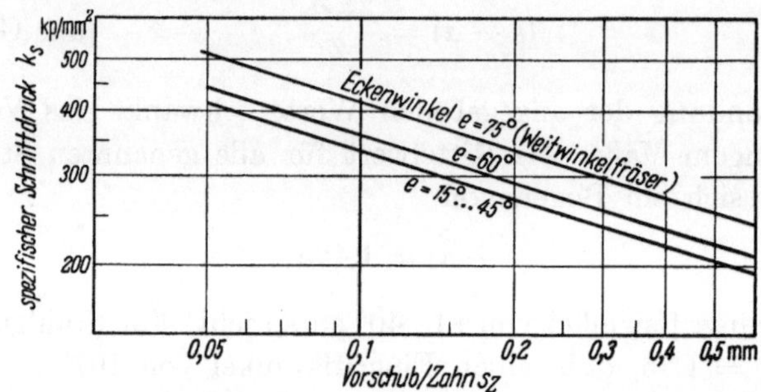

Abb. S/88. Spezifischer Schnittdruck in Abhängigkeit vom Vorschub/Zahn und Eckenwinkel e beim Stirnfräsen von SAE 4130; 160 ... 170 HB; Axial- und Radialwinkel $= -10°$ (California Institute of Technology)

Das Spandicken-Vorschubverhältnis ist von HAIDT konstant zu 0,75 angenommen worden.

Versuche, die am California Institute of Technology[1] beim Stirnfräsen von SAE 4130 in Abhängigkeit vom Vorschub/Zahn und mit verschiedenen Eckenwinkeln e (der der Komplementwinkel des Anstellwinkels $\varkappa$ ist) unternommen wurden, sind in Abb. S/88 ausgewertet.

Die folgenden Gleichungen ergeben sich:

$$
\begin{aligned}
\text{für}\quad e &= 75°: & k_s &= 204(s_Z)^{-0{,}32} \\
\text{für}\quad e &= 60°: & k_s &= 177(s_Z)^{-0{,}32} \\
\text{für}\quad e &= 15°\ldots45°: & k_s &= 160(s_Z)^{-0{,}32}
\end{aligned}
\qquad (\text{S}/95\,\text{a--c})
$$

Der spezifische Schnittdruck steigt demnach — in Abhängigkeit vom Vorschub/Zahn — mit steigendem Eckenwinkel unter sonst gleichen Bedingungen etwas an. Wenn man Winkel unter 45° außer Betracht läßt, beträgt die Zunahme im Mittel $12\tfrac{1}{2}\%$ für je 15° Zunahme des Eckenwinkels. Die Zunahme von k_s erklärt sich aus der Verdünnung

[1] California Inst. of Technology, Data Sheets CR 14-11, 20, 21, 22, Office of Production Research and Development Washington DC 1945.

des Spanes, d. h. Verminderung der Spandicke h mit Vergrößerung
des Eckenwinkels bei gleichem Vorschub (vgl. Seite 48). Die Gleichung
für den k_s-Anstieg mit steigendem Eckenwinkel e lautet auf Grund der
Formeln 95a—c

$$k_s = 28{,}8\,e^{0,45}.\qquad\qquad (S/96)$$

Der Einfluß des Eckenwinkels auf den spezifischen Schnittdruck stellt
sich jedoch anders dar, wenn der Vergleich auf gleicher Spandicke (h)
statt auf gleichem Vorschub/Zahn (s_Z) durchgeführt wird! Abb. S/89

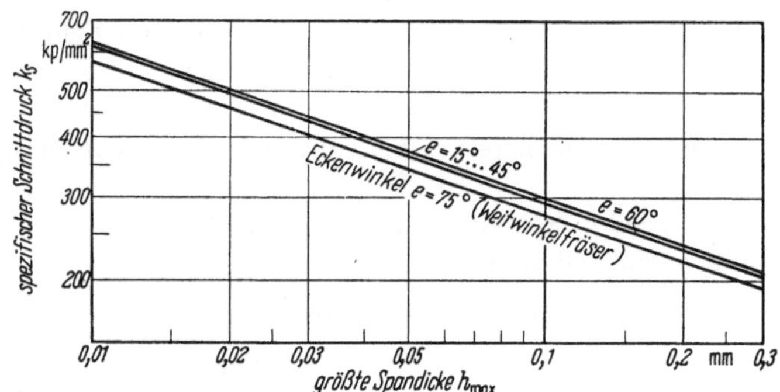

Abb. S/89. Spezifischer Schnittdruck in Abhängigkeit von der größten Spandicke und Eckenwinkel e beim Stirnfräsen von SAE 4130; 160 ... 170 HB; Axial- und Radialwinkel $= -10°$
(umgerechnet aus den Werten der Abb. S/88)

zeigt das Ergebnis einer solchen Umrechnung, aus der ersichtlich ist,
daß der Weitwinkelfräser mit $e = 75°$, der in Abb. S/88 den größten
spezifischen Schnittdruck hatte (oberste Gerade) in Abb. S/89 den
kleinsten spezifischen Schnittdruck zu haben scheint (unterste Gerade).
Man erkennt auch, daß die 3 Geraden näher zusammenliegen und daß
der Unterschied der spezifischen Schnittdrucke geringer ist als in den
Gln. (S/95a—c) zum Ausdruck kommt.

*Theoretisch müßten alle 3 Geraden der Abb. S/89 zusammenfallen,
wenn der spezifische Schnittdruck — unter sonst gleichen Umständen
wie Spanwinkel usw. — nur von der Spandicke abhinge, was auch in ge-
wissem Maße zutrifft, wenn man den Einfluß der Schnittiefe vernachlässigt. Ebenso wie beim Drehen ist auch beim Stirnfräsen die Schnitttiefe t von, wenn auch kleineren, Einfluß auf k_s und von nicht ganz
proportionalem Einfluß auf die Schnittkraft P, worauf weiter unten noch
zurückzukommen ist.*

Die Umrechnung der Gln. (S/95a—c) kann z. B. durch Einführung
der aus Gl. (S/48) folgenden Beziehung erfolgen:

$$s_Z = \frac{h_{max}}{\cos e}\qquad\qquad \text{[aus Gl. (S/48)]}$$

daher wird:

$$\text{für } e = 75°: \quad k_s = \frac{204\,(\cos e)^{0,32}}{h_{max}^{0,32}} = \frac{204 \cdot 0,65}{h_{max}^{0,32}} = 133\,h_{max}^{-0,32}$$

$$\text{für } e = 60°: \quad k_s = \frac{177 \cdot 0,8}{h_{max}^{0,32}} = 141\,h_{max}^{-0,32} \quad \left.\right\} \text{(S/97a–c)}$$

$$\text{für } e = 45°: \quad k_s = \frac{160 \cdot 0,9}{h_{max}^{0,32}} = 144\,h_{max}^{-0,32}$$

Man ersieht aus Gln. (S/97a—c), daß k_s erheblich weniger verschieden ist als in Gln. (S/95a—c).

Unterstellt man — wie es besonders in europäischen Veröffentlichungen üblich geworden ist —, daß der spezifische Schnittdruck nur von der Spandicke abhängt und nicht von der Spanbreite beeinflußt wird, so muß sich der gleiche spezifische Schnittdruck k_s für alle Größen des Eckenwinkels e bei zugeordnetem Vorschub/Zahn ergeben.

Um gleiche größte Spandicke für verschiedene Eckenwinkel zu erhalten, muß gemäß Gl. (S/48) sein:

$$h_{max} = s_{Z_1} \cos e_1 = s_{Z_2} \cos e_2 = \ldots \tag{S/98}$$

Für den Eckenwinkel $e = 75°$ ergibt sich im Vergleich zu $e = 45°$

$$\frac{s_{Z_{75°}}}{s_{Z_{45°}}} = \frac{\cos 45°}{\cos 75°} = \frac{0,707}{0,26} = 2,72 \tag{S/99}$$

d. h., daß der Vorschub/Zahn für den Weitwinkelfräser 2,72 mal so groß sein kann, wie der für den 45°-Winkelfräser bei gleichem spezifischem Schnittdruck. Die Abb. S/88 ergibt nur eine Vergrößerung des Vorschubes/Zahn auf das 2,14 fache, wie auch aus Gl. (S/95a) und (S/95c) folgt:

$$\frac{s_{Z_{75°}}}{s_{Z_{45°}}} = \left(\frac{204}{160}\right)^{\frac{1}{0,32}} = 2,14.$$

Es ist dabei zu berücksichtigen, daß neben dem Schnittiefeneinfluß auch die Ausmittelung der k_s-Werte einen Einfluß auf diesen Unterschied gehabt hat (vgl. auch Seite 49).

Aus obigen Ableitungen folgt ferner, daß die Spandicke für wissenschaftliche Untersuchungen die bessere Bezugsgröße ist, die jedoch für den Betriebspraktiker oft ein fernliegender und umständlich zu ermittelnder Wert ist. Daher wird hier sowohl die Spandicke als auch der Vorschub/ Zahn in Betracht gezogen.

In einer kürzlich erschienenen Veröffentlichung[1] von Stirnfräsversuchen, die mit einem mit Planetengetriebe versehenen recht genau arbeitenden Drehmomentmeßgerät ausgeführt wurden, wurde in Über-

---

[1] ROUBIK, J. R.: Milling Forces measured with a planetary-gear torquemeter. Trans. ASME, Series B, J. Engng. for Industry, Nov. 1961, S. 579—586.

einstimmung mit den in Bd. I abgeleiteten Folgerungen (Seiten 220/21) festgestellt, daß die Schnittkraft der Schnittiefe *nicht* direkt proportional ist. Dies bedeutet, daß auch der spezifische Schnittdruck von der Schnittiefe beeinflußt wird.

Aus den angegebenen Daten ergibt sich folgende Gleichung für das Stirnfräsen von Stahl (SAE 1018):

$$k_s = \frac{\text{const}}{(s_Z)^{0,234}\, t^{0,06}}. \tag{S/100}$$

Für Drehen von Stahl gilt gemäß Bd. I, Seite 399, ein Vorschubexponent $p_s = 0{,}357$ und ein Schnittiefenexponent $q_s = 0{,}037$:

$$k_s = \frac{\text{const}}{(s_Z)^{0,357}\, t^{0,037}}. \tag{S/101}$$

Der Einfluß der Schnittiefe auf den spezifischen Schnittdruck ist demnach beim Stirnfräsen etwas größer (Exponent 0,06) als beim Drehen

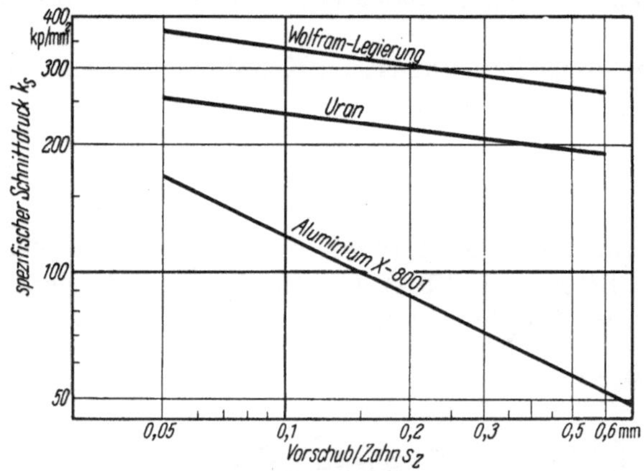

Abb. S/90. Spezifischer Schnittdruck beim Stirnfräsen neuerer Metalle (nach ROUBIK)

(Exponent 0,037). Die Ähnlichkeit der Gln. (S/100) und (S/101) ist bemerkenswert, und bestätigt die Ansicht, daß Drehen und Stirnfräsen gleich k_s-Werte haben müßten, wenn nicht die veränderliche Spandicke hinzukommen würde.

Für einige neuere Metalle wurde der spezifische Schnittdruck in Abhängigkeit vom Vorschub/Zahn untersucht, die nach Umwertung in metrische Abmessungen in Abb. S/90 wiedergegeben ist. Die folgenden Gleichungen ergeben sich

Wolframlegierung
(90 % Wo, 6 % Ni, 4 % Co): $k_s = 248\,(s_Z)^{-0,124}$ (S/102)

Uran: $k_s = 177\,(s_Z)^{-0,125}$ (S/103)

Aluminium X-8001: $k_s = 40\,(s_Z)^{-0,477}.$ (S/104)

Die Schnittiefe bei mittigem Schlagzahnfräsen war stets 2,54 mm, der Fräserdurchmesser 214 mm Dmr.

Ein Einfluß der Schnittiefe auf den spezifischen Schnittdruck ist auch in den Versuchen des California Institute of Technology festgestellt worden[1], obgleich Schnittgeschwindigkeitserhöhung den Einfluß minderte. Abb. S/91 zeigt diese Abhängigkeit von k_s von der

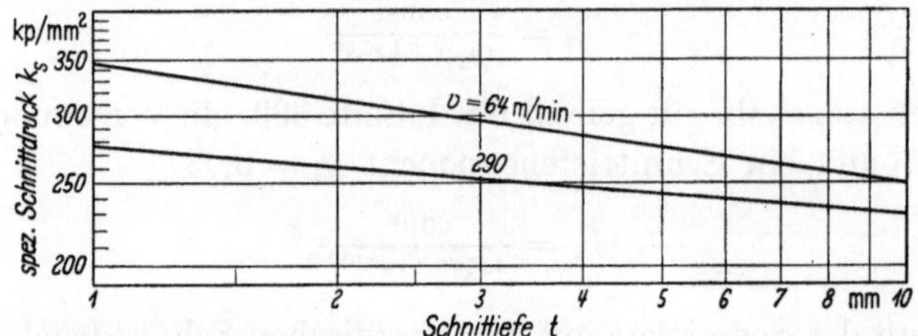

Abb. S/91. Abhängigkeit des spezifischen Schnittdruckes von der Schnittiefe beim Stirnfräsen von SAE 4130; 160 ... 170 HB; Vorschub $s_z = 0,25$ mm/Zahn; Axial- und Radialwinkel $-10°$ (ausgewertet aus Versuchsdaten des California Institute of Technology)

Schnittiefe im doppellogarithmischen Koordinatensystem, aus dem sich folgende Gleichungen ergeben:

$$\text{für} \quad v = 64\,\text{m/min:} \quad k_s = 345\,t^{-0,14}$$
$$\text{für} \quad v = 290\,\text{m/min:} \quad k_s = 276\,t^{-0,08}. \qquad \text{(S/105 a u. b)}$$

Der Exponent der Gl. (S/105a) erscheint groß im Vergleich mit denen der Gl. (S/100) und (S/101), während der Exponent der Gl. (S/105b) sich denen dieser Gleichungen nähert, obgleich der Schnittiefeneinfluß

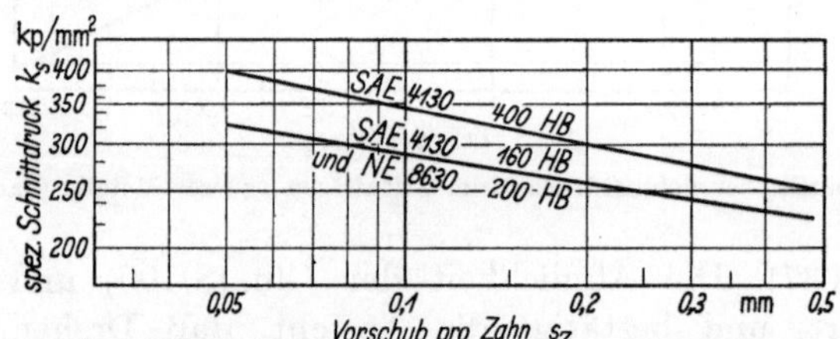

Abb. S/92. Abhängigkeit des spezifischen Schnittdruckes vom Vorschub/Zahn beim Stirnfräsen von SAE 4130 und NE 8630, Axial- und Radialwinkel $= -10°$ (ausgewertet aus Versuchsdaten des California Institute of Technology)

immerhin noch größer ist, als aus des Verfassers Ableitungen für Drehen [Gl. (S/101)] oder denen nach Roubiks Versuchen [Gl. (S/100)] folgen würde.

Abb. S/92 stellt die k_s-s_z-Beziehung nach Versuchen des California Institute of Technology dar, für die folgende Gleichungen

---

[1] California Institute of Technology, Data Sheets CR-20-2 und CR-20-3, Office of Production Research and Development Washington DC 1945.

gelten:

$$\text{SAE 4130} \quad \text{400 HB:} \qquad k_s = 215\,(s_Z)^{-0,2} \qquad \text{(S/106)}$$

$$\left.\begin{array}{ll}\text{SAE 4130} & \text{160 HB} \\ \text{NE 8630} & \text{200 HB}\end{array}\right\} : \quad k_s = 200\,(s_Z)^{-0,16}. \qquad \text{(S/107)}$$

4. Betriebsnomogramm für den spezifischen Schnittdruck
(Abhängigkeit vom Vorschub pro Zahn)

Ein Nomogramm, das einen schnellen Anhalt für Ermittlung des spezifischen Schnittdruckes bei Zeitstudien und ähnlichen Betriebs-

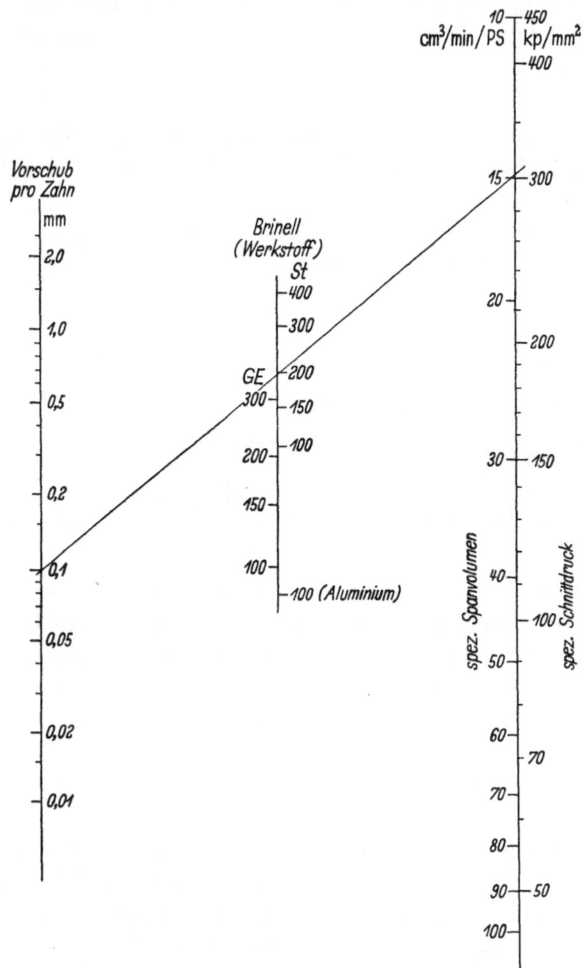

Abb. S/93. Betriebsnomogramm für den spezifischen Schnittdruck beim Stirnfräsen

arbeiten gibt, ist vom Verfasser seit einigen Jahren benutzt worden und in Abb. S/93 wiedergegeben. Ihm liegt die Veränderung des spezifischen Schnittdruckes mit dem Vorschub/Zahn zugrunde, wobei zur Vereinfachung der verhältnismäßig geringere Einfluß der Schnitttiefe auf den spezifischen Schnittdruck außer Betracht blieb. Es ist zu beachten, daß der Einfluß der Schnittiefe auf die Schnitt*kraft P größer* ist als der des Vorschubes/Zahn, da die Schnittiefe in voller Größe, der Vorschub jedoch nur in verringerter Größe — je nach Exponent —, in die Schnittkraftgleichungen eingeht. Dies entspricht den Schnittkraftänderungen beim Drehen (vgl. Bd. I, Seite 220, letzter Absatz).

Die Rechnung mit dem Nomogramm ist dem Rechnen mit Richtwerten vorzuziehen, obgleich es nur als gute Annäherung zu betrachten ist und nicht für Forschungsarbeiten und genauere Untersuchungen empfohlen wird. Es ist auf einem Mittelwert von 0,26 des Vorschubexponenten aufgebaut, der sich aus den vorgangs erörterten Unterlagen ergibt. HAIDTs hier abgeleitete Exponenten ergeben einen etwas kleineren Mittelwert (0,224), RUBICKs einen solchen von 0,234. Selbst bei einer Verfünffachung des Vorschubes ergibt das Nomogramm nur 4 ... 6% mehr Änderung von k_s als nach den zuvor abgeleiteten Beziehungen.

Für *Stahl* wurde folgende Gleichung für das Nomogramm benutzt:

$$\text{Mittelwertsformel für} \quad \boxed{k_s = \frac{9,25\,\mathrm{HB}^{0,545}}{(s_Z)^{0,26}}} \quad \mathrm{kp/mm^2}. \quad (S/108)$$

Für *Gußeisen:*

$$\text{Mittelwertsformel für} \quad \boxed{k_s = \frac{1,92\,\mathrm{HB}^{0,76}}{(s_Z)^{0,26}}} \quad \mathrm{kp/mm^2}. \quad (S/109)$$

In dem Nomogramm ist weiterhin von des Verfassers früheren Ableitungen Gebrauch gemacht worden (vgl. Bd. I, Seite 167), daß das Produkt aus spezifischem Schnittdruck (kp/mm²) und spezifischem Spanvolumen (cm³/min/PS) aus mathematischen Gründen immer den Wert 4500 im metrischen System ergeben muß, wobei die „PS" an der Schneide zu rechnen sind. Es ist daher möglich, beide Werte zugleich abzulesen. Wenn mit kW statt PS gerechnet wird, ist das Produkt 6120 statt 4500.

Das Nomogramm besteht aus den drei vertikalen Teilungen: links Vorschub/Zahn, Mitte Werkstoff (Brinell) und rechts spezifisches Spanvolumen und spezifischer Schnittdruck. An dieser Teilung stehen sich immer Zahlen gegenüber, die das Produkt 4500 ergeben. Das Beispiel bezieht sich auf einen Vorschub von 0,1 mm/Zahn für Stirnfräsen von Stahl von 200 HB und ergibt ein spezifisches Spanvolumen von 15 cm³/min/PS, was einem spezifischen Schnittdruck von 300 kp/mm² gleichwertig ist.

5. Das erweiterte Gesetz für den spezifischen Schnittdruck und die Schnittkraft

(Einbeziehung der Spandickenänderung)

a) Einleitung

Das einfache Gesetz für den spezifischen Schnittdruck läßt die Veränderung von k_s mit dem Durchgang des Zahnes durch den Werkstoff außer Betracht. Diese Vereinfachung ist im wesentlichen darauf zurückzuführen, daß die Abhängigkeit des spezifischen Schnittdruckes und der Schnittkraft von der sich beim Durchgang ändernden Spandicke mathematisch zu Fräsintegralen führt, die schwer zu lösen sind, da die trigonometrischen Funktionen unter dem Integral mit einem gebrochenen Exponenten erscheinen, der kleiner als 1,0 ist.

Es hat nicht an Versuchen gefehlt, die Schwierigkeiten zu überwinden[1, 2] und Vereinfachungen vorzunehmen, so daß das Fräsintegral lösbar wurde. SALOMON[3] hat sich eingehend mit diesem Problem, mit Beschränkung auf kleine Eingriffswinkel ($<30°$), befaßt, d. h. auf Fälle, wie sie beim Umfangsfräsen gewöhnlich vorliegen. SCHLESINGER[4] hat SALOMONS Ableitungen unter Mitarbeit seiner Assistenten ZINKE, EHRENREICH und GERMAR durch Einführung des Begriffes der „Mittenspanstärke" vereinfacht.

Beim Umfangsfräsen (Walzenfräsen) handelt es sich um verhältnismäßig kleine Eingriffswinkel, so daß es SALOMON möglich war, das Fräsintegral in eine Reihe aufzulösen, von der nur das erste Glied benötigt wurde, um bereits etwa 99 % Genauigkeit zu erzielen. SCHRÖDER[5] hat das Fräsintegral auf größere Eingriffswinkel als 30° verallgemeinert, dabei jedoch die exponentielle Beziehung zwischen k_s und der Spandicke durch eine lineare ersetzt. Neuere Beiträge zu diesem Problem werden später noch näher erörtert werden.

SCHLESINGERS Wahl des Wortes „Mittenspanstärke" hat Verwechselungen mit „mittlerer" Spanstärke verursacht. Gemeint ist die Spanstärke, die im Augenblick besteht, in dem der Fräserzahn die Hälfte des Eingriffsbogens zurückgelegt hat. Es soll hier daher der Ausdruck „Halbbogenspandicke" benutzt werden.

Die erwähnten Ableitungen und Fräsintegrale beziehen sich auf Umfangsfräsen, bei dem sich die Spandicke von Null bis auf einen

---

[1] BARTH, C. G.: Industrial Management 58 (1919) S. 169.

[2] HEDIN, S.: Tekn T. 52 (1922) S. 337.

[3] SALOMON, C.: Die Fräsarbeit. Werkstattstechnik 1926, H. 5, S. 469 ff. — Zur Theorie des Fräsvorganges. VDI-Z. 72 (1928) Nr. 45, S. 1619 ff.

[4] SCHLESINGER, G.: Rechnungsgrundlagen zur Ermittlung des Leistungsbedarfes beim Walzenfräsen. Werkstattstechnik 25 (1931) H. 17, S. 409—419.

[5] SCHRÖDER, H. J.: Die Bedeutung der Spanstärke bei Walzenfräsern. Maschinenbau-Betrieb 13 (1934) H. 19/20, S. 543.

Endwert im Gegenlauffräsen vergrößert. Gleichlauffräsen war zur damaligen Zeit gerade im Anfang und wurde nicht in Betracht gezogen, ebensowenig konnte eine veränderliche Stellung der Fräserachse zur Eintrittsebene berücksichtigt werden, da solche Verstellung beim Umfangsfräsen nicht möglich ist.

Beim Stirnfräsen ist das Integral zwischen 2 Grenzwerten statt von Null bis zu einem Endwert zu nehmen.

b) Die mittlere Spandicke

(erstes Fräsintegral)

Die Veränderung der Spandicke h mit der gegenseitigen Lage von Fräserachse und Eintrittsebene und mit dem augenblicklichen Stellungswinkel (ω) des Fräserzahnes ist bereits in Zusammenhang mit Abb. S/63 (Seite 67) besprochen worden. Um die mittlere Spandicke (h_m) zu bestimmen, kann man alle augenblicklichen Spandicken durch ein Integral mit Grenzen zwischen Ein- und Austrittswinkel (ε; α) summieren und durch die Bogenlänge dividieren. Demgemäß ergibt sich mit Benutzung von Gl. (S/45) das erste Fräsintegral, das ohne Schwierigkeiten zu lösen ist, da es keinen Potenzexponenten enthält

$$h_m = \frac{s_z \cos e}{(\varepsilon - \alpha)} \int_\alpha^\varepsilon \cos\omega \, d\omega$$

$$\boxed{h_m = \frac{s_z \cos e}{(\varepsilon - \alpha)} \left[\sin\varepsilon - \sin\alpha\right]} \tag{S/110}$$

Wird ($\varepsilon - \alpha$) in Grad statt im Bogenmaß gemessen, so gilt:

$$\boxed{h_m = \frac{57,3 \, s_z \cos e}{(\varepsilon - \alpha)^\circ} \left[\sin\varepsilon - \sin\alpha\right]} \tag{S/110a}$$

Beispiel: Für die 3 Fälle der Abb. S/63 ergeben sich aus Gl. (S/110a) folgende mittlere Spandicken:

Fall 1: $\varepsilon = +25\frac{1}{2}°$; $\alpha = -25\frac{1}{2}°$

$$h_m = \frac{57,3 \cdot 0,707}{51°} \cdot 0,86 \, s_z = 0,685 \, s_z$$

Fall 2: $\varepsilon = +9°54'$; $\alpha = -43°10'$

$$h_m = \frac{57,3 \cdot 0,707}{53°4'} \cdot 0,8565 \, s_z = 0,655 \, s_z$$

Fall 3: $\varepsilon = -3°16'$; $\alpha = -66°30'$

$$h_m = \frac{57,3 \cdot 0,707}{63°14'} \cdot 0,858 \, s_z = 0,55 \, s_z.$$

Der Stellungswinkel (ω_m), der der mittleren Spandicke (h_m) entspricht, ergibt sich aus Gln. (S/45) und (S/110):

$$\cos\omega_m = \frac{h_m}{s_z \cos e} = \frac{\sin\varepsilon - \sin\alpha}{\varepsilon - \alpha} = \frac{2b}{D(\varepsilon - \alpha)} \qquad \text{(S/110b)}$$

Abb. S/94 ist eine graphische Darstellung der Gl. (S/110b), aus der $\cos\omega_m$ unmittelbar aus den gegebenen Fräsgrößen, nämlich dem Ver-

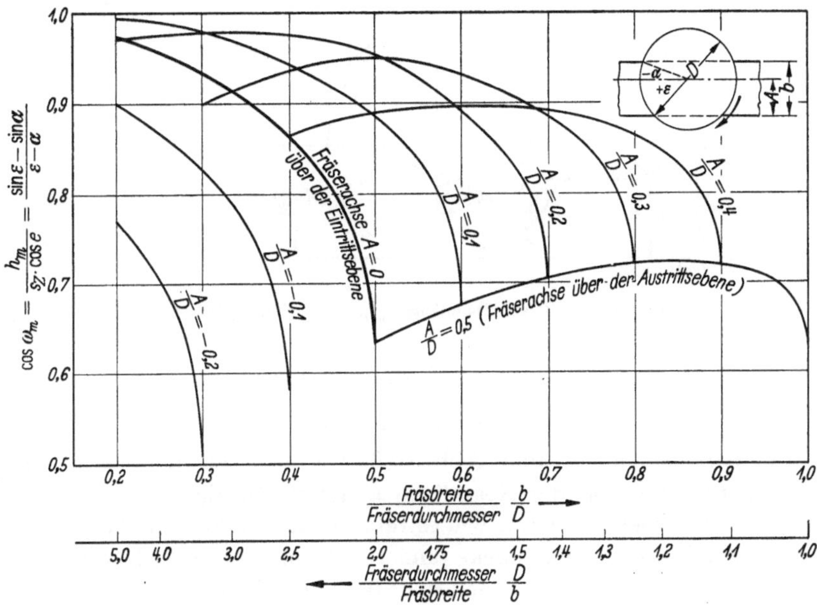

Abb. S/94. Nomogramm zum Ablesen des Stellungswinkels (ω_m), der der mittleren Spandicke (h_m) bei verschiedenen Fräserstellungen, Fräsbreiten und Fräserdurchmessern entspricht

hältnis der Fräsbreite zum Fräserdurchmesser (b/D) und dem Verhältnis des Abstandes A zum Fräserdurchmesser (A/D) abgelesen werden kann.

Die Kurven werden von der $A/D = 0{,}5$-Kurve begrenzt, wobei gemeinsame Punkte entstehen, wenn z. B. $\varepsilon = 53°$ und $\alpha = -90°$ mit $\varepsilon = 90°$ und $\alpha = -53°$ zusammentreffen, wie es bei $A/D = 0{,}4$ und $A/D = 0{,}5$ zutrifft.

Gl. (S/110) bzw. (S/110a) kann auch für Umfangsfräsen, bei dem die Fräserachse als hinter der Austrittsebene liegend angesehen werden kann (Abb. S/95) und der Eintrittswinkel $\varepsilon = 90°$ ist, benutzt werden. Der Austrittswinkel α ist beim Umfangsfräsen positiv und der Eckenwinkel $e = 0°$ (d. h. $\varkappa = 90°$). Es ergibt sich:

mittlere Spandicke beim Umfangsfräsen:

$$h_{mU} = \frac{s_z(1 - \sin\alpha)}{90 - \alpha}. \qquad \text{(S/110c)}$$

Da beim Umfangsfräsen $\sin\alpha = 1 - 2t/D$ ist, erhält man auch:

$$h_{mU} = \frac{s_z\, t}{D\left(\dfrac{90 - \alpha}{2}\right)} \qquad \text{(S/110d)}$$

$45° - \dfrac{\alpha}{2}$ ist hier der halbe Spanbogen, er liegt um $\dfrac{90 - \alpha}{2} + \alpha = 45° +$ $+ \dfrac{\alpha}{2}$ von der x-Achse entfernt.

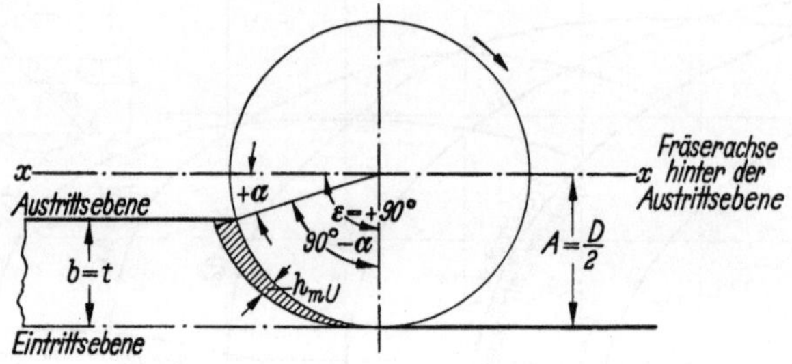

Abb. S/95. Mittlere Spandicke h_{mU} beim Umfangsfräsen

c) Der mittlere spezifische Schnittdruck

(zweites Fräsintegral)

Die Gln. (S/97a—c) und Abb. S/89 zeigten, daß der spezifische Schnittdruck (k_s) von der Spandicke abhängt. In Erweiterung dieser Gleichungen lassen wir jetzt, wie es tatsächlich der Fall ist, k_s sich mit der augenblicklichen Spandicke ändern. Dann ergibt sich folgender Ansatz für den augenblicklichen spezifischen Schnittdruck:

$$k_{sa} = C\, h_a^{-p} \qquad \text{(S/111)}$$

C ist ein noch zu bestimmender Festwert, der vom Werkstoff, der Geometrie der Schneide und anderen Größen abhängt, während p einen Exponenten, entsprechend dem für den Vorschub beim Drehen (Bd. I, Seite 200), darstellt.

Durch Einsetzen der Gl. (S/45) erhält man das 2. Fräsintegral (d. h. den wahren mittleren spezifischen Schnittdruck):

$$k_{s_w} = \frac{C}{\varepsilon - \alpha}\, (s_Z)^{-p}\, (\cos e)^{-p} \int_{\alpha}^{\varepsilon} (\cos\omega)^{-p}\, d\omega. \qquad \text{(S/112)}$$

Da beim 2. Fräsintegral die trigonometrische Funktion $(\cos\omega)$ mit einem Exponenten versehen ist, wird das Integral schwer lösbar, wie aus der allgemeinen Rekursionsformel ersichtlich ist:

$$\int \cos^n x\, dx = \frac{1}{n}\, (\cos x)^{n-1} \sin x - \frac{n-1}{n} \int (\cos x)^{n-2}\, dx.$$

Es entsteht also ein Restglied, das wieder ein Integral mit einem Potenzexponenten einer trigonometrischen Funktion enthält und wiederholte Integrationen erforderlich macht.

SALOMON hat in seinem Integral für die Fräsarbeit von der Form

$$A_Z = \lambda_1 \, b \, (s_Z)^{x+1} \, r \int\limits_0^\varphi (\sin \varphi)^{x+1} \, d\varphi$$

durch Einsetzen von $\sin^2(\varphi/2) = x$ und $\sin \varphi = 2 \sqrt{x - x^2}$ die Integration durchgeführt. Es scheint jedoch ein Druckfehler vorzuliegen, der die Weiterverfolgung der Ableitungen stört, da mit $\sin^2(\varphi/2) = x$, der Wert für $\sin \varphi = 2 \sin(\varphi/2) \cos(\varphi/2) = 2\sqrt{x} \sqrt{1 - x^2} = 2\sqrt{x - x^3}$ sein müßte, so daß also x^3 statt x^2 erscheinen würde.

Dieser Druckfehler mag sich nicht in dem ersten Glied der entwickelten Reihe bemerkbar machen, so daß eine hohe Genauigkeit von 99 % bereits bei Vernachlässigung der restlichen Glieder der Reihe entsteht. Die Genauigkeit erstreckt sich jedoch nur auf Umfangsfräsen, bei dem die Eingriffswinkel $(\varepsilon - \alpha) \leqq 30°$ sind.

SCHRÖDERS Erweiterung des Fräsintegrals auf größere Eingriffswinkel ersetzt, wie schon oben gesagt, die exponentielle Abhängigkeit des spezifischen Schnittdruckes von der Spandicke durch eine lineare Funktion. Dieser Ersatz mag bei *kleineren* Spandicken den wirklichen Vorgängen sogar besser entsprechen als ein exponentieller Zusammenhang, bei dem $k = \infty$ sein müßte, wenn $h = 0$.

Der Ersatz führt auf ein lösbares Fräsintegral von der Form

$$\int\limits_0^\varphi (a \, s_Z \sin \varphi + \beta) \, d\varphi.$$

Der untere Grenzwert ist jedoch auch hier $\varphi = 0$ und gilt daher vor allem für Umfangsfräsen.

d) Halbbogenspandicke

Die von SCHLESINGER[1] für Umfangsfräsen vorgeschlagene „Mittenspandicke" (Halbbogen-Spandicke) liegt beim Stirnfräsen beim halben Spanbogen und daher vom Koordinatenursprung ($\omega = 0$), um den Halbbogenwinkel ω_β entfernt, der sich aus folgender Gleichung ermitteln läßt:

$$\boxed{\omega_\beta = \frac{\varepsilon - \alpha}{2} - \varepsilon = \frac{\varepsilon + \alpha}{2}} \qquad (S/113)$$

---

[1] Siehe Fußn. 4, Seite 117.

Für die drei früher behandelten Beispiele (Abb. S/63, Seiten 67 u. 68) liegt der halbe Spanbogen bei:

$$\text{Fall 1}: \quad \omega_\beta = \frac{25\frac{1}{2}° - 25\frac{1}{2}°}{2} = 0°;$$

hier hat der Fräserzahn also den halben Bogen erreicht, wenn er durch den Koordinatenursprung (0°) geht.

$$\text{Fall 2}: \quad \omega_\beta = \frac{9°54' - 43°10'}{2} = -16°38'$$

$$\text{Fall 3}: \quad \omega_\beta = \frac{-3°16' - 66°30'}{2} = -34°53'.$$

Die Spandicke (h_β) am Halbbogen kann man aus Gl. (S/45) ableiten durch Ersatz von ω_β für ω:

$$h_\beta = s_Z \cos e \, \cos\omega_\beta = s_Z \cos e \, \cos\left(\frac{\varepsilon + \alpha}{2}\right) \qquad \text{(S/114)}$$

Für die 3 Fälle ergibt sich:

$$\text{Fall 1}: \quad h_\beta = 0{,}707 \cos(0°)\, s_Z \quad\;\; = 0{,}707\, s_Z$$

$$\text{Fall 2}: \quad h_\beta = 0{,}707 \cos(16°38')\, s_Z = 0{,}677\, s_Z$$

$$\text{Fall 3}: \quad h_\beta = 0{,}707 \cos(34°53')\, s_Z = 0{,}58\, s_Z.$$

Die Winkel ω_β und die zugehörigen Spandicken h_β sind in Abb. S/63 durch horizontale —·—·—· Linien gekennzeichnet.

Der prozentuale Unterschied zwischen der mittleren und der Halbbogenspandicke ergibt sich aus:

$$\text{Fall 1}: \quad \frac{h_\beta}{h_m} = \frac{0{,}707}{0{,}685} = 1{,}035$$

d. h. die Halbbogenspandicke ist 3,5% größer in diesem Beispiel als die mittlere Spandicke,

$$\text{Fall 2}: \quad \frac{h_\beta}{h_m} = \frac{0{,}677}{0{,}655} = 1{,}034 \quad \text{d. h.} \quad 3{,}4\%$$

$$\text{Fall 3}: \quad \frac{h_\beta}{h_m} = \frac{0{,}58}{0{,}55} = 1{,}055 \quad \text{d. h.} \quad 5{,}5\%.$$

Die allgemeine Beziehung zwischen diesen beiden Spandicken ergibt sich aus Division der Gl. (S/110a) und Gl. (S/114):

$$\frac{h_\beta}{h_m} = \frac{(\varepsilon - \alpha)\cos\left(\dfrac{\varepsilon + \alpha}{2}\right)}{57{,}3(\sin\varepsilon - \sin\alpha)} = \frac{(\varepsilon - \alpha)}{57{,}3 \cdot 2\sin\dfrac{\varepsilon - \alpha}{2}} = \frac{\cos\omega_\beta}{\cos\omega_m} \qquad \text{(S/115)}$$

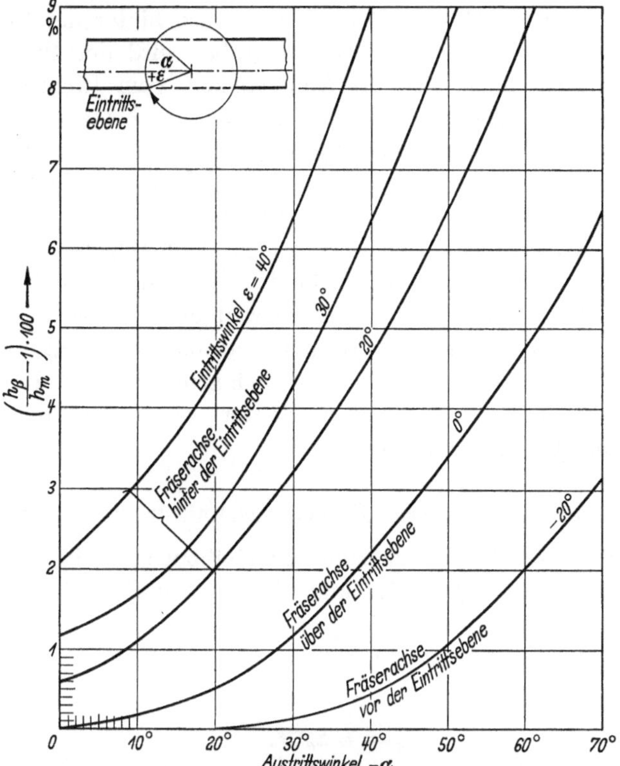

Abb. S/96. Prozentuale Zunahme der Halbbogenspandicke (h_β) im Vergleich mit der mittleren Spandicke (h_m) in Abhängigkeit vom Eintritts- und Austrittswinkel

Abb. S/96 und S/97 sind graphische Darstellungen der Gl. (S/115). Sie zeigen, wieviel die Halbbogenspandicke größer ist als die mittlere

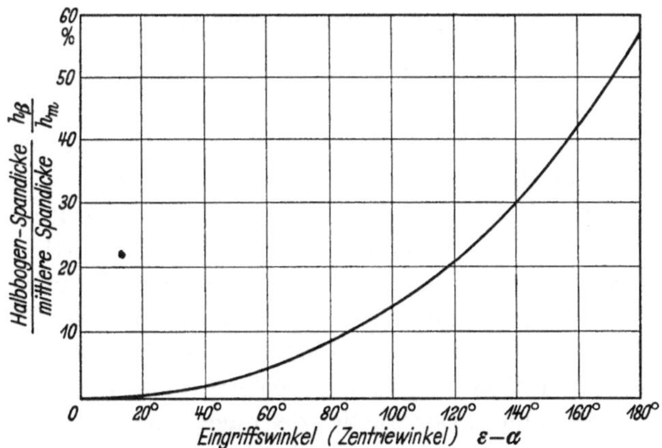

Abb. S/97. Prozentuale Zunahme der Halbbogen-Spandicke (h_β) im Vergleich mit der mittleren Spandicke (h_m) in Abhängigkeit vom Eingriffswinkel ($\varepsilon - \alpha$)

Spandicke. Je weiter (Abb. S/96) die Fräserachse hinter der Eintrittsebene liegt, d. h. je größer ε ist, desto größer wird der Prozentsatz
um den h_β größer als h_m ist. In Abhängigkeit vom Eingriffswinkel
$(\varepsilon - \alpha)$, Abb. S/97, steigt der Prozentsatz bis zu 57% an bei $(\varepsilon - \alpha) = 180°$.

Da $h_\beta > h_m$ *ist, liegt die mittlere Spandicke hinter der Mitte des Spanbogens*, ausgenommen, wenn die mittlere Spandicke zweimal auftritt
wie bei mittigem Fräsen (s. Abb. S/63, Fall 1).

Es genügt jedoch nicht, sich über den größenmäßigen Unterschied
von mittlerer und Halbbogenspandicke Klarheit zu verschaffen, sondern es ist erforderlich festzustellen, wieweit der spezifische Schnittdruck und die Schnittkraft von diesem Unterschied beeinflußt werden.

Zusätzliche Feststellungen werden möglich gemacht durch Rechnung
mit Tabellenwerten, die weiter unten erläutert werden und die Benutzung von Fräsintegralen umgehen.

e) Der spezifische Halbbogenschnittdruck

Gl. (S/111) kann für den spezifischen Halbbogenschnittdruck $(k_{s\beta})$
benutzt werden, wenn statt der augenblicklichen Spandicke (h_a) die
Halbbogenspandicke zugrunde gelegt wird.

Man geht jedoch zweckmäßigerweise wieder vom augenblicklichen
spezifischen Schnittdruck (k_{sa}) aus:

$$k_{sa} = C\, h_a^{-p}. \tag{S/116}$$

Mit Hilfe von Gl. (S/45) ergibt sich:

$$\boxed{k_{sa} = C\, s_Z^{-p}\, (\cos e \,\cos\omega)^{-p}} \tag{S/117}$$

Für einen Werkstoff, dessen Festwert C gegeben ist, erhält man als
Multiplikatoren bei einem gegebenen Vorschub s_Z:

$$(\cos e \,\cos\omega)^{-p} = \frac{k_{sa}}{C\, s_Z^{-p}}. \tag{S/118}$$

Die Änderung des augenblicklichen spezifischen Schnittdruckes kann
also durch das Produkt auf der linken Seite der Gl. (S/118) erfaßt
werden. Als Beispiel sind in Abb. S/98a—c die 3 Fälle der Abb. S/63
für einen Exponenten $p = 0{,}25$ dargestellt worden. Bei mittigem Fräsen
(Fall a) ändert sich der augenblickliche spezifische Schnittdruck nur
in geringem Maße, wie aus der flachen Kurve für $(\cos e \,\cos\omega)^{-0,25}$ hervorgeht. Bei Fall c) steigt der augenblickliche spezifische Schnittdruck
vom Mindestwert 1,0905 auf 1,36, gerechnet vom Eintritt bis zum
Austritt des Fräserzahnes. Der Anstieg des augenblicklichen spezifischen
Schnittdruckes ist die Folge des bei Fall c) besonders stark dünner werdenden Spanes.

Multiplikatoren für den spezifischen Schnittdruck am Halbbogen
($k_{s\beta}$) können für die 3 Fälle der Abb. S/98 für die Halbbogenwinkel ω_β
[$0°$; $-16°38'$; $-34°53'$ vgl. Gl. (S/113) und (S/114)] entnommen werden.
Sie gelten für einen Eckenwinkel $e = 45°$ und sind wieder durch
waagerechte Linien (— · — ·) kenntlich gemacht ($k_{s\beta}$).

Im gleichen Diagramm sind zum Vergleich auch die mittleren
spezifischen Schnittdrucke durch die mit k_{sm} gekennzeichneten waage-
rechten Linien eingetragen worden. In allen 3 Fällen ist der mittlere
spezifische Schnittdruck (k_{sm}) etwas größer als der am Halbbogen

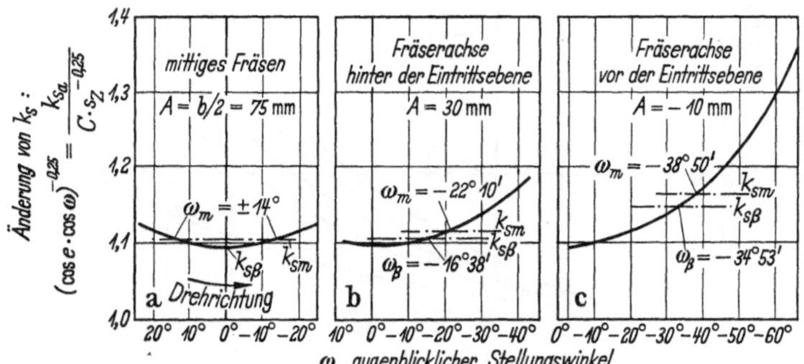

Abb. S/98 a—c. Beispiele für Änderung des augenblicklichen spezifischen Schnittdruckes
beim Durchgang des Stirnfräserzahnes vom Eintritt bis Austritt. Exponent $p = 0,25$;
Fräser = 350 mm Dmr.; Fräsbreite $b = 150$ mm; Eckenwinkel $e = 45°$

herrschende spezifische Schnittdruck. Das Verhältnis der beiden spezifischen Schnittdrucke ist umgekehrt wie das der entsprechenden Spandicken der Abb. S/63, wie zu erwarten ist; es ist jedoch infolge des
Potenzexponenten $-p$, der in den Gleichungen für den spezifischen
Schnittdruck auftritt wesentlich geringer als das Verhältnis der Spandicken.

Allgemein ergibt sich aus Gl. (S/115) mit Einsatz von:

$$k_{sm} = C \cdot h_m^{-p} \quad \text{und} \quad k_{s\beta} = C \cdot h_\beta^{-p}$$

$$\frac{k_{sm}}{k_{s\beta}} = \left(\frac{h_\beta}{h_m}\right)^p = \left(\frac{(\varepsilon - \alpha)}{57,3 \cdot 2\sin\left(\frac{\varepsilon - \alpha}{2}\right)}\right)^p . \tag{S/119}$$

Bei einem Exponenten $p = 0,25$ ist somit das Verhältnis der spez.
Schnittdrucke nur die 4. Wurzel aus dem Reziprokverhältnis der Spandicken. Bei $p = 0,1$ ist es die 10. Wurzel.

Daher sind die prozentualen Unterschiede der spezifischen Schnittdrucke sehr viel kleiner als die der Spandicken. Abb. S/99 zeigt
die Prozentsätze in Abhängigkeit vom Eingriffswinkel $(\varepsilon - \alpha)$ für p
von 0,1 ... 0,35. Der 57% größeren Spandicke am Halbbogen entspricht gemäß Abb. S/99 für $p = 0,35$ und $\varepsilon - \alpha = 180°$ jedoch ein
17% größerer spezifischer mittlerer Schnittdruck im Vergleich zum

spezifischen Halbbogenschnittdruck. Für kleine Eingriffswinkel $(\varepsilon - \alpha)$, die hauptsächlich beim Umfangsfräsen vorkommen, ist der Unterschied geringer als 1%.

Bei der Schnittkraft selbst ändern sich diese Prozentsätze wiederum.

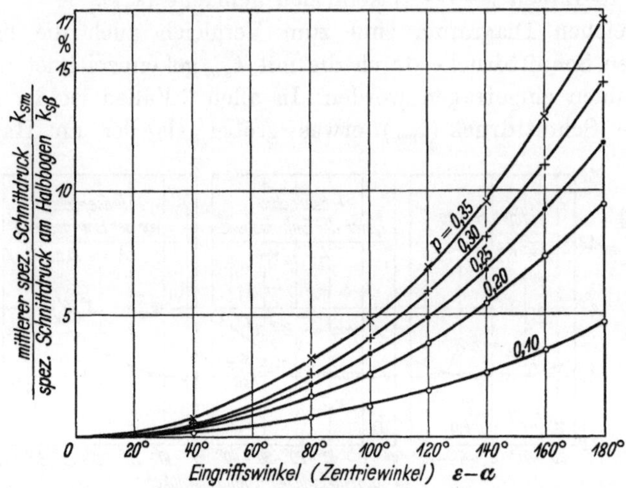

Abb. S/99

Prozentuale Zunahme des mittleren spezifischen Schnittdruckes im Vergleich mit dem Halb-bogenschnittdruck in Abhängigkeit vom Eingriffswinkel $(\varepsilon - \alpha)$ gemäß Gl. (S/119).

f) Tabellenberechnung des spezifischen Schnittdruckes

Die zu erwartende weitere Entwicklung der numerischen Steuerung der Werkzeugmaschinen wird es notwendig machen, sich noch tiefer-gehend mit den wissenschaftlichen Zusammenhängen der Zerspanungs-vorgänge zu befassen, als es in den vergangenen 35 Jahren der Fall war. Der Programmer muß eine gute Kenntnis der Zerspanungslehre besitzen, um die bestmögliche Arbeitsfolge mit den erforderlichen Schnittgeschwindigkeiten, Vorschüben, Maschinenleistung usw. ein-setzen zu können. Numerische Steuerung ist vor allem für den mitt-leren und kleineren Betrieb geeignet, in dem häufig nur wenige Werk-stücke oder kleinere Lose in Frage kommen. Sobald die Anlagekosten für solche Steuerungen sich senken, werden diese Betriebe die Haupt-nutznießer sein. Massenfertigungsbetriebe werden Automatisierung gebrauchen.

Obgleich vereinfachte Berechnungsmethoden für den spezifischen Schnittdruck und die Schnittkraft beim Stirnfräsen, wie sie in den vorangegangenen Abschnitten behandelt wurden, berechtigt sind, ge-statten sie keinen tiefergehenden Einblick in die pulsierende Natur und die Schwingungserscheinungen des Fräsvorganges. Aus diesen Gründen ist es wichtig, genauere Methoden unter möglichster Vermeidung der

Lösung langwieriger Fräsintegrale zu entwickeln. Daher sind hier Tabellenberechnungsverfahren ausgearbeitet worden, die graphisches und auch numerisches Integrieren ohne größere mathematische Schwierigkeiten gestatten.

Der augenblickliche spezifische Schnittdruck $(k_{s\,a})$ [Gl. (S/117)] kann mit den Werten der Tab. S/18 durch Multiplikation des Werkstofffestwertes C mit $\left(\dfrac{1}{s_z}\right)^p$; $\left(\dfrac{1}{\cos\omega}\right)^p$ und $\left(\dfrac{1}{\cos e}\right)^p$ errechnet werden.

Tab. S/18 besteht dementsprechend aus 3 Teilen, nämlich den Vorschubfaktoren $\left(\dfrac{1}{s_z}\right)^p$ für $p = 0{,}1; 0{,}2; 0{,}25; 0{,}3$ und $0{,}35$ und Vorschüben s_z von $0{,}05 \ldots 1{,}0$ mm; Zwischenwerte können der Abb. S/100 entnommen werden. Die Stellungswinkelfaktoren sind für die p-Exponen-

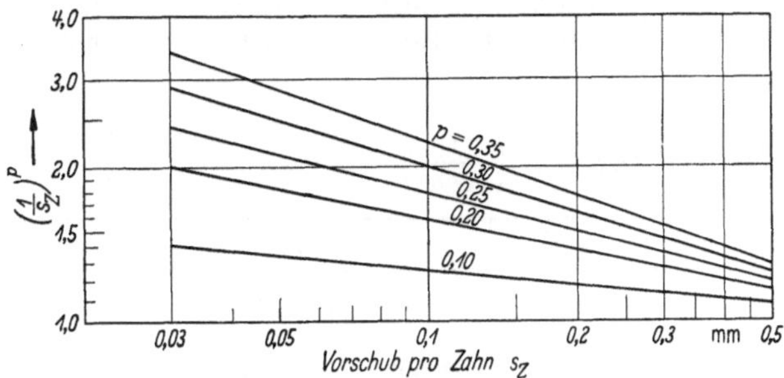

Abb. S/100. Diagramm zur Ermittlung von $\left(\dfrac{1}{s_z}\right)^p$ in der Gleichung für den spezifischen Schnittdruck $k_s = C\left(\dfrac{1}{s_z}\right)^p$

ten wie bei den Vorschüben und für Winkel ω von $0° \ldots 75°$ berechnet worden. Wegen der Gleichheit des Cosinus gelten diese Faktoren sowohl für positive als auch negative Winkel ω. Zwischenwerte können aus Abb. S/101 ersehen werden. Der untere Teil der Tab. S/18 gilt für Eckenwinkel e von $0° \ldots 75°$ (= Anstellwinkel von $90° \ldots 15°$) und für die vorstehend genannten p-Exponenten.

Abb. S/101 zeigt auch den Anstieg des spezifischen Schnittdruckes mit dem Stellungswinkel. Er steigt beispielsweise bei einem Exponenten $p = 0{,}25$ um 15%, wenn sich der Stirnfräser von $\omega = 0°$ bis zu $\omega = 55°$ gedreht hat.

Beispiel. Der mittlere spezifische Schnittdruck für einen Werkstoff mit einem Festwert $C = 100$ kp/mm² (weicher Guß) und einem Steigungsexponenten $p = 0{,}25$ ist zu berechnen. Gegeben ist ferner: Der Vorschub/ Zahn $s_z = 0{,}2$; Eckenwinkel $e = 0°$ (= Anstellwinkel 90°); Eintrittswinkel $\varepsilon = -20°$; Austrittswinkel $\alpha = -70°$. Der mittlere spezifische Schnittdruck soll für die mittlere Spandicke und die Halbbogenspandicke bestimmt werden und es soll ferner untersucht werden, ob die

Tabelle S/18. *Berechnung des spezifischen Schnittdruckes am Stirnfräserzahn*

I.　*Vorschub-Faktoren:* $\left(\dfrac{1}{s_z}\right)^p$

Vorschub/Zahn s_z in mm	$p = 0,1$	$p = 0,2$	$p = 0.25$	$p = 0,30$	$p = 0,35$
0,05	1,350	1,820	2,120	2,460	2,845
0,10	1,259	1,585	1,776	1,995	2,235
0,15	1,209	1,464	1,609	1,767	1,943
0,20	1,175	1,381	1,495	1,620	1,759
0,25	1,149	1,320	1,450	1,515	1,625
0,30	1,128	1,273	1,350	1,435	1,525
0,40	1,096	1,201	1,258	1,316	1,378
0,50	1,072	1,149	1,189	1,231	1,274
0,80	1,023	1,046	1,057	1,069	1,081
1,00	1,000	1,000	1,000	1,000	1,000

II.　*Stellungswinkel-Faktoren:* $\left(\dfrac{1}{\cos\omega}\right)^p$

Stellungswinkel $\omega°$	$p = 0,1$	$p = 0,2$	$p = 0,25$	$p = 0,30$	$p = 0,35$
0°	1,0000	1,0000	1,0000	1,0000	1,0000
5°	1,0009	1,0010	1,0011	1,0012	1,0013
10°	1,0015	1,0031	1,0038	1,0046	1,0054
15°	1,0035	1,0070	1,0087	1,0105	1,0124
20°	1,0063	1,0125	1,0157	1,0189	1,0220
25°	1,0099	1,0200	1,0249	1,0300	1,0350
30°	1,0145	1,0292	1,0364	1,0441	1,0517
35°	1,0200	1,0405	1,0509	1,0613	1,0729
40°	1,0270	1,0547	1,0689	1,0832	1,0978
45°	1,0353	1,0718	1,0905	1,1096	1,1290
50°	1,0451	1,0924	1,1170	1,1418	1,1673
55°	1,0565	1,1180	1,1500	1,1830	1,2140
60°	1,0728	1,1487	1,1892	1,2310	1,2750
65°	1,0900	1,1880	1,2410	1,2950	1,3520
70°	1,1133	1,2390	1,3080	1,3800	1,4560
75°	1,1447	1,3104	1,4020	1,5000	1,6050

Gültig für augenblickliche, mittlere und Halbbogenspandicke

III.　*Eckenwinkel-Faktoren:* $\left(\dfrac{1}{\cos e}\right)^p$

Ecken-winkel e	Anstell-winkel $\varkappa$	$p = 0,1$	$p = 0,2$	$p = 0,25$	$p = 0,30$	$p = 0,35$
0°	90°	1,0000	1,0000	1,0000	1,0000	1,0000
30°	60°	1,0145	1,0292	1,0364	1,0441	1,0517
45°	45°	1,0353	1,0718	1,0905	1,1096	1,1290
60°	30°	1,0728	1,1487	1,1892	1,2310	1,2750
75°	15°	1,1447	1,3104	1,4020	1,5000	1,6050

so errechneten spezifischen Schnittdrucke den wahren mittleren spezifischen Schnittdruck darstellen.

Für den augenblicklichen spezifischen Schnittdruck ($k_{s\,a}$) ergibt sich gemäß Gl. (S/117) bei einem Eckenwinkel $e = 0°$ der folgende Ansatz:

$$k_{s\,a} = 100 \cdot 0{,}2^{-0{,}25} (\cos\omega)^{-0{,}25}.$$

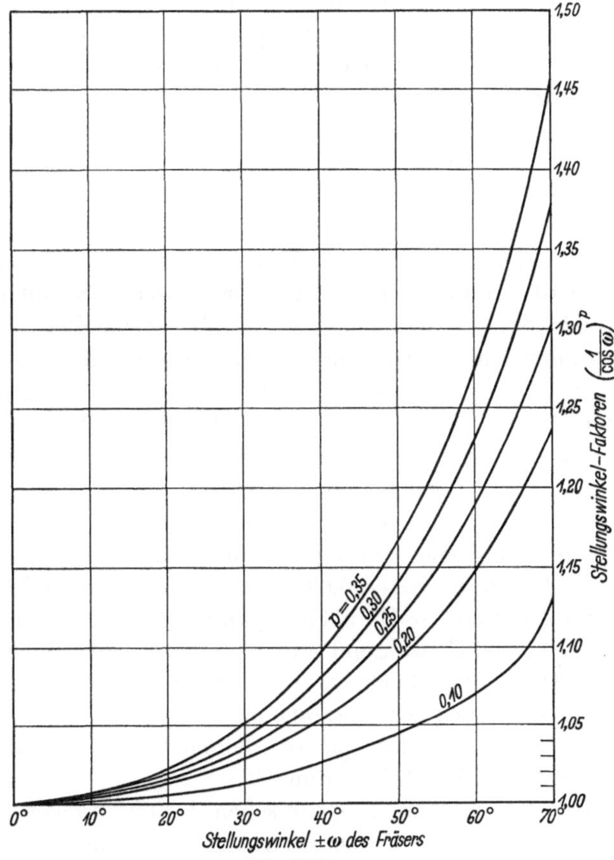

Abb. S/101

Diagramm der Stellungsfaktoren $\left(\dfrac{1}{\cos\omega}\right)^{p}$ zur Berechnung des spezifischen Schnittdruckes

In Tab. S/18 findet man den Vorschubfaktor für $s_Z = 0{,}2$:

$$0{,}2^{-0{,}25} = 1{,}495 \quad \text{·daher:} \quad k_{s\,a} = 149{,}5 \left(\frac{1}{\cos\omega}\right)^{0{,}25}.$$

Man hat jetzt die Möglichkeit, den mittleren spezifischen Schnittdruck, sowohl für den der mittleren Spandicke entsprechenden Stellungswinkel als auch für den der Halbbogenspandicke entsprechenden Winkel zu berechnen. Als dritte und vierte neue Möglichkeiten kann man die augenblicklichen spezifischen Schnittdrucke für eine Anzahl von Stellungswinkeln zwischen ihren Grenzen $\varepsilon = -20°$ und $\alpha = -70°$

mit Hilfe der Tab. S/18 summieren und daraus das Mittel nehmen oder eine einfache graphische Integration ausführen.

Der besseren Übersicht wegen sind diese 4 Berechnungsmöglichkeiten in Tab. S/19 zusammengestellt.

Tab. S/19, Spalten 1 und 2, zeigt, daß der Unterschied der mittleren spezifischen Schnittdrucke für mittlere Spandicke und Halbbogenspandicke selbst in diesem Beispiel, wo die Fräserachse vor der Eintrittsebene liegt ($\varepsilon = -20°$), sehr klein ist. *Spalte 4 der Tab. S/19 zeigt dagegen, daß weder Berechnungen mit der mittleren noch mit der Halbbogenspandicke den wahren mittleren spezifischen Schnittdruck ergeben. Bei Genauigkeitsrechnungen sollte dies in Betracht gezogen werden.* Das Pulsieren der Schnittkräfte ist natürlich mit Mittelwerten nicht zu erfassen, wie später genau erörtert werden wird.

Das graphische Integrieren, auf das weiter unten noch zurückgekommen wird, ergibt einen mittleren spezifischen Schnittdruck, der 8,75% größer ist, als der aus der Halbbogenspandicke abgeleitete Wert. Die Summierung der augenblicklichen spezifischen Schnittdrucke ergibt einen 7,8% größeren mittleren spezifischen Schnittdruck, so daß die Berechnung mit Hilfe der Tab. S/18 oft an Stelle der graphischen Integration durchgeführt werden kann.

Führt man eine gleiche Berechnung, bei der nur der Eintritts- und Austrittswinkel geändert wird, durch, z. B. mit $\varepsilon = +10°$ und $\alpha = -40°$, so erhält man auf Grund der mittleren Spandicke einen Stellungswinkel von $\omega_m = -20,69°$ und einen Stellungswinkelfaktor von 1,0167; auf Grund der Halbbogenspandicke ergibt sich $\omega_\beta = -15°$ mit dem Faktor 1,0087, während aus der Summierung ein Faktor von 1,0195 folgt. Die Unterschiede in den mittleren spezifischen Schnittdrucken sind wesentlich geringer als im Beispiel der Tab. S/19. Der mittlere spezifische Schnittdruck ist demnach für das abgeänderte Beispiel $149,5 \times 1,0195 = 152,4$ kp/mm².

Der Abfall des mittleren spezifischen Schnittdruckes von 175,7 (Tab. S/19) auf 152,4, der durch Änderung von ε und α, bei gleicher Bogenlänge (Zentriewinkel $= 50°$) eintritt, darf jedoch nicht als Zeichen einer Verringerung der Schnittkraft angesehen werden, er könnte im Gegenteil eine Erhöhung der mittleren Schnitt*kraft* anzeigen, da die Spandicke zugenommen haben kann, wenn k_s infolge der Einstellungsänderung von Fräserachse zum Werkstück (Winkel ε, α) fällt.

Die vorstehenden Ausführungen führen zu folgenden Verallgemeinerungen:

Der *augenblickliche* spezifische Schnittdruck je Zahn folgt aus:

$$k_{sa} = C\, h_a^{-p} = C\, s_Z^{-p}\, (\cos \varepsilon)^{-p}\, (\cos \omega)^{-p} \qquad \text{(S/120 vgl. S/111)}$$

Tabelle S/19. *Beispielsrechnung für den mittleren spezifischen Schnittdruck*

Gegeben: $s_z = 0{,}2\,\text{mm/U}$; $p = 0{,}25$; $\varepsilon = -20°$; $\alpha = -70°$; $e = 0°$; $C = 100$

	Grundlage für den mittleren spezifischen Schnittdruck	Gleichung für den Stellungswinkel	Stellungswinkel ω	Stellungswinkelfaktor $\left(\dfrac{1}{\cos\omega}\right)^{0{,}25}$ aus Tab. S/18 bzw. Abb. S/101	Mittlerer spezifischer Schnittdruck k_s kp/mm²	Prozentualer Unterschied gegenüber $k_{s\beta}$
1	mittlere Spandicke	$\cos\omega_m = \dfrac{\sin\varepsilon - \sin\alpha}{\varepsilon - \alpha}$ [Gl. (S/110b)]	$\omega_m = -46^3/_4°$	1,0990	$k_{sm} = 149{,}5 \cdot 1{,}099$ $= 164{,}3$	$+0{,}8\%$
2	Halbbogen-Spandicke	$\omega_\beta = \dfrac{\varepsilon + \alpha}{2}$ [Gl. (S/113)]	$\omega_\beta = -45°$	1,0905	$k_{s\beta} = 149{,}5 \cdot 1{,}0905$ $= 163{,}0$	0%
3	Summierung der augenblicklichen spezifischen Schnittdrucke	$\dfrac{1}{n}\sum\limits_{\omega=\alpha}^{\omega=\varepsilon}(\cos\omega)^{-p}$ [aus Gl. (S/123)]	$-20°$ $-25°$ $-30°$ $-35°$ $-40°$ $-45°$ $-50°$ $-55°$ $-60°$ $-65°$ $-70°$ Mittel: 1,1750	1,0157 1,0249 1,0364 1,0509 1,0689 1,0905 1,1170 1,1500 1,1892 1,2410 1,3080	$k_{ss} = 149{,}5 \cdot 1{,}175$ $= 175{,}7$	$+7{,}8\%$
4	Graphisches Integrieren der augenblicklichen spezifischen Schnittdrucke	$\dfrac{1}{\varepsilon - \alpha}\displaystyle\int\limits_{\omega=\alpha}^{\omega=\varepsilon}(\cos\omega)^{-p}\,d\omega$ [aus Gl. (S/124)]	$-51°$ Mittel: 1,186		$k_{sw} = 149{,}5 \cdot 1{,}186$ $= 177{,}3$ (wahrer mittlerer spezifischer Schnittdruck)	$+8{,}75\%$

Der *mittlere spezifische* Schnittdruck je Zahn wird auf Grund der *mittleren Spandicke* errechnet mit:

$$k_{s_m} = C\, s_Z^{-p}\, (\cos e)^{-p}\, (\cos \omega_m)^{-p} \qquad \text{(S/121)}$$

Hier ist also der augenblickliche Stellungswinkel ω der Gl. (S/120) durch den der mittleren Spandicke entsprechenden ersetzt worden (ω_m).

Der *mittlere spezifische* Schnittdruck je Zahn auf Grund der *Halbbogenspandicke* ergibt sich aus:

$$k_{s\,\beta} = C\, s_Z^{-p}\, (\cos e)^{-p}\, (\cos \omega_\beta)^{-p} \qquad \text{(S/122)}$$

Für den *mittleren spezifischen* Schnittdruck k_{ss} je Zahn aus *Summierung* und Mittelung von n augenblicklichen spezifischen Schnittdrucken gilt:

$$k_{ss} = C\, s_Z^{-p}\, (\cos e)^{-p}\, \frac{1}{n} \sum_{\omega=\alpha}^{\omega=\varepsilon} (\cos \omega)^{-p} \qquad \text{(S/123)}$$

Den wahren *mittleren spezifischen* Schnittdruck je Zahn $k_{s\,w}$ erhält man aus *Integration* gemäß:

$$k_{s\,w} = C\, s_Z^{-p}\, (\cos e)^{-p}\, \frac{1}{\varepsilon - \alpha} \int_{\omega=\alpha}^{\omega=\varepsilon} (\cos \omega)^{-p}\, d\omega \qquad \text{(S/124)}$$

Der Einfluß der Spanbreite bzw. der Schnittiefe ist hierbei vernachlässigt worden, obgleich ein solcher Einfluß, wenn auch in geringerem Maße, besteht (vgl. hierzu die Ausführungen auf Seite 142). Durch Multiplikation der Gln. (S/120) bis (S/124) mit t^{-q_s}, wobei $t =$ Schnittiefe und q_s ein kleiner Exponent ist (Bd. I, Seite 399), kann der Schnitttiefeneinfluß in Betracht genommen werden. Bei den durchgeführten Vergleichen hinsichtlich des Stellungswinkels ω wäre t^{-q_s} als Konstante zu behandeln und daher ohne Einfluß auf die Vergleiche der Tab. S/19.

Für Betriebspraktiker, die mit graphischer Integration nicht mehr genügend vertraut sind, ist in Abb. S/102 das Beispiel der Tab. S/19 integriert und der wahre mittlere Schnittdruck ermittelt worden.

Die Integration wird durch Tab. S/18 sehr vereinfacht. Man verfährt folgendermaßen:

1. Zeichne die Kurve für $\left(\dfrac{1}{\cos \omega}\right)^{0,25}$ auf Grund der Tab. S/18 für Winkel von $-20° \ldots -70°$ auf.

2. Verwandle die zwischen je 10° unter der Kurve liegenden Flächen in Rechtecke, wie durch die schraffierten Dreiecke angezeigt ist. Mit einiger Übung kann dies durch Augenmaß bei Benutzung von gewöhnlichem Koordinatenpapier leicht erfolgen.

3. Bestimme die Höhe a des 1. Rechteckes und trage sie senkrecht am rechten Ende des Rechteckes (im Beispiel bei $\omega = -30°$) auf. Dies ergibt einen Punkt der Integralkurve.

4. Bestimme die Höhe b des 2. Rechteckes und trage $a + b$ am rechten Ende (im Beispiel bei $\omega = -40°$) auf. Dies ergibt einen weiteren

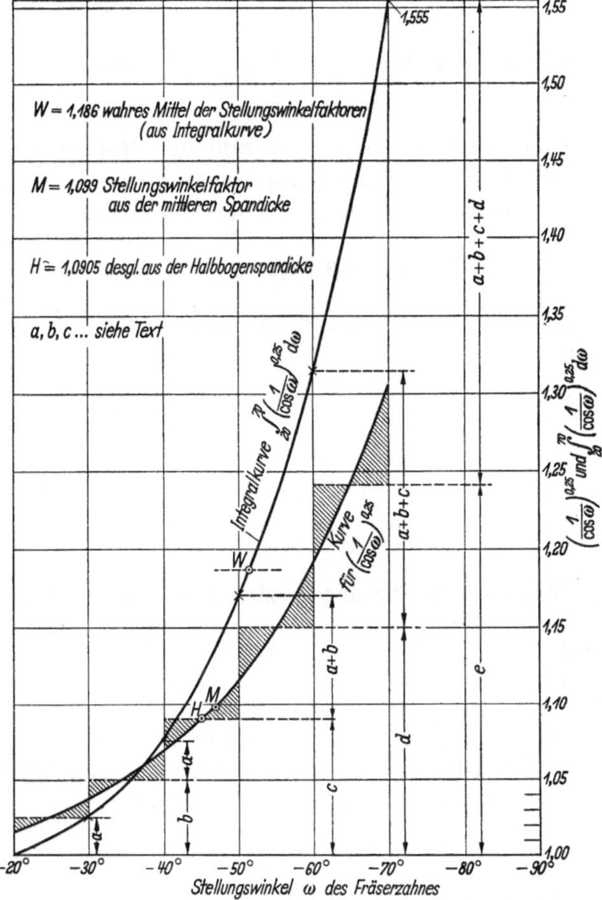

Abb. S/102. Graphisches Integrieren zur Bestimmung des wahren mittleren spezifischen Schnittdruckes (Beispiel für $\varepsilon = -20°$; $\alpha = -70°$; $p = 0,25$). Jedes Quadrat der Abbildung stellt 100 nicht eingezeichnete Quadrate dar

Punkt der Integralkurve. Wiederhole dieses Verfahren durch Auftragen von $a + b + c$, danach von $a + b + c + d$ und $a + b + c + d + e$, der Summe, die die Endordinate der Integralkurve in Abb. S/102 ist und einen Wert von 1,555 ergibt.

5. Zähle die Quadrate des Koordinatenpapiers unter der Integralkurve und dividiere sie durch die Anzahl der Quadrate längs der ω-Achse; dies ergibt die Höhe der Ordinate für den wahren Mittelwert, aus-

gedrückt in Quadraten. Trage diese Höhe in Abb. S/102 ein und lies
am rechten Rand den Stellungsfaktor für den wahren Mittelwert ab.
Im Beispiel wurden 1860 Quadrate als Fläche unter der Integralkurve
gezählt, die durch 50 Quadrate — entsprechend 1 Quadrat = 1°-Stellungs-
winkel — dividiert, eine Höhe von 37,2 Quadraten ergibt. Punkt W
ist in dieser Höhe eingetragen; am rechten Rand liest man ab:

$$\text{wahrer Mittelwert für } \frac{1}{\varepsilon - \alpha} \int\limits_{-20}^{-70} \left(\frac{1}{\cos\omega}\right)^{0,25} d\omega = 1,186.$$

Der Mittelwert kann auch aus der Anzahl der Höhenquadrate rechnerisch bestimmt werden. Wenn jedes Quadrat der Höhe nach einen
Wert von 0,005 darstellt und die Werte mit 1,0 beginnen, erhält man:

$$1 + 0,005 \times 37,2 = 1,186.$$

6. Statt Auszählung der Quadrate kann auch die Trapezregel
benutzt werden:

$$A = B\left[\tfrac{1}{2}(y_0 + y_n) + y_1 + y_2 + \cdots + y_{n-1}\right].$$

$A =$ Fläche unter der Kurve, $B =$ Breite der Streifen, in die die
Fläche unterteilt ist, $y_0 =$ erste, $y_n =$ letzte Ordinate, $y_1, y_2 \cdots$ da-
zwischenliegende Ordinaten.

g) Zahlenwerte für den spezifischen Schnittdruck

Die Bemühungen zur Vereinfachung des 2. Fräsintegrals sind letzthin wieder aufgenommen worden[1, 2, 3, 4, 5, 6], wobei WEILENMANN den
Exponenten p für $\cos\omega$ unter dem Integralzeichen fallen ließ und die
Abhängigkeit von $\cos\omega_m$ entsprechend Gl. (S/110b) benutzte. Infolgedessen ist das 2. Fräsintegral auf das lösbare zurückgeführt worden.
Daher ergibt sich wieder die Gl. (S/121), die Summierung oder Inte-
grierung außer Betracht läßt. Der mittlere spezifische Schnitt-

[1] WEILENMANN, R.: Vereinfachte Berechnung von Fräsleistungen. Werkst. u.
Betr. 93 (1960) H. 7, S. 451. — Beitrag zur Berechnung von Fräsleistungen Werkst.
u. Betr. 90 (1957) H. 5, S. 296.

[2] KOENIGSBERGER, F., u. A. J. P. SABBERWAL: Investigation into the Cutting
force pulsations during milling operations. Int. J. Machine Tool Res. 1961, S. 15ff.

[3] HIRSCHFELD, M.: Spezifische Schnittkraftrichtwerte und verfahrensmäßige
Schnittkraftgleichungen. Werkst. u. Betr. 1961, H. 8, S. 537ff.

[4] PIEKENBRINK, R.: Wechselkräfte und Schwingungen beim Fräsvorgang.
Ind.-Anz. 1955, S. 901 und Maschinenmarkt 1957, Nr. 80, S. WP 247.

[5] LEYK, G.: Leistungsbedarf beim Fräsen. Maschinenmarkt 1959, S. 39 (WP 95).

[6] ONGAR, N., u. R. FLECK: Schnittkräfte und Leistungen beim Fräsen. Ind.-
Anz. 1955, Nr. 62, S. 888 (172).

druck k_{sm} ist jedoch keine Konstante, sondern ändert sich mit der mittleren Spandicke. Tab. S/20 enthält die hier abgeleiteten Festwerte. und Exponenten.

Tabelle S/20. *Festwerte und Exponenten für den spezifischen Schnittdruck k_{sm}*

Nr.	Werkstoff*	$C_{FK} = k_{sm}$ für $h_m = 1,0$	Exponent** p	Nr.	Werkstoff*	$C_{FK} = k_{sm}$ für $h_m = 1,0$	Exponent** p	Bem.
1	St. 50.11	199	0,25	12	55 NiCrMoV 6 vergütet	192	0,24	
2	St. 60.11	211	0,16					
3	CK 45	222	0,14	13	GG 26	116	0,26	
4	CK 60	213	0,17	14	Meehanite A	127	0,26	
5	16 MnCr 5	210	0,27	15	Hartguß	206	0,19	$(R_C = 46)$
6	18 CrNi 6	226	0,30	16	Hartguß	243	0,19	$(R_C = 55)$
7	42 CrMo 4	250	0,26	17	210 Cr 46	210	0,26	$\gamma = 0°$
8	34 CrMo 4	224	0,21	18	34 Cr 4			
9	50 CrV 4	222	0,27	19	Sphäroguß	130	0,26	$\gamma = 0°$
10	EC Mo 80	229	0,17	20	GG 30	110	0,26	$\gamma = 7°$
11	55 NiCrMoV 6 geglüht	174	0,25					

* Werkstoffangaben s. Tab. A/3 im Anhang.   ** Auf 2 Dezimalstellen gerundet.

BENDIXEN[1] gibt Exponenten in Abhängigkeit von der Schnittgeschwindigkeit an, nämlich 0,17 bei $v = 10 \ldots 70$ m/min für St. 50,11 und 0,20 bei $v = 70 \ldots 150$ m/min. Für Molybdänstahl sind sie 0,28 bzw. 0,30 und für Ge 12,91 0,28 bzw. 0,32.

Abb. S/103 zeigt die Abhängigkeit der Festwerte von der Brinellhärte für Stahl und Gußeisen.

Die Abhängigkeit des mittleren spezifischen Schnittdruckes von der mittleren Spandicke ist in Abb. S/104 für Spandicken von 0,05 bis 1 mm dargestellt. Die Auswertung von HIRSCHFELDs Angaben ergab Parallele im doppellogarithmischen Netz (Abb. S/105).

Obgleich *Umfangs*fräsen (Walzenfräsen) erst im vorgesehenen Bd. III behandelt werden kann, soll dennoch ein kurzer Vergleich der mittleren spezifischen Schnittkräfte in Abhängigkeit von der mittleren

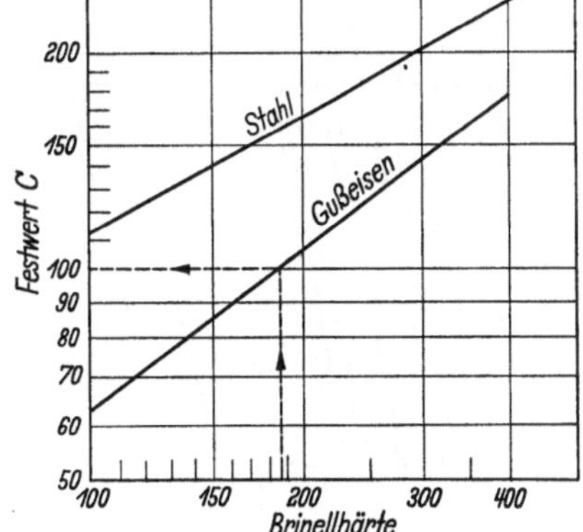

Abb. S/103. Diagramm für Festwert C in Schnittdruckberechnungen

[1] BENDIXEN, I.: Leistungsbedarf beim Fräsen mit Messerköpfen. Werkst. u. Betr. 1957, Nr. 5, S. 302.

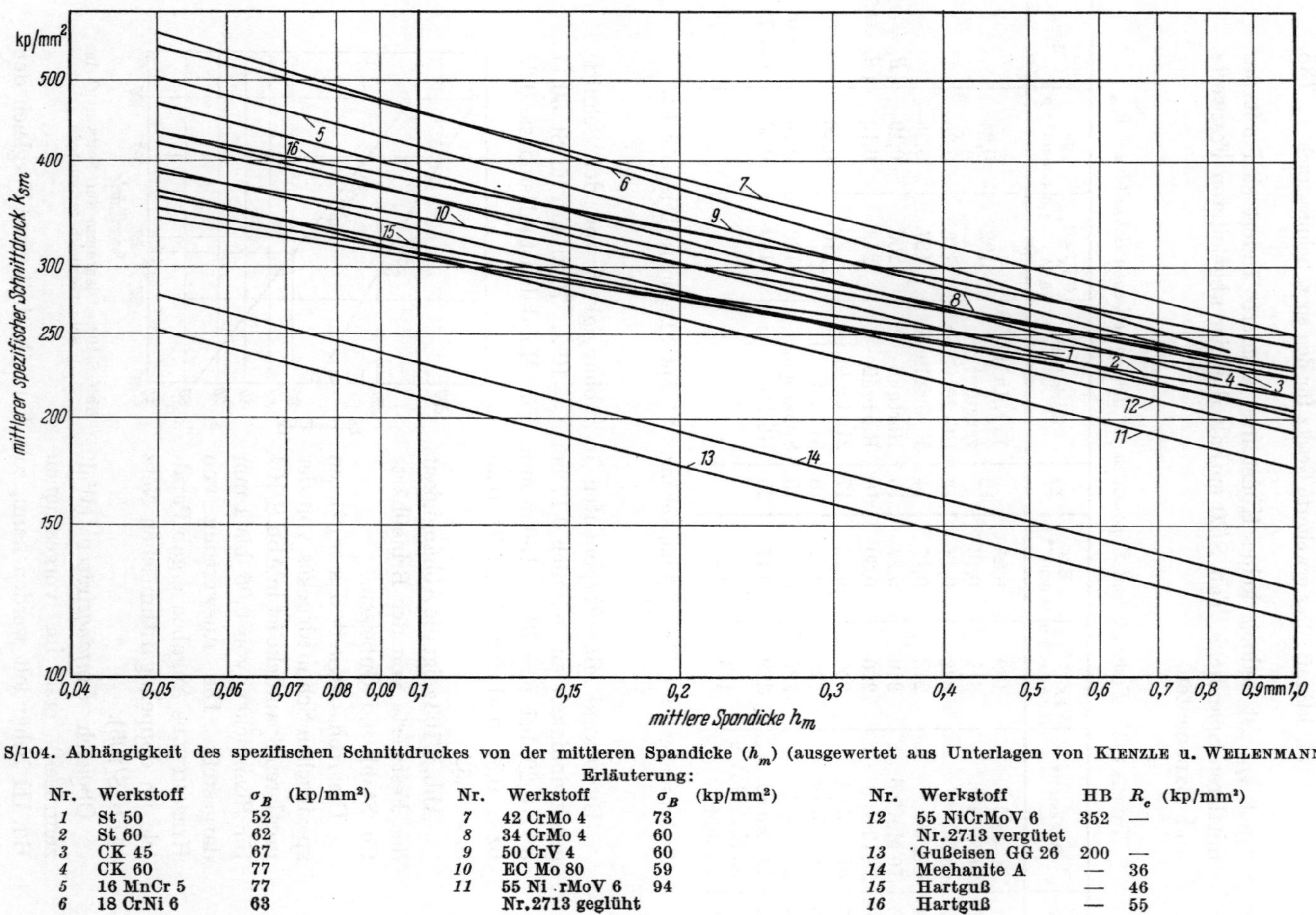

Abb. S/104. Abhängigkeit des spezifischen Schnittdruckes von der mittleren Spandicke (h_m) (ausgewertet aus Unterlagen von KIENZLE u. WEILENMANN)

Erläuterung:

Nr.	Werkstoff	σ_B (kp/mm²)
1	St 50	52
2	St 60	62
3	CK 45	67
4	CK 60	77
5	16 MnCr 5	77
6	18 CrNi 6	63

Nr.	Werkstoff	σ_B (kp/mm²)
7	42 CrMo 4	73
8	34 CrMo 4	60
9	50 CrV 4	60
10	EC Mo 80	59
11	55 Ni.rMoV 6	94
	Nr.2713 geglüht	

Nr.	Werkstoff	HB	R_e (kp/mm²)
12	55 NiCrMoV 6	352	—
	Nr.2713 vergütet		
13	Gußeisen GG 26	200	—
14	Meehanite A	—	36
15	Hartguß	—	46
16	Hartguß	—	55

Spandicke gegeben werden. Hierzu können u. a. die Versuche von PHILLIP[1] und von SABBERWAL[2] dienen.

Da die Spandicke beim *Umfangs*fräsen, sehr allgemein genommen etwa $1/10$ der beim Stirnfräsen ist, kann man erwarten, daß der spezifische

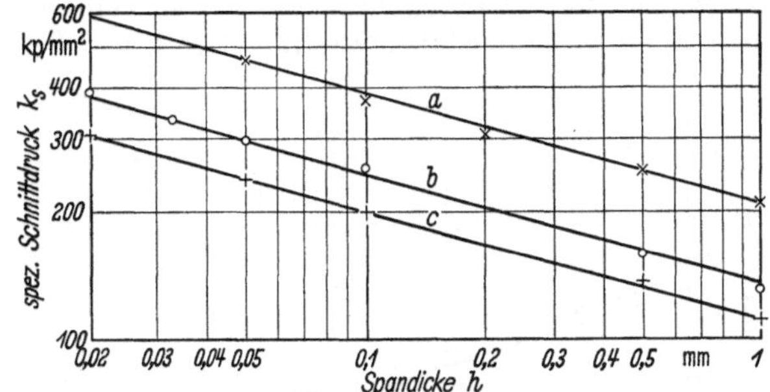

Abb. S/105. Spezifischer Schnittdruck in Abhängigkeit von der Spandicke (ausgewertet aus Angaben von HIRSCHFELD)

a Stahl 210 Cr 46; 34 Cr 4 ($\gamma = 0°$ Spanwinkel);
     34 CrMo 4; 16 MnCr 5 ($\gamma = 6°$ Spanwinkel);
b Sphäroguß, Meehanite ($\gamma = 0°$);
c Sondergußeisen GG 30 ($\gamma = 7°$);
     Gußeisen GG 26 ($\gamma = 6°$)

Schnittdruck beim Umfangsfräsen eines Werkstoffs mit einem Steigungsfaktor $p = 0,25$ ungefähr $10^{0,25} = 80\%$ größer ist als beim Stirnfräsen. Abb. S/106, S/107 und S/108 zeigen mittlere spezifische Schnittdrücke

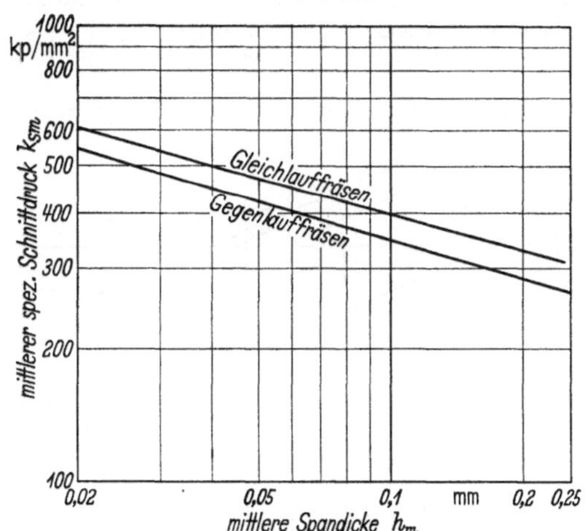

Abb. S/106. Abhängigkeit des mittleren spezifischen Schnittdruckes von der mittleren Spandicke beim *Umfangs*fräsen von Gußeisen (ausgewertet aus Daten von SABBERWAL)

[1] PHILLIP, H.: Messungen und Beobachtungen beim Fräsen im Gegenlauf. Werkst. u. Betrieb. 90 (1957) H. 1, S. 14ff.

[2] SABBERWAL, A. J. P.: Cutting Forces in Down Milling. 2nd Internat. Machine Tool and Research Conference Manchester, Sept. 1961. Int. J. Machine Tool Design and Res. 2 (1962) H. 1, S. 27ff.

für Umfangsfräsen. Der Steigungsfaktor für Phillips Versuche auf
St. 42,11, nämlich $p = 0,47$ erscheint hoch, während der für Gußeisen GG 22 ($p = 0,28$) mit dem der Tab. S/20 für diesen Werkstoff
nahezu übereinstimmt.

Jedoch haben Martellottis Versuche[1] beim *Umfangs*fräsen von
Gußeisen auch hohe Steigungsfaktoren (im Mittel $p = 0,42$) ergeben,

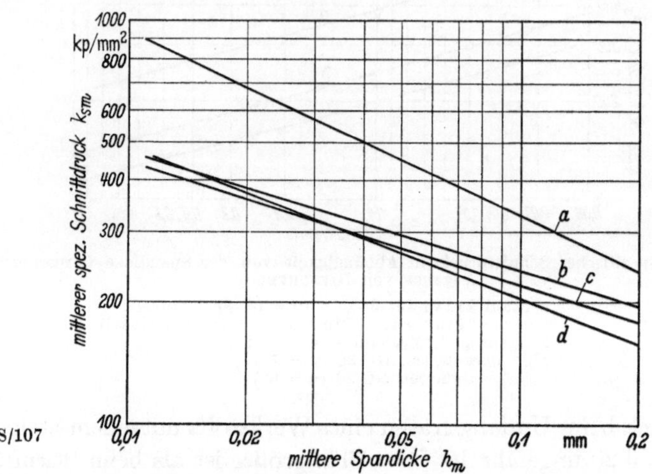

Abb. S/107

Abb. S/107 u. S/108. Abhängigkeit des mittleren spezifischen Schnittdruckes von der mittleren
Spandicke beim *Umfangs*gegenlauffräsen (nach Phillip)

a St. 42.11; $\gamma = 0°$; Rollodur   c GG 22; $\gamma = 9°$; Schnellstahl
b GG 22; $\gamma = 0°$; Schnellstahl   d GG 22; $\gamma = 0°$; Rollodur

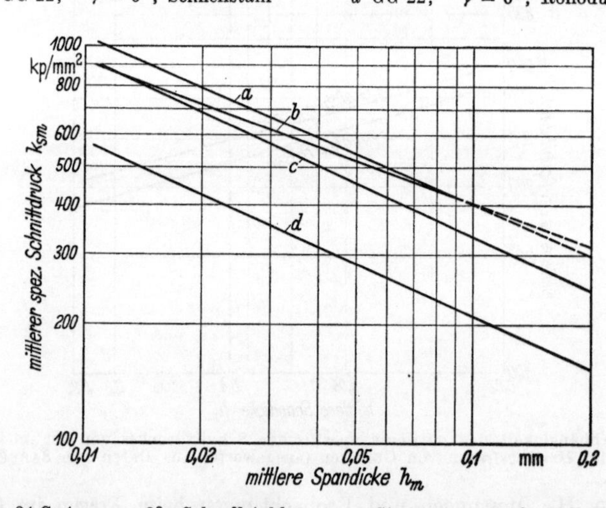

Abb. S/108

a 34 Cr 4; $\gamma = 0°$; Schnellstahl   c St. 42.11; $\gamma = 0°$; Rollodur
b 34 Cr 4; $\gamma = 9°$; Schnellstahl   d Ms 63; $\gamma = 0°$; Rollodur

---

[1] Martellotti, M. E.: An analysis of the milling process. Trans. ASME 63
(1941) S. 690, Abb. 33.

wie Abb. S/109 zeigt. Die Form, d. h. der Schlankheitsgrad des Spanquerschnittes, ist beim Umfangsfräsen von dem beim Stirnfräsen sehr
verschieden. MARTELLOTTI fand auch eine Abhängigkeit des mittleren
spezifischen Schnittdruckes von der Schnittiefe. Eine 1500%ige Vergrößerung der Schnittiefe von 0,8 auf 12,7 mm senkte den mittleren
spezifischen Schnittdruck von 510 auf 345 kp/mm² $(= 32^1/_2\%)$

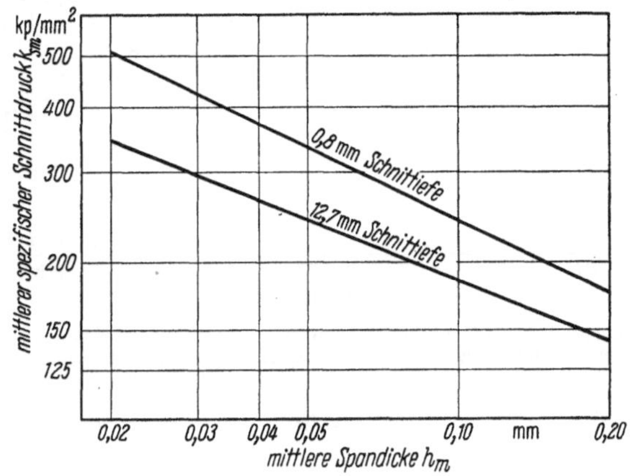

Abb. S/109. Abhängigkeit des mittleren spezifischen Schnittdruckes von der mittleren Spandicke beim *Umfangs*fräsen von Gußeisen (ausgewertet aus Daten von MARTELLOTTI)

bei $h_m = 0{,}02$ mm und von 178 auf 145 kp/mm² $(= 18^1/_2\%)$ bei
$h_m = 0{,}20$ mm.

SABBERWALs Ergebnisse zeigten, daß der mittlere spezifische Schnittdruck beim Gleichlauffräsen etwas größer war als beim Gegenlauffräsen. Dies mag auf die verschiedene Schneidengeometrie zurückzuführen sein, da beim Gegenlauffräsen der Freiwinkel ab- und der
Spanwinkel zunimmt, beim Gleichlauffräsen ist es umgekehrt und ein
zu kleiner Freiwinkel mag beim Gleichlauffräsen bei Schnittbeginn
entstehen und die Anfangsschnittkraft erhöhen. Näher wird hierauf
in Bd. III eingegangen werden.

Stirnfräsversuche von KOENIGSBERGER und SABBERWAL sind in
Abb. S/110 für Stahl von $\sigma_B = 90$ kp/mm² ausgewertet. Die Gegenüberstellung des augenblicklichen und mittleren spezifischen Schnittdruckes macht es sehr klar, daß der mittlere spezifische Schnittdruck
für eine gegebene mittlere Spandicke von z. B. 0,3 mm kleiner ist als
der augenblickliche spezifische Schnittdruck für die gleiche Spandicke,
weil der mittlere spezifische Schnittdruck ja das Ergebnis aus größeren
und kleineren augenblicklichen spezifischen Schnittdrucken ist, wie
dies in Tab. S/19 auch rechnerisch aus der Summierung der augenblicklichen spezifischen Schnittdrucke gezeigt wurde.

Die Verschiedenartigkeit der k_s-Werte und der Exponenten beruht m. E. auf der Tatsache, daß der spezifische Schnittdruck das Ergebnis zweier Einflußgrößen ist, nämlich der Scherarbeit längs der Scher-

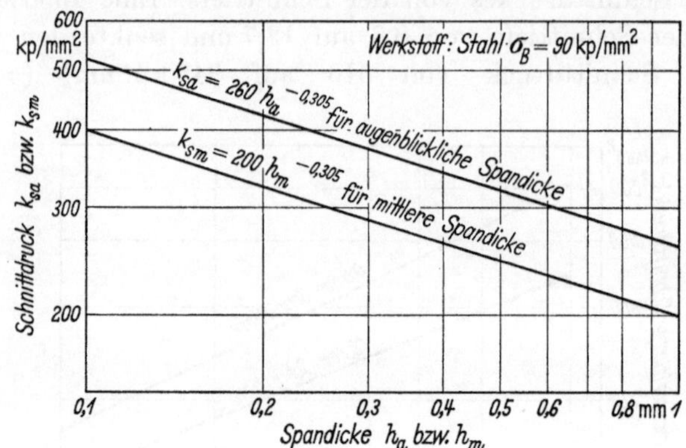

Abb. S/110. Abhängigkeit des augenblicklichen bzw. mittleren spezifischen Schnittdruckes von den betreffenden Spandicken (ausgewertet aus Unterlagen von Koenigsberger u. Sabberwal)

fläche (vgl. Abb. 12, Bd. I, Seite 9) und der Reibungsarbeit längs der Spanfläche:

$$k_s = S_s \, \varepsilon_s + \frac{P_T}{A \, \lambda}.$$

$S_s =$ Scherfestigkeit, $\varepsilon_s =$ Dehnung, $P_T =$ Reibungskraft, $A =$ Spanquerschnitt vor der Zerspanung, $\lambda =$ Stauchfaktor.

Aus dieser Gleichung erkennt man auch, warum der spezifische Schnittdruck meistens wesentlich größer als die Scherfestigkeit des Werkstoffes ist. Diese ist nämlich mit der Dehnung zu multiplizieren und außerdem ist die Reibungskraft pro Flächeneinheit des gestauchten Spanquerschnittes zu addieren.

Die zahlreichen Exponentialgleichungen der Zerspanung weisen darauf hin, daß jeder Wert in einem konstanten geometrischen Verhältnis zum vorhergehenden steht, je nach Größe des Exponenten p, eine Erscheinung, die als organischer Zuwachs bekannt und in den Naturgesetzen oft zu finden ist.

6. Die Schnittkraft am Zahn

Schnittkraftberechnungen müssen Größtwerte für den Konstrukteur zur Bestimmung der Abmessungen der Werkzeugmaschinen und ihrer Verformungen unter Last, Mittelwerte für den Betriebsingenieur und das pulsierende Verhalten für den Programmer und den Forschungsingenieur erfassen.

Ausgangsgröße ist — wie beim Drehen — der Spanquerschnitt $ST\,U\,V$ (Abb. S/60), der in Abb. S/111 für sich dargestellt ist. Er wird in der Bezugsebene gemessen, d. h. in radialer Richtung, in der Axial- und Radialwinkel $= 0°$ sind. Der Spanwinkel, der mit Hilfe des Nomogrammes Abb. 56, Bd. I, bestimmt werden kann, wenn Axial- und Radialwinkel nicht gleich Null sind, ändert die Schnittkraft gemäß der in Bd. I, Seite 274, aus vielen Versuchen vom Verfasser abgeleiteten Regel: „Der Schnittdruck ändert sich um 1% für jeden Grad der Änderung des Spanwinkels". Dieses Ergebnis ist seither von verschiedenen Seiten bestätigt worden[1,2,3].

Für praktische Zwecke ist es einfacher und dem Betriebsingenieur näherliegend, mit der Schnittiefe (t) und dem Vorschub/Zahn (s_Z) anstatt mit Spanbreite (b) und Spandicke (h_a) zu rechnen. Die Größe des Spanquerschnittes (F) bleibt natürlich dieselbe, da Parallelogramme mit gleicher Grundlinie und Höhe flächengleich sind. Der Eckenwinkel (e) oder Anstellwinkel $(\varkappa)$ ändert also den Flächeninhalt nicht.

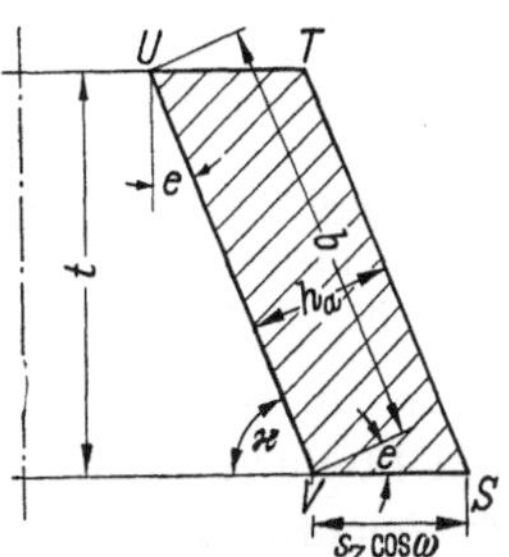

Abb. S/111
Augenblicklicher Spanquerschnitt beim Stirnfräsen:
t Schnittiefe; b Spanbreite; h_a augenblickliche Spandicke; s_Z Vorschub/Zahn; ω augenblicklicher Stellungswinkel; e Eckenwinkel; $\varkappa$ Anstellwinkel; $t = b \cos e$

Aus Abb. S/111 ergibt sich für den Flächeninhalt des Spanquerschnittes:

$$F = b\,h_a = \frac{t}{\cos e}\, s_Z \cos e \cos\omega = t\,s_Z \cos\omega . \qquad (S/125)$$

Im Gegensatz zum Drehen ändert sich der Flächeninhalt und Schlankheitsgrad des Spanquerschnittes beim Fräsen ständig, und zwar mit dem Cosinus des Stellungswinkels, der beim Drehen nicht auftritt.

Die Schnittkraft P am Zahn ist das Produkt aus Spanquerschnitt und spezifischem Schnittdruck, daher gilt allgemein für Stirnfräsen:

$$\boxed{P = F\,k_s = t\,s_Z \cos\omega\,k_s} \qquad (S/126)$$

Unter Benutzung der Gl. (S/120) ergibt sich für die augenblickliche Schnittkraft am Zahn:

$$P_a = t\,s_Z \cos\omega\,C\,s_Z^{-p}\,(\cos e)^{-p}\,(\cos\omega)^{-p}$$

$$\boxed{P_a = C\,t\,(s_Z)^{1-p}\,(\cos e)^{-p}\,(\cos\omega)^{1-p}} \qquad (S/127)$$

Aus Gl. (S/127) geht der überragende Einfluß der Schnittiefe auf die Schnittkraft hervor, der für Drehen bereits in Bd. I, Seite 220, mit

---

[1] SHAW, M.: Trans. ASME 1957, S. 1148ff.

[2] KECECIOGLU, D.: Trans. ASME 1958, S. 149ff.

[3] WEILENMANN, R.: Vereinfachte Berechnung von Fräsleistungen. Werkst. u. Betr. 93 (1960) H. 7, S. 451.

folgenden Worten dargelegt wurde und hier seiner Bedeutung wegen wiederholt ist:

„An dieser Stelle muß auf eine Tatsache hingewiesen werden, die an vielen Orten Verwirrung angerichtet hat, nämlich auf die Ansicht, daß die Schnittiefe für die Schnittkraft „unwichtig" sei, da sie ja z. B. in den AWF-Richtwerten 158 nicht erscheint! Das Gegenteil ist der Fall! Die Schnittiefe hat tatsächlich größeren Einfluß auf die Schnittkraft als der Vorschub, besonders dann, wenn sie aus den Gleichungen für den spezifischen Schnittdruck herausfällt, wie in AWF 158. In solchen Fällen beeinflußt die Schnittiefe die Schnittkraft in voller Größe, während der Einfluß des Vorschubes geringer ist als der der Schnittiefe, da dieser mit einem Exponenten kleiner als 1,0 in den Schnittkraftformeln erscheint.

Meines Erachtens ist der Schnittiefeneinfluß jedoch nicht ganz so groß, d. h., die Schnittiefe erscheint gleichfalls mit einem Exponenten kleiner als 1,0 in k_s-Formeln, so daß sie nicht in voller Größe die Schnittkraft selbst beeinflußt".[1]

In Gl. (S/127) sind die Exponenten für Vorschub s_Z, Eckenwinkel e und Stellungswinkel ω kleiner als 1,0, während die Schnittiefe t den Exponenten 1,0 hat.

Die *größte* Umfangsschnittkraft am Zahn $P_{\max}$ tritt in dem Augenblick der Fräserzahnstellung auf, in dem $\cos \omega = 1,0$ ist, d. h. im Augenblick des Überganges vom Gegenlauffräsen zum Gleichlauffräsen, vorausgesetzt, daß die Fräserachse *hinter* der Eintrittsebene liegt. In diesem Augenblick ändert sich auch die *Richtung* der Fräskraft und damit die der axialen Komponente, aus „entgegen" dem Vorschub des Werkstückes in „mit" dem Werkstückvorschub. Schwingungserscheinungen können oft auf diesen Wechsel zurückgeführt werden. Die Nebenkomponenten werden weiter unten genauer untersucht. Es ergibt sich:

$$P_{\max_h} = C\,t\,(s_Z)^{1-p}\,(\cos e)^{-p} \qquad\qquad \text{(S/128)}$$

Liegt die Fräserachse dagegen *vor* der Eintrittsebene, so tritt die größte Schnittkraft am Zahn im Augenblick des Anschnittes auf. Ein Richtungswechsel der Vorschubkomponente tritt *nicht* auf, was sich günstig auf Verminderung oder Vermeidung von Schwingungen auswirkt:

$$P_{\max_v} = C\,t\,(s_Z)^{1-p}\,(\cos e)^{-p}\,(\cos \varepsilon)^{1-p} \qquad\qquad \text{(S/129)}$$

Für die *mittlere* Schnittkraft am Zahn können folgende Gleichungen unter Benutzung der Gln. (S/121)—(S/124) entwickelt werden:

Mittlere Schnittkraft am Zahn auf Grund der *mittleren* Spandicke:

$$P_m = C\,t\,(s_Z)^{1-p}\,(\cos e)^{-p}\,(\cos \omega_m)^{1-p} \qquad\qquad \text{(S/130)}$$

---

[1] Vgl. hierzu die Exponenten der Schnittiefe t in den Gln. (S/100) und (S/101) Seite 113.

Mittlere Schnittkraft am Zahn auf Grund der *Halbbogenspandicke*:

$$P_\beta = C\,t\,(s_Z)^{1-p}(\cos e)^{-p}(\cos\omega_\beta)^{1-p} \qquad (S/131)$$

Mittlere Schnittkraft am Zahn aus *Summierung* und Mittelung von n augenblicklichen Schnittkräften am Zahn:

$$P_{ss} = C\,t\,(s_Z)^{1-p}(\cos e)^{-p}\,\frac{1}{n}\sum_{\omega=\alpha}^{\omega=\varepsilon}(\cos\omega)^{1-p} \qquad (S/132)$$

Die wahre *mittlere* Schnittkraft am Zahn aus *Integration* folgt aus:

$$P_w = C\,t\,(s_Z)^{1-p}(\cos e)^{-p}\,\frac{1}{\varepsilon-\alpha}\int_{\omega=\alpha}^{\omega=\varepsilon}(\cos\omega)^{1-p}\,d\omega \qquad (S/133)$$

Zur Berechnung der Schnittkraft am Zahn dient Tab. S/21, die in ähnlicher Weise aufgebaut ist wie Tab. S/18 für den spezifischen Schnitt-

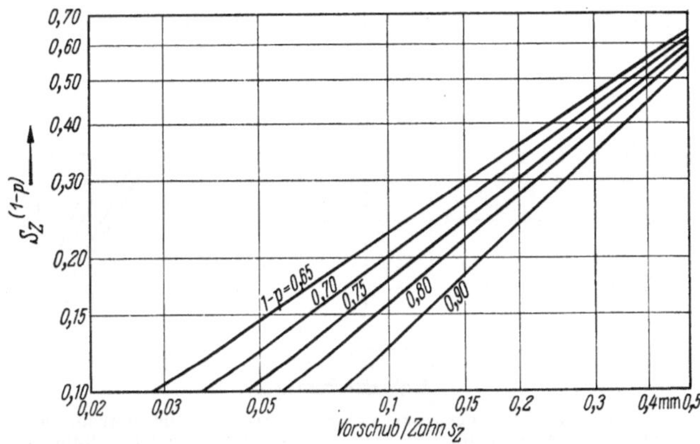

Abb. S/112. Diagramm der Vorschubfaktoren $(s_Z)^{1-p}$ für Berechnung der Schnittkraft

druck. Mit ihrer Hilfe kann die Schnittkraft gemäß Gln. (S/127)—(S/133) durch Multiplikation der dort verzeichneten Faktoren für Vorschub, Stellungswinkel und Eckenwinkel mit dem Festwert C und der Schnitttiefe t ermittelt werden. Graphische Integration ist gleichfalls mit Hilfe der Tab. S/21 möglich. Zwischenwerte für die Vorschubfaktoren $(s_Z)^{1-p}$ können der Abb. S/112 und solche für die Stellungsfaktoren der Abb. S/113 entnommen werden.

Das Beispiel der Tab. S/19 ist in Tab. S/22 auf Schnittkraftberechnungen ausgedehnt worden.

Man erkennt aus dem Beispiel der Tab. S/22 (Reihen 1—4), daß die Unterschiede der *mittleren* Schnittkräfte verhältnismäßig gering sind.

In vielen Fällen genügt Gl. (S/130), wobei die Faktoren der Tab. S/21 entnommen werden können.

Die mittlere Schnittkraft am Zahn bei größeren Eingriffswinkeln (z. B. $\varepsilon = +\,80°$, $\alpha = -\,90°$, d. h. Eingriffswinkel $\varepsilon - \alpha = 170°$) berechnet auf Grund der mittleren Spandicke ist etwa 10% größer als die durch Summierung ermittelte.

Die Tab. S/21 ermöglicht es auch, schnell den Einfluß des Vorschubes auf die Schnittkraft am Zahn zu bestimmen. Wird z. B. der

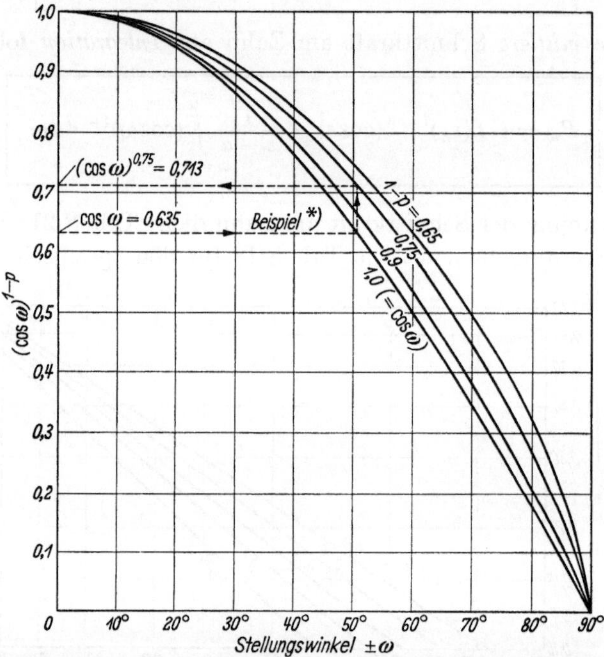

Abb. S/113. Diagramm der Stellungswinkelfaktoren $(\cos\omega)^{1-p}$ zur Berechnung der Schnittkraft (* das Beispiel bezieht sich auf Tab. S/25 für Zwischenwerte der Stellungswinkelfaktoren, die in Tab. S/21 nicht aufgeführt sind. Vgl. auch Seite 179, Nr. 3).

in Tab. S/22 angenommene Vorschub von 0,2 auf 0,4 erhöht, so braucht man nur das Verhältnis der Vorschubfaktoren, nämlich 0,503 (für $s_Z = 0{,}4$) und 0,299 (für $s_Z = 0{,}2$) zu bilden, um die Erhöhung der Schnittkraft am Zahn festzustellen. Sie ist hier $\dfrac{0{,}503}{0{,}299} = 1{,}68$, d. h., *die Schnittkraft vergrößert sich nur um 68%, wenn der Vorschub verdoppelt wird, und wenn der Exponent $1 - p = 0{,}75$ ist. Verdoppelt man dagegen die Schnittiefe, so steigt die Schnittkraft am Zahn um 100%.*

Die Eckenwinkelfaktoren der Tab. S/21 zeigen, daß ein Stirnfräser mit 30° Eckenwinkel ($= 60°$ Anstellwinkel) $\dfrac{1{.}0364}{1{,}000} = 3{,}64\%$ höhere Schnittkraft erzeugt, als ein 0°-Eckenwinkel, wiederum für $1 - p = 0{,}75$.

Tabelle S/21. *Tabelle zur Berechnung der Schnittkraft am Stirnfräserzahn*

I. *Vorschub-Faktoren:* $(s_Z)^{1-p}$

Vorschub/Zahn s_Z mm	$1-p=$ 0,90	$1-p=$ 0,80	$1-p=$ 0,75	$1-p=$ 0,70	$1-p=$ 0,65	
0,05	0,0675	0,0910	0,1055	0,1221	0,1420	
0,10	0,1259	0,1585	0,1799	0,1996	0,2239	
0,15	0,1812	0,2192	0,2410	0,2650	0,2914	
0,20	0,2349	0,2759	0,2990	0,3241	0,3513	
0,25	0,2871	0,3299	0,3536	0,3789	0,4061	
0,30	0,3384	0,3817	0,4053	0,4305	0,4572	
0,40	0,4384	0,4803	0,5030	0,5265	0,5512	
0,50	0,5359	0,5745	0,5946	0,6166	0,6373	
0,80	0,8180	0,8365	0,8459	0,8554	0,8650	
1,00	1,0000	1,0000	1,0000	1,0000	1,0000	

II. *Stellungswinkel-Faktoren:* $(\cos\omega)^{1-p}$

Stellungswinkel $\omega°$	$1-p=$ 0,90	$1-p=$ 0,80	$1-p=$ 0,75	$1-p=$ 0,70	$1-p=$ 0,65	$\cos\omega$
0°	1,0000	1,0000	1,0000	1,0000	1,0000	1,0000
5°	0,9966	0,9970	0,9972	0,9973	0,9975	0,9962
10°	0,9866	0,9876	0,9886	0,9893	0,9900	0,9848
15°	0,9692	0,9727	0,9744	0,9760	0,9777	0,9659
20°	0,9456	0,9514	0,9546	0,9574	0,9604	0,9397
25°	0,9153	0,9244	0,9290	0,9334	0,9380	0,9063
30°	0,8786	0,8913	0,8978	0,9042	0,9107	0,8660
35°	0,8356	0,8525	0,8610	0,8696	0,8786	0,8192
40°	0,7867	0,8080	0,8188	0,8298	0,8409	0,7660
45°	0,7320	0,7579	0,7711	0,7846	0,7983	0,7071
50°	0,6718	0,7022	0,7179	0,7339	0,7502	0,6428
55°	0,6064	0,6410	0,6591	0,6777	0,6967	0,5736
60°	0,5359	0,5744	0,5946	0,6156	0,6373	0,5000
65°	0,4607	0,5021	0,5242	0,5473	0,5714	0,4226
70°	0,3807	0,4238	0,4472	0,4719	0,4978	0,3420
75°	0,2963	0,3392	0,3629	0,3882	0,4144	0,2588
80°	0,2069	0,2465	0,2690	0,2936	0,3205	0,1736
85°	0,1112	0,1420	0,1604	0,1812	0,2048	0,0871
90°	0	0	0	0	0	0

III. *Eckenwinkel-Faktoren:* $\left(\dfrac{1}{\cos e}\right)^{p}$

Ecken- winkel e	Anstell- winkel $\varkappa$	$p=0,1$	$p=0,2$	$p=0,25$	$p=0,3$	$p=0,35$	
0°	90°	1,0000	1,0000	1,0000	1,0000	1,0000	
30°	60°	1,0145	1,0292	1,0364	1,0441	1,0517	
45°	45°	1,0353	1,0718	1,0905	1,1096	1,1290	
60°	30°	1,0728	1,1487	1,1892	1,2310	1,2750	
75°	15°	1,1447	1,3104	1,4020	1,5000	1,6050	

Die größte Schnittkraft am Zahn, die für Verformungen im Spindelgetriebe und für andere Konstruktionsberechnungen von Bedeutung ist, ändert sich mit der Stellung der Fräserachse zur Eintrittsebene.

Wird z. B. die Fräserachse hinter die Eintrittsebene gestellt, so ist Gl. (S/128) statt (S/129) für die Berechnung der größten Schnittkraft am Zahn zu verwenden. Für Reihe 5 der Tab. S/22 ergibt sich dann $P_{\max_h} = 299$ kp anstatt 285, wenn die Fräserachse $\varepsilon = -20°$ vor der Eintrittsebene steht. *Anordnung der Fräserachse vor der Eintrittsebene verringert also die größte Schnittkraft am Zahn!*

Tabelle S/22. *Beispielsrechnung für die mittlere, größte und kleinste Umfangsschnittkraft am Zahn*

Gegeben: $s_z = 0{,}2\,\text{mm/U}$; $t = 10\,\text{mm}$; $(1 - p) = 0{,}75$; $\varepsilon = -20°$; $\alpha = -70°$: $e = 0°$; $C = 100$

Beispielskonstante: $C' = C\,t\,s_z^{0{,}75}\,(\cos e)^{-p} = 299$ (s. Tab. S/21)

	Grundlage für mittlere Schnittkraft (Reihen 1—4)	Gleichung	Stellungswinkel ω	Stellungswinkelfaktor $(\cos\omega)^{0{,}75}$ aus Tab. S/21 bzw. Abb. S/113	Mittlere Schnittkraft am Zahn kp (Reihen 1—4)
1	mittlere Spandicke	(S/130)	$-46\tfrac{3}{4}°$ (s. Tab. S/19)	0,7531	$299 \cdot 0{,}7531 = 225{,}1$
2	Halbbogenspandicke	(S/131)	$45°$ (s. Tab. S/19)	0,7711	$299 \cdot 0{,}7711 = 230{,}6$
3	Summierung der augenblicklichen Schnittkräfte am Zahn	(S/132)	$-20°$ $-25°$ $-30°$ $-35°$ $-40°$ $-45°$ $-50°$ $-55°$ $-60°$ $-65°$ $-70°$ Mittel: 0,7432	0,9546 0,9290 0,8978 0,8610 0,8188 0,7711 0,7179 0,6591 0,5946 0,5242 0,4472	$299 \cdot 0{,}7432 = 220{,}2$
4	Integration (mit Verwendung des spez. Schnittdruckes k_{sw} Tab. S/19)	(S/126)	$-51°$ (s. Tab. S/19)		$P_{sw} = k_{sw}\,t\,s_z \cos\omega$ $= 177{,}3 \cdot 10 \cdot 0{,}2 \cdot 0{,}629$ $= 223$
5	Größte Schnittkraft am Zahn	(S/129)	$\varepsilon = -20°$	0,9546	$P_{\max v} = 299 \cdot 0{,}9546$ $= 285$
6	Kleinste Schnittkraft am Zahn	(S/129)	$\alpha = -70$	0,4472	$P_{\min} = 299 \cdot 0{,}4472$ $= 134$

Die kleinste Schnittkraft am Zahn ist in obigem Beispiel 53%
geringer als die größte, so daß — besonders beim Schlagzahnfräsen —
erhebliche periodische Änderungen in der Verwindung des Zahn-
getriebes auftreten müssen. Die Schnittkraftverminderung wird aus
Tab. S/21 durch Bildung des Verhältnisses der Stellungsfaktoren für
$\omega = \varepsilon$ und $\omega = -\alpha$ ermittelt, z. B. aus 0,4472 für $\alpha = -70°$ und
0,9546 für $\varepsilon = 20°$:

$$\left(1 - \frac{0,4472}{0,9546}\right) \cdot 100 = 53\% \,.$$

Die größte Schnittkraft von 285 kp ist etwa 27% größer als die
mittlere Schnittkraft der Reihe 4 (223 kp), während die kleinste Schnittkraft von 134 kp etwa 40% geringer ist als die mittlere.

*Die Beurteilung von Stirnfräsoperationen auf Grund von Schnittkraft-
mittelwerten kann also zu erheblichen Fehlschlüssen führen!*

7. Die Gesamtumfangskraft der eingreifenden Zähne

Die Gesamtumfangskraft hängt von der Anzahl der im Eingriff
befindlichen Zähne, und von ihrer augenblicklichen Stellung im Eingriffsbogen ab; sie kann daher durch Addition der augenblicklichen
Schnittkräfte je Zahn bestimmt werden. Da die aufeinanderfolgenden
Zähne in jedem Augenblick der Fräserumdrehung ihre Stellung innerhalb
des Eingriffsbogens ändern, ändert sich auch die Schnittkraft je Zahn
und damit die Summe der Schnittkräfte bis Wiederholung erfolgt.

Die Wiederholung hängt nur vom Teilungswinkel, oder besser
gesagt, vom Zahnfolgewinkel (τ) ab, der sich aus folgendem Ansatz
ohne weiteres ergibt:

$$\tau = \frac{360°}{Z} \,. \tag{S/134}$$

Z = Zähnezahl des Stirnfräsers.

Der Zahnfolgewinkel τ bestimmt somit den Zyklus für die Änderung
der Gesamtumfangskraft.

a) Graphisches Verfahren

Mathematisch kann die Gesamtumfangskraft durch Reihenent-
wicklung behandelt werden. Ein einfacheres Verfahren des Verfassers
beruht auf den Tabellenwerten für die Schnittkraft am Zahn (Tab. S/21)
und einer graphischen Darstellung für die nur die graphische Aufzeich-
nung der Werte $(\cos\omega)^{1-p}$ für den zutreffenden Eingriffsbogen $(\varepsilon - \alpha)$
und die graphische Aufzeichnung der Zahnfolgewinkel benötigt wird.

Am einfachsten ist es, den Zahnfolgewinkel auf einem Stück Paus-
papier (oder besser auf einem Stück klaren Zelluloids) aufzuzeichnen
und es über der Kurve für $(\cos\omega)^{1-p}$ in kurzen Abständen, wie z. B.
für je 5° Drehung des Fräsers zu verschieben. Die Schnittpunkte der
Zahnabstände mit der Kurve zeigen dann den in die Rechnung ein-
zusetzenden Wert für $(\cos\omega)^{1-p}$ an.

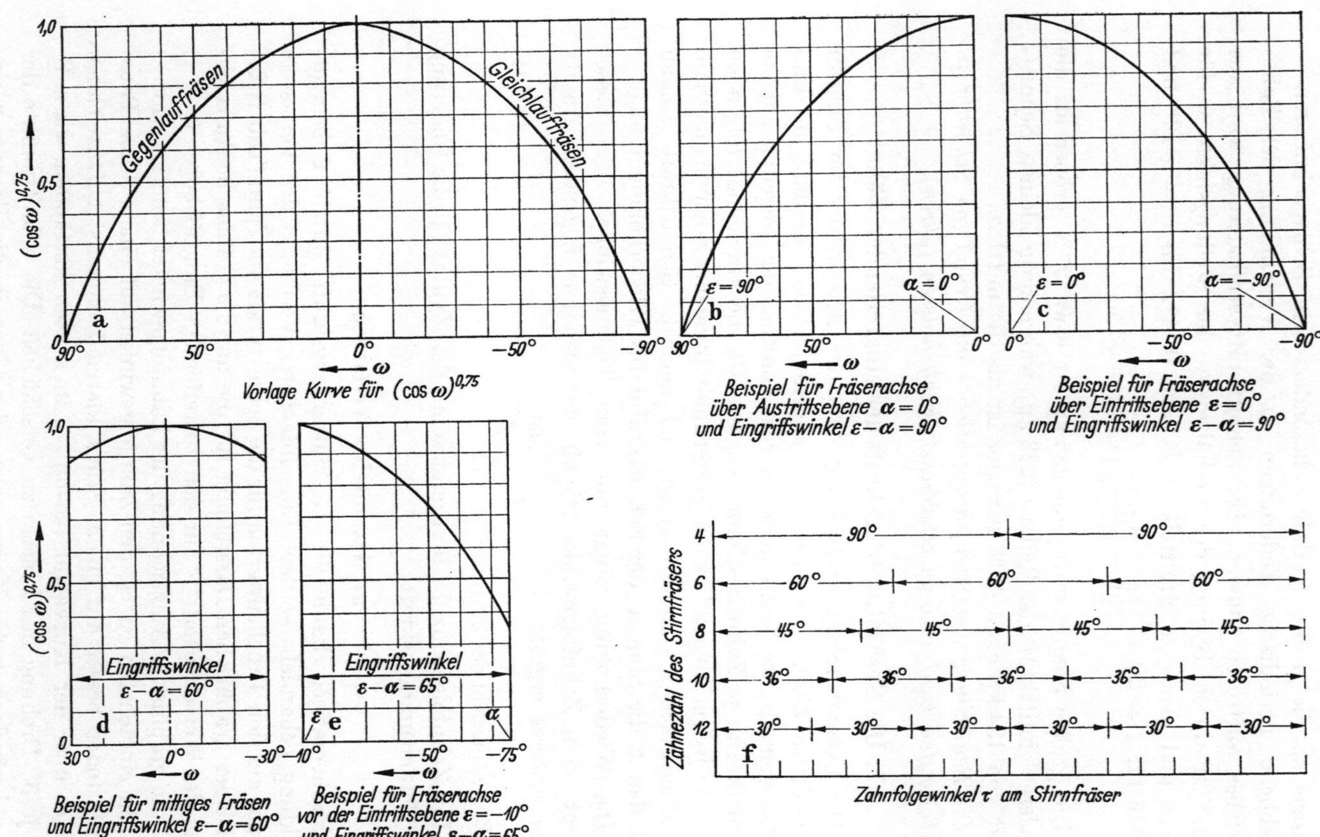

Abb. S/114a—f. Graphische Hilfsmittel zur Ermittlung der Überlagerung der Schnittkräfte aller im Eingriff befindlichen Fräserzähne und der Schwankungen der augenblicklichen Gesamtumfangskraft

Abb. S/114a zeigt die Vorlagekurve für $(\cos\omega)^{1-p}$, die mit Hilfe der Tab. S/21 (Stellungswinkelfaktoren für $1-p=0{,}75$) aufgezeichnet wurde. Abb. S/114b ist ein Ausschnitt aus der Kurve $(\cos\omega)^{1-p}$ und bezieht sich auf den Fall, daß die Fräserachse über der Austrittsebene liegt $(\alpha=0°)$ und daß der Eingriffswinkel $(\varepsilon-\alpha)=90°$ ist. Abb. S/114c bezieht sich auf den entgegengesetzten Fall, bei dem die Fräserachse über der Eintrittsebene liegt $(\varepsilon=0°)$. Abb. S/114d gilt für mittiges Fräsen bei einem Eingriffswinkel $(\varepsilon-\alpha)=60°$ und Abb. S/114e für den Fall, daß die Fräserachse vor der Eintrittsebene liegt $(\varepsilon=-10°)$ bei einem Eingriffswinkel $(\varepsilon-\alpha)=65°$. Die große Anzahl der Kombinationen von Eingriffswinkel, Eintritts- und Austrittswinkel, die von der Fräserachsenlage, der Fräsbreite und Fräserdurchmesser abhängen, kann somit leicht und anschaulich erfaßt werden.

Abb. S/114f zeigt die Zahnfolgewinkel, wie sie auf Zelluloid in gleichem Maßstab wie die Stellungswinkel ω aufgezeichnet werden. Jeder kleine senkrechte Strich an den Enden der Pfeile stellt einen Zahn des Stirnfräsers dar, wobei nur der halbe Umfang des Fräsers als größtmöglicher Bogen berücksichtigt zu werden braucht.

Als Beispiel ist in Abb. S/115 die Untersuchung des Falles der Abb. S/114b in größeren Einzelheiten fortgesetzt, und zwar (links) für einen Stirnfräser mit 12 Zähnen $(\tau=30°)$ und (rechts) für einen mit 10 Zähnen $(\tau=36°)$.

Im Augenblick *0* (oberste Reihe links) ist Zahn Nr. *1* gerade über der Austrittsebene und hat die höchste Schnittkraft erreicht, Zahn *2* folgt im Abstand von 30°, bei dem die Schnittkraft auch noch hoch ist, wie aus dem Wert $(\cos\omega)^{0{,}75}$ erkenntlich ist. Zahn *3* folgt im weiteren Abstand von 30°, d. h., er liegt 60° vom Zahn *1* entfernt, Zahn *4* tritt gerade in das Werkstück ein, d. h. wenn $(\cos\omega)^{0{,}75}=0$ ist.

Hat sich der Stirnfräser um 5° weitergedreht (d. h., hat man das Stück Zelluloid entsprechend verschoben), so liegt Zahn *1* bereits außerhalb des Werkstückes, dagegen nimmt Zahn *4* nun an der Zerspanung teil, wie aus der zweiten horizontalen Geraden unter der Kurve zu erkennen ist. Die weiteren horizontalen Geraden stellen die Verschiebung der Zahnstellung im Eingriffsbogen nach 10°, 15°, 20°, 25° und 30° dar. Bei 30° Drehung hat Zahn *2* die Anfangsstellung des Zahnes *1* erreicht und der Zyklus wiederholt sich.

Aus dem eingezeichneten Beispiel für 25° Drehung kann man, wie die Pfeile zeigen, folgende Werte für $(\cos\omega)^{0{,}75}$ ablesen:

$$
\begin{array}{ll}
\text{Zahn } 2: & 0{,}99 \\
\text{Zahn } 3: & 0{,}86 \\
\text{Zahn } 4: & \underline{0{,}52} \\
& 2{,}37
\end{array}
$$

Die Summe von 2,37 ist mit der Konstanten für Werkstoff, Vorschub/ Zahn und Schnittiefe, z. B. 300, zu multiplizieren und ergibt die Gesamt- umfangsschnittkraft für den Augenblick der 25°-Drehstellung des Fräsers, nämlich 711 kp.

In der rechten Hälfte der Abb. S/115 ist dieselbe Untersuchung für einen 10zahnigen Stirnfräser durchgeführt. Man erkennt, daß nach

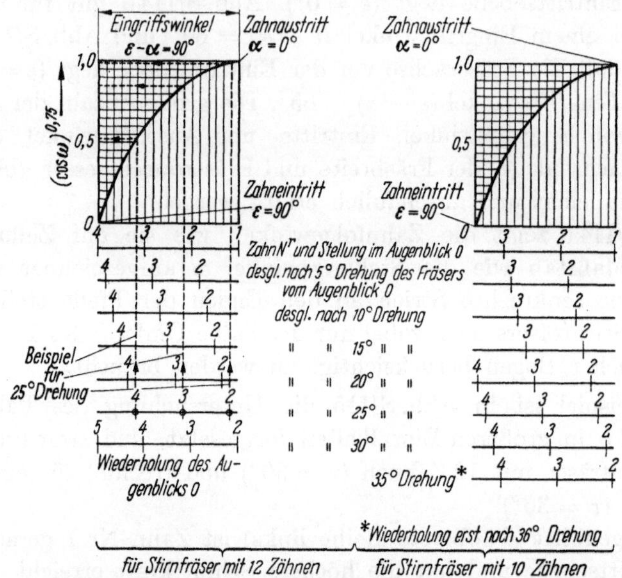

Abb. S/115. Graphische Untersuchung der Schnittkraftüberlagerung und der Schwankungen der Gesamtumfangskraft (Beispiel für Lage der Fräserachse über der Austrittsebene und 90° Eingriffswinkel; Verkleinerung der Abb. S/114b mit Zahnfolgewinkeln Abb. S/114f)

5°, 10° und 15° Drehung nur 2 Zähne (Nr. *2* und *3*) im Eingriff sind, sonst aber 3 Zähne. Der Zyklus wiederholt sich nach 36° Fräserdrehung entsprechend dem Zahnfolgewinkel $\tau = 36°$.

b) Rechnerisches Verfahren

Sind genauere Werte für $(\cos\omega)^{1-p}$ erwünscht als aus den Dia- grammen der Abb. S/115 abzulesen sind, so kann man mit Hilfe der Tab. S/21 auch rechnerisch vorgehen, wie in Tab. S/23 gezeigt ist.

Die Ergebnisse der Tab. S/23 und S/24 sind in Abb. S/116 graphisch dargestellt. Man erkennt, daß unter den gegebenen Verhältnissen der 12zahnige Fräser höhere Gesamtumfangskräfte erfordert als der 10zahnige. Mittiges Fräsen, mit 12 Zähnen und einem Zahnfolgewinkel von 30° ergibt hohe Belastungsspitzen am Anfang jedes Zyklus; sie dauern jedoch nur kurze Zeit an und werden im besonderen Fall des Beispiels von fast gleichförmigen Umfangskräften gefolgt. Bis zu 10° Drehung sind die Gesamtumfangskräfte bei mittigem Fräsen größer

Tabelle S/23. *Beispiel 1 für Berechnung der Gesamtumfangskraft*

Gegeben: Fräserachse über der Austrittsebene $(A = b)$; Fräser-Dmr. $D = 360$ mm; Fräsbreite $b = 180$ mm; Steigungsfaktor $1 - p = 0{,}75$; Schnittiefe $t = 10$ mm; Vorschub je Zahn $s_z = 0{,}2$ mm; Eintrittswinkel: $\sin \varepsilon = \dfrac{2A}{D} = 1{,}0$; $\varepsilon = 90°$. Austrittswinkel: $\sin \alpha = \dfrac{2(A - b)}{D} = 0$; $\alpha = 0°$. Eingriffswinkel $\varepsilon - \alpha = 90°$; $C = 100$ (weiches Gußeisen); Beispielskonstante $C' = 100 \cdot 10 \cdot 0{,}2^{0{,}75} = $ etwa 300 (s. Tab. S/18 und S/22).

a) *Stirnfräser mit 12 Zähnen; Zahnfolgewinkel* $\tau = 30°$ (*vgl. Abb. S/115 links*)

Zahn Nr.	Drehung des Fräsers							
	0°	5°	10°	15°	20°	25°	30°	
1	0°	—	—	—	—	—	—	$\omega = $ augenblicklicher Stellungswinkel jedes Zahnes
2	30°	25°	20°	15°	10°	5°	0°	
3	60°	55°	50°	45°	40°	35°	30°	
4	90°	85°	80°	75°	70°	65°	60°	
1	1,0000	—	—	—	—	—	—	$(\cos\omega)^{0{,}75} = $ augenblicklicher Stellungsfaktor jedes Zahnes für obige Winkel ω [aus Tab. S/21]
2	0,8978	0,9290	0,9546	0,9744	0,9886	0,9972	1,000	
3	0,5946	0,6591	0,7179	0,7711	0,8188	0,8610	0,8978	
4	0	0,1604	0,2690	0,3629	0,4472	0,5242	0,5946	
Summe $\sum (\cos \omega)^{0{,}75}$	2,4924	1,7485	1,9415	2,1084	2,2546	2,3824	2,4924 Wiederholung von 0° Drehung	
Gesamt-Umfangskraft (kp) $300\,\Sigma(\cos\omega)^{0{,}75}$	747	524	583	632	677	715	747	(pulsierend) .

b) *Stirnfräser mit 10 Zähnen; Zahnfolgewinkel* $\tau = 36°$ (*Abb. S/115 rechts*)

Zahn Nr.	Drehung des Fräsers							
	0° und 36°	5°	10°	15°	20°	25°	30°	
Ergebnis $\Sigma(\cos\omega)^{0{,}75}$	2,3082	1,4220	1,5236	1,6137	1,8527	2,0287	2,1789	
Gesamt-Umfangskraft (kp) $300\,\Sigma(\cos\omega)^{0{,}75}$	692	427	457	484	556	609	654	(pulsierend)

als die bei Stellung der Fräserachse über der Austrittsebene mit 12zahnigem Fräser. Im Vergleich mit dem 10zahnigen Fräser mit Anordnung

Tabelle S/24. *Beispiel 2 für Berechnung der Gesamtumfangskraft*

Gegeben: Mittiges Fräsen $A = b/2$; die anderen Werte wie in Tab. S/23, 12 Zähne, jedoch $\sin\varepsilon = \dfrac{2A}{D} = 0{,}5$; $\varepsilon = 30°$; $\sin\alpha = \dfrac{2(A-b)}{D} = -0{,}5$; $\alpha = -30°$; Eingriffswinkel $\varepsilon - \alpha = 60°$

Zahn Nr.	Drehung des Fräsers							
	0°	5°	10°	15°	20°	25°	30°	
1	−30°	—	—	—	—	—	—	$\omega =$ augenblicklicher Stellungswinkel jedes Zahnes
2	0°	−5°	−10°	−15°	−20°	−25°	−30°	
3	+30°	+25°	+20°	+15°	+10°	+5°	0°	
4							+30°	
1	0,8978	—	—	—	—	—	—	$(\cos\omega)^{0{,}75} =$ augenblicklicher Stellungsfaktor jedes Zahnes aus Tab. S/21
2	1,0000	0,9972	0,9886	0,9744	0,9546	0,9290	0,8978	
3	0,8978	0,9290	0,9546	0,9744	0,9886	0,9972	1,0000	
4	—	—	—	—	—	—	0,8978	
Summe $\sum(\cos\omega)^{0{,}75}$	2,7956	1,9262	1,9432	1,9488	1,9432	1,9262	2,7956	
Gesamtumfangskraft (kp) $300 \cdot \sum(\cos\omega)^{0{,}75}$	839	578	583	585	583	578	839	(pulsierend)

über der Austrittsebene ist mittiges Fräsen bis $22^1/_2°$ Drehung durch größere Gesamtumfangskräfte gekennzeichnet als mit dem 10 zahnigen Fräser.

Bei Anordnung der Fräserachse über der Eintrittsebene ergibt sich das Spiegelbild des Verlaufes der Gesamtumfangskräfte für An-

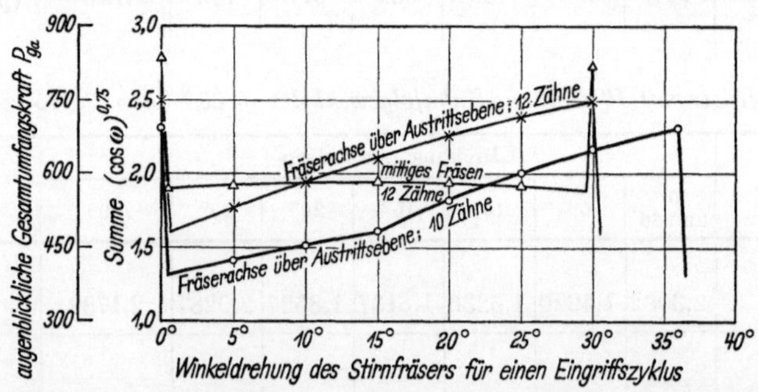

Abb. S/116. Diagramm der Ergebnisse des rechnerischen Verfahrens der Tab. S/23 und S/24

ordnung über der Austrittsebene. Alle anderen Fälle können in gleicher Weise mit Hilfe der Tab. S/21 behandelt und durch Einbeziehung

Tabelle S/25. *Berechnung der mittleren Gesamtumfangskraft mit Hilfe der mittleren Spandicke und Vergleich mit der graphisch-tabellarischen Methode für die pulsierende Gesamtumfangskraft*

Gegebene Größen wie in Tab. S/23 und S/24. Beispiel: Konstante $C' = C\,t\,s_z^{0,75}(\cos e)^{-0,25} =$ etwa 300

Beispiel 1a der Tab. S/23.   Stirnfräser mit 12 Zähnen, Fräserachse über Austrittsebene $\varepsilon = 90°$, $\alpha = 0°$

Benennung	Gleichung Nr.	Gleichungen	Ergebnis	*Mittlere* Gesamtumfangskraft auf Grund der mittleren Spandicke und mittleren Umfangskraft am Zahn	*Pulsierende* Gesamtumfangskraft nach der graphisch-tabellarischen Methode Abb. S/114, S/115. Tab. S/23 und S/24
Stellungswinkel für mittlere Spandicke	(S/110b)	$\cos\omega_m = \dfrac{57,3\,(\sin\varepsilon - \sin\alpha)}{(\varepsilon - \alpha)}$	$\cos\omega_m = 0,635$		747 524
Stellungswinkelfaktor	Tab. S/21 bzw. Abb. S/113	$(\cos\omega_m)^{0,75}$	$(\cos\omega_m)^{0,75} = 0,713$	$300 \cdot 0,713 \cdot 3$	583 632 Pulsierung gemäß Tab. S/23
Zähne im Eingriff	(S/52)	$Z_e = \dfrac{Z(\varepsilon - \alpha)}{360°}$	$Z_e = \dfrac{12 \cdot 90}{360} = 3$		677 715
mittlere Umfangskraft am Zahn	(S/130)	$P_m = C'(\cos\omega_m)^{0,75}$	$P_m = 300 \cdot 0,713$ $= 214$	$P_{gm} = 642\,\text{kp}$	646 kp (Mittel)

Beispiel 1b der Tab. S/23.   Stirnfräser mit 10 Zähnen, Fräserachse wie zuvor $\varepsilon = 90°$, $\alpha = 0°$

Benennung	Gleichung Nr.	Gleichungen	Ergebnis	*Mittlere* Gesamtumfangskraft	*Pulsierende* Gesamtumfangskraft
Stellungswinkel	(S/110b)	wie oben	$\cos\omega_m = 0,635$		692 427
Stellungswinkelfaktor	Tab. S/21 bzw. Abb. S/113		$(\cos\omega_m)^{0,75} = 0,713$	$300 \cdot 0,713 \cdot 2,5$	457 484 Pulsierung gemäß Tab. S/23
Zähne im Eingriff	(S/52)		$Z_e = \dfrac{10 \cdot 90}{360} = 2,5$		556 609
Mittlere Umfangskraft am Zahn	(S/130)		$P_m = 300 \cdot 0,713$ $= 214$	$P_{gm} = 535\,\text{kp}$	537 kp (Mittel)

Tabelle S/25 (Fortsetzung)

Beispiel 2 (Tab. S/24).   *Stirnfräser mit 12 Zähnen, mittiges Fräsen* $\varepsilon = 30°$, $\alpha = -30°$

Benennung	Gleichung Nr.	Gleichungen	Ergebnis	*Mittlere* Gesamtumfangskraft auf Grund der mittleren Spandicke und mittleren Umfangskraft am Zahn	*Pulsierende* Gesamtumfangskraft nach der graphisch-tabellarischen Methode Abb. S/114, S/115, Tab. S/23 und S/24
Stellungswinkel	(S/110b)	wie oben	$\cos \omega_m = 0{,}955$		839
Stellungswinkelfaktor	Tab. S/21 bzw. Abb. S/113		$(\cos \omega_m)^{0,75} = 0{,}966$		578
				$300 \cdot 0{,}966 \cdot 2$	583 585 Pulsierung gemäß Tab. S/24
Zähne im Eingriff	(S/52)		$Z_e = \dfrac{12 \cdot 60}{360} = 2{,}0$		583
					578
Mittlere Umfangskraft am Zahn	(S/130)		$P_m = 300 \cdot 0{,}966$ $= 290$	$P_{gm} = 580\,\text{kp}$	**581 kp** (Mittel ohne Spitzenwert) **624 kp** (Mittel mit Spitzenwert)

weiterer Werte, wie z. B. für je 2° Drehung des Fräsers noch genauer untersucht werden.

Ein Vergleich der vorstehenden genauen Berechnung der Gesamtumfangskraft mit einer, die auf der mittleren Schnittkraft am Zahn [Gl. (S/130)] und der Zahl der im Eingriff stehenden Zähne [Gl. (S/52)] beruht, ist in Tab. S/25 vorgenommen. Da die mittleren Werte für die Gesamtumfangskraft nach beiden Methoden nur dann fast identisch sind wenn evtl. kurze Belastungsspitzen unberücksichtigt bleiben dürfen (siehe die letzten beiden Kolonnen der 3 Beispiele in Tab. S/25), können folgende Schlüsse gezogen werden:

1. Die mittlere Gesamtumfangskraft kann mit genügender Genauigkeit aus der Multiplikation der mittleren Schnittkraft je Zahn [Gl. (S/130)] mit der im Eingriff befindlichen Zähnezahl bestimmt werden [Gl. (S/52)], vorausgesetzt, daß kurze Belastungsspitzen vernachlässigt werden können.

2. **Die graphische bzw. Tabellenberechnung der Gesamtumfangskraft (Abb. S/114, S/115, Tab. S/23 und S/24) gibt jedoch nicht nur Mittelwerte, sondern vor allem auch die mit der Fräserumdrehung pulsierende**

augenblickliche Gesamtumfangskraft einschl. Spitzenbelastungen an und gestattet somit eine verfeinerte Untersuchung der Schnittkräfte beim Stirnfräsen, wie sie in der Zukunft im Hinblick auf Schwingungen, numerische Steuerung der Fräsmaschinen usw. noch mehr als bisher notwendig werden wird.

8. Die Nebenkomponenten der Schnittkraft

a) Einzelzahneingriff

Die bisher erörterten Schnittkraftgesetze betrafen die tangentiale oder Umfangsschnittkraft am Zahn, die in Richtung der Schnittgeschwindigkeit wirkt und daher die Leistung der Maschine hauptsächlich bestimmt. Sie ist für einen beliebigen Augenblick, entsprechend

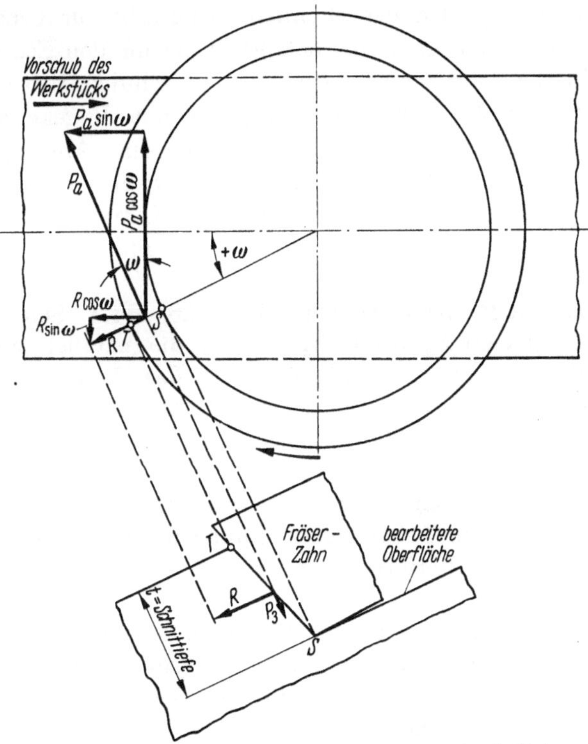

Abb. S/117. Komponenten der augenblicklichen Umfangsschnittkraft (P_a) am Zahn und der Nebenkomponenten (Radialkraft R und Rückkraft P_3)

dem Stellungswinkel ω des Zahnes in Abb. S/117 (auf der halben Schnittiefe der besseren Übersicht wegen) dargestellt, und in die Komponenten $P_a \sin\omega$ und $P_a \cos\omega$ zerlegt.

Es ist leicht ersichtlich, daß $P_a \sin\omega$ dem Vorschub des Werkstücks entgegenwirkt, solange ω positiv ist, d. h. solange Gegenlauffräsen vorliegt. Die Vorschubkomponente $P_a \sin\omega$ wechselt das Vorzeichen und wirkt in Richtung des Vorschubs, wenn ω negativ wird und Gleichlauffräsen anfängt. Dieser Richtungswechsel kann u. U. einen Wechsel in dem von den Führungsbahnen des Tisches ausgeübten Moment hervorrufen und bei zu großer Luft zwischen Tisch- und Bettbahn horizontale Schwingungen des Tisches oder Ungenauigkeiten durch die horizontale Wackelbewegung verursachen, was besonders der Fall ist, wenn der Stirnfräser nur wenige Zähne hat.

Da die Hauptschnittkraft in einer horizontalen Ebene, die parallel zur bearbeiteten Oberfläche liegt, wirkt, stellt sie eine Projektion der schräg im Raum liegenden Schnittkraftresultanten am Zahn dar. In Abb. 51, Bd. I, Seite 64, war gezeigt worden, daß Stirnfräsen und Drehen sich hinsichtlich der Schneidengeometrie nur dadurch unterscheiden, daß die Umdrehungsachse der Drehbank senkrecht zur Umdrehungsachse des Stirnfräsers liegt. Daher entspricht der um den Eckenwinkel e zur Senkrechten auf der Schneide geneigten Vorschubkraft beim Drehen (Linie BT in Abb. 52, Bd. I, Seite 65), die mit R gekennzeichnete Nebenkomponente (Radialkraft) beim Stirnfräsen (Abb. S/117). Sie hat jedoch — im Gegensatz zum Drehen — zwei von der Stellung des Zahnes, d. h. vom Winkel ω abhängige Komponenten, nämlich $R \cos\omega$, die in die Vorschubrichtung fällt und die Querkomponente $R \sin\omega$.

Der Rückkraft P_3 beim Drehen (Abb. 126, Bd. I, Seite 177) entspricht die Rückkraft P_3 beim Stirnfräsen, die parallel zur Fräserachse verläuft; sie versucht, den Fräser auf das Werkstück zu drükken, so daß eine Reaktion vom Werkstück ausgeübt wird, die den Fräser abzudrücken versucht, ebenso wie die Rückkraft P_3 beim Drehen.

Obgleich die Nebenkomponenten nur wenig Einfluß auf die Leistung haben — und daher für Leistungsberechnungen vernachlässigt werden können —, sind sie an Verformungen und Schwingungen oft wesentlich beteiligt.

In Abb. S/117 sind Axial- und Radialwinkel zu 0° angenommen worden, es ist jedoch ersichtlich, daß die Radialwinkel die Hauptschnittkraft aus der tangentialen Richtung ablenken, d. h. zusätzliche Nebenkomponenten erzeugen.

Versuche über die Nebenkomponenten beim Stirnfräsen sind mir nicht bekannt, mit Ausnahme der kurzen Veröffentlichung von PIEKENBRINK[1], der für mittiges Fräsen die in Abb. S/118 wiedergegebenen Oszillogramme für die Umfangskraft und die Radialkraft erhalten hatte. Der Fräser hatte einen Zahn (Schlagzahnfräser).

---

[1] PIEKENBRINK. R., zit. Seite 134, Fußn. 4.

Die von mir vorgenommene Auswertung, die durch die seitlich angebrachten Pfeile der größten Schnittkraft gekennzeichnet ist, läßt erkennen, daß die größte Radialkraft ziemlich unabhängig vom Eingriffswinkel $(\varepsilon - \alpha)$ ist, während die größte Umfangskraft um 20% fällt, wenn der Eingriffswinkel von 180° auf 40° bei mittigem Fräsen verkleinert wird. Die Zahl 100 ist von mir der größten Schnittkraft (bei $\varepsilon - \alpha = 180°$) zugeordnet worden, so daß die übrigen Zahlen prozentuale Vergleiche mit dieser Kraft sind. Die Radialkräfte scheinen sehr groß zu sein, nämlich 60% der Umfangskraft bei $(\varepsilon - \alpha) = 180°$ bzw. $87^1/_2$% der Umfangskraft bei $(\varepsilon - \alpha) = 40°$. Beim Drehen sind die Nebenkomponenten wesentlich kleiner, etwa 15 ... 40% (vgl. Bd. I, Seiten 221—229) der Hauptschnittkraft. Weitere Untersuchungen der Nebenkomponenten beim Stirnfräsen sind besonders im Zusammenhang mit Schwingungen wünschenswert und würden eine wichtige Dissertation abgeben.

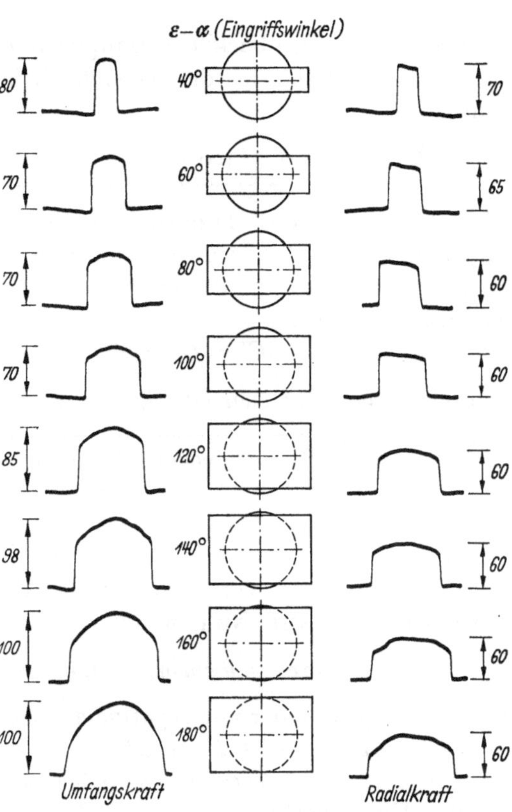

Abb. S/118. Schnittkräfte beim Schlagzahnfräsen. Werkstoff CK 45; Schnittiefe 1,5 mm; Vorschub/Zahn 0,18 mm; 63 U/min (nach PIEKENBRINK mit Vergleichsergänzungen des Verfassers)

Für *Umfangs*fräsen hat EISELE[1] festgestellt, daß die Rückkraft mit steigender Vorschubgeschwindigkeit (mm/min) negativ werden kann, wie es in Bd. III ausführlicher untersucht werden soll.

Die beim Stirnfräsen in Vorschubrichtung fallenden Kraftkomponenten am Zahn lassen sich in folgende Gleichung zusammenfassen:

$$P_v = P_a \sin\omega + R \cos\omega. \qquad (S/135)$$

---

[1] EISELE, F.: Dynamische Untersuchung des Fräsvorganges. Von der TH Stuttgart genehmigte Dissertation, 2. Februar 1931.

Setzt man die Radialkomponente R ins Verhältnis zur Hauptschnittkraft P_a durch

$$\vartheta = \frac{R}{P_a} \qquad (S/136)$$

und ersetzt die augenblickliche Hauptschnittkraft am Zahn (P_a) durch Gl. (S/127), so ergibt sich die augenblickliche Vorschubkomponente am Zahn:

$$\boxed{P_v = C\,t\,(s_Z)^{1-p}\,(\cos e)^{-p}\,(\cos\omega)^{1-p}\,[\sin\omega + \vartheta\cos\omega]} \qquad (S/137)$$

Bei Untersuchung des Einflusses des Stellungswinkels ω auf die Vorschubkomponente P_v, können die ersten 4 Größen als konstant angesehen werden und wie früher (s. Tab. S/22) durch eine Konstante C' ausgedrückt werden:

$$C' = C\,t\,(s_Z)^{(1-p)}\,(\cos e)^{-p}. \qquad (S/138)$$

Dadurch vereinfacht sich Gl. (S/137) zu:

$$\boxed{P_v = C'\,(\cos\omega)^{(1-p)}\,[\sin\omega + \vartheta\cos\omega]} \qquad (S/139)$$

Da der Stellungswinkel ω alle Werte von $-90°\ldots+90°$ durchlaufen und $\sin\omega$ somit negativ sein kann, zeigt Gl. (S/139), daß P_v sowohl positiv (entgegen der Vorschubrichtung Abb. S/117) als auch negativ werden kann. P_v wird Null, wenn

$$-\sin\omega = \vartheta\cos\omega, \qquad \text{d. h.} \qquad -\tan\omega_U = \vartheta \qquad (S/140)$$

wird. Ist ω kleiner (oder mit negativem Vorzeichen zahlenmäßig größer) als in Gl. (S/140), so ist P_v negativ und wirkt in Richtung der Vorschubbewegung des Werkstückes (Gleichlaufkraft), ist ω größer, so folgt das Umgekehrte.

b) Mehrere Zähne im Eingriff

Gln. (S/135)—(S/139) beziehen sich jedoch nur auf den Eingriff eines Zahnes. Sind mehrere Zähne im Eingriff, so kann u. U. die Vorschubkraftrichtung an ihnen entgegengesetzt sein. Der Übergang aus der Gegenlaufkraft zur Gleichlaufkraft wird gemäß Gl. (S/140) um so mehr verzögert, je kleiner der Stellungswinkel aus dieser Gleichung wird. Zahlenwerte sind in Tab. S/26 enthalten. Wenn die Radialkraft R groß ist, wenn also R/P_a von wesentlicher Bedeutung wird, so erfolgt Gleichlauffräsen, kräftegemäß, erst vom Winkel $\omega = -26°35'$ an, so daß höchstens $90°-26°35' = 63°25'$ für Gleichlauffräsen verfügbar sind. Ist dagegen $R/P_a = 0{,}1$, so kann Gleichlauffräsen über einen Bogen von $90° - 5°40' = 84°20'$ erfolgen. Die Radialkraft ist hauptsächlich von der Reibung des Spanes an der Spanfläche abhängig, so daß eine glatte Spanfläche und andere die Reibung herabsetzende Mittel, wie Schneidflüssigkeiten, den Eintritt des Gleichlauffräsens fördern können.

Tabelle S/26

Verhältnis der Radialkraft zur Umfangskraft am Zahn $\vartheta = R/P_a$	$\omega \vec{v}$ Stellungswinkel des Zahnes, bei dem die Vorschubkomponente aus Radial- und Umfangskraft am Zahn anfängt in Richtung der Vorschubbewegung des Werkstücks zu fallen gemäß Gl. (S/140)
0	0°
0,1	− 5° 45′
0,2	−11° 20′
0,3	−16° 40′
0,4	−21° 50′
0,5	−26° 35′

Neun verschiedene Fälle sind in Abb. S/119 gezeigt, die die Änderung der Vorschubkomponenten an drei gleichzeitig im Eingriff befindlichen

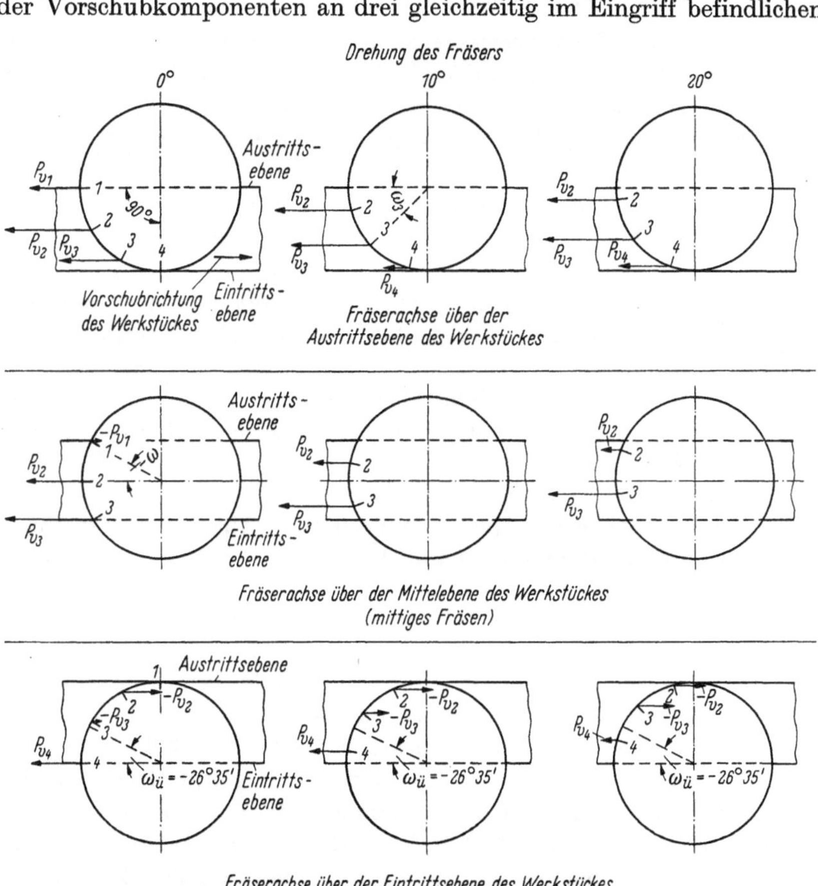

Abb. S/119. Änderung der Vorschubkomponenten (zusammengesetzt aus Umfangs- *und* Radialkraftkomponenten) bei Änderung der Lage der Fräserachse zum Werkstück und bei Drehung des Fräsers (Beispiel für Radialkraft = $^1/_2$ Umfangskraft je Zahn. Die Länge der Pfeile $P_{v_1} \ldots P_{v_4}$ dient zum Vergleich der augenblicklichen Größe der Vorschubkomponenten)

Zähnen darlegen. Die oberste Reihe bezieht sich auf die Einstellung der Fräserachse über der Austrittsebene, die mittlere Reihe gilt für mittiges Fräsen und die untere für Fräsen, wenn die Achse über der Eintrittsebene steht. Aus den beiden oberen Reihen ist zu ersehen, daß alle Vorschubkomponenten entgegen der Vorschubbewegung des Werkstückes wirken. Nur in der unteren Reihe sind die Vorschubkomponenten der Zähne *2* und *3* in derselben Richtung wie die Vorschubbewegung. Der Übergangswinkel ($\omega_{\ddot{u}} = -26°35'$) ist in der unteren Reihe eingetragen und gilt natürlich nur für die Verhältnisse des Beispiels, ebenso wie die maßstäblichen Vektoren für P_v und die folgenden Werte: $1 - p = 0{,}75$; $R/P_a = {}^1/_2$; $C' = 300$; Zahnfolgewinkel $\tau = 30°$.

c) Berechnung der Vorschubkräfte

Das in Tab. S/27 dargelegte rechnerische Verfahren für die zahlenmäßige Ermittlung der Vorschubkräfte hat sich theoretisch und praktisch gut bewährt. Es gibt dem Programmer und anderen Ingenieuren die zahlenmäßige Unterlage für die Beurteilung der pulsierenden Vorschubkräfte.

Die Vorschubkomponenten können für jeden im Eingriff stehenden Zahn mit z. B. 5° Weiterdrehung des Fräsers für jede beliebige Stellung der Fräserachse zum Werkstück ermittelt werden. Zusätzlich kann auch ein graphisches Verfahren benutzt werden, das oft eine anschaulichere Übersicht über die in jedem Augenblick wechselnden Vorschubkräfte gibt als Zahlen.

Einzelheiten des rechnerisch-tabellarischen Verfahrens sind aus Tab. S/27 ersichtlich und bedürfen keiner weiteren Erläuterung. Der Tab. S/27 liegt Gl. (S/139) zugrunde, wobei die Stellungswinkelfaktoren $(\cos\omega)^{1-p}$ der Tab. S/21 entnommen wurden.

Bei dem zusätzlichen graphischen Verfahren (Abb. S/120) berechnet man P_v/C' gemäß Gl. (S/139), nämlich

$$\frac{P_v}{C'} = (\cos\omega)^{1-p}\left[\vartheta\cos\omega + \sin\omega\right],$$

d. h., man multipliziert die in Tab. S/27 einzeln berechneten Werte für $(\cos\omega)^{1-p}$ und $[\vartheta\cos\omega + \sin\omega]$ miteinander.

Die Werte P_v/C' trägt man über den Stellungswinkeln ω auf. In Abb. S/120 ist $1-p = 0{,}75$ und $\vartheta = {}^1/_2$ zugrunde gelegt. Die erhaltene Kurve zeigt den Verlauf der Vorschubkomponente. Wenn die Fräserachse über der Eintrittsebene liegt (vgl. Abb. S/119) und die Fräsbreite $b = {}^1/_2 D$ ist, beginnt Zahn *4* bei $\omega = 0°$, Zahn *3* steht bei $\omega = -30°$, Zahn *2* bei $\omega = -60°$, während Zahn *1* gerade aus dem Werkstück austritt bei $\omega = -90°$. Die zugehörigen Werte von P_v/C' werden an der Ordinatenachse abgelesen. Dreht sich der Fräser um 5° in Pfeilrichtung der

Tabelle S/27. Beispiel für Berechnung der Vorschubkomponenten aus Umfangskraft und Radialkraft am Zahn (Fräserachse über Eintrittsebene des Werkstückes)

Gegeben: $s_z = 0{,}2$ mm/U; $t = 10$ mm; $(1 - p) = 0{,}75$; $\varepsilon = \omega_{max} = 0°$; $\alpha = \omega_{min} = -90°$; $C' = C\,t\,s_z{}^{0{,}75} =$ etwa 300 kp. $e = 0°$, $\tau = 30°$

Annahme: Radialkraft am Zahn $= {}^1/_2$ Umfangskraft am Zahn; $(R/P_a = 0{,}5)$

Aus Gleichung S/139 $P_v = C' (\cos\omega)^{0{,}75} \left[\dfrac{1}{2}\cos\omega + \sin\omega \right]$

Zahn Nr.	Rechnungsgröße	Drehung des Stirnfräsers						Dimension
		0°	5°	10°	15°	20°	25°	
1	Stellungswinkel ω	$-90°$						
	${}^1/_2\cos\omega$	0						
	$\sin\omega$	$-1{,}0$						
	${}^1/_2\cos\omega +\sin\omega$	$-1{,}0$		außer Eingriff				
	$(\cos\omega)^{0{,}75}$	0						
	Augenblickliche Vorschubkomponente P_v	0						
2	ω	$-60°$	$-65°$	$-70°$	$-75°$	$-80°$	$-85°$	
	${}^1/_2\cos\omega$	$+0{,}250$	$+0{,}2113$	$+0{,}1710$	$+0{,}1294$	$+0{,}0868$	$+0{,}0436$	
	$\sin\omega$	$-0{,}866$	$-0{,}9063$	$-0{,}9397$	$-0{,}9656$	$-0{,}9848$	$-0{,}9962$	
	${}^1/_2\cos\omega + \sin\omega$	$-0{,}616$	$-0{,}6950$	$-0{,}7687$	$-0{,}8362$	$-0{,}8980$	$-0{,}9526$	
	$(\cos\omega)^{0{,}75}$	$0{,}5946$	$0{,}5242$	$0{,}4472$	$0{,}3629$	$0{,}2690$	$0{,}1604$	
	P_v	$-109{,}5$	$-109{,}0$	-103	$-91{,}2$	$-72{,}6$	$-45{,}9$	kp
3	ω	$-30°$	$-35°$	$-40°$	$-45°$	$-50°$	$-55°$	
	${}^1/_2\cos\omega$	$+0{,}433$	$+0{,}4096$	$+0{,}3830$	$+0{,}3536$	$+0{,}3214$	$+0{,}2868$	
	$\sin\omega$	$-0{,}500$	$-0{,}5736$	$-0{,}6428$	$-0{,}7071$	$-0{,}7660$	$-0{,}8192$	
	${}^1/_2\cos\omega + \sin\omega$	$-0{,}067$	$-0{,}1640$	$-0{,}2598$	$-0{,}3535$	$-0{,}4446$	$-0{,}5324$	
	$(\cos\omega)^{0{,}75}$	$0{,}8978$	$0{,}8610$	$0{,}8188$	$0{,}7711$	$0{,}7179$	$0{,}6591$	
	P_v	-18	$-42{,}5$	$-63{,}6$	-82	$-95{,}5$	$-105{,}5$	kp
4	ω	0	$-5°$	$-10°$	$-15°$	$-20°$	$-25°$	
	${}^1/_2\cos\omega$	$+0{,}5000$	$+0{,}4981$	$+0{,}4924$	$+0{,}4830$	$+0{,}4698$	$+0{,}4532$	
	$\sin\omega$	-0	$-0{,}0872$	$-0{,}1736$	$-0{,}2588$	$-0{,}3420$	$--0{,}4226$	
	${}^1/_2\cos\omega + \sin\omega$	$+0{,}5000$	$+0{,}4109$	$+0{,}3188$	$+0{,}2242$	$+0{,}1278$	$+0{,}0306$	
	$(\cos\omega)^{0{,}75}$	$1{,}0$	$0{,}9972$	$0{,}9886$	$0{,}9744$	$0{,}9546$	$0{,}9290$	
	P_v	$+150$	$+123$	$+94{,}2$	$+65{,}6$	$+36{,}6$	$+8{,}5$	kp
	$P_{vg} =$ Summe der gleichzeitig wirkenden Vorschubkomponenten	$+22{,}5$	$-28{,}5$	$-72{,}4$	$-107{,}7$	$-131{,}5$	$-142{,}9$	kp

Anmerkungen: P_v-Werte mit Rechenschieber ermittelt; $(\cos\omega)^{0{,}75}$ gemäß Tab. S/21.

Abb. S/120 weiter, so verringert sich P_v/C' für Zähne *4* und *3*, steigt aber für Zahn *2*, wie ohne Weiteres aus Abbildung S/120 ersehen werden kann. Hat sich der Fräser um eine Zahnfolge gedreht (hier $\tau = 30°$), so ist Zahn *4* in Stellung *3*, Zahn *3* in Stellung *2* usw., d. h., der Zyklus beginnt wieder von vorn.

Denkt man sich nun die Bogenstücke von Zahn *4* zu Zahn *3* (Abbildung S/120) von Zahn *3* zu Zahn *2* und von Zahn *2* zu Zahn *1* senkrecht auseinandergeschnitten, und legt die jeweiligen Anfangspunkte

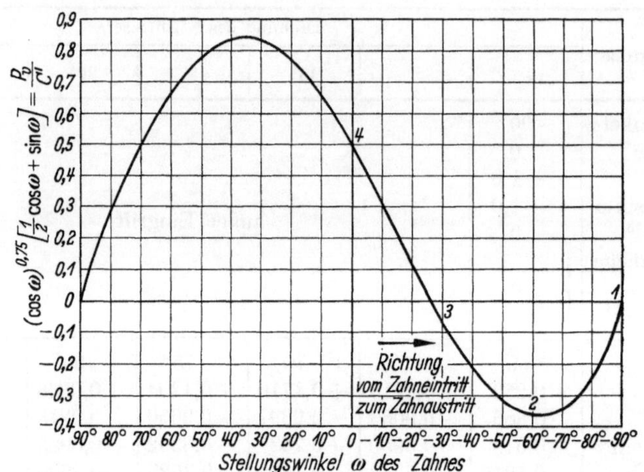

Abb. S/120

Pulsieren der Vorschubkomponente P_v in Abhängigkeit von der Fräserzahnstellung (Beispiel für Radialkraft = $^1/_2$ Umfangskraft am Zahn und $1 - p = 0,75$). Die Zahlen *1—4* kennzeichnen die augenblickliche Stellung von vier aufeinanderfolgenden, im Eingriff befindlichen Zähnen

auf dieselbe Abzisse (Drehwinkel $0°$), so erhält man Abb. S/121, aus der der gleichzeitig stattfindende Abfall der Vorschubkomponenten für Zähne *4* und *3* und das Ansteigen für Zahn *2* leicht ersichtlich wird. *Durch Addition der Ordinaten der 3 Kurven findet man für jeden Augenblick die Änderung der Gesamtvorschubkomponente aller im Eingriff befindlichen Zähne.*

Tabelle S/28. *Vergleich der Vorschubresultanten für verschiedene Lagen der Fräserachse zum Werkstück*

Fräserachse über	Drehwinkel des Fräsers						Mittelwert 0° ... 25°	
	0°	5°	10°	15°	20°	25°		
Austrittsebene	$P_{vg} = 600$	513	552	581	600	604	**575**	kp
Werkstückmitte	$P_{vg} = 384$	368	326	281	235	183	**296**	kp
Eintrittsebene (vgl. Tab. S/27)	$P_{vg} = +22,5$	−28,5	−72,4	−107,7	−131,5	−142,9	**−76,6**	kp

In Abb. S/121 ist die Summe der Vorschubkomponenten (in der mit △ gekennzeichneten Kurve) mit Ausnahme der ersten 2° Dehnung des Fräsers immer negativ, d. h., daß sie in Richtung der Vorschubbewegung des Werkstückes wirkt.

Ganz besonders wichtig, im Hinblick auf Schwingungserscheinungen beim Stirnfräsen, ist ein Vergleich der Vorschubresultanten für verschiedene Stellungen der Fräserachse zum Werkstück. Führt man die in Tab. S/27 angegebenen Berechnungen auch für die Lage der Fräserachse über der Werkstückmitte und über der Austrittsebene durch, so ergeben sich die in Tab. S/28 aufgeführten Werte.

Toter Gang an der Spindel ist gewöhnlich unschädlich, wenn die Vorschubresultante ihr Vorzeichen nicht ändert, was durch geeignete Einstellung von Fräserachse zum Werkstück, Änderung des Zahnfolgewinkels und Schneidengeometrie erreicht werden kann. Unter Umständen sind Sonderfräser zu entwerfen oder Ausgleichsvorrichtungen (backlash eliminators) zu verwenden.

Aus Tab. S/28 erkennt man, daß sich der Mittelwert der Vorschubresultanten aller im Eingriff befindlichen Zähne durch bloßes Verstellen der Fräserachse von der Austrittszur Eintrittsebene um etwa 500 kp vermindert, wobei die Richtungsumkehr nicht betrachtet ist. Der Mittelwert fällt von 575 kg auf —76,6 kp, also auf weniger als $^1/_8$ absolut betrachtet! Diese große Verminderung ist ein weiterer wesentlicher Grund für Verringerung des Rattern und die erheblichen Standzeitverbesserun-

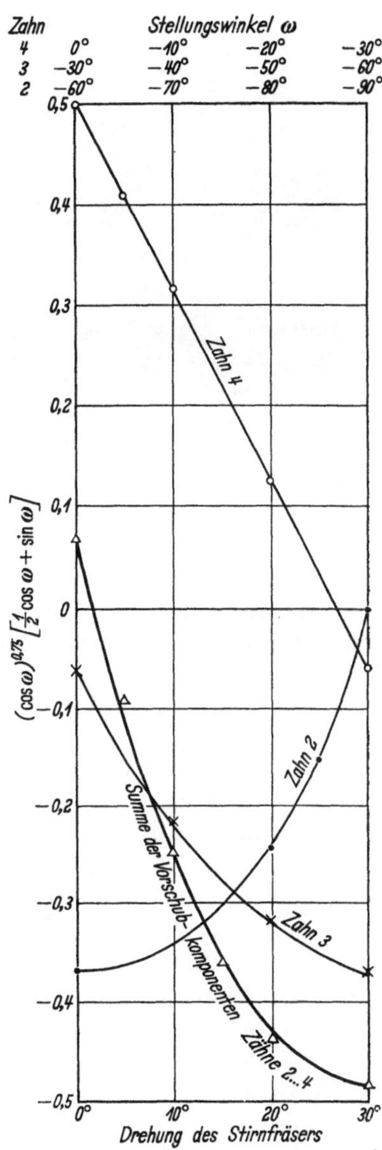

Abb. S/121. Graphische Ermittlung der Summe der augenblicklichen Vorschubkomponenten für alle im Eingriff befindlichen Zähne (Beispiel für Stellung der Fräserachse über der Eintrittsebene, und Radialkraft = $^1/_2$ Umfangskraft. $1 - p = 0,75$, τ = 30°)

gen, wie sie sich auf Grund der Untersuchungen des Verfassers ergaben (vgl. Seiten 40ff., 65, 146).

Abb. S/122. Nutenwalze und Druckrolle zur mechanischen Schwingungserregung bei wirklichkeitsnaher Maschinenbeanspruchung (System KRONENBERG)

9. Schwingungen[1]

Viele an Werkzeugmaschinen auftretende Schwingungen erfolgen in Richtung der schwächsten Maschinenelemente, wie z. B. Leitspindeln oder anderer schlanker Maschinenteile, die wie Federn wirken. Daher treten Rattererscheinungen beim Stirnfräsen gern in Vorschubrichtung auf.

Zur Untersuchung der Schwingungen, bei der die Querspindel eines Drehbankschlittens als rückstellende Feder benutzt wurde, hat der Verfasser vor etwa 15 Jahren die in Abb. S/122 und S/123 hier erstmalig veröffentlichte Versuchseinrichtung geschaffen[2]. Sie besteht im wesentlichen aus einer mechanischen Erregereinheit, die den beim Einstechdrehen vor sich gehenden Zerspanungsprozeß, jedoch ohne Zerspanung, nachzuahmen versucht. Abb. S/122 zeigt eine genutete Walze als Werkstück und eine Druckrolle, die gegen die Walze mit einstellbarem Druck angestellt werden kann und den Platz des Drehwerkzeuges einnimmt.

Die Druckrolle wird soweit unter Mitte gestellt, daß die Anstellkraft zwischen Nutenwalze und Druckrolle unter einem Winkel gegen die Vertikale liegt, der dem beim Einstechen möglichst gleicht. Die Maschine und der Schlitten werden daher so wie beim Zerspanen beansprucht. Die Rolle ist deutlicher auf Abb. S/123 zu sehen.

---

[1] Vgl. hierzu: Zerspanungslehre, 1. Aufl., 1927, Seiten 212ff. und Bd. 1, 2. Aufl., 1954, Seiten 302ff. u. 358, Absatz 8.

[2] Unter anderem für die R. K. LeBlond Mach. Tool Co. ausgearbeitet.

Dehnungsmeßstreifen, die unter den weißen Schutzbezügen an zahlreichen Stellen des Schlittens, Bettes, Reitstock usw. befestigt waren, lieferten Oszillogramme der erregten Schwingungen für die verschiedenen Drehzahlen der Maschine. Die Walze war so bemessen, daß sie innerhalb des untersuchten gesamten Drehzahlbereiches nicht in Resonanz geraten konnte. Diese Einrichtung — Nutenwalze und

Abb. S/123. Nahansicht der Druckrolle der Abb. S/122 (A Dehnungsmeßstreifen zur Schwingungsmessung am Flügelradius)

Druckrolle — hat den Vorteil, daß kontrollierbare Frequenzen unter zerspanungsähnlicher Belastung der Maschine erzeugt und die bei Schwingungsforschungen störenden Einflüsse der Werkzeugabstumpfung, harter Stellen im Werkstoff usw. beseitigt werden können.

Der mit A in Abb. S/123 bezeichnete Dehnungsmeßstreifen diente — im Zusammenhang mit einem 2. Streifen an der abgewandten Seite der Brücke — zur Untersuchung der an diesen beiden Stellen des Schlittens herrschenden Schwingungen. Die Oszillogramme sind in Abb. S/124a—k für Spindeldrehzahlen von 25 . . . 697 U/min wiedergegeben, die eine Auswahl der zur Verfügung stehenden Umlaufzahlen darstellen. Die Abbildungen sind Ausschnitte von $^1/_2$ sek aus den wesentlich längeren Originalen und zeigen deutlich den Anstieg und Abfall der Amplituden mit zunehmender Drehzahl. Abb. S/124a erstreckt sich über eine etwas größere Laufzeit.

Die Dehnungsmeßstreifen waren so geschaltet, daß sie unter Druck nach außen und unter Zug nach innen zeigende Amplituden ergaben. Druck ist daher an der linken Nullinie durch nach links, und an der rechten durch nach rechts zeigende Ausschläge erkennbar.

Sowohl aus den Oszillogrammen als auch aus Abb. S/125 ergibt sich, daß der Schlitten in Richtung der Querspindel zum Rattern gebracht werden konnte, wobei die Resonanz bei etwa 130 Hz ($\sim$/sek)

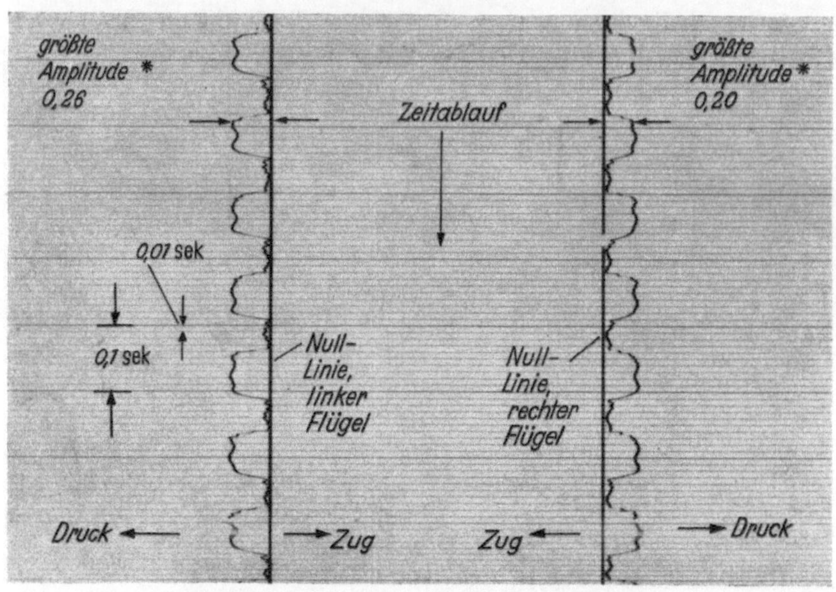

Abb. S/124a. 25 U/min. der Spindel (* Vergleichszahlen)

Abb. S/124a—k. Oszillogramme für verschiedene Spindeldrehzahlen

lag. Die Amplituden wurden nahe der Resonanz so groß, daß die Resonanzzone selbst wegen Gefahr der Zerstörung von Maschinenteilen nicht genauer untersucht werden konnte.

Abb. S/126 zeigt die Schwingungsform. Die beiden Flügel schwingen in Phase, wobei der rechte Flügel etwas kleinere Größtamplituden aufwies als der linke. Bei den kleinen und großen Schwingungsfrequenzen kehren die beiden Flügel nach jedem Ausschlag in die Nullstellung zurück, überschießen sie jedoch nahe dem Resonanzgebiet und verformen auf diese Weise das Bett, das ebenfalls, in sekundärer Weise, in Schwingungen gerät.

Wurde die Anstellkraft zwischen Rolle und Nutenwalze verringert, so schrumpfte die Resonanzbreite und die Amplitudengröße zusammen. Die Herabsetzung der auf die Querspindel wirkende Kraft verminderte das Rattern sehr stark.

Beim *Stirnfräsen* ist, wie im vorstehenden Kapitel gezeigt wurde, eine starke Verminderung der pulsierenden Vorschubresultante, die in Richtung der Tischspindel wirkt, durch Verlegen der Frässpindel zur Eintrittsebene hin leicht möglich, ohne daß der Spanquerschnitt

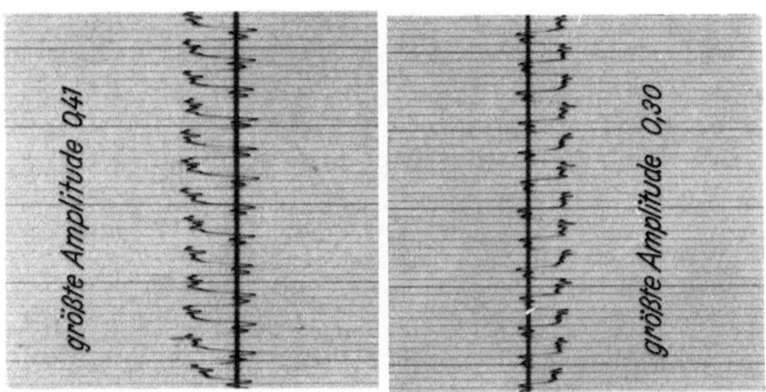

Abb. S/124b. 79 U/min

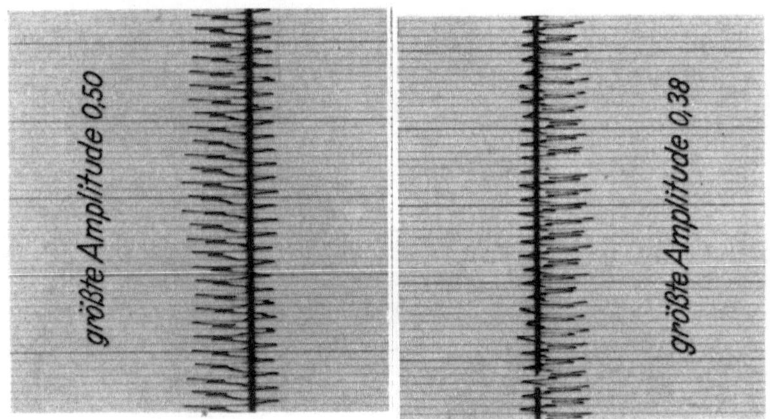

Abb. S/124c. 167 U/min

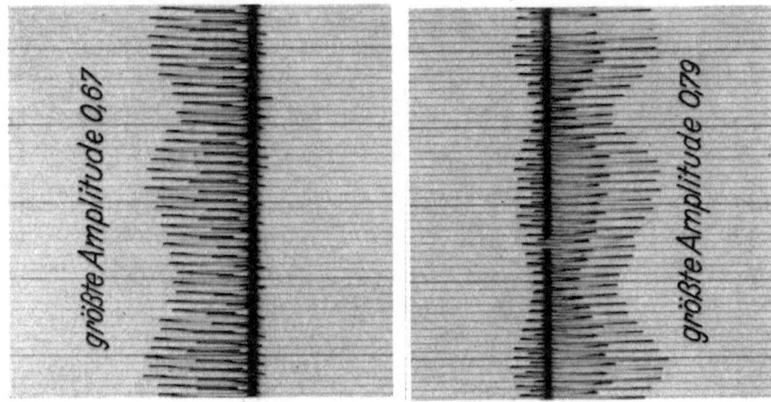

Abb. S/124d. 246 U/min

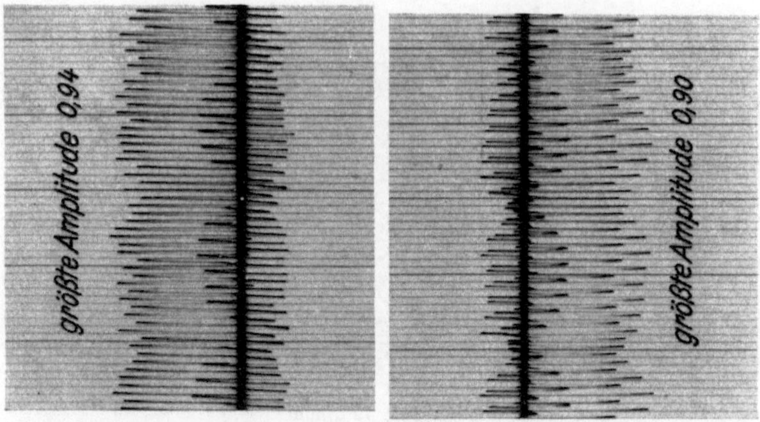

Abb. S/124e. 290 U/min

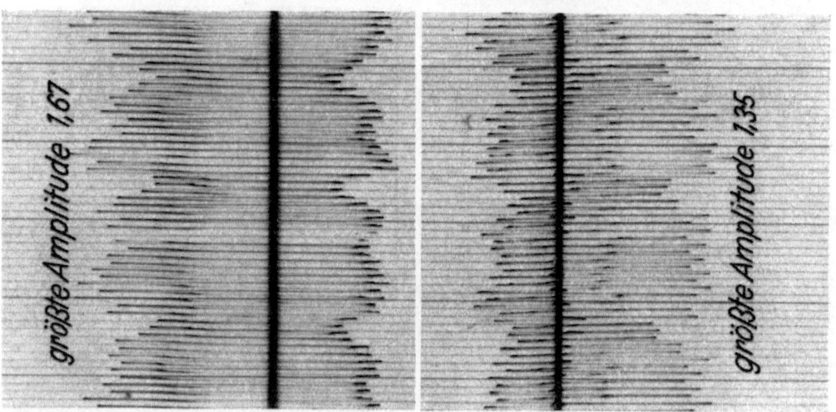

Abb. S/124f. 330 U/min

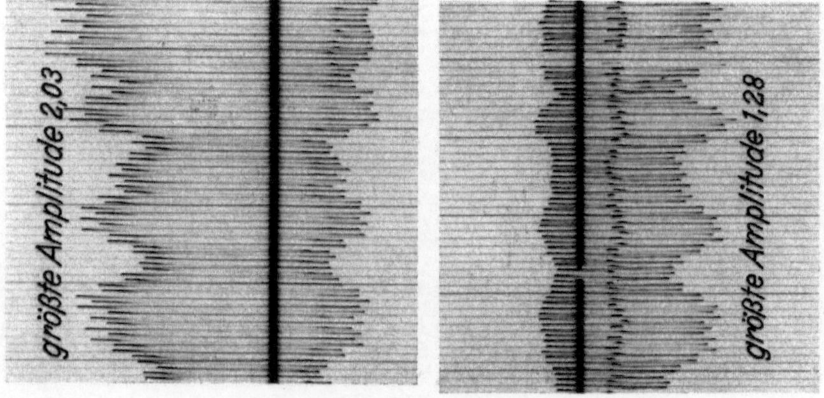

Abb. S/124g. 430 U/min

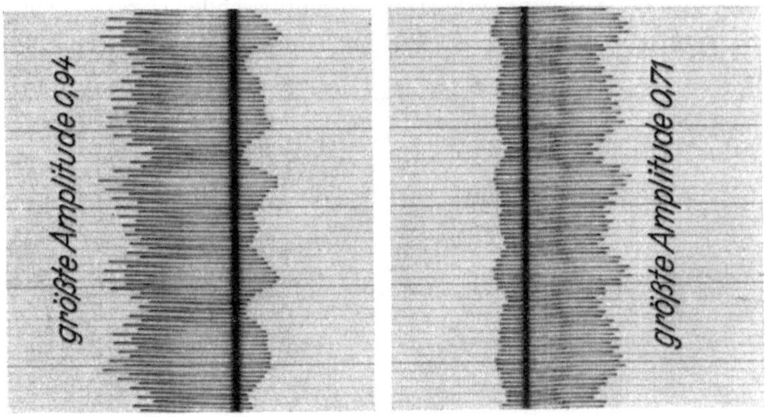

Abb. S/124h. 520 U/min

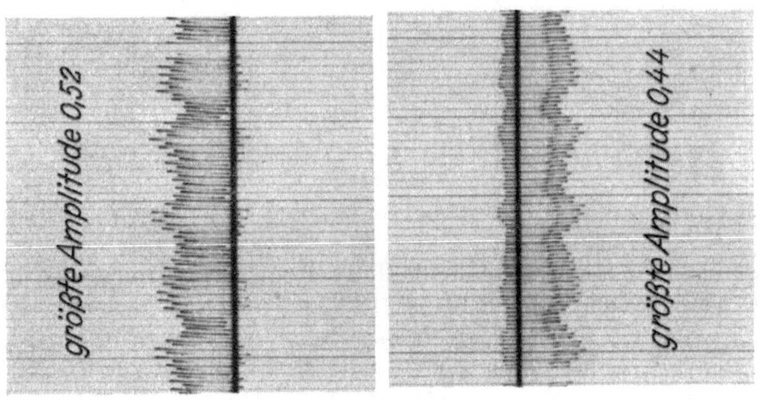

Abb. S/124i. 590 U/min

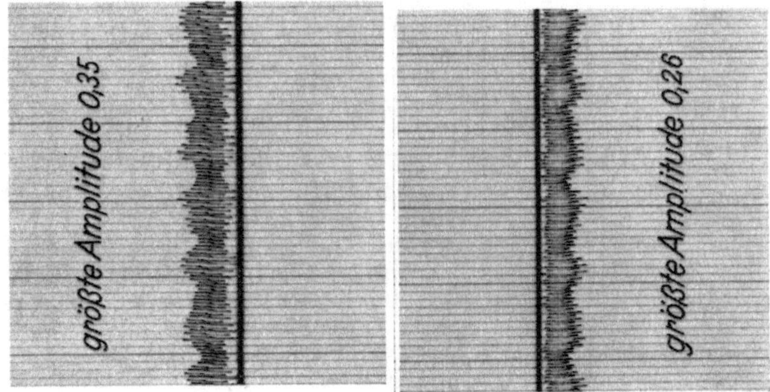

Abb. S/124k. 697 U/min

und andere die Zerspanungsleistung beeinflussenden Größen herabgesetzt werden müßten.

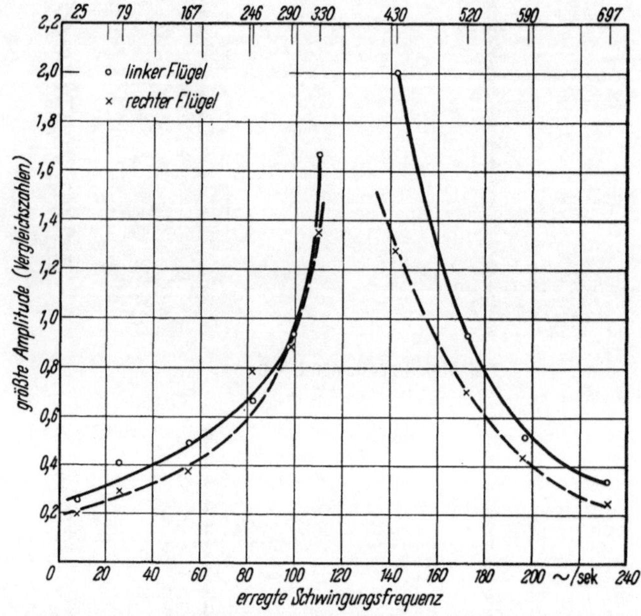

Abb. S/125. Anwachsen und Abfall der Schwingungsamplituden bei steigender Spindeldrehzahl

TOBIAS ist zu ähnlichen Schlußfolgerungen gekommen[1], wie aus seinen Diagrammen (Abb. S/127—S/130 a—c) — in denen hier sinngemäß „workposition out bzw. in" durch „Verstellung zur Austrittsebene" bzw. „zur Eintrittsebene" ersetzt wurde — hervorgeht und wie er auch selbst ausführt[2]:

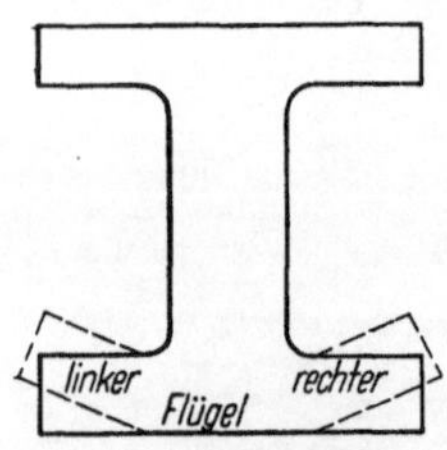

Abb. S/126
Skizze der Schwingungsform eines Schlittens im Augenblick der größten an den Flügelradien gemessenen Amplituden

„Es zeigte sich, daß die relative Bewegung zwischen Messerkopf und Werkstück hauptsächlich in der Richtung des Vorschubs lag: ... verhältnismäßig kleine Änderungen der relativen Werkstücklage haben einen großen Einfluß auf das Rattern".

Abb. S/130 a—c zeigt den Einfluß der Fräserstellung auf das Ratterverhalten. Je mehr die

[1] TOBIAS, S. A.: The vibrations of vertical milling machines under test and working conditions. Proc. Instn. mech. Engrs., Lond. 173 (1959) Nr. 18, S. 474—494 with comments by M. KRONENBERG S. 498—499, C. ANDREW, R. C. BREWER, J. P. GURNEY, A. M. LANS, J. P. BROWN, TH. MENSFORTH, M. POLACEK, M. SADOWY, G. TSCHEBOTARIFF, G. B. WARBURTON, S. 495—510.
[2] TOBIAS, S. A.: Schwingungen an Werkzeugmaschinen, München: Hanser 1961, S. 209, 231, 232.

Fräserachse der Eintrittsebene genährt wird, desto kleiner wird die Vorschubresultante aller im Eingriff befindlicher Zähne (vgl. Tab. S/28) und desto kleiner auch dP_{vg}, d. h. das Differential der Vorschubresultante, das eine lineare Funktion der im Eingriff befindlichen Zähne und des Spandickenkoeffizienten bzw. der Eindringungskoeffizienten ist. TOBIAS hat festgestellt, daß eine Verstellung der Fäserachse um 72 mm zur Eintrittsebene hin, eine 460%ige Erhöhung der Schnittiefe gestattet, um die gleichen Stabilitätsbedingungen zu erhalten, was als eine recht gute Bestätigung meiner Versuche aus den Jahren 1945—1947 angesehen werden kann.

Es ist somit für jeden Betriebsingenieur wichtig, sich mit diesen Einflüssen zu befassen.

Verdrehungsschwingungen (Torsionsschwingungen) können beim Stirnfräsen ebenfalls auftreten, wie Versuche des Verfassers zeigten. Zu diesem Zweck wurden die Eigenfrequeuzen einer mit

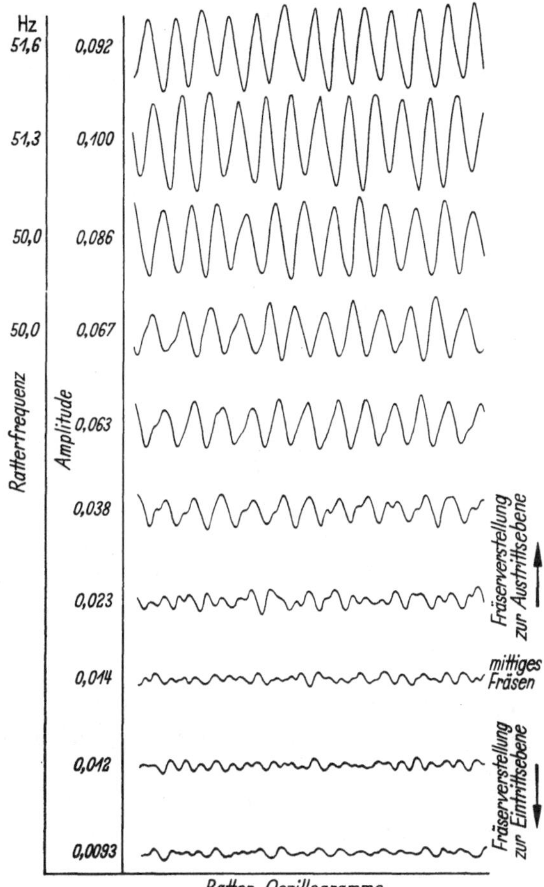

Abb. S/127. Verminderung der Rattererscheinungen beim Stirnfräsen durch Verstellung der Fräserachse von der Austrittsebene zur Eintrittsebene. Amplitudenverminderung im Verhältnis von etwa 10:1 bei Annäherung der Fräserachse an die Eintrittsebene (nach TOBIAS)

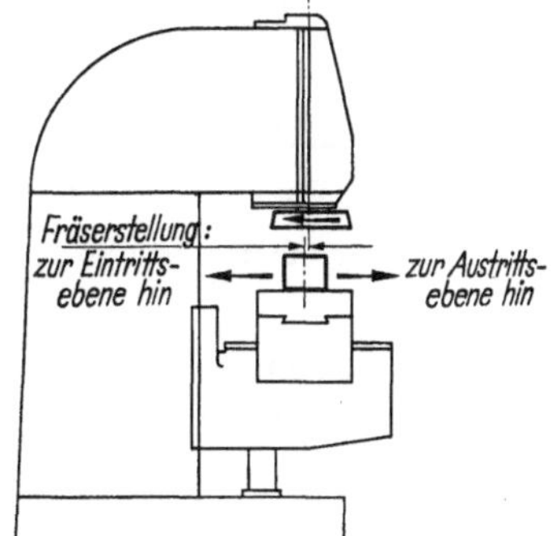

Abb. S/128. Verminderung der Rattererscheinungen beim Stirnfräsen durch Verstellung der Fräserachse von der Austrittsebene zur Eintrittsebene. Skizze zur Erläuterung der Änderung der Fräserstellung durch Werkstückverstellung

Räderantrieb ausgerüsteten Senkrechtfräsmaschine mittels des Ersatzsystems berechnet (Abb. S/131). Man erkennt aus der Länge der Ersatzsysteme und der Größe der Trägheitsmassen der Zahnräder,

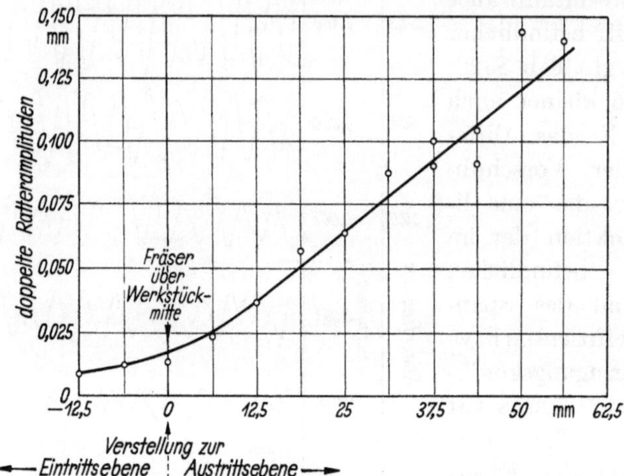

Abb. S/129. Verminderung der Rattererscheinungen beim Stirnfräsen durch Verstellung der Fräserachse von der Austrittsebene zur Eintrittsebene. Graphische Darstellung der Amplitudenverminderung der Abb. S/127

Kupplungen usw., daß die Eigenfrequenz der ersten Schwingungsform von $11{,}9\sim$/sek bei $n = 1270$ U/min auf $92\sim$/sek bei $n = 17{,}4$ U/min anwächst.

In dieser Änderung der Eigenfrequenz mit Änderung der Drehzahl des Getriebes liegt ein wesentlicher Unterschied zu Torsionsschwingun

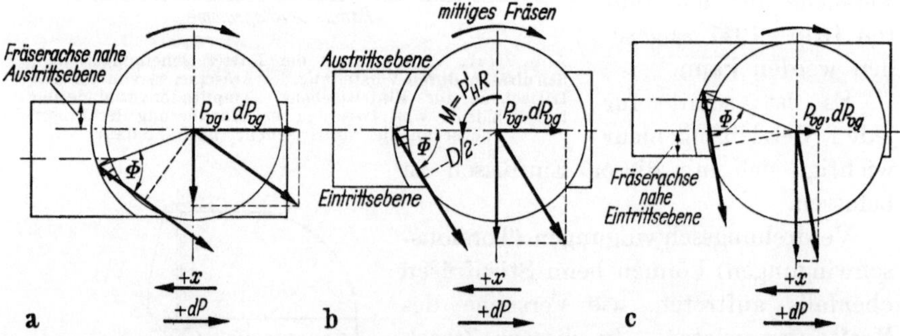

Abb. S/130 a—c. Einfluß der Stellung des Fräsers auf das Ratterverhalten (nach TOBIAS)

gen bei anderen Maschinen wie z. B. Automobilmotoren. Bei Werkzeugmaschinen ändern sich die Federn (d. h. die dynamische Steifigkeit der Wellen) und die Trägheitsmassen (Zahnräder) mit Wechsel der Drehzahlen, da nicht nur andere Wellen und Zahnräder infolge der

Schaltung in Eingriff kommen, sondern auch die von Welle zur Spindel übertragenen äquivalenten Federn und Massen sich ändern. Bei Motoren

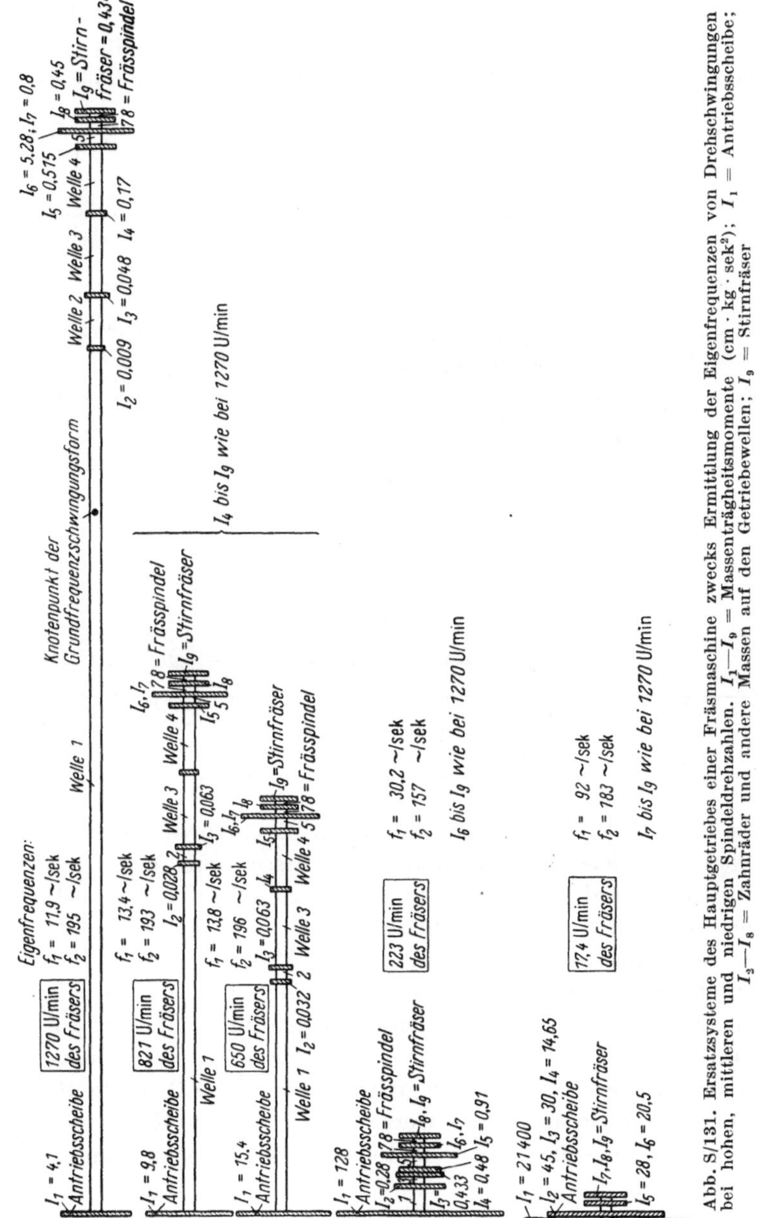

Abb. S/131. Ersatzsysteme des Hauptgetriebes einer Fräsmaschine zwecks Ermittlung der Eigenfrequenzen von Drehschwingungen bei hohen, mittleren und niedrigen Spindeldrehzahlen. I_1—I_9 = Massenträgheitsmomente (cm · kg · sek²); I_1 = Antriebsscheibe; I_3—I_8 = Zahnräder und andere Massen auf den Getriebewellen; I_9 = Stirnfräser

ändern sich die Massen und Federn bei Drehzahländerung gewöhnlich nicht. Deshalb ist es auch bei Werkzeugmaschinen oft nicht möglich, auf Schwingungsuntersuchungen aus anderen Ingenieurgebieten zurückzugreifen.

Bei der untersuchten Fräsmaschine hat die Antriebsscheibe ein Massenträgheitsmoment von $4{,}1$ cm $\cdot$ kp $\cdot$ sek², wenn $n = 1270$ U/min; es vergrößert sich jedoch auf $21\,400$ cm $\cdot$ kp $\cdot$ sek², wenn die niedrigste Drehzahl und die in Frage kommenden Wellen und Massen eingeschaltet

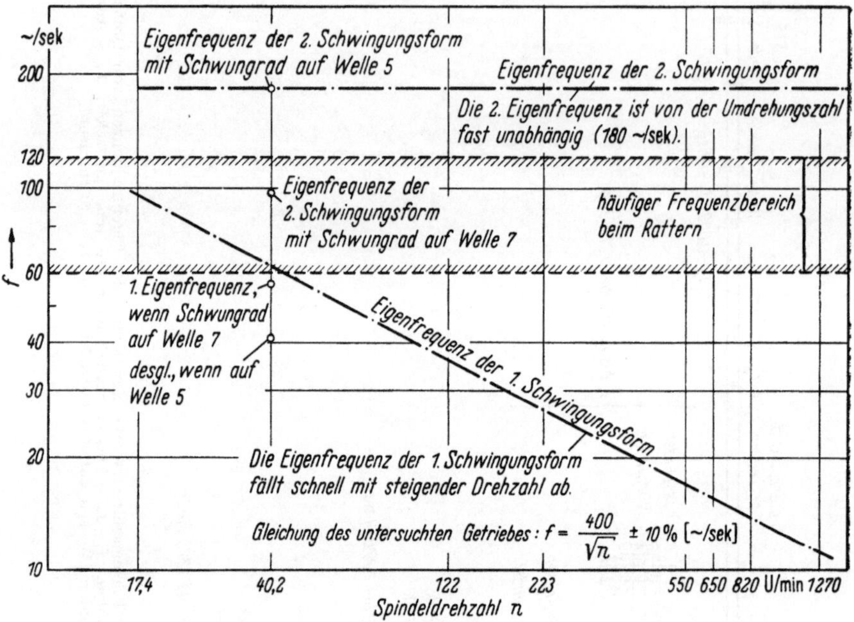

Abb. S/132

Eigenfrequenzen der Drehschwingungen des Hauptgetriebes einer Senkrechtfräsmaschine

werden ($n = 17{,}4$). Bei hohen Drehzahlen hat man es also mit einem „weichen" Getriebe zu tun und infolgedessen mit einer niedrigen Eigenfrequenz und bei niedrigen Drehzahlen mit einem „starren" Getriebe, das höhere Eigenfrequenz besitzt.

Die Änderung ist graphisch in Abb. S/132 gezeigt unter Einschluß der Untersuchung der Wirkung von Schwungrädern an verschiedenen Stellen im Getriebe. Die zweite Schwingungsform war fast unabhängig von der Drehzahl, d. h. von der damit verbundenen Änderung der Federn und Massen. Fällt die Eingriffsfrequenz der Zähne, die Spindeldrehzahl oder die Drehzahl einer Getriebewelle mit den Eigenfrequenzen des Getriebes zusammen, so entstehen Resonanzerscheinungen mit Torsionsrattern.

Man beachte z. B., daß in Abb. S/131 die Drehzahl von 821 U/min sehr nahe der Eigenschwingungszahl ($13{,}4 \times 60 = 804$ ~/min) für diese Drehzahl liegt. Unwucht, selbst geringen Ausmaßes, oder Benutzung eines

Schlagzahnfräsers rufen also leicht Resonanz bei dieser Drehzahl hervor. Unwucht kann sogar im Leerlauf bei dieser Drehzahl Torsionsschwingungen mit großer Amplitude erzeugen.

Dieses Ergebnis bringt wesentliche neue Erkenntnisse als Folgerung aus einer dynamischen Analyse des Antriebes. Weiche Getriebe, d. h. solche mit lang ausgestreckten Ersatzsystemen, ergeben sich auch oft durch die Antriebsriemen. In vielen Untersuchungen habe ich gefunden, daß zahlreiche Werkzeugmaschinen in den Industriestaaten der Welt eine erste „Wackelfrequenz" von etwa 1000 $\sim$/min $\pm 15\%$ besitzen, was auf die durch die Antriebsriemen verursachten „weichen" Getriebe zurückzuführen sein mag.

Bei dem Fräsmaschinengetriebe der Abb. S/131 und S/132 ändert sich die Eigenschwingungszahl gemäß

$$f = \frac{400}{\sqrt{n}} \sim /\text{sek.} \qquad (\text{S}/140\,\text{a})$$

Die sekundliche Zahneingriffszahl ist:

$$\frac{n\,Z}{60} \sim /\text{sek.} \qquad (\text{S}/140\,\text{b})$$

Resonanz zwischen dem Zahneingriff und der Torsionseigenfrequenz tritt demnach ein, wenn

d. h., wenn

$$\frac{400}{\sqrt{n}} = \frac{n\,Z}{60}$$

$$n = \left(\frac{24\,000}{Z}\right)^{0,667} \quad \text{U/min} \qquad (\text{S}/140\,\text{c})$$

ist. Bei einem 4zahnigen Stirnfräser würde bei diesem Getriebe Resonanz bei $n = 330$ U/min, bei einem 6zahnigen bei $n = 250$ U/min, bei einem 10zahnigen bei $n = 180$ eintreten. *Solches Zusammenfallen von Zähnezahl und Drehzahl muß also vermieden werden.*

Da die Zahneingriffsfrequenz sich direkt mit der Drehzahl und die Eigenfrequenz umgekehrt der Quadratwurzel ändert, ist es ersichtlich, warum Verdrehungsschwingungen bei manchen Drehzahlen und Zähnezahlen auftreten und bei anderen nicht.

Die Zerspanung wird in solchen Fällen nicht von der Schnittgeschwindigkeit und Schnittkraft, sondern von der sich ändernden Eigenfrequenz gesteuert.

E. Die Leistung

Leistung (N) ist das Produkt aus Schnittkraft (P) und Schnittgeschwindigkeit (v), so daß sie allgemein dargestellt wird durch

$$N = \frac{P\,v}{4500} \quad (\text{PS}) \quad \text{bzw.} \quad N = \frac{P\,v}{6120} \quad (\text{kW}). \quad (\text{S}/141\,\text{a u. b})$$

Im folgenden wird die Leistung meistens in PS ausgedrückt werden,
um Einheitlichkeit mit Bd. I dieses Buches herzustellen. Außerdem
wird die Benutzung des kW als Leistungseinheit erst seit kürzerer
Zeit in Europa bevorzugt, während PS (bzw. HP = horsepower) in
USA und anderen Ländern noch vorherrscht.

Für die Leistungsberechnung und die Doppelbeziehung zwischen
Spangrößen und Schnittgeschwindigkeit bestehen beim Fräsen dieselben Grundsätze, wie sie für Drehen in Bd. I, Seiten 319 ff., dargelegt
wurden. Vor allem gilt die Erkenntnis (Bd. I, Seite 320), daß ein Werk-
zeuggesetz und ein davon verschiedenes Werkzeugmaschinengesetz
besteht; das erstere schließt die Standzeit, das letztere die Schnittkraft
ein. Ändert man eine der Spangrößen (z. B. den Vorschub), so ändert
sich die Schnittkraft und die Standzeit in verschiedenem Maße. Man
hat die Wahl, ob man die der Schnittkraft oder die der Standzeit
zugeordnete Schnittgeschwindigkeit benutzen will. Die Ausnutzung der
verfügbaren Leistung macht vom Schnittkraftgesetz Gebrauch und
ergibt gewöhnlich größere Zerspanungsmengen, jedoch auf Kosten der
Standzeit. Die Standzeitausnutzung andererseits, ergibt bessere Ausnutzung des Werkzeuges, jedoch Über- oder Unterbelastung der Maschine.
Weitere Einzelheiten brauchen hier nicht wiederholt zu werden; es sei
auf die angeführten Kapitel des Bd. I verwiesen.

Beim Stirnfräsen ist es für Berechnung der *mittleren* Leistung gewöhnlich ausreichend, die mittlere (Umfangs-) Schnittkraft am Zahn (P_m)
und die Zahl der im Eingriff stehenden Zähne (Z_e) mit der Schnittgeschwindigkeit (v) zu multiplizieren. Unter Benutzung der Gln. (S/141 a),
(S/130) und (S/52) erhält man für die mittlere Gesamtleistung am Werkzeug:

$$N_m = \frac{C\, t\, s_Z{}^{(1-p)}(\cos e)^{-\frac{1}{p}}(\cos \omega_m)^{1-p}\, v\, Z\,(\varepsilon - \alpha)}{4500 \cdot 2\pi}\ \text{PS}. \qquad (S/142)$$

Gl. (S/110 b), Seite 119, läßt sich umformen in:

$$\varepsilon - \alpha = \frac{2b}{D(\cos \omega_m)}. \qquad (S/143)$$

Infolgedessen erhält man für die Leistung auch:

$$N_m = \frac{C\, t\, (s_Z)^{(1-p)}\, v\, Z\, b}{(\cos e)^p\, (\cos \omega_m)^p\, 4500\, D\, \pi}. \qquad (S/144)$$

Eine weitere Form dieser Gleichung ergibt sich durch Einsatz von

$$v = \frac{D\, \pi\, n}{1000} \qquad (S/145)$$

$$N_m = \frac{C\, t\, (s_Z)^{(1-p)}\, n\, Z\, b}{(\cos e)^p\, (\cos \omega)^p\, 4500 \cdot 1000}. \qquad (S/146)$$

Setzt man Gl. (S/110b) unmittelbar in Gl. (S/142) ein, so erhält man ferner:

$$N_m = \frac{C\,t\,(s_z)^{(1-p)}\,v\,Z\,(\varepsilon-\alpha)^p\,b^{(1-p)}}{(\cos e)^p\,4500\cdot 2^p\,\pi\,D^{(1-p)}}.\qquad (S/147)$$

Aus den Gln. (S/142)—(S/147) lassen sich nunmehr die folgenden Schlüsse ziehen:

1. Die mittlere Leistung am Stirnfräser ist der *Schnittgeschwindigkeit* (v), der *Zähnezahl* (Z) sowie der *Schnittiefe t* direkt proportional (hinsichtlich der Proportionalität der Schnittiefe siehe jedoch Seite 142).

2. Die mittlere Leistung am Stirnfräser nimmt in geringerem Maße als der *Vorschub* zu, wie es auch beim Drehen der Fall ist. Eine 100%ige Vergrößerung des Vorschubs pro Zahn von 0,25 mm auf 0,50 mm erfordert bei $1-p=0,75$ (s. Tab. S/21) nur $\frac{0,5946}{0,3536}=68,4\%$ mehr Leistung.

3. Bei Erhöhung der verfügbaren *Leistung* kann durch Erhöhung des Vorschubs eine größere Produktion (Spanabnahme) erreicht werden als durch Erhöhung der Schnittgeschwindigkeit. Bei Verdoppelung der verfügbaren Leistung kann die Schnittgeschwindigkeit verdoppelt werden, während der Vorschub bei $1-p=0,75$ auf das $2^{\frac{1}{0,75}}=$ rund 2,5fache gesteigert werden kann. Die Standzeit würde sich vermindern, wie auf Seite 176, 2. Absatz, ausgeführt wurde.

4. Eine Vergrößerung des *Eckenwinkel* (e) oder Verkleinerung des Einstellwinkels ($\varkappa$) hat wenig Einfluß auf die Leistung bis zu etwa $e=45°$. Darüber hinaus erhöht sich der Leistungsbedarf durch die Vergrößerung des Eckenwinkels.

5. Durch *Verlegen der Fräserachse* über die Eintritts- oder Austrittsebene bei unverändertem Verhältnis der Fräsbreite zum Fräserdurchmesser (b/D) erhöht sich die erforderliche mittlere Leistung weniger als dem Verhältnis der Eingriffswinkeländerung ($\varepsilon-\alpha$) — oder der Bogenlängenänderung — entspricht. Wird durch solche Verlegung der Eingriffswinkel ($\varepsilon-\alpha$) von 60° auf 90° und somit die Bogenlänge um 50% vergrößert (vgl. Abb. S/119), so erhöht sich die mittlere Leistung nur um $\left(\frac{90}{60}\right)^{0,25}=$ etwa $1,11=11\%$, wenn der Exponent $p=0,25$ ist.

6. Ändert sich das Verhältnis der *Fräsbreite* zum Fräserdurchmesser und bleibt dabei der Eingriffswinkel ($\varepsilon-\alpha$) ungeändert, so steigt die mittlere Leistung weniger als proportional an. Wird in Abbildung S/119 das b/D-Verhältnis so geändert, daß auch bei mittigem Fräsen ein Eingriffswinkel von 90° entsteht, so muß $b/D=\sin 45°=0,707$ werden, anstatt 0,5, wie in der Abbildung gezeigt ist. Der erforderliche Leistungsanstieg beträgt in diesem Fall $(0,707/0,5)^{0,75}=1,295$

$= 29^1/_2\%$, obgleich die Fräsbreite sich um $1{,}414 = 41{,}4\%$ vergrößert hat.

Jede der Gln. (S/142)—(S/147) kann für die Berechnung der mittleren Leistung am Stirnfräser benutzt werden. Es ist oft einfacher, zunächst die mittlere Schnittkraft zu berechnen und sie mit der im Eingriff stehenden Zähnezahl und der Schnittgeschwindigkeit zu multiplizieren, bei Division durch 4500 bzw. 6120.

Zusammenfassung (Schnittkraft- und Leistungsberechnung)

Zur Übersicht ist das bereits teilweise erörterte Verfahren mit Erweiterung auf die Leistungsberechnung hier zusammengestellt:

1. Ermittle Eintrittswinkel ε und Austrittswinkel α aus den gegebenen Werten für den Abstand der Fräserachse von der Eintrittsebene (A) und der Austrittsebene $(b - A)$.

Die Werte können entweder unmittelbar aus Abb. S/18 abgelesen oder aus

$$\sin\varepsilon = \frac{2A}{D}; \quad \sin\alpha = \frac{2(A - b)}{D}$$

bestimmt werden.

2. Berechne den Stellungswinkel $(\cos\omega_m)$, der der mittleren Spandicke (h_m) entspricht, entweder gemäß Gl. (S/110b), Seite 119

$$\cos\omega_m = \frac{57{,}3\,(\sin\varepsilon - \sin\alpha)}{\varepsilon - \alpha}$$

oder unmittelbar aus Abb. S/94.

3. Entnehme der Tab. S/21 oder der Abb. S/113 den zu $(\cos\omega_m)$ zugehörigen Stellungswinkelfaktor $(\cos\omega_m)^{1-p}$. Der gleichen Tabelle entnehme man die Werte für den Vorschubfaktor $(s_Z)^{(1-p)}$ und den Eckenwinkelfaktor $\left(\dfrac{1}{\cos e}\right)^p$. Multipliziere diese 3 Größen mit der Schnitttiefe t, so daß sich das Produkt

$$\frac{P_m}{C} = t\,(\cos\omega_m)^{(1-p)}\,(s_Z)^{(1-p)}\left(\frac{1}{\cos e}\right)^p$$

ergibt.

4. Bestimme die mittlere Schnittkraft am Zahn (P_m) durch Multiplikation des Produktes P_m/C mit dem Festwert C, der der Tab. S/20, der Abb. S/103 oder den anderen aufgeführten Zahlenwerten entnommen werden kann.

5. Berechne die Zahl der im Eingriff befindlichen Zähne gemäß (Gl. S/52)

$$Z_e = \frac{Z\,(\varepsilon - \alpha)}{360}.$$

6. Multipliziere P_m (aus Punkt 4) mit Z_e (aus Punkt 5) und mit der Schnittgeschwindigkeit, so daß sich die mittlere Leistung ergibt

gemäß:

$$N_m = \frac{P_m Z_e v}{4500} \quad \text{(PS)} \quad \text{oder} \quad N_m = \frac{P_m Z_e v}{6120} \quad \text{(kW)}.$$

Beispiel. Gegeben: Einstellung der Fräserachse über der Austrittsebene; $A = 180$ mm, $b = 180$ mm, $D = 360$ mm, $t = 10$ mm, $s_Z = 0{,}2$ mm$/U$, $e = 0°$, $p = 0{,}25$, $Z = 12$, $v = 70$ m/min, Gußeisen 185 HB

gemäß 1) $\quad \sin\varepsilon = \dfrac{360}{360} = 1{,}0$; $\varepsilon = 90°$ und $\sin\alpha = 0$; $\alpha = 0°$

gemäß 2) $\quad \cos\omega_m = \dfrac{57{,}3\,(1-0)}{90°} = 0{,}635$

gemäß 3) aus Abb. S/113 (Seite 144)

$$(\cos\omega_m)^{0{,}75} = 0{,}713$$

und aus Tab. S/21 (Seite 145):

$$s_Z^{(1-p)} = 0{,}299; \qquad \left(\frac{1}{\cos e}\right)^p = 1{,}0$$

daher:

$$\frac{P_m}{C} = 10 \cdot 0{,}713 \cdot 0{,}299 = 2{,}14$$

gemäß 4) aus Abb. S/103 (Seite 135) für Gußeisen 185 HB

$$C = 100 \quad \text{und} \quad P_m = 214\ \text{kp}$$

gemäß 5)

$$Z_e = \frac{12 \cdot 90}{360} = 3{,}0$$

gemäß 6)

$$N_m = \frac{214 \cdot 3 \cdot 70}{4500} = \text{etwa } 10\ \text{PS}$$

$$N_m = \frac{214 \cdot 3 \cdot 70}{6120} = 7{,}35\ \text{kW}.$$

Die *pulsierende* Leistung kann mittels der Tab. S/23—S/25 ermittelt werden d. h. durch Multiplikation der pulsierenden Kräfte mit $v = 70$ m/min und Division durch 4500 bzw. 6120. Die höchste Leistung in dem dortigen Beispiel ist demgemäß $\dfrac{747 \cdot 70}{4500} = 11{,}6$ PS bzw. 8,55 kW, die niedrigste $\dfrac{524 \cdot 70}{4500} = 8{,}13$ PS bzw. 5,96 kW.

Führt man eine Rechnung für Einstellung der Fräserachse über der Eintrittsebene durch ($A = 0$), so ergibt sich zwar dieselbe mittlere Leistung, jedoch entsteht der Vorteil der Verminderung und Umkehr der Nebenkraftkomponenten wie zuvor ausgeführt und mit ihr die Verminderung der Schwingungserscheinungen, die Verbesserung der Aufprallverhältnisse und der Standzeit der Werkzeuge.

Zweiter Teil

Bohren

A. Einleitung

Bohren gehört, ebenso wie Fräsen, zu den mehrschneidigen Zerspanungsverfahren, zwischen denen jedoch wesentliche Unterschiede bestehen.

Beim Bohren (und Drehen) tritt keine Änderung des eingestellten Spanquerschnittes bei Umdrehung des Werkzeuges bzw. Werkstückes ein. Beim Fräsen dagegen ändert sich der Spanquerschnitt dauernd während der Fräserumdrehung, wie im ersten Teil dieses Buches eingehend erörtert wurde. Infolgedessen ist es auch beim Bohren leichter möglich, die für Drehen früher abgeleiteten Festwerte (C_v, C_{ks}) für Schnittgeschwindigkeit und Schnittkraft zu verwenden als beim Fräsen.

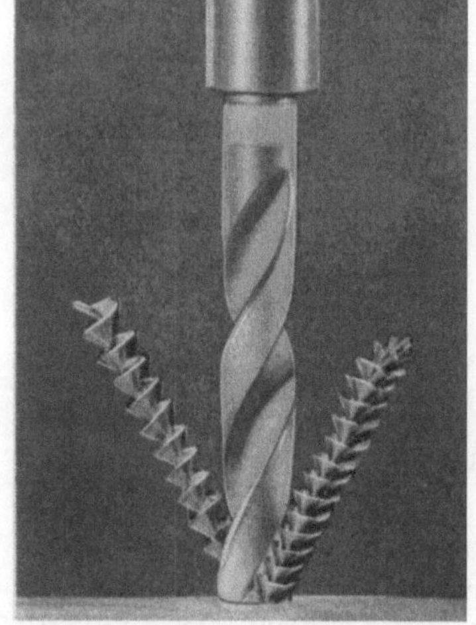

Abb. B/1. Die beiden Hauptschneidenspäne beim Bohren

Der Schnittiefe bzw. der Spanbreite, die beim Stirnfräsen fast in voller Größe in die Schnittkraftgleichungen eingeht — und daher für den spezifischen Schnittdruck oft vernachlässigt wird — entspricht beim Bohren der Radius des Bohrers bzw. die aktive Schneidenlänge beim Tieflochbohren. Der Bohrdurchmesser ist — wie die Schnittiefe beim Drehen — mit einem Potenzexponenten kleiner als Eins behaftet und beeinflußt daher die Umfangsschnittkraft nicht in voller Größe. Es ist infolgedessen ersichtlich, daß der spezifische Schnittdruck sowohl vom Bohrdurchmesser als auch vom Vorschub abhängig ist.

Trotzdem Drehen gewohnheitsgemäß als einschneidige Zerspanung betrachtet wird, ist es im strengeren Sinn des Begriffes auch als mehrschneidig anzusehen, da wir es mit einer Haupt- und Nebenschneide zu tun haben. WITTHOFF[1] ging sogar so weit, auch beim Drehen von 2 Haupt- und 2 Nebenschneiden zu sprechen. Er betrachtete den geraden Teil der Schneide als erste Hauptschneide, die Krümmung des Kopfes bis zur Senkrechten zur Drehachse als zweite Hauptschneide und die anschließende Krümmung als erste Nebenschneide, die in die gerade zweite Nebenschneide übergeht.

Der Begriff der einschneidigen und mehrschneidigen Zerspanung darf daher nicht zu eng ausgelegt werden. Beim Drehen entsteht trotz

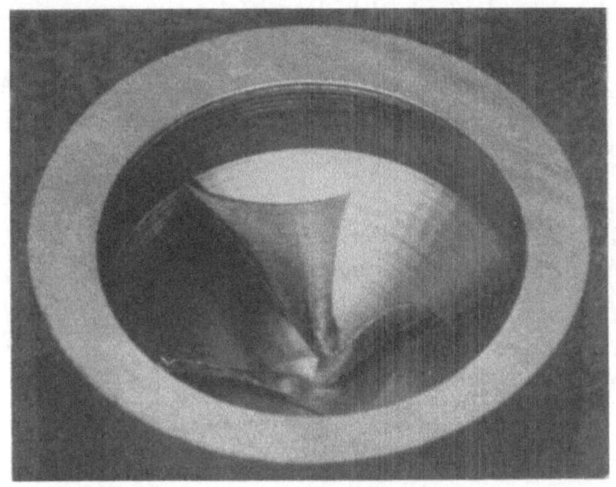

Abb. B/2. Von der Querschneide erzeugte Späne beim Bohren (nach C. J. OXFORD jun.)

der mehrfachen Schneiden nur *ein* Span. Beim Bohren und Fräsen jedoch mehrere.

Abb. B/1 zeigt die beiden beim Bohren an den beiden Hauptschneiden entstehenden Späne, während der von der Querschneide erzeugte Doppelspan selten sichtbar ist. Er ist in Abb. B/2 und auch in Abb. B/27 zu erkennen.

Getrennte Späne werden auch beim Drehen auf Vielstahlbänken von einem, einen einheitlichen Körper bildenden Werkzeug erzeugt. Man spricht jedoch in diesem Fall von einschneidiger Zerspanung.

B. Geometrie des Spiralbohrers

a) Geschichtliche Entwicklung

Die geometrischen Verhältnisse des Spiralbohrers sind wesentlich verwickelter als die des Drehstahles und verdienen eingehender Erörterung.

---

[1] WITTHOFF, J.: Zur Gestaltung des Schneidkeiles am spanabhebenden Werkzeug. Ind.-Anz. 1955, Nr. 53.

Abb. B/3 zeigt die Bezeichnungen des Spiralbohrers, wie sie in der Folge hier benutzt werden sollen. Die Freifläche ist oft Hinterschleiffläche genannt worden, sie entspricht der Freifläche am Drehstahl und ist schon frühzeitig der Gegenstand vieler Untersuchungen, z. B. der von SCHLESINGER[1], WALLICHS u. BARTH[2] und von SOMMERFELD[3], gewesen.

Spätere Veröffentlichungen, insbesondere die Arbeiten von H. SCHROPP[4] und H. GAWEHN[5] sowie auch die neusten Untersuchungen von C. OXFORD[6] widersprechen z. T. den erst genannten Forschungen, was auf die Verschiedenheit der Begriffsbestimmungen zurückzuführen ist.

SCHROPP ist z. B. der Ansicht, daß der von SCHLESINGER gemessene Winkel *nicht* der Hinterschleifwinkel ist, wenn daran festgehalten wird,

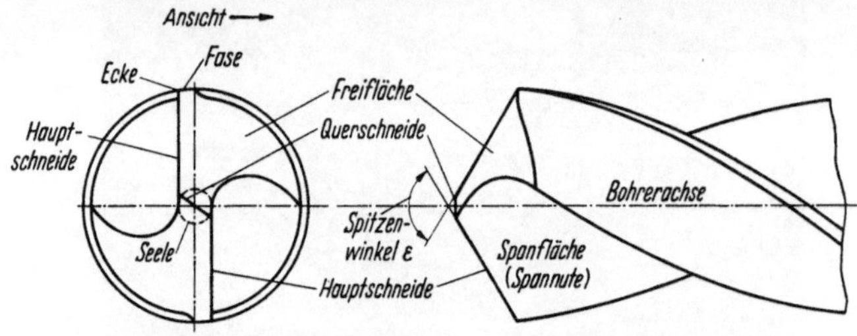

Abb. B/3. Bezeichnungen am Spiralbohrer

daß der Hinterschleifwinkel α, der Keilwinkel β und der Spanwinkel γ in einer Ebene zu messen sind, die *senkrecht zur Schneidkante* liegt.

Auch GAWEHN ist der Ansicht, daß man, um zu einer Begriffsbestimmung für die Schneidwinkel am Spiralbohrer zu gelangen, eine Anzahl Schnitte durch beliebige Schneidkantenpunkte des Bohrers stets *senkrecht zur Schneidkante* legen muß.

WALLICHS und BARTH schreiben dagegen, daß die Winkel der Schneide von einer Geraden zu messen sind, die sich als Abwicklung

[1] SCHLESINGER, G.: Die wirtschaftliche Ausnutzung des Spiralbohrers. Versuchsfeldberichte der TH, Berlin: Springer. — Werkstattstechnik 17 (1923) S. 420ff. — Schweiz. techn. Z. 1938, Nr. 35, S. 527ff.

[2] WALLICHS, A., u. C. BARTH: Über Spiralbohrerschleifmaschinen. Werkstattstechnik 1911, S. 559ff.; 615ff.; 686ff.

[3] SOMMERFELD, R.: Über den Hinterschliff von Spiralbohrern. Forschungsarbeiten auf dem Gebiete des Ingenieurwesens H. 161, Berlin: VDI-Verlag 1914.

[4] SCHROPP, H.: Messung der Schneidenwinkel am Spiralbohrer. Masch.-Bau Betrieb 12 (1933) H. 2, S. 33ff.

[5] GAWEHN, H.: Das Spanwinkelproblem des Spiralbohrers. Masch.-Bau Betrieb 10 (1931) H. 13, S. 440ff.

[6] OXFORD jun., C. J.: On the drilling of metals. I. Basic Mechanics of the Process. Trans. ASME, Februar 1955, S. 103ff.

der Schraubenlinie ergibt, die durch die gleichzeitige Vorschub- und Umdrehungsbewegung eines jeden Punktes der Schneide entsteht. Das erscheint zunächst etwas verwickelt, läßt sich aber verhältnismäßig leicht vorstellen, wie noch gezeigt werden wird. SOMMERFELD und SCHLESINGER sind gleichfalls Anhänger der *Abwicklungstheorie* für die Bestimmung der Schneidenverhältnisse am Spiralbohrer gewesen.

Der Unterschied zwischen der *Abwicklungstheorie* und der obigen Theorie der *Normalebene* ist m. E. wenig beachtet und nicht deutlich auseinandergehalten worden und dürfte dazu beigetragen haben, daß oft verwirrende Begriffsbestimmungen für die Spiralbohrergeometrie bestehen.

b) Die vier Methoden der Spanwinkelbestimmung

α) Der Parallelspanwinkel γ_p

Bei der als Parallelmethode zu bezeichnenden „älteren" Schneidengeometrie legt man durch den betrachteten Schneidenpunkt P (Abb. B/4)

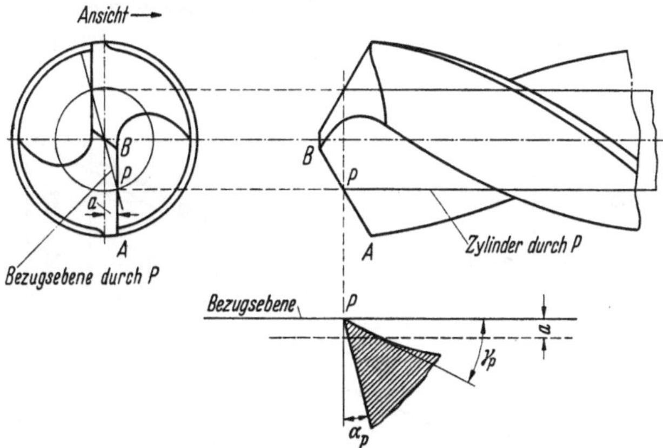

Abb. B/4. Darstellung des Parallelspanwinkels γ_p im beliebigen Punkt P der Hauptschneide

einen Zylinder vom Durchmesser d, dessen Achse mit der Bohrerachse identisch ist. Die Spanfläche durch diesen Punkt P schneidet den Zylinder in einer Schraubenlinie, die sich in Abwicklung als eine gerade Linie unter dem Winkel γ_p darstellt (Abb. B/5).

Die Schneide $A\!-\!B$ des Bohrers (Abb. B/4) geht wegen der Querschneide nicht durch die Bohrerachse, und kann daher mit einem „über Mitte" stehenden Drehstahl verglichen werden. Somit liegt auch der Schneidenpunkt P über Mitte. Legt man weitere konzentrische Zylinder durch den Bohrer, so erhält man eine Reihe solcher Punkte P entlang der Schneide und entsprechende Abwicklungen der Zylinder; die Zylinder haben gleiche Spiralsteigung h, während sich der abgewickelte Umfang $d\pi$ ändert. Der Steigungswinkel ändert sich daher vom Außendurchmesser zum Innendurchmesser. Dieser Steigungswinkel wird in der älteren Schneidengeometrie als Spanwinkel betrachtet. Wir bezeichnen ihn hier mit γ_p um durch den Zusatz p auszudrücken,

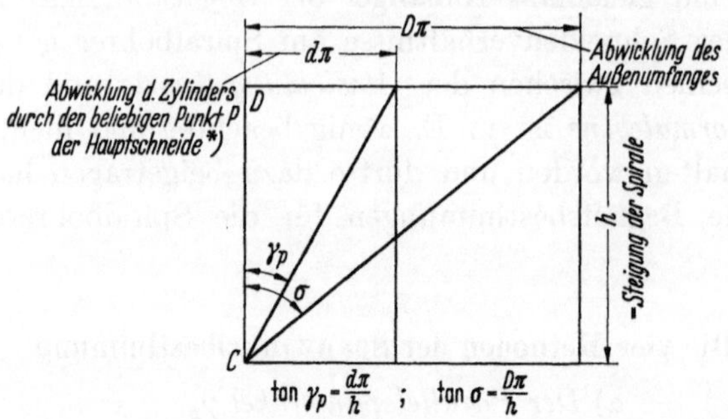

Abb. B/5. Abwicklung des Bohrers und des Zylinders durch den beliebigen Punkt P der Hauptschneide (* siehe Abb. B/4)

daß dieser Spanwinkel parallel zur Bohrerachse gemessen worden ist. Die Abwicklungsebene ist die Meßebene, d. h. die Ebene, in der der Parallelspanwinkel γ_p gemessen wird. Die Bezugsebene ist eine Ebene

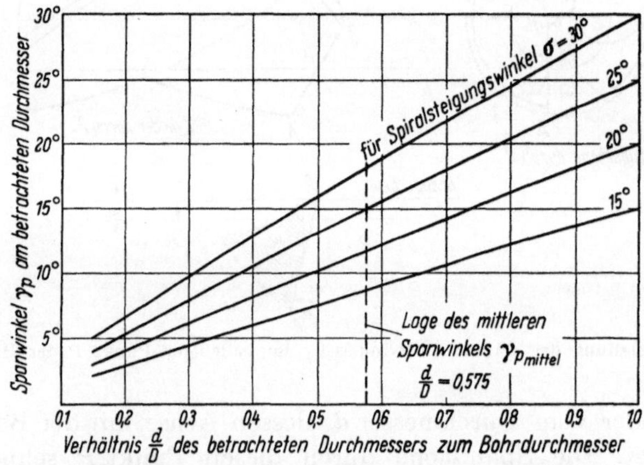

Abb. B/6. Diagramm für den Parallelspanwinkel γ_p

durch die Bohrerachse und den betreffenden Schneidenpunkt. Sie schneidet den Zylinder in einer zur Bohrerachse parallelen Linie, die sich als Linie CD in der Abwicklung darstellt (Abb. B/5).

Bezeichnet man den Spiralsteigungswinkel am Außendurchmesser D mit σ, so folgt aus Abb. B/5

$$\tan\sigma = \frac{D\,\pi}{h}. \tag{B/1}$$

Für den beliebigen Durchmesser d (kleiner als der Außendurchmesser D) ergibt sich auf Grund der gleichen Überlegungen:

$$\tan\gamma_p = \frac{d\pi}{h}.\tag{B/2}$$

Somit folgt allgemein für den Parallelspanwinkel durch Division der Gl. (B/1) und (B/2)

$$\tan\gamma_p = \frac{d}{D}\tan\sigma.\tag{B/3}$$

Unter der Annahme, die in der Mehrzahl der Fälle zutrifft, daß der kleinste Durchmesser am Bohrer (die Seelenstärke) der 0,15. Teil des Außendurchmessers ist, läßt sich mit Hilfe von Gl. (B/3) ein Diagramm (Abb. B/6) entwerfen, das den Abfall des Parallelspanwinkels γ_p von außen nach innen am Bohrer für verschiedene Spiralsteigungen zeigt. Beispielsweise fällt der Spanwinkel γ_p für

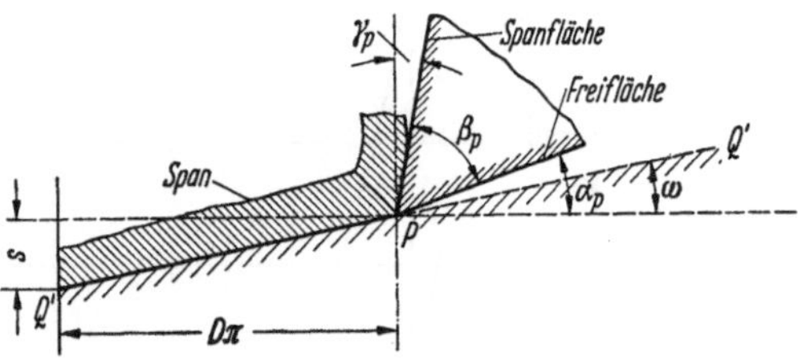

Abb. B/7. Abwicklung der Schraubenbewegung aus Vorschub und Umdrehung des Bohrers

alle Spiralbohrer mit 30° Spiralsteigung von 30° bis auf etwa 5° ab, vorausgesetzt, daß der Spanwinkel parallel zur Bohrerachse gemessen wird.

Durch die Spiralnut ist zunächst nur die Spanfläche der Schneide festgelegt, während die Freifläche — die die Schleiffläche zum Nachschleifen des Bohrers darstellt — weiteren Bedingungen zu genügen hat. Dazu muß man den Bohrvorgang betrachten.

Die Bewegung des Bohrers setzt sich aus der Umdrehung und der axialen Vorschubbewegung zusammen. Somit beschreibt jeder Punkt des Bohrers eine Schraubenlinie, die nicht mit der Schraubenlinie der Spanfläche verwechselt werden darf; sie ist keine Eigenschaft des Bohrers sondern hängt vom Vorschub ab. Wickelt man z. B. die durch Punkt P des Bohrers erzeugte Schraubenbewegung ab, so ergibt sich Abb. B/7, die die Bewegung des Punktes P für eine Umdrehung veranschaulicht; er bewegt sich auf $Q'PQ'$, wenn s den Vorschub pro Umdrehung bedeutet. Der Neigungswinkel ω der Vorschubschraubenlinie (oder Vorschubwinkel) folgt aus:

$$\tan\omega = \frac{s}{d\pi}.\tag{B/4}$$

Um Berührung zwischen der Freifläche und dem stehenbleibenden Werkstoff entlang $Q'PQ'$ zu verhindern, muß also der Freiwinkel α_p

größer sein als der Neigungswinkel ω der Vorschubschraubenlinie:

$$\alpha_p > \omega. \tag{B/5}$$

Aus Gl. (B/4) geht hervor, daß der Vorschubwinkel ω größer wird, je näher der betrachtete Punkt an der Seele des Bohrers liegt und je größer der Vorschub s ist. Abb. B/8 zeigt den sich zur Bohrerseele hin

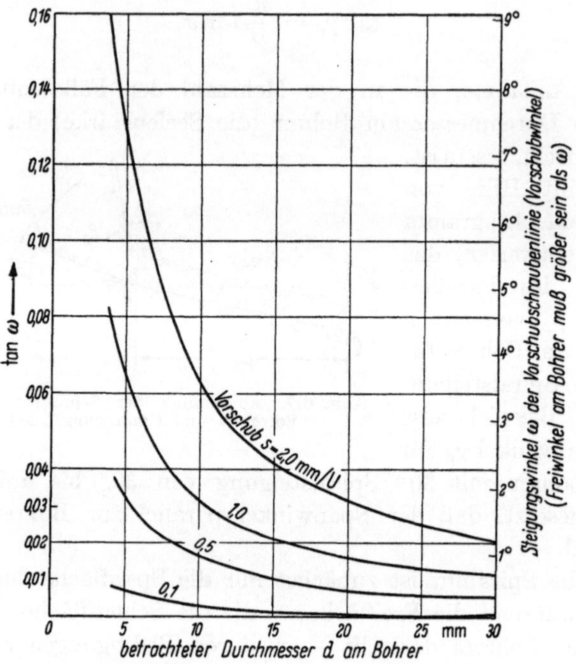

Abb. B/8. Diagramm des Vorschubwinkels (ω) an verschiedenen Durchmessern eines Bohrers bei Vorschüben von 0,1 … 2,0 mm/U

verstärkenden Anstieg von ω für einen Bohrer von 30 mm Außendurchmesser und Vorschübe von 0,1 … 2,0 mm/U. Der Freiwinkel α_p muß größer sein als ω und vom Außendurchmesser zur Seele des Bohrers hin zunehmen. Würde man dieselben Verhältnisse für den Freiwinkel zugrunde legen wie beim Drehen, so würde man etwa $4° … 8°$ zum Winkel ω hinzuzufügen haben, d. h., am Außendurchmesser würde α_p $5° … 9°$ sein müssen, am Innendurchmesser (für einen Vorschub von 2 mm/U) $13° … 17°$. Erfahrungsgemäß geht man über diese letzteren Werte etwas hinaus und bis auf $20° … 24°$ hinauf. Die großen Freiwinkel beim Spiralbohrer — im Vergleich zum Drehstahl — sind auf den von der Querschneide gebildeten Doppelspan zurückzuführen. Dieser — vielfach unberücksichtigte Span — klemmt sich leicht zwischen der erzeugten Oberfläche und der Freifläche ein, wenn der Freiwinkel nicht genügend groß ist. Ein derartiger Span entsteht beim Drehen und Fräsen nicht.

SCHLESINGER hat diesen Span „Quetschspan" genannt und im Gegensatz zu vielen anderen Ansichten stets darauf hingewiesen, daß der Freiwinkel wegen des Quetschspans erheblichen Einfluß auf die Standzeit und Ausnutzung des Bohrers hat. Unter normalen Umständen fließt der Quetschspan in der Spannute der in Drehrichtung nachfolgenden Hauptschneide ab.

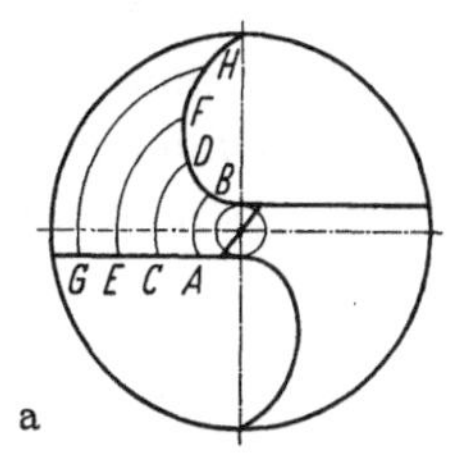

Die Freiwinkel hängen auch von den Spiralbohrerschleifmaschinen ab, da verschiedene Konstruktionen verschiedene Freiwinkel erzeugen, und zwar nicht nur längs der Schneide, sondern auch längs des Umfanges des betrachteten Durchmessers. Abb. B/9 zeigt einige Profile der auf verschiedenen Durchmessern gemessenen Freifläche. In Abwicklung AB der Abb. B/9b ist der tatsächliche Freiwinkel bereits größer als der theoretisch erforderliche; der Unterschied vergrößert sich bei den anderen Abwicklungen c bis f. Hinzu kommt noch, daß die Freiflächen keine geraden Abwicklungen zeigen, sondern kurvenförmig verlaufen, besonders d, e und f. Hierdurch wird der Keilwinkel unnötig geschwächt und die Freifläche kann als Spänefang wirken, wenn die Kurvenform konkav ist, wie man es finden kann (Abb. B/10). Die Freifläche sollte sich stets als Gerade in der Abwicklung darstellen, d. h. der Freiwinkel soll in Umfangsrichtung (z. B. G—H, Abb. B/9e) gemessen, konstant sein.

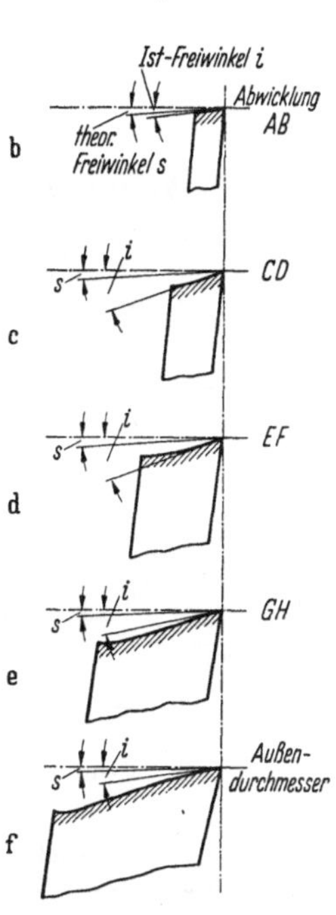

Abb. B/9a—f. Profile von Freiflächen an verschiedenen Durchmessern eines Bohrers (in Abwicklung dargestellt)

Die Spiralbohrerschleifmaschine ist eine der wenigen Werkzeugmaschinen, die der Entwicklung der Industrie erst letzthin gefolgt sind[1]. DEMPSTER SMITH, der sich 1909 mit den Problemen des Spiralbohrers beschäftigt hat, schrieb, daß Spiralbohrschleifmaschinen damals zu den am wenigsten entwickelten Maschinen gehörten, obgleich der Spiralbohrer eines der am meisten gebrauchten Werkzeuge ist. Seitdem haben sich

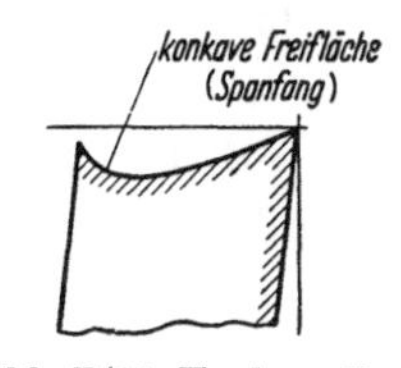

Abb. B/10. Konkave Freifläche

---

[1] Vgl. hierzu Metal Cuttings. Publ. by The National Twist Drill and Tool Co., Rochester/Michigan, Januar 1954, Bd. 1, Nr. 2, S. 5.

diese Verhältnisse gebessert, da wirtschaftliche Bohrarbeiten erheblich vom Zustand der Bohrerschneide abhängen.

Der Mittelwert des Spanwinkels (γ_{p_m}) aus allen Spanwinkeln γ_p längs der Schneide kann aus Abb. B/6 berechnet werden, indem man den Flächeninhalt unter jeder Kurve durch die Länge der x-Achse dividiert. Setzt man in Gl. (B/3)

$$\tan\gamma_p = y$$

so ergibt sich aus
$$\frac{d}{D} = x$$

$$y = x\tan\sigma \quad \text{für } x \text{ von } 0{,}15 \text{ bis } 1{,}0$$

$$y_{\text{mittel}} = \frac{\tan\sigma \int\limits_{0,15}^{1,0} x\,dx}{\int\limits_{0,15}^{1,0} dx} = \frac{\tan\sigma \left.\dfrac{x^2}{2}\right|_{0,15}^{1,00}}{\left. x \right|_{0,15}^{1,00}} = 0{,}575\tan\sigma$$

daher:
$$\tan\gamma_{p_m} = 0{,}575\tan\sigma. \tag{B/6}$$

Der mittlere Parallelspanwinkel liegt daher auf dem Durchmesser d, der der 0,575. Teil des Außendurchmessers D ist, d. h. — vgl. Abbildung B/6 und Gl. (B/3) —

$$\left(\frac{d}{D}\right)_{\text{mittel}\,p} = 0{,}575. \tag{B/7}$$

Die Gl. (B/7) wird auch durch die geometrischen Verhältnisse des Bohrers (Abb. B/11) bestätigt. Der mittlere Parallelspanwinkel γ_{p_m} liegt auf der Hälfte zwischen Außendurchmesser D und Seelendurchmesser $0{,}15\,D$.

Mittlere Parallelspanwinkel γ_{p_m} sind in Tab. B/1 für vier verschiedene Spiralsteigungswinkel zusammengestellt.

Abb. B/11. Lage des mittleren Spanwinkels γ_{p_m} (am Durchmesser $d = 0{,}575\,D$)

Tabelle B/1

σ = Spiralsteigungswinkel	γ_{p_m} = mittlerer Parallelspanwinkel
30°	18° 20′
25°	15°
20°	11° 50′
15°	8° 45′

Der mittlere Parallelspanwinkel ist also *nicht* etwa gleich der Hälfte des größten Parallelspanwinkels und auch *nicht* gleich der halben Summe aus größten und kleinsten Parallelspanwinkel (vgl. Tab. B/6).

β) *Der Spanwinkel γ in Richtung der Schnittgeschwindigkeit*

In Bd. I, Seite 61, ist der spezielle Spanwinkel in einem beliebigen Punkte der Schneide als die Neigung der Spanfläche mit Bezug auf eine radiale Bezugsebene definiert worden, die durch den gewählten Schneidenpunkt und die Achse des umlaufenden Körpers gelegt ist. Der spezielle Spanwinkel (d. h. der sich von Punkt zu Punkt entlang der Schneide ändernde Spanwinkel) wurde a. a. O. in einer Ebene gemessen, die die Richtung der Relativbewegung von Werkstück und Werkzeug enthält. Diese Ebene steht senkrecht zur Oberfläche, die von dem betreffenden Schneidenpunkt erzeugt wird.

Es war ferner dort gesagt worden, daß in der praktischen Definition des Spanwinkels die Änderung von Punkt zu Punkt vernachlässigt werden darf. Diese Vernachlässigung gilt jedoch *nicht* beim Spiralbohrer, wie auf S. 63 in Bd. I ausgeführt wurde.

In Abb. B/12 sind fünf verschiedene Punkte $P_1 \ldots P_5$ auf der Schneide angenommen und in ihnen die Schnittgeschwindigkeitsrichtungen und Größen eingezeichnet worden.

Die Radien P_1O; P_2O usw. stellen somit die Spuren der obigen Bezugsebenen dar, da sie durch den Schneidenpunkt und die Achse des umlaufenden Werkzeuges gelegt sind. Das bedeutet, daß der Spanwinkel in jedem Punkt der Schneide ($P_1 \ldots P_5$) mit Bezug auf diese Bezugsebenen zu messen ist, wenn wir beim Bohren dieselbe Schneidengeometrie zugrunde legen wollen wie beim Drehen.

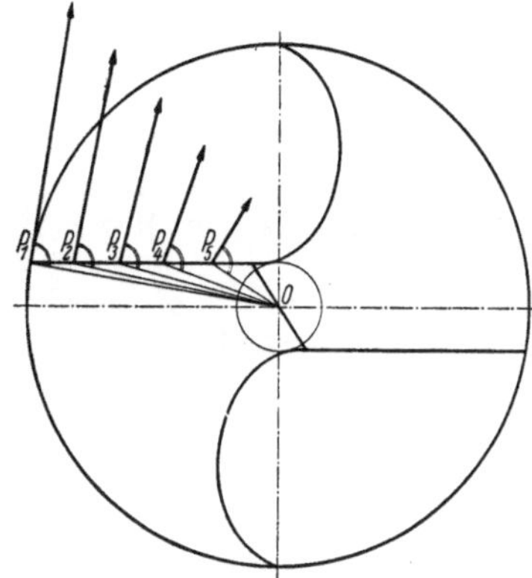

Abb. B/12. Schnittgeschwindigkeitsvektoren an der Bohrerschneide

Die Spanwinkel sind demgemäß auch in Ebenen zu messen, die die Relativbewegung von Werkzeug und Werkstück enthalten. Es wird aus Abb. B/12 daher auch deutlich, daß die Messung *nicht* in Ebenen erfolgt, die senkrecht zur Schneide liegen; auch dieses stimmt mit den Definitionen beim Drehstahl überein, die sich demnach auf diese Weise vollständig mit denen des Bohrers decken.

Zur weiteren Veranschaulichung ist dies in Abb. B/13 in 3 Projektionen dargestellt. Die Bezugsebene *1* durch den beliebigen Punkt P der Schneide stellt sich in der Axialansicht des Bohrers als Radius PO dar, der den Neigungswinkel τ mit der Schneide einschließt. Dieser Neigungswinkel entspricht dem Neigungswinkel λ des Drehstahls (Bd. I, Zerspanungslehre, S. 62).

Die Meßebene, in der der Spanwinkel gemessen wird, soll die Richtung der Relativbewegung zwischen Werkzeug und Werkstück enthalten (wobei der Vorschub außer Betracht gelassen wird) und muß daher senkrecht zum Radius PO stehen, wie aus Abb. B/13 ersicht-

lich ist. Man kann sich die Bezugsebene *1* und die Meßebene *2* sehr
gut mit Hilfe von 2 Stück Pappe klarmachen, wenn man die Bezugsebene *L*-förmig schneidet, wie in der Längsansicht in Abb. B/13 gezeigt ist. Der längere Schenkel des *L* geht durch die Bohrerachse in
Richtung eines Radius (*OP*), während der kürzere Schenkel über die
Schneide hinübergeht und sie teilweise verdeckt, wie gestrichelt gezeichnet ist.

Senkrecht zu dieser Bezugsebene legt man ein 2. Stück Pappe,
das die Meßebene darstellt, in der der Spanwinkel γ gemessen wird.

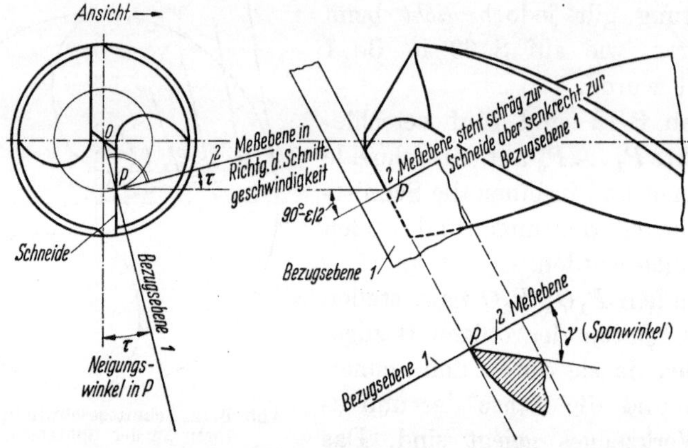

Abb. B/13. Darstellung des Spanwinkels γ in Richtung der Schnittgeschwindigkeit im beliebigen Punkt *P* der Hauptschneide

Man erkennt, daß diese Meßebene schräg zur Schneide aber senkrecht
zur Bezugsebene steht und die Richtung der Schnittgeschwindigkeit
enthält, da sie eine Tangente im Punkte *P* ist.

γ) *Schrägwinkel* γ_s

Zwei weitere Meßweisen für den Spanwinkel sind noch darzulegen.
In Bd. I, S. 62, ist der *Schrägwinkel* am Drehstahl definiert und besprochen; dieser Schrägwinkel (auch Schrägspanwinkel genannt) besteht
auch am Bohrer und wird oft als „der" Spanwinkel angesehen, ins-
besonders in den bereits genannten Veröffentlichungen von GAWEHN,
SCHOPP und C. OXFORD jun. Der spezielle Schrägwinkel in irgend-
einem Punkte der Schneide ist definiert als die Neigung der Spanfläche
mit Bezug auf eine radiale Bezugsebene, die durch den umlaufenden
Körper und den betreffenden Punkt der Schneide geht. Bis hierher
stimmen die Definitionen des Parallelspanwinkels (γ_p), des Spanwinkels (γ) und des Schrägwinkels (γ_s) überein, d. h., die Bezugsebene ist
für alle 3 Winkel die gleiche. Der Unterschied liegt in der Meßebene, die

beim Spanwinkel γ die Richtung der Schnittgeschwindigkeit enthält (Tangente in P), während sie beim Schrägwinkel *schräg zur Schnittgeschwindigkeit* und senkrecht zur Schneide steht. Aus Abb. B/14 sind Einzelheiten ersichtlich.

Benutzt man wieder das *L*-förmige Stück Pappe zur Darstellung der Bezugsebene, so besteht kein Unterschied in dieser Hinsicht, sie liegt genauso wie beim Spanwinkel γ. Die Meßebene steht dagegen jetzt senkrecht zur Schneide und *enthält nicht mehr die Richtung der Relativbewegung von Bohrer und Werkstück!* Während die Meßebene in

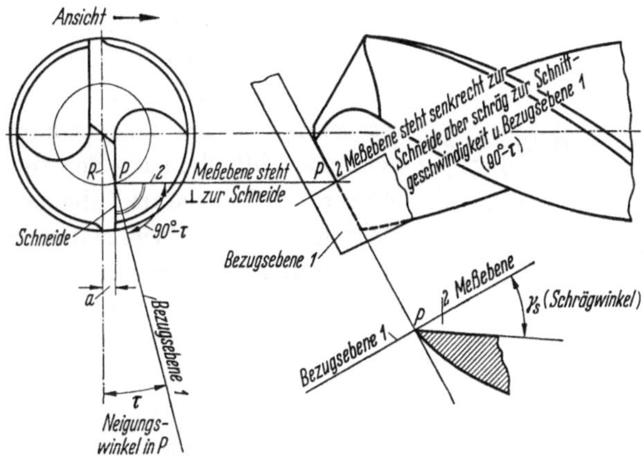

Abb. B/14. Darstellung des Schrägspanwinkels γ_s im beliebigen Punkt P der Hauptschneide

Abb. B/13 unter Winkel τ gegen die Schneide geneigt war, steht sie jetzt senkrecht zu ihr. Wir werden sehen, daß durch diese „senkrecht zur Schneide liegende Meßebene" erheblich kompliziertere Formeln entstehen als bei Lage in Richtung der Schnittgeschwindigkeit. Diese letztere ist m. E. vorzuziehen, weil die Spanwinkel dann in Richtung der Schnittkraftkomponente gemessen werden, die das *Bohrmoment beim Bohren bestimmen.* Es besteht kein Grund, die Messung des Spanwinkels senkrecht zur Schneide als die „richtige" anzusehen, da der Span — besonders beim Bohrer — meistens nicht senkrecht zur Schneide abläuft. Im übrigen sei auf Abschnitt c), Bd. I, S. 62/63, verwiesen.

δ) *Der Spanwinkel in Richtung des Spanflusses* (γ_f)

Einige neuere Gedankengänge zur Frage des „richtigen" Spanwinkels seien im Zusammenhang mit den obigen Erörterungen hier nunmehr dargelegt. Man kann es täglich in der Werkstatt beobachten, daß der Span beim Spiralbohrer — besonders der Teil, der dicht am Innendurchmesser liegt — *nicht* senkrecht zur Schneide läuft, sondern durch die Seele in Richtung der Bohrerachse abgelenkt wird.

Diesen Vorgang kann man sich als Modell veranschaulichen, wenn man die Spitze eines Papierdreiecks senkrecht zur Schneide eines Bohrers dicht am Innendurchmesser vorschiebt. Man wird dann erkennen, daß das Stück Papier in Richtung der Bohrerachse abgelenkt wird, da die Spiralfläche dort so stark gekrümmt ist, daß der Span (Papier) anstößt und umgelenkt wird. In dieser „Umlenkung" liegt ja auch ein Grund dafür, daß der Span sich aus dem Bohrer „herauswindet".

Aus der Analogie kann man darauf schließen, daß der Bohrerspan am Bohrerumfang zwar fast senkrecht zur Schneide abfließt, nahe des Innendurchmessers jedoch stark abgelenkt wird. Erfreulicherweise liegt seit kurzem auch ein unmittelbarer Beweis für die starke Änderung der Spanflußrichtung beim Bohren vor. C. OXFORD jun. ist es gelungen, mit dem in Abb. B/15 gezeigten Apparat Augenblicksbilder der Spanbildung zu erzielen, wie in Abb. B/16 wiedergegeben[1]. Sie zeigt besonders deutlich, daß der Spanfluß dicht am Innendurchmesser sehr stark nach links im Bild abgelenkt ist, d. h. nach dem Außendurchmesser zu. In der gleichen Weise wird das Papierdreieck, das oben als Modell diente, abgelenkt. *Wir können daher mit guter Annäherung feststellen, daß der Spanfluß am Innendurchmesser fast in Richtung der Bohrerachse vor sich geht.* Das entspricht jedenfalls den tatsächlichen Verhältnissen besser, als anzunehmen, daß der Span überall senkrecht zur Schneide abfließt.

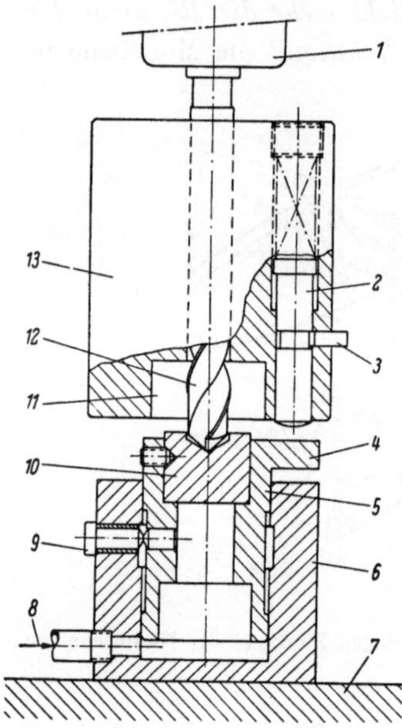

Abb. B/15. Vorrichtung zur Untersuchung der Spanbildung beim Bohren
1 Bohrspindel; *2* Federkolben; *3* Abziehhahn (radiale Bewegung nach innen gibt den Federkolben frei); *4* Nase an der Werkstückspindel; *5* Werkstückspindel; *6* Vorrichtung; *7* Bohrmaschinentisch; *8* Druckluft; *9* gekerbter Abscherstift; *10* Werkstück; *11* Spanraum; *12* Bohrer; *13* Rotor, am Bohrer festgeklemmt

Es sei daher hier zur Erwägung gestellt, den Spanwinkel beim Bohren in Richtung des Spanflusses zu messen. Dies bedingt eine allmähliche Veränderung des Bezugssystems vom Außen- zum Innendurchmesser und ist in Abb. B/17 für den Punkt P_a (am Außendurchmesser) und der Punkt P_b (nahe am Innendurchmesser) erläutert.

---

[1] OXFORD jun., C., zit. Seite 182, dort S. 103 u. 107.

Die Bezugsebene bleibt dieselbe wie zuvor, nämlich eine Radialebene durch P_a (*1a*) bzw. P_b (*1b*), während die Meßebene ihre Richtung ändert, d. h. sich allmählich von der Richtung der Schnittgeschwindigkeit (*2a*) in die Richtung der Bohrerachse dreht (*2b*).

Es entsteht dabei die Frage, in welchem Maße die Drehung der Meßebene vor sich gehen soll. Sie müßte sich m. E. schneller drehen je näher man dem Innendurchmesser kommt, da dort der Spanfluß

Abb. B/16. Flußlinien im Bohrspan (C. Oxford jun.)

am wenigsten senkrecht zur Schneide erfolgt. Man kann verschiedene Annahmen machen. Mir erscheint es zweckmäßig, die Drehung der Meßebene von $\vartheta = 90° - \varepsilon/2$ (Abb. B/17) am Außendurchmesser bis auf $\vartheta = 0°$ am Innendurchmesser nach einem Teil einer Cosinuskurve verlaufen zu lassen. Solche Kurve ist in Abb. B/18 gezeigt, wo ϑ von $0°$ bei $d/D = 0{,}15$ bis auf $30°$ am Außendurchmesser ansteigt. Die Zahlen gelten für einen Spitzenwinkel von $\varepsilon = 120°$. Der Anstieg ist stark (d. h. die Drehung der Meßebene groß) am Innendurchmesser und gering gegen den Außendurchmesser zu.

Es ist praktisch, solche Kurve aus einer geradlinigen Beziehung zwischen $\cos\vartheta$ und dem Durchmesserverhältnis d/D zu entwickeln, wie in Abb. B/18 gezeigt ist. Die Gleichung dieser Geraden erhält man folgendermaßen:

Allgemein gilt für eine Gerade:

$$y = m\,x + b.$$

Gemäß Abb. B/18 ist

$$y = \cos \vartheta$$

$$x = \frac{d}{D}.$$

Da $\vartheta = 0°$ am Innen- und $(90 - \varepsilon/2)°$ am Außendurchmesser ist (Abb. B/17) ergibt sich der Tangens (m) des Winkels, unter dem die

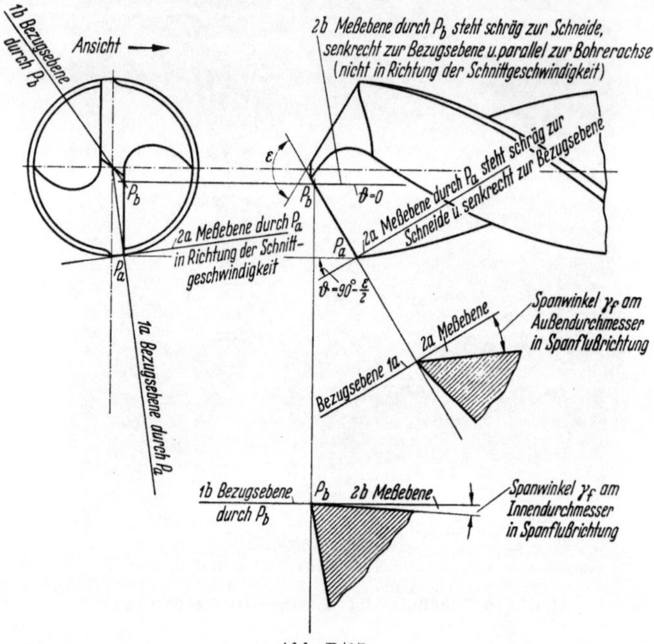

Abb. B/17
Darstellung des Spanwinkels γ_f in Spanflußrichtung im beliebigen Punkt P der Hauptschneide

Gerade abfällt zu:

$$m = -\frac{\left(1 - \sin\dfrac{\varepsilon}{2}\right)}{0{,}85}.$$

Man erhält b aus dem Proportionssatz und der Berücksichtigung. daß infolge des auf 1,0 bezogenen Koordinatensystems der in Abb. B/18 eingezeichnete Achsenabschnitt $(b - 1)$ darstellt. Daher ergibt sich:

$$\frac{b - 1}{1 - \sin\dfrac{\varepsilon}{2}} = \frac{0{,}15}{0{,}85}$$

d. h.

$$b = 1 + \frac{\left(1 - \sin\frac{\varepsilon}{2}\right) \cdot 0,15}{0,85} \ .$$

Man erhält somit unter Einsatz von „m" und „b" in die Gleichung der Geraden:

$$\cos\vartheta = - \frac{\left(1 - \sin\frac{\varepsilon}{2}\right) d}{0,85\,D} + 1 + \frac{\left(1 - \sin\frac{\varepsilon}{2}\right) \cdot 0,15}{0,85}$$

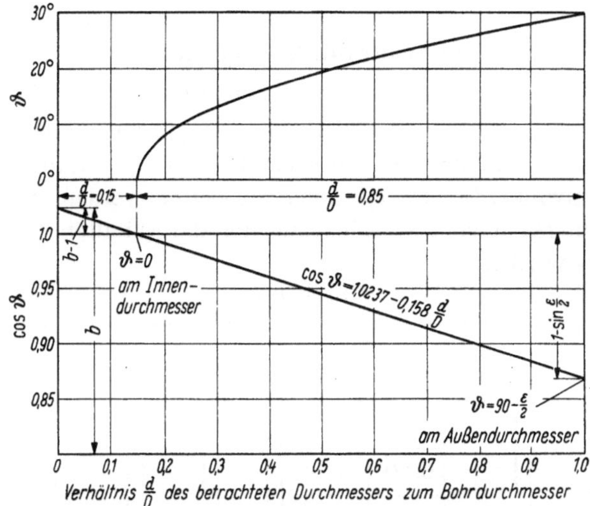

Abb. B/18. Diagramm für Drehung der Meßebene zur Bestimmung des Spanwinkels γ_f in Richtung des Spanflusses (Zahlenwerte gelten für $\varepsilon = 120°$, $\sigma = 30°$)

und nach Zusammenfassung

$$\cos\vartheta = 1 + \frac{\left(1 - \sin\frac{\varepsilon}{2}\right)}{0,85} \cdot \left(0,15 - \frac{d}{D}\right) \qquad\qquad \text{(B/8)}$$

Für Fälle, in denen der Seelendurchmesser nicht $0,15\,D$, sondern allgemein $c\,D$ ist, wird:

$$\cos\vartheta = 1 + \frac{1 - \sin\frac{\varepsilon}{2}}{(1 - c)} \left(c - \frac{d}{D}\right). \qquad\qquad \text{(B/8a)}$$

Gl. (B/8) vereinfacht sich für die Praxis, da der Spitzenwinkel ε für eine gegebene Bohrersorte konstant ist und eingesetzt werden kann.

Man erhält dann folgende Gleichungen für die erforderliche Drehung der Meßebene in die jeweilige Richtung des Fließens des Spanes:

wenn Spitzenwinkel

$$\varepsilon = 150°: \quad \cos\vartheta = 1,0062 - 0,041\frac{d}{D} \qquad\qquad \text{(B/8b)}$$

wenn Spitzenwinkel

$$\varepsilon = 120°: \qquad \cos\vartheta = 1{,}0237 - 0{,}158\,\frac{d}{D} \qquad\qquad \text{(B/8c)}$$

wenn Spitzenwinkel

$$\varepsilon = 90°: \qquad \cos\vartheta = 1{,}0515 - 0{,}344\,\frac{d}{D} \qquad\qquad \text{(B/8d)}$$

wenn Spitzenwinkel

$$\varepsilon = 60^c: \qquad \cos\vartheta = 1{,}0876 - 0{,}586\,\frac{d}{D}\,. \qquad\qquad \text{(B/8e)}$$

c) Spanwinkelgleichungen

α) *Gleichung für Spanwinkel γ*

Außer der Gl. (B/3) für den Spanwinkel (γ_p), der parallel zur Achse gemessen wurde, müssen die mathematischen Beziehungen für die anderen Spanwinkel (γ, γ_s, γ_f) auch abgeleitet werden, woraus sich Schlußfolgerungen über die Bedeutung der dargestellten Unterschiede ziehen lassen werden.

Tabelle B/2

$\dfrac{d}{D}$	σ Spiralwinkel	ε Spitzenwinkel	$\dfrac{\tan\sigma}{\sin\varepsilon/2}$	$\tan\gamma$	γ Spanwinkel	σ Spiralwinkel	ε Spitzenwinkel	$\dfrac{\tan\sigma}{\sin\varepsilon/2}$	$\tan\gamma$	γ Spanwinkel
0,15				0,100	5° 45′				0,0805	4° 35′
0,2				0,134	7° 40′				0,108	6° 10′
0,3				0,200	11° 20′				0,161	9° 5′
0,4	30°	120°	0,667	0,268	14° 50′	25°	120°	0,538	0,215	12° 10′
0,5				0,334	18° 25′				0,268	15°
0,6				0,400	21° 50′				0,323	17° 55′
0,8				0,536	27° 55′				0,430	23° 15′
1,0				0,667	33° 40′				0,537	28° 15′
0,15				0,06 3	3° 35′				0,046	2° 40′
0,2				0,08 4	4° 50′				0,062	3° 35′
0,3				0,12 6	7° 10′				0,093	5° 20′
0,4	20°	120°	0,42	0,168	9° 35′	15°	120°	0,31	0,124	7° 5′
0,5				0,210	11° 50′				0,155	8° 50′
0,6				0,252	14° 10′				0,186	10° 35′
0,8				0,336	18° 35′				0,248	13° 55′
1,0				0,42	22° 50′				0,310	17° 15′

Aus Abb. B/13 ist ersichtlich, daß der Spanwinkel (γ) aus dem in der Abwicklung gemessenen Spanwinkel (γ_p) und der Drehung der Meßebene um den Winkel $\left(90 - \dfrac{\varepsilon}{2}\right)$ entstanden gedacht werden kann. Es ergibt sich somit

$$\tan\gamma = \frac{d}{D}\;\frac{\tan\sigma}{\cos\left(90 - \dfrac{\varepsilon}{2}\right)}$$

$$\boxed{\tan\gamma = \frac{d}{D}\;\frac{\tan\sigma}{\sin\dfrac{\varepsilon}{2}}} \tag{B/9}$$

Die Tab. B/2 enthält Zahlenwerte für den Spanwinkel γ nach Gl. (B/9) für 120° Spitzenwinkel und vier verschiedene Spiralwinkel σ.

Man erkennt aus den Werten der Tab. B/2, daß der Spanwinkel γ fällt, wenn der Spiralwinkel σ kleiner wird.

In Tab. B/3 sind Zahlenwerte für Spanwinkel γ für den Spiralwinkel $\sigma = 30°$, aber verschiedene Spitzenwinkel $\varepsilon = 150°$ bzw. 90°, berechnet aus Gl. (B/9), zusammengestellt.

Tabelle B/3. *Spanwinkel γ nach Gl. (B/9)*

$\dfrac{d}{D}$	$\varepsilon = 150°,\ \sigma = 30°$ $\dfrac{\tan\sigma}{\sin\varepsilon/2} = 0{,}6$		$\varepsilon = 90°,\ \sigma = 30°$ $\dfrac{\tan\sigma}{\sin\varepsilon/2} = 0{,}816$	
	$\tan\gamma$	γ	$\tan\gamma$	γ
0,15	0,09	5° 5′	0,1225	7°
0,2	0,12	6° 55′	0,1632	9° 15′
0,3	0,18	10° 15′	0,2450	13° 45′
0,4	0,24	13° 30′	0,3264	18° 5′
0,5	0,30	16° 40′	0,4080	22°
0,6	0,36	19° 50′	0,4900	26° 5′
0,8	0,48	25° 40′	0,6528	33° 10′
1,0	0,60	31°	0,816	39° 15′

Aus Tab. B/3 folgt, daß der Spanwinkel γ steigt, wenn der Spitzenwinkel ε verkleinert wird. Die gleichen Ergebnisse folgen auch aus Abb. B/19.

β) Gleichung für Schrägwinkel γ_s

Vergleicht man Abb. B/14, die sich auf den Schrägwinkel γ_s bezieht, mit Abb. B/13, die sich auf den Spanwinkel γ bezieht, so erkennt man, daß jede örtliche Meßebene 2 um den örtlichen Neigungswinkel τ gedreht werden muß, um zum Schrägwinkel zu gelangen. In der Gleichung für den Schrägwinkel muß daher außer dem Spiralwinkel σ und dem Spitzenwinkel ε auch noch der Neigungswinkel τ als Veränderliche auftreten. Die Ableitung dieser Gleichung ist von zwei anderen Ur-

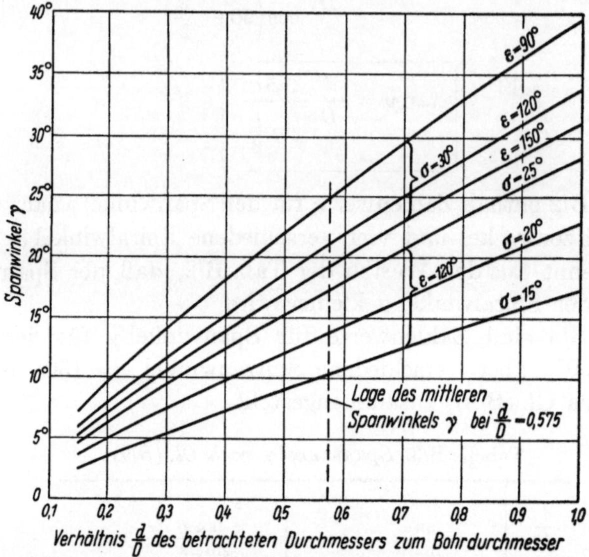

Abb. B/19. Diagramm für Spanwinkel in Richtung der Schnittgeschwindigkeit gemäß Gl. (B/9):

$$\tan \gamma = \frac{d}{D} \frac{\tan \sigma}{\sin \varepsilon/2}$$

hebern mit gleichem Ergebnis vorgenommen worden, nämlich von Gawehn[1] und von C. Oxford jun.[2], sie lautet

$$\tan \gamma_s = \frac{\dfrac{d}{D} \tan \sigma \cos \tau}{\sin \dfrac{\varepsilon}{2} - \dfrac{d}{D} \tan \sigma \cos \dfrac{\varepsilon}{2} \sin \tau}. \tag{B/10}$$

Aus Abb. B/14, wo Punkt P im Abstand $d/2$ vom Mittelpunkt liegt und a die halbe Seelenstärke ist, folgt:

$$\sin \tau = \frac{a}{\dfrac{d}{2}} \tag{B/11}$$

und somit

$$\cos \tau = \sqrt{1 - \frac{4a^2}{d^2}}. \tag{B/12}$$

Macht man dieselbe Annahme wie oben (S. 185), daß die Seelenstärke der Bohrer

$$2a = 0,15 D \tag{B/13}$$

[1,2] Zit. Seite 182, dort S. 441 [Gl. (2), Gawehn] bzw. S. 111 [Gl. (9), Oxford].

ist, so kann man setzen:

$$\sin \tau = \frac{0{,}15\,D}{d}, \qquad \cos \tau = \sqrt{1 - \left(\frac{0{,}15\,D}{d}\right)^2} \tag{B/14}$$

daher kann Gl. (B/10) umgeformt werden in:

$$\tan \gamma_s = \frac{\dfrac{d}{D}\tan \sigma \sqrt{1 - \left(\dfrac{0{,}15\,D}{d}\right)^2}}{\sin\dfrac{\varepsilon}{2} - \dfrac{d}{D}\dfrac{0{,}15\,D}{d}\tan \sigma \cos\dfrac{\varepsilon}{2}}$$

oder

$$\boxed{\tan \gamma_s = \frac{\tan \sigma \sqrt{\dfrac{d^2}{D^2} - 0{,}15^2}}{\sin\dfrac{\varepsilon}{2} - 0{,}15 \tan \sigma \cos\dfrac{\varepsilon}{2}}} \tag{B/15}$$

Ein Vergleich der Gl. (B/15) für den Schrägwinkel γ_s mit den Gln. (B/3) und (B/9) für die Spanwinkel γ_p bzw. γ, zeigt, daß der Schrägwinkel γ_s Null wird, wenn $d/D = 0{,}15$ [Gl. (B/15)], während die beiden anderen Winkel Null werden, wenn $d = 0$ ist. Anders ausgedrückt besagt dies auch, daß die Spanwinkel γ_p und γ noch einen positiven Wert bei $d/D = 0{,}15$, wo die Schneide endet, aufweisen, aber nicht der Schrägwinkel γ_s.

Wenn man also davon spricht — wie es oft geschieht —, daß am Ende der Schneide (nicht an der Querschneide) u. U. sogar ein negativer Winkel die Zerspanung bewirkt, so erkennen wir jetzt, daß solche Aussagen stark von den Definitionen der Schneidengeometrie abhängen. *Es hängt davon ab, in welcher Richtung gemessen wird, ob der Spanwinkel am Innendurchmesser Null ist oder nicht.* Bei Messung nach der Gl. (B/3) und (B/9) besteht ein positiver Winkel, am Innendurchmesser bei Messung nach Gl. (B/15) ist der Winkel dort Null.

Der *mittlere* Schrägwinkel $\gamma_{s\,\text{mittel}}$ für gegebene Spiralwinkel σ und Spitzenwinkel ε läßt sich mit Hilfe der Gl. (B/15) berechnen, wobei die trigonometrischen Funktionen in eine Konstante K zusammengefaßt werden können. Man setzt:

$$K = \frac{\tan \sigma}{\sin\dfrac{\varepsilon}{2} - 0{,}15 \tan \sigma \cos\dfrac{\varepsilon}{2}} \tag{B/16}$$

und ferner

$$\tan \gamma_s = y \qquad 0{,}15 = b$$

$$\frac{d}{D} = x$$

und nimmt die Grenzen:

$$\frac{d}{D} = 0{,}15 \cdots 1{,}0$$

dann wird aus Gl. (B/15)

$$y = K \sqrt{x^2 - b^2}. \tag{B/17}$$

Der Mittelwert für den Schrägspanwinkel γ_s folgt dann aus

$$y_{\text{mittel}} = \frac{\int y\,dx}{\int dx} \tag{B/18}$$

d. h.

$$y_{\text{mittel}} = \frac{\int\limits_{0,15}^{1,00} K \sqrt{x^2 - b^2}\,dx}{\int\limits_{0,15}^{1,0} dx}. \tag{B/19}$$

Das Ergebnis der Integration ist:

$$y_{\text{mittel}} = \frac{K \left| \dfrac{x}{2} \sqrt{x^2 - b^2} - \dfrac{b^2}{2} \ln\left(x + \sqrt{x^2 - b^2}\right) \right|_{0,15}^{1,00}}{\left| x \right|_{0,15}^{1,00}}.$$

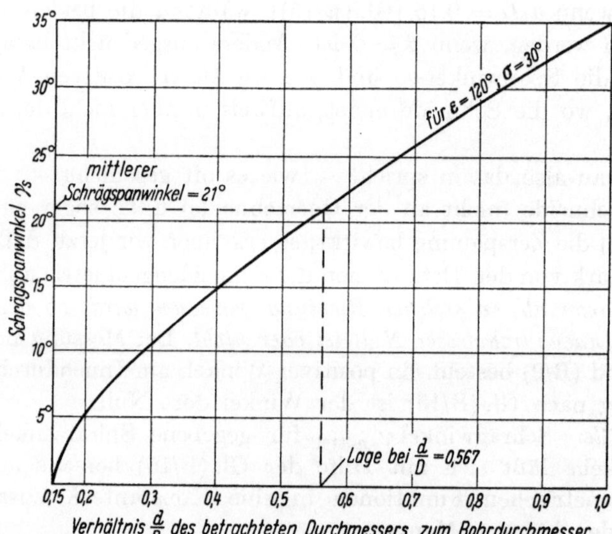

Abb. B/20. Graphische Darstellung zur Ermittlung des mittleren Schrägspanwinkels ($\gamma_{s\,\text{mittel}}$) und seiner Lage auf der Schneide

Nach Einsetzen der Grenzwerte ergibt sich schließlich hieraus:

$$\tan \gamma_{s\,\text{mittel}} = 0{,}547\,K \tag{B/20}$$

$$\tan \gamma_{s\,\text{mittel}} = \frac{0{,}547 \tan \sigma}{\sin \dfrac{\varepsilon}{2} - 0{,}15 \tan \sigma \cos \dfrac{\varepsilon}{2}}. \tag{B/21}$$

Die Lage des mittleren Schrägspanwinkels folgt aus Vergleich der Gln. (B/20), (B/21), und (B/15):

$$K \sqrt{\frac{d^2}{D^2} - 0,15^2} = 0,547\,K$$

hieraus erhält man:

$$\left(\frac{d}{D}\right)_{\text{mittel}} = 0,567 \qquad \text{(für den Schrägspanwinkel).} \qquad \text{(B/22)}$$

Eine graphische Darstellung für den am meisten vorkommenden Fall ($\sigma = 30°$, $\varepsilon = 120°$) ist in Abb. B/20 wiedergegeben. Der mittlere Schrägspanwinkel γ_s liegt also etwas näher zur Bohrerachse als die anderen mittleren Spanwinkel ($0,575\,d/D$) (vgl. Abb. B/6 und B/19).

Tab. B/4 enthält weitere Einzelheiten.

Tabelle B/4. *Konstante K sowie mittlere und Größtwerte des Schrägwinkels γ_s für verschiedene Spiralbohrerarten*

$$\left(\tan\gamma_s = K \sqrt{\frac{d^2}{D^2} - 0,15^2}\right)$$

Spitzenwinkel ε	Spiralsteigungswinkel σ	K[1]	Mittlerer Schrägwinkel[2] $\gamma_{s\,\text{mittel}}$	Größter Schrägwinkel[3] $\gamma_{s\,\text{max}}$
150°	15°	0,280	8° 45′	15° 30′
	20°	0,382	11° 50′	20° 45′
	25°	0,494	15° 5′	26° 5′
	30°	0,614	18° 35′	31° 15′
120°	15°	0,316	9° 50′	17° 25′
	20°	0,435	13° 25′	23° 15′
	25°	0,557	17°	29° 5′
	30°	0,704	21°	34° 45′
90°	15°	0,395	12° 10′	21° 25′
	20°	0,548	16° 40′	28° 25′
	25°	0,710	21° 15′	35° 5′
	30°	0,895	26° 5′	41° 30′
60°	15°	0,576	17° 30′	29° 45′
	20°	0,806	23° 50′	38° 30′
	25°	1,065	30° 15′	46° 35′
	30°	1,360	36° 40′	53° 20′

[1] Gemäß Gl. (B/16)
[2] Gemäß Gl. (B/20) $\tan\gamma_{s\,\text{mittel}} = 0,547\,K$
[3] Gemäß Gl. (B/15) $\tan\gamma_{s\,\text{max}} = 0,9887\,K$

Das Schrägwinkeldiagramm Abb. B/21 ist eine graphische Darstellung der Gl. (B/15) und bezieht sich auf Spiralbohrer mit $\varepsilon = 120°$

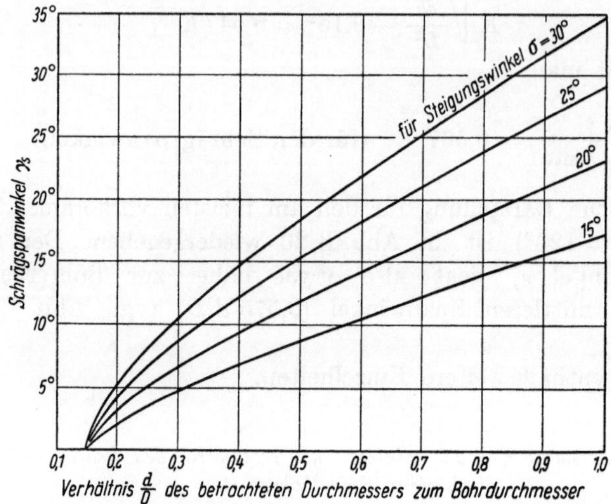

Abb. B/21. Schrägspanwinkeldiagramm für Spiralbohrer mit 120° Spitzenwinkel

Spitzenwinkel und vier verschiedenen Spiralsteigungswinkeln σ von $30°\ldots15°$.

Aus Gl. (B/15) kann man auch Schlußfolgerungen über die Zweckmäßigkeit ziehen, Spiralbohrer mit konstantem Spanwinkel oder kon-

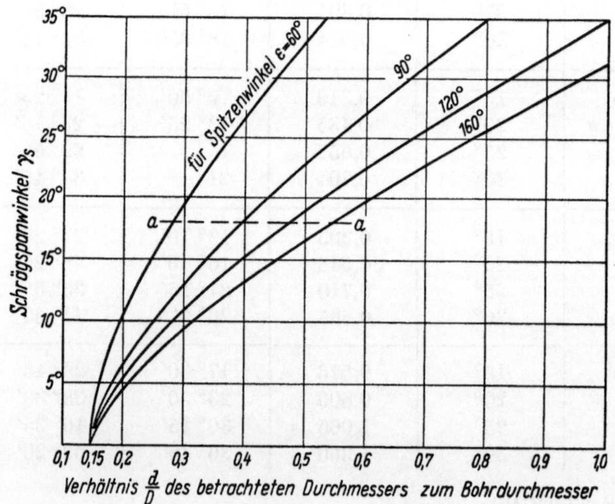

Abb. B/22. Einfluß des Spitzenwinkels ε auf den Schrägspanwinkel γ_s (Diagramm für $\sigma = 30°$ Spiralsteigungswinkel)

stantem Schrägwinkel herzustellen, d. h., solche bei denen sich diese Winkel längs der Schneide nicht ändern. Zu diesem Zweck ist Diagramm Abb. B/22 aus Gl. (B/15) für einen Spiralwinkel von $\sigma = 30°$ entwickelt worden, während die Spitzenwinkel ε als veränderlich angesehen wurden. Man erkennt z. B. aus Linie a—a, daß zur Erzielung eines konstanten Schrägwinkels von $\gamma_s = 18°$ entlang der Schneide (d. h. senkrecht zu

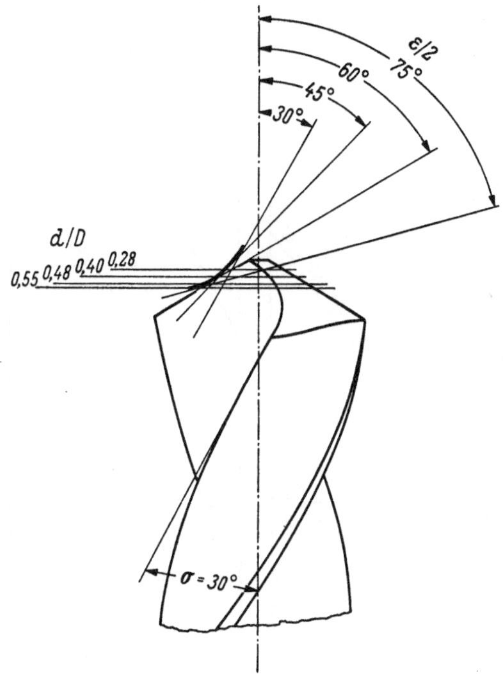

Abb. B/23
Teilentwurf eines Spiralbohrers mit konstantem Spanwinkel bzw. Schrägspanwinkel

ihr gemessen) eine erhebliche Änderung des Spitzenwinkels von Punkt zu Punkt erforderlich wäre. Der Spitzenwinkel müßte von $\varepsilon = 60°$ bei $d/D = 0,82$ bis auf $\varepsilon = 150°$ bei $d/D = 0,55$ anwachsen, was eine weit hervorstehende Spitze im Kern des Bohrers bedeuten würde, die leicht brechen würde. Eine solche Konstruktion eines Spiralbohrers mit konstantem Schrägwinkel γ_s (Abb. B/22) bzw. konstantem Spanwinkel γ (Abb. B/19) ist in Abb. B/23 gezeigt. Durch die Punkte der Schneide, die d/D-Werte von 0,28 ... 0,55 bezeichnen, werden Gerade unter dem zutreffenden halben Spitzenwinkel $\varepsilon/2$ gelegt, der aus den obigen Abbildungen zu entnehmen ist.

Es ergibt sich eine Umhüllungskurve für die Bohrerspitze, die in Abb. B/23 gezeigt ist.

Spiralbohrer mit konstantem Spanwinkel sind bei Versuchen an der Technischen Universität Berlin geschliffen worden[1].

Die gleichzeitige Änderung des Spitzenwinkels ε und des Spiralwinkels σ und ihr Einfluß auf den Schrägwinkel γ_s ist für 2 Durch-

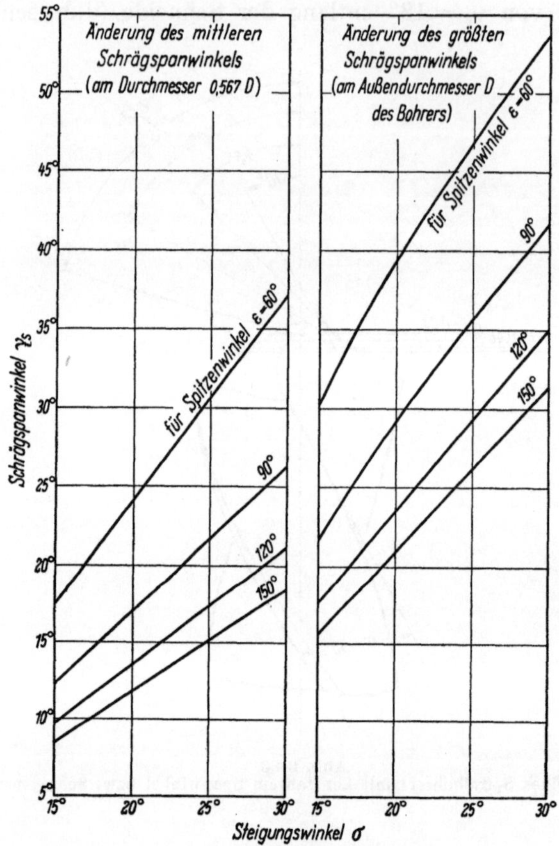

Abb. B/24. Änderung des mittleren und größten Schrägspanwinkels mit Spiralsteigungswinkel σ und Spitzenwinkel ε

messer in Abb. B/24 dargestellt, nämlich für den mittleren und den größten Schrägwinkel. Man erkennt, daß man im allgemeinen eine Vergrößerung des Spitzenwinkels ε mit einer Vergrößerung des Spiralsteigungswinkels vereinigen sollte, wenn derselbe Schrägwinkel für verschiedene Bohrer erhalten werden soll.

---

[1] PATKAY, ST.: Bearbeitbarkeit, Bohrarbeit und Spiralbohrer. Dr.-Ing. Dissertation, TH Berlin, 24. Juni 1928. Auszug in Werkstatttechnik 1928, H. 24; 1929, H. 1 u. 2.

γ) Gleichung für den Spanwinkel (γ_f) in Richtung des Spanflusses

Es verbleibt jetzt noch die Gleichung für den Spanwinkel γ_f zu entwickeln, der in Richtung des Spanflusses gemessen werden soll, d. h. in einer sich drehenden Meßebene, wie auf Seite 193 dargelegt.

Die gesuchte Gleichung ergibt sich aus Gl. (B/9) für den Spanwinkel γ, wenn man den dortigen konstanten Wert $\sin \varepsilon/2$ durch den veränderlichen Wert $\cos \vartheta$ ersetzt. Dieses Vorgehen ist der mathematische Ausdruck für den Ersatz der Meßebene mit konstantem Richtungswinkel $(90 - \varepsilon/2)$ — Abb. B/13 — durch eine sich stets in die Richtung des Spanflusses drehende Meßebene (Abb. B/17). Durch Vereinigung der Gln. (B/8) und (B/9) ergibt sich:

$$\boxed{\tan \gamma_f = \frac{d}{D} \; \frac{\tan \sigma}{\left[1 + \left(\dfrac{1 - \sin \dfrac{\varepsilon}{2}}{0{,}85} \right) \left(0{,}15 - \dfrac{d}{D} \right) \right]}} \qquad \text{(B/23)}$$

Für praktische Zwecke vereinfacht sich diese Gleichung bei Benutzung der Gln. (B/8b)—(B/8e) zu:

$$\text{wenn } \varepsilon = 150°: \quad \tan \gamma_f = \frac{\tan \sigma}{1{,}0052 \dfrac{D}{d} - 0{,}041} \qquad \text{(B/23a)}$$

$$\text{wenn } \varepsilon = 120°: \quad \tan \gamma_f = \frac{\tan \sigma}{1{,}0237 \dfrac{D}{d} - 0{,}158} \qquad \text{(B/23b)}$$

$$\text{wenn } \varepsilon = 90°: \quad \tan \gamma_f = \frac{\tan \sigma}{1{,}0515 \dfrac{D}{d} - 0{,}344} \qquad \text{(B/23c)}$$

$$\text{wenn } \varepsilon = 60°: \quad \tan \gamma_f = \frac{\tan \sigma}{1{,}0876 \dfrac{D}{d} - 0{,}586}. \qquad \text{(B/23d)}$$

Aus den Gln. (B/23)—(B/23d) ist ersichtlich, wie bereits erwähnt, daß der Spanwinkel γ_f, der in jedem Punkt der Schneide in Spanflußrichtung gemessen wird, am Innendurchmesser nicht Null ist, sondern einen positiven Wert hat, im Gegensatz zum Schrägwinkel γ_s (schräg zur Schnittgeschwindigkeit und senkrecht zur Schneide gemessen), der dort Null wird. Dieser Unterschied ist auf die Meßverfahren zurückzuführen.

Gl. (B/23b) ist graphisch in Abb. B/25 für $\varepsilon = 120°$ und verschiedene Spiralwinkel σ dargestellt. Die sich ergebenden Punkte liegen fast genau auf einer Geraden, so daß gerade Linien hindurchgelegt wurden. Links von $d/D = 0{,}15$ haben die Geraden keine praktische Bedeutung mehr, da dort keine Schneiden bestehen. Sie sind daher nur gestrichelt gezeichnet.

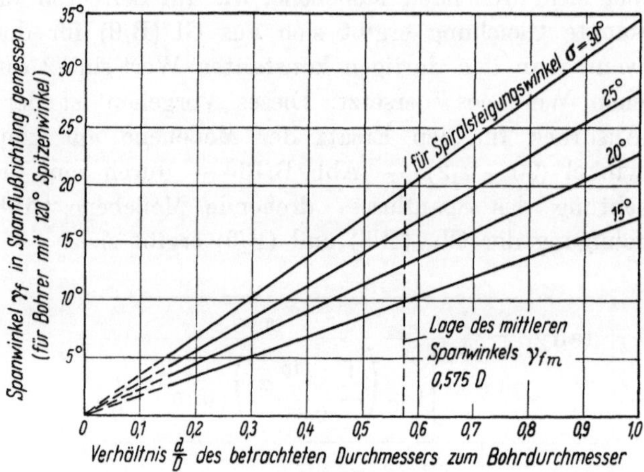

Abb. B/25

Diagramm zur Ermittlung der Spanwinkel γ_f in Richtung des Spanflusses [Gl. (B/23b)]

$$\tan\gamma_f = \frac{\tan\sigma}{1{.}0237\,\dfrac{D}{d} - 0{,}158}$$

d) Vergleich der vier Spanwinkel

Es ist wichtig, sich darüber Rechenschaft zu geben, wie weit die Größen der besprochenen Spanwinkel voneinander abweichen, die durch die verschiedenen Richtungen der Meßebenen entstehen. In Tab. B/5 sind Ergebnisse für den wichtigsten Bohrer, nämlich den mit $\varepsilon = 120°$ und $\sigma = 30°$, zusammengestellt.

Tab. B/5 zeigt, daß die Unterschiede der verschiedenen Spanwinkel prozentual ins Gewicht fallen. Bei $d/D = 0{,}25$ ist der Spanwinkel in Richtung der Schnittgeschwindigkeit γ 17% größer als der Schrägspanwinkel γ_s, nämlich 9° 25′ gegenüber 8°. Bei $d/D = 0{,}15$, d. h. am Seelendurchmesser ist der Schrägwinkel 0° gegenüber 5° 45′ für den Spanwinkel γ. Der Spanwinkel γ ist 17% größer bei $d/D = 0{,}3$ im Vergleich mit dem Parallelspanwinkel. Dieser Prozentsatz zieht sich ungefähr durch die gesamten Werte und ist etwa 16% bei $d/D = 1{,}0$ (d. h. am Außendurchmesser) beim Vergleich von γ_p mit γ_s.

Da die Schnittkraft sich nach meinen Ermittlungen (Bd. I, Seite 274, letzter Absatz) um 1% für jeden Grad Spanwinkel ändert, ist eine Einheitlichkeit der Spanwinkeldefinitionen und Meßweisen wesentlich.

Tabelle B/5. *Zusammenstellung der verschiedenen Methoden zur Messung von Spanwinkeln an Spiralbohrern*

Name	Parallelspanwinkel	Spanwinkel (in Richtung der Schnittgeschwindigkeit)	Schrägspanwinkel	Spanwinkel in Richtung des Spanflusses
Formelgröße	γ_p	γ	γ_s	γ_f
Abb.	B/4	B/13	B/14	B/17
Bezugsebene	Die Bezugsebene ist stets die Ebene durch die Bohrerachse und den betrachteten Punkt der Schneide			
Meßebene	Die Meßebene ist die *Abwicklung* des durch den betroffenen Schneidenpunkt gehenden Axialzylinders	Die Meßebene liegt *in* Richtung der Schnittgeschwindigkeit des betreffenden Schneidenpunktes und steht senkrecht zum Schnitt der Bezugsebene mit der Freifläche	Die Meßebene liegt *schräg* zur Schnittgeschwindigkeit des betreffenden Schneidenpunktes und schräg zur Bezugsebene. Sie steht senkrecht zur Schneide	Der Meßebene wird eine *Drehung* erteilt, und zwar so, wie es der Richtungsänderung des Abflusses des Spanes entspricht. Am Außendurchmesser liegt die Meßebene in derselben Richtung wie beim Spanwinkel γ, am Innendurchmesser wie beim Parallelspanwinkel γ_p (vgl. die fetten Zahlen der nachstehenden Werte)
Gleichung Nr.	(B/3)	(B/9)	(B/15)	(B/23)
Gleichung	$\tan\gamma_p = \dfrac{d}{D}\tan\sigma$	$\tan\gamma = \dfrac{d}{D}\dfrac{\tan\sigma}{\sin\varepsilon/2}$	$\tan\gamma_s = \dfrac{\tan\sigma\sqrt{\dfrac{d^2}{D^2}-0{,}15^2}}{\sin\varepsilon/2 - 0{,}15\tan\sigma\cos\varepsilon/2}$	$\tan\gamma_f = \dfrac{\dfrac{d}{D}\tan\sigma}{1 + \dfrac{(1-\sin\varepsilon/2)}{0{,}85}\left(0{,}15-\dfrac{d}{D}\right)}$
$\dfrac{d}{D}$	Zahlenwerte* für γ_p	Zahlenwerte* für γ	Zahlenwerte* für γ_s	Zahlenwerte* für γ_p
0,15	**4° 55′**	5° 45′	0°	**4° 55′**
0,25	8° 13′	9° 25′	8°	8° 20′
0,3	9° 48′	11° 20′	10° 20′	10°
0,4	13°	14° 50′	14° 25′	13° 30′
0,5	16° 5′	18° 25′	18° 35′	16° 50′
0,6	19° 5′	21° 50′	22° 15′	20° 30′
0,8	24° 40′	27° 55′	28° 55′	27° 15′
1,0	30°	**33° 40′**	34° 45′	**33° 40′**

* Die Zahlenwerte beziehen sich auf Bohrer mit $\varepsilon = 120°$ Spitzenwinkel und $\sigma = 30°$ Spiralsteigungswinkel und sind mit Rechenschieber ermittelt.

Der in Spanabflußrichtung gemessene Spanwinkel γ_f liegt gut in der Mitte zwischen den anderen Spanwinkeln, was als weiterer Vorteil anzusehen ist, neben der Tatsache, daß er die tatsächlichen Verhältnisse offenbar am besten wiedergibt, wie oben erläutert wurde.

Tab. B/6 enthält eine Zusammenstellung der mittleren Spanwinkel.

Tabelle B/6. *Vergleich mittlerer Spanwinkel*

Benennung	Mittlerer Parallel-spanwinkel γ_{pm}	Mittlerer Spanwinkel in Richtung der Schnitt-geschwindigkeit γ_m	Mittlerer Schräg-spanwinkel γ_{sm}	Mittlerer Spanwinkel in Richtung des Spanabflusses γ_{fm}
Gleichung für den Tangens des mittleren Winkels	$= 0{,}575 \tan\sigma$	$= \dfrac{0{,}575 \tan\sigma}{\sin\dfrac{\varepsilon}{2}}$	vgl. Tab. B/4	$\dfrac{\tan\sigma}{\dfrac{1{,}0237}{0{,}575}} - 0{,}158$ [1]
Werte für $\sigma = 30°$; $\varepsilon = 120°$	$18° \, 20'$	$21°$	$21°$	$19° \, 45'$
Zum Vergleich: Halbe Summe und halbe Differenz aus größten und kleinsten Spanwinkel entlang der Schneide für $\sigma = 30°$ und $\varepsilon = 120°$	$\dfrac{1}{2}(\gamma_{p\max} \pm \gamma_{p\min})$ $17° \, 27'$ $12° \, 32'$	$\dfrac{1}{2}(\gamma_{\max} \pm \gamma_{\min})$ $19° \, 42'$ $13° \, 58'$	$\dfrac{1}{2}(\gamma_{s\max} \pm \gamma_{s\min})$ $17° \, 23'$ $17° \, 23'$	$\dfrac{1}{2}(\gamma_{f\max} \pm \gamma_{f\min})$ $19° \, 17'$ $14° \, 26'$

[1] Für $\varepsilon = 120°$; bei anderen Spitzenwinkeln s. Gl. (B/23a—d), wobei $d/D = 0{,}575$.

e) Die Querschneide

In der Geometrie der Querschneide legt man die Bezugsebene — ebenso wie in allen anderen Fällen — wieder durch die Umdrehungsachse und den betrachteten Punkt der Schneide. Da die Querschneide durch die Bohrerachse selbst hindurchgeht, im Gegensatz zu den beiden anderen Schneiden am Spiralbohrer, liegen alle Punkte der Querschneide auf einer durch die Achse hindurchgehenden Ebene. Man hat somit im Falle der hier nur behandelten geraden Querschneide nur eine einzige Bezugsebene. Sie enthält die Bohrerachse und die Querschneide (Abb. B/26).

Die Meßebenen in denen die Spanwinkel der Querschneide zu messen sind, stehen senkrecht auf der Bezugsebene und daher in diesem Fall auch senkrecht zur Querschneide. Mangels einer Neigung der Querschneide werden Spanwinkel und Schrägwinkel identisch.

Die Spanfläche der Querschneide ist die Freifläche der Hauptschneide und daher ein Stück eines Kegelmantels. Im genauen Zentrum der Querschneide ist die Schnittgeschwindigkeit Null; an dieser Stelle wirkt die Querschneide wie ein in das Werkstück mit Vorschubgeschwindigkeit eindringender Stempel. Das Bildungsgebiet für einen

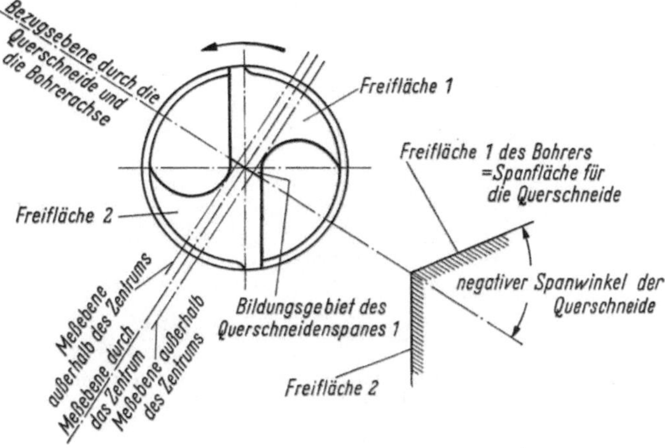

Abb. B/26. Geometrie der Querschneide

der beiden Querschneidenspäne ist in Abb. B/26 angegeben. Jede Hälfte der Querschneide bildet solch einen „Quetschspan", der jedoch ggf. nicht bis zum Zentrum reicht.

Abb. B/27. Querschneidenspäne (der Pfeil zeigt auf den Anfang eines bandförmigen Spanes und die Verwickelung der Querschneidenspäne) (C. OXFORD jun.)

Der Spanwinkel der Querschneide ist stark negativ, wie gleichfalls aus Abb. B/26 zu ersehen ist, und beträgt etwa $-50° \ldots -60°$.

Die Bildung der Querschneidenspäne ist recht gut aus Oxfords bereits erwähnten Aufnahmen zu erkennen[1] (Abb. B/27); ebenso zeigen seine Mikroaufnahmen die Spanbildung in einem nicht durch

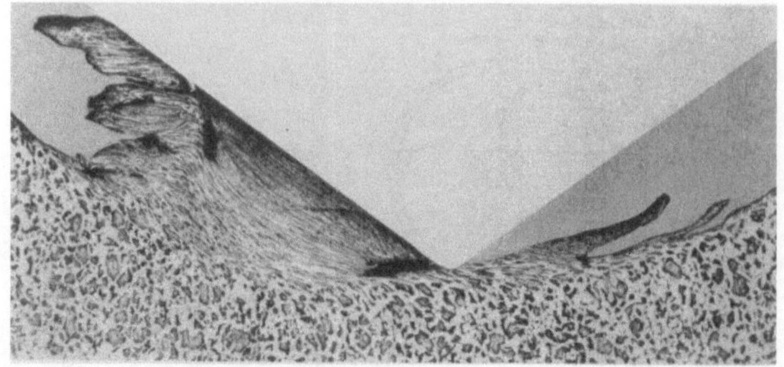

Abb. B/28. Mikroaufnahme der Spanbildung in einer nicht durch das Zentrum der Querschneide gehenden Ebene (C. Oxford jun.)

das Zentrum gehenden Schnitt (Abb. B/28) und auch die plastische Verformung des Werkstoffs unter dem Zentrum der Querschneide (Abb. B/29).

Im Gegensatz zu dem in Abb. B/28 gezeigten Schnitt, bei dem noch eine Schnittgeschwindigkeit an der Querschneide besteht und

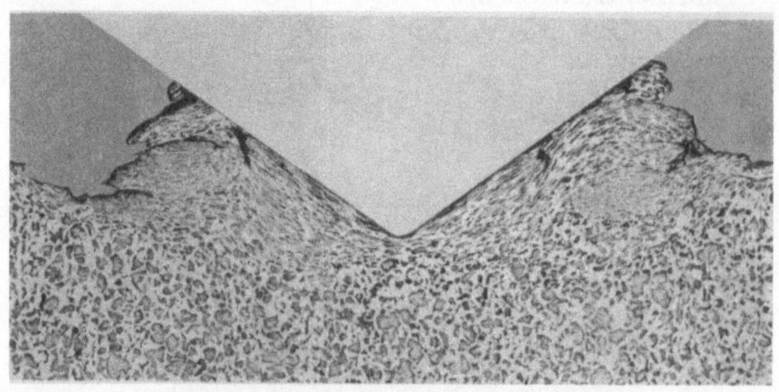

Abb. B/29
Mikroaufnahme der plastischen Verformung des Werkstoffes unter dem Zentrum der Querschneide (C. Oxford jun.) (in Abb. B/28 ist keine solche plastische Verformung vorhanden)

der Span an der aktiven, im Bildungsgebiet des Querschneidenspanes (linke Hälfte Abb. B/28) liegenden Freifläche mit starker Aufbauschneide entlanggleitet, besteht solche Spanbildung in Abb. B/29 nicht mehr. Dort wirken beide Freiflächen, infolge der fehlenden

---

[1] Oxford jun., C., zit. Seite 182, dort S. 105 u. 106.

Schnittgeschwindigkeit, wie die Eindringflächen eines Meißels, der den Werkstoff entlang der beiden Flächen herausdrückt[1].

Seit langer Zeit sind besondere Anschliffe zur Verbesserung der Zerspanungsverhältnisse an der Querschneide entwickelt worden, wie z. B. durch Ausspitzen, Hohlschliff, Schraubenlinienanschliff usw. Einige Beispiele[2] sind in Abb. B/30 zusammengestellt, die sich bisher

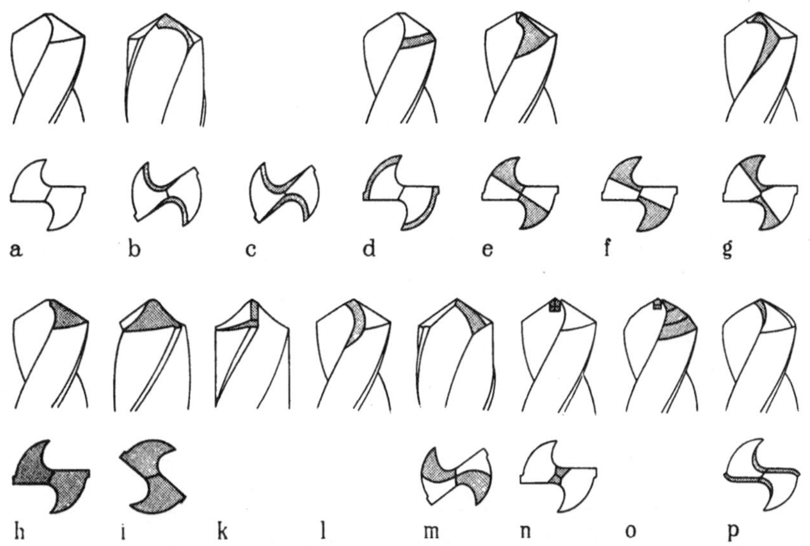

Abb. B/30a—p. Verschiedene Spiralbohreranschliffe.

a—d) Kegelmantelanschliff: a) ohne Ausspitzung; b) mit Ausspitzung; c) mit zu stark durchgeführter Ausspitzung; d) mit gebrochenen Schneidecken; e—g) Kreuzanschliff: e) ohne Querschneide; f) mit Querschneide; g) abgewandelte Form; h) Bohrer mit Hohlschliff in Querschneidennähe; i) Bohrer mit schraubenlinigem Hinterschliff und S-förmiger Querschneide; k) Bohrer mit Sonderanschliff für Gußeisen; l), m) Bohrer mit abgesetztem Hinterschliff; n—o): ausgeschliffene Querschneide: n) mit normalem Spitzenwinkel; o) mit mehrfach abgesetztem Spitzenwinkel; p) Bohrer mit verlängerten, parabelförmigen Hauptschneiden

wenig in der Praxis infolge der Notwendigkeit von Sonderanschliffmaschinen durchgesetzt haben.

Die Querschneidenausspitzung vermindert die Vorschubkraft, kann aber Schwingungserscheinungen beim Bohren verstärken und Bohrer stoßempfindlicher machen. Trotz zahlreicher Versuche und Untersuchungen liegen z. Z. keine genügenden Ergebnisse vor, die einen eingehenderen Vergleich der Sonderbohrer mit normalen Bohrern gestatten würden. Im folgenden wird daher hauptsächlich der nicht ausgespitzte Bohrer zugrunde gelegt werden (vgl. jedoch Kap. „Vorschubkraft", Seite 284).

---

[1] KRONENBERG, M.: Discussion on clearance and web-angles on twist drills. Trans. ASME, 1938, S. 88—90.

[2] TROESTER, P.: Verschiedene Spiralbohreranschliffarten und ihre Problematik in der Praxis. Werkst. u. Betr. 94 (1961) H. 3, S. 137—140.

f) Zahlenwerte für Spiralbohrerwinkel

Die Tab. B/7 und B/8 zeigen, daß noch weitgehende Unterschiede hinsichtlich des Spitzenwinkels ε bestehen, während der Spiralwinkel σ

	Werkstoffe	Konstruktionen	Werkzeug Typ DIN 1836
a	Stähle bis 90 kp/mm²	20–30° · 118°	N
b	über 90 kp/mm² nichtrostende Stähle (VA–Stähle)	20–30° · 130°	N
c	Hartstähle (austenit.) Manganstähle	10° · 130°	H
d	Grauguß	18–25° · 118°	N
e	Messing	12° · 118°	H
f	Elektrolyt-Kupfer	20–30° · 118°	N
g	Alu-Legierungen (langspanig) Kupfer	30–40° · 140°	W
h	Alu-Legierungen (kurzspanig) Silumin	20–30° · 140°	N
i	Formpreßstoffe Kunststoffe (weich)	30–40° · 140°	W
k	Formpreßstoffe Kunststoffe (hart)	12° · 80°	H
l	dünne Preßstoffe Hartgummi	12° · 80°	H
m	Marmor Schiefer Wandkacheln	12° · 80°	H

Abb. B/31 a—m. Spiralbohrerkonstruktionen für Metalle und Nichtmetalle

für Gußeisen und Stahl geringeren Meinungsverschiedenheiten unterworfen ist. Bei den Nichteisenmetallen besteht jedoch auch hinsichtlich des Spiralwinkels wenig Einheitlichkeit in Industrie und Wissenschaft.

Tabelle B/7. *Häufig vorkommende Winkel an Spiralbohrern*[1]

Werkstoff	Spitzenwinkel ε Grad	Spiralwinkel am Außendurchmesser σ Grad	Freiwinkel α Grad	Anmerkung
Gußeisen weich	90 . . . 100	20 . . . 25	12 . . . 25	
Gußeisen mittel . . .	90 . . . 100	20 . . . 25	12	250 Brinell
Gußeisen hart	118 . . . 135	20 . . . 25	7 . . . 12	
Stahl weich.	118	20 . . . 25	9 . . . 15	
Stahl (legiert)	125 . . . 145	20 . . . 25	7 . . . 9	
Stahl hart	145	20 . . . 25	7	300 Brinell
Stahl rostfrei	125	25	12	
Stahl manganhaltig . .	135 . . . 150	25	7 . . . 10	
Aluminiumlegierung . .	90 . . . 130	17 . . . 45	12 . . . 18	
Magnesium	80 . . . 118	10 . . . 45	12 . . . 18	
Zink	80 . . . 136	10 . . . 45	12 . . . 20	
Monelmetall	118 . . . 145	20 . . . 35	9 . . . 20	
Bronze weich	118	15 . . . 30	12 . . . 15	
Kupfer	100 . . . 118	25 . . . 40	10 . . . 15	
Kunststoff	60 . . . 118	10 . . . 20	12 . . . 15	

[1] Ausgewertet aus Angaben der National Twist Drill and Tool Co., der Morse Twist Drill Co., der Westinghouse Co. und der Fa. R. Stock & Co.

Tabelle B/8. *Zusammenstellung von Winkeln an Spiralbohrern aus verschiedenen Einzelquellen*[2]

Quelle	Werkstoff	Spitzenwinkel ε Grad	Spiralwinkel am Außendurchmesser σ Grad	Freiwinkel α Grad	Anmerkung
Gilbert u. Lennie	Magnesium-Legierungen	Tieflochbohren 118 normale Tiefe 70 . . . 118	40 . . . 45 10 . . . 20	— —	Mech. Engng., Dez. 1942 und Zuschrift G. Schlesinger Mech. Engng. Juni 1943, S. 441
Dickinson	Titan	118	—	Hinterschliff 15 Querschneiden ausgeschliffen	Steel, 18. Okt. 1954
Republic Aviation Corp.	Titan	150	—	—	Amer. Mach. 21. Juni 1954
E. V. Hambach	Rostfreier Stahl	140	—	9 . . . 15	Steel, 30. Sept. 1948
Kopper-Schmidt	Elektron-Plexiglas	130 135, 65	15 10	— —	

[2] Vgl. auch: Brödner, E.: Zerspanung und Werkstoff, 2. Aufl., Essen: Girardet, S. 72, Tab. 11. — Dinnebier, J.: Bohren, Werkstattbücher H. 15, Berlin: Springer.

Eine Ausnahme bildet das Bohren von Magnesiumlegierungen, bei denen sowohl SCHLESINGER[1] als auch GILBERT und LENNIE[2] Spiralwinkel von $40°\ldots45°$ nur für tiefe Löcher (mehr als 5mal Bohrdurchmesser) empfehlen, für kürzere dagegen Spiralwinkel von $10°\ldots20°$ zusammen mit kleinen Spitzenwinkeln ($70°\ldots118°$).

Abb. B/31 a—m zeigt verschiedene Spiralbohrerkonstruktionen mit Winkeln für Bohren von Metallen und Nichtmetallen[3].

C. Starrheit des Spiralbohrers

a) Einführung

Schwingungen können beim Bohren u. U. durch das periodische Verwinden des Bohrers unter der Vorschubkraft und Entwinden durch das Bohrmoment entstehen, und verlangen — besonders seit dem Aufkommen hochwarmfester Metalle —, daß der Starrheit des Bohrers mehr Beachtung als bisher gegeben wird.

Die Starrheit des Bohrers gegen Verdrehung und Knickung und die zulässige Aufbäumung der Bohrmaschine bestimmen außerdem neben Schnittgeschwindigkeit, Standzeit, Leistung und erwünschter Oberflächengüte den für den Bohrer zulässigen Vorschub (s. Seite 308ff.).

Die gegenseitigen Beziehungen der verschiedenen Einflußgrößen sollen in diesem Abschnitt behandelt werden. Zunächst wird der Spiralbohrer allein auf seine elastische Beanspruchung durch die beim Bohren auftretenden Kräfte betrachtet, d. h. ohne Berücksichtigung der Abnutzung, Standzeit, Wärmeeinflüsse usw.

Die Knickbeanspruchung spielt bei Bohrern mit Normlängen nur eine untergeordnete Rolle und ist, wie Berechnungen zeigen, erst bei Dmr. unter 3,5 mm zu berücksichtigen. Diese kleinen Bohrer sollen *nicht* in den Kreis dieser Erörterungen gezogen werden. Es bleibt dann die Verdrehungsbeanspruchung, die u. U. zum Bruch führen kann und die auch für die elastischen Torsionsfederungen des Bohrers zu berücksichtigen ist. Bei Bohrern über 3,5 mm Dmr. ist somit zu untersuchen, welches Drehmoment sie ohne Bruch ertragen und welche Spannungen dabei auftreten können.

Hierfür sollen verschiedene Wege eingeschlagen werden, nämlich Berechnungen, eigene Versuche an Bohrern und Auswertung von Membran-Analogien.

---

[1] SCHLESINGER, G.: Bearbeitbarkeit und Werkstättenausnutzung. Z. VDI 76 (1932) S. 1281—1293. — Drilling Magnesium Alloys (Zuschrift an den Herausgeber). Mech. Engng. 1943, S. 441—442.

[2] GILBERT, W. W., u. A. M. LENNIE: Deep Hole Drilling in Magnesium Alloys. Mech. Engng. 64 (1942) S. 877—887.

[3] Veröffentlichung der Fa. Günther & Co., Frankfurt/M.

Geschichtlich gesehen hat sich besonders CODRON[1] mit diesem Problem theoretisch befaßt; seine Untersuchungen führten jedoch infolge der starken Vereinfachungen, die er vorgenommen hatte, zu unzutreffenden Werten.

Eigene Versuche, die schon vor längerer Zeit vorgenommen wurden[2], sind durch weitere Untersuchungen ergänzt worden und finden in neueren Ableitungen wissenschaftlicher Art eine gute Bestätigung, wie noch dargelegt werden soll.

Bei einem so unregelmäßigen Querschnitt, wie ihn der Spiralbohrer darstellt, kann man nicht mehr mit dem Widerstandsmoment gegen Verdrehung arbeiten, sondern muß den Verdrillungswiderstand[3, 4] hinzuziehen, einen Begriff den SAINT-VENANT bereits entwickelt hatte.

CODRON hat dieses außer Acht gelassen, wenn er schrieb:

„... le moment de torsion de la partie cannelée peut être pris egal à la moitié de la valeur qui correspond à une section pleine de diamètre ...“

Auf seine hierin zum Ausdruck kommende Ansicht, daß für den genuteten Teil des Spiralbohrers die Hälfte des Bohrmoments eines Vollkreises zulässig ist, wird weiter unten noch eingegangen (Seite 227).

b) Drillungswiderstand des unverwundenen Spiralbohrerquerschnitts

Der Drillungswiderstand eines Querschnittes mit Einbuchtungen und Umrissen, ähnlich denen des Spiralbohrers, kann mit folgender Gleichung bestimmt werden

$$J = \frac{Q^4}{40\,I_p} \tag{B/24}$$

wobei Q den Flächeninhalt und I_p das polare Trägheitsmoment bezeichnen. Der Drillungswiderstand ergibt das zulässige Drehmoment M_d (im folgenden auch Bohrmoment genannt), wenn er mit dem Schubmodul G und dem Verdrehungswinkel je Längeneinheit ϑ multipliziert wird:

$$M_d = J\,\vartheta\,G = \frac{Q^4\,\vartheta\,G}{40\,I_p}. \tag{B/25}$$

Es sind daher zunächst Gleichungen für den Flächeninhalt Q und das polare Trägheitsmoment abzuleiten.

---

[1] CODRON: Expériences sur le travail des machines-outils pour les métaux, 2e fascicule: Forage, Paris: Dunod et Pinat Editeur 1906, S. 529.

[2] KRONENBERG, M.: Über den zulässigen Vorschub beim Bohren und die Ausnutzung der Bohrmaschine. Werkstatttechnik 1934, H. 18, S. 357.

[3] FÖPPL, L.: Drang und Zwang, 2. Aufl., Bd. II, Berlin: Oldenbourg 1928.

[4] DEN HARTOG, J.: Advanced Strength of Materials, New York, N. Y.: McGraw Hill Book Co. 1952.

Wie aus Abb. B/32 ersichtlich ist, ist der Radius r_2 der mit Q_2 bezeichneten Teilfläche

$$r_2 = \frac{r - \frac{1}{8}\,r}{2} = \frac{7}{16}\,r \qquad\text{(B/26)}$$

wobei hier zur Vereinfachung der Rechnung der halbe Steg mit einer Höhe von $^1/_8$ des Radius r des Bohrers angenommen ist, was einem

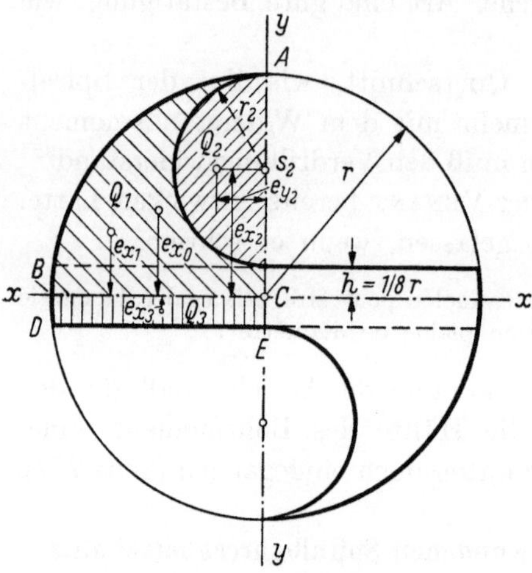

Abb. B/32. Aufteilung des Spiralbohrerquerschnittes zur Bestimmung des Flächeninhaltes und der Trägheitsmomente

Verhältnis $d/D = 0{,}125$ statt des sonst gebrauchten Wertes von 0,15 (Abb. B/11 usw.) entspricht und somit einen Sicherheitswert für kleinere Seelendurchmesser enthält.

Die Teilfläche Q_2 hat daher, als Halbkreis betrachtet, einen Flächeninhalt von:

$$Q_2 = \frac{\pi}{2}\left(\frac{7}{16}\right)^2 r^2. \qquad\text{(B/27)}$$

Diese Fläche ist von dem Viertelkreis ABC in Abb. B/32 abzuziehen, so daß sich folgendes ergibt:

$$ABC = \frac{r^2\,\pi}{4} - \frac{r^2\,\pi}{2}\left(\frac{7}{16}\right)^2.$$

Hinzuzufügen ist noch Fläche Q_3:

$$Q_3 = \frac{r^2}{8}. \qquad\text{(B/28)}$$

Somit wird:

$$Q = 2\left[\frac{r^2\,\pi}{4} + \frac{r^2}{8} - \frac{r^2\,\pi}{2}\left(\frac{7}{16}\right)^2\right]$$

$$\boxed{Q = 1{,}22\,r^2 = 0{,}388\,r^2\,\pi} \qquad\text{(B/29)}$$

(Flächeninhalt des Spiralbohrerquerschnittes.)

Zur Berechnung des polaren Trägheitsmomentes seien folgende Bezeichnungen benutzt (vgl. Abb. B/32):

Axiale Trägheitsmomente des Viertelkreises (ABC): I_{x_0}; I_{y_0}
Axiale Trägheitsmomente der Fläche Q_1: I_{x_1}; I_{y_1}
Axiale Trägheitsmomente der Fläche Q_2: I_{x_2}; I_{y_2}
Axiale Trägheitsmomente des ganzen Spiralbohrerquerschnittes I_{xx}; I_{yy}
e_{x_0} bis e_{x_3} Schwerpunktsabstände von der x-Achse
e_{y_0} bis e_{y_3} Schwerpunktsabstände von der y-Achse.

Es ergibt sich nunmehr mit Bezug auf die x-Achse:

$$I_{xx} = 2[I_{x_1} + I_{x_3}]. \qquad\text{(B/30)}$$

Hierin ist:
$$I_{x_1} = I_{x_0} - (I_{x_2} + Q_2\, e_{x_2}^2).$$
(B/31)

Für einen Viertelkreis ist:
$$I_{x_0} = \frac{\pi\, r^4}{16}.$$

Ferner ist für den Halbkreis Q_2 bezogen auf die Schwerpunktsachse:
$$I_{x_2} = \frac{\pi\, r_2{}^4}{8} = \frac{\pi\, r^4}{8}\left(\frac{7}{16}\right)^4.$$

Die Fläche Q_2 ergibt sich aus Gl. (B/27); der Schwerpunktsabstand e_{x_2} folgt aus:
$$e_{x_2} = \frac{7}{16}\, r + \frac{r}{8} = \frac{9\, r}{16}.$$

Setzt man diese Größen in Gl. (B/31) ein, so erhält man:
$$I_{x_1} = \frac{\pi\, r^4}{16} - \frac{\pi\, r^4}{8}\left(\frac{7}{16}\right)^4 - \frac{r^2\,\pi}{2}\left(\frac{7}{16}\right)^2\left(\frac{9}{16}\right)^2 r^2 = 0{,}0277\,\pi\, r^4.$$
(B/32)

Für das Rechteck Q_3, bezogen auf eine Begrenzende, erhält man:
$$I_{x_3} = \frac{1}{3}\, b\, h^3 \quad \text{wobei hier} \quad b = r, \quad h = \frac{1}{8}\, r$$
damit wird
$$I_{x_3} = 0{,}000\,207\,\pi\, r^4.$$
(B/33)

Setzt man Gln. (B/32) und (B/33) in Gl. (B/31) ein, so folgt
$$I_{xx} = 0{,}05\,581\,\pi\, r^4.$$
(B/34)

Es ergibt sich ferner mit Bezug auf die y-Achse:
$$I_{yy} = 2[I_{y_1} + I_{y_3}].$$
(B/35)

Hierin ist
$$I_{y_1} = I_{y_0} - I_{y_2}.$$
(B/36)

Berücksichtigung des Schwerpunktsabstandes entfällt, da I_{y_2} auf den Schwerpunkt bezogen ist.

Für den Viertelkreis ist wieder
$$I_{y_0} = \frac{\pi\, r^4}{16}.$$

Für den Halbkreis ($A\,B\,C$), bezogen auf den begrenzenden Durchmesser, gilt:
$$I_{y_2} = \frac{\pi\, r_2{}^4}{8} = \frac{r^4\,\pi}{8}\left(\frac{7}{16}\right)^4.$$

Durch Einsetzen in Gl. (B/36) ergibt sich:
$$I_{y_1} = \frac{\pi\, r^4}{16} - \frac{\pi\, r^4}{8}\left(\frac{7}{16}\right)^4 = 0{,}0579\,\pi\, r^4.$$
(B/37)

Für das Rechteck Q_3 gilt:
$$I_{y_3} = \frac{1}{3}\, b^3\, h \quad \text{wo} \quad b = r \quad \text{und} \quad h = \frac{1}{8}\, r$$

damit wird:

$$I_{y_3} = 0{,}01\,325\,\pi\,r^4 \tag{B/38}$$

Gln. (B/37) und (B/38) in Gl. (B/35) eingesetzt, liefern

$$I_{yy} = 0{,}1423\,\pi\,r^4. \tag{B/39}$$

Man erkennt also aus Vergleich der Gln. (B/34) und (B/39), daß das axiale Trägheitsmoment mit Bezug auf die y-Achse (I_{yy}) etwa $2^1/_2$mal so groß ist wie das axiale Trägheitsmoment mit Bezug auf die x-Achse! *Dieses Ergebnis dürfte noch eine wichtige Rolle in der weiteren Erforschung von Schwingungserscheinungen an Spiralbohrern spielen.*

Das polare Trägheitsmoment I_p wird demnach

$$I_p = I_{xx} + I_{yy}$$

$$I_p = 0{,}19811\,\pi\,r^4$$

$$\boxed{I_p \sim 0{,}2\,\pi\,r^4 = 0{,}628\,r^4} \tag{B/40}$$

(polares Trägheitsmoment des Spiralbohrers.)

Das polare Trägheitsmoment eines vollen Kreisquerschnittes ($0{,}5\,\pi\,r^4$) ist daher $\dfrac{0{,}5\,\pi\,r^4}{0{,}2\,\pi\,r^4} = 2{,}5 = 150\%$ größer als das des Spiralbohrers.

Der Hauptanteil ($58{,}4\%$) des Trägheitsmomentes des Spiralbohrers kommt von I_{y_1}, weitere 28% trägt I_{x_1} bei, und schließlich hat I_{y_3} noch $13{,}4\%$ Anteil am polaren Trägheitsmoment. Der Anteil von I_{x_3} ist verschwindend gering, nämlich nur $0{,}2\%$.

Nunmehr kann der Drillungswiderstand des Spiralbohrers ermittelt werden. Gemäß Gl. (B/24) ergibt sich

$$J = \frac{(0{,}385)^4\,r^8\,\pi^4}{40 \cdot 0{,}2\,\pi\,r^4} = \frac{0\,022\,\pi^3\,r^4}{8} \sim \frac{0{,}022 \cdot 10\,\pi\,r^4}{8}$$

$$\boxed{J = \sim 0{,}0275\,\pi\,r^4 = 0{,}0865\,r^4 = 0{,}00538\,D^4} \tag{B/41}$$

(Drillungswiderstand des unverwundenen Spiralbohrerquerschnittes.)

Der Drillungswiderstand J nach Gl. (B/41) ist somit etwa nur $^1/_7$ bis $^1/_8$ so groß wie das polare Trägheitsmoment nach Gl. (B/40)!

Das übertragbare Drehmoment M_d ergibt sich für einen unverwundenen Spiralbohrerquerschnitt demnach zu:

$$\boxed{M_d = G\,\vartheta\,J = G\,\vartheta\,0{,}0865\,r^4} \tag{B/42}$$

(übertragbares Drehmoment für unverwundenen Spiralbohrerquerschnitt.)

Dieser Drillungswiderstand gilt jedoch nicht für Spiralbohrer, sondern für Körper mit einem unverwundenen Querschnitt, wie er in Abb. B/33 dargestellt ist.

In diesem sind die Querschnitte nicht verwunden wie beim Spiralbohrer, sondern liegen alle unter gleichem Winkel zur Längsachse. Offensichtlich sind daher die wahren Starrheitsverhältnisse beim Spiralbohrer verwickelter, als es nach den bisherigen Gleichungen den Anschein hatte.

Schon im Jahre 1932 habe ich darüber mit Prof. Ludwig Föppl und Prof. R. Sonntag, München, korrespondiert und die Ansicht vertreten, daß der Drillungswiderstand des Spiralbohrers infolge der Querschnittsverwindung größer sein müsse, als er durch Formel (B/41) erscheint. Dieser Ansicht wurde zugestimmt und wir sind damals zu dem angenäherten Ergebnis gekommen, daß die stetige Verwindung des Querschnitts eine 60%ige Steigerung des übertragbaren Bohrmoments zulassen dürfte.

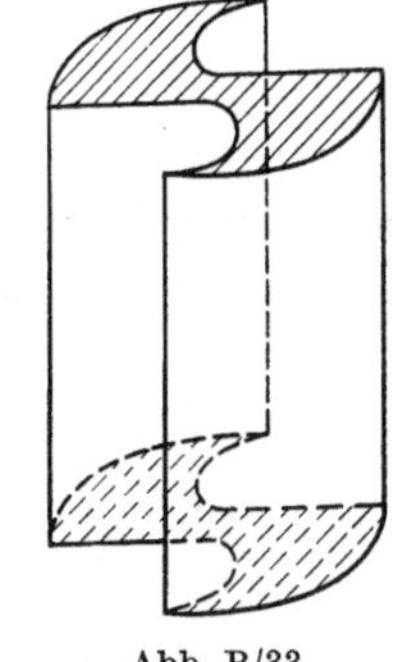

Abb. B/33
Körper mit unverwundenem Spiralbohrerquerschnitt

Vor etwa 10 Jahren ist eine allgemeine Gleichung von Chen Chu[1] für das übertragbare Drehmoment von Körpern mit verwundenen Querschnitten abgeleitet worden, die hier auf Spiralbohrer angewandt werden soll.

c) Zusätzlicher Drillungswiderstand bei verwundenen Querschnitten

Mit den hier benutzten Formelzeichen lautet die allgemeine Gleichung für das *zusätzliche* Bohrmoment M_Z bei verwundenem Querschnitt:

$$M_Z = 2{,}5\,G\,\vartheta\,\sigma_1^2 \int \left(r^4 - \frac{I_p}{Q}\,r^2 \right) dQ \tag{B/43}$$

wobei σ_1 der Steigungswinkel am Radius 1 im Bogenmaß und ϑ der Lastverdrehungswinkel per Einheitslänge ist, vorausgesetzt, daß sein Bogenmaß nicht wesentlich von seinem Sinuswert abweicht.

Die Größe I_p/Q ergibt sich aus Division der Gln. (B/29) und (B/40) zu:

$$\frac{I_p}{Q} = \frac{0{,}2\,\pi\,r^4}{0{,}388\,\pi\,r^2} = 0{,}515\,r^2. \tag{B/44}$$

Ferner folgt aus Gl. (B/29) mit

$$Q = 0{,}388\,\pi\,r^2 = 1{,}22\,r^2$$

$$dQ = 2{,}44\,r\,dr. \tag{B/45}$$

---

[1] Zit. nach J. den Hartog: Advanced Strength of Materials, New York: McGraw Hill Book Co. 1952, S. 315ff.

Durch Einsetzen von Gl. (B/44) und (B/45) in Gl. (B/43) erhält man:

$$M_Z = 2{,}5G\,\vartheta\,\sigma_1^2 \int\limits^{r} (r^4 - 0{,}515\,r^4)\,2{,}44\,r\,dr$$

$$M_Z = 6{,}1G\,\vartheta\,\sigma_1^2 \int\limits_{0} 0{,}485\,r^5\,dr$$

$$M_Z = 2{,}96G\,\vartheta\,\sigma_1^2\,\frac{r^6}{6}$$

$$M_Z = 0{,}494G\,\vartheta\,\sigma_1^2\,r^6. \tag{B/46}$$

(Zusätzliches Drehmoment bei Berücksichtigung der Querschnittsverwindung des Spiralbohrers.)

Das gesamtzulässige Drehmoment M_d ergibt sich aus der Addition der Gln. (B/42) und (B/46)

$$M_d = G\,\vartheta\,[0{,}0865\,r^4 + 0{,}494\,\sigma_1^2\,r^6].$$

Nach Umformung wird

$$M_d = 0{,}0865G\,\vartheta\,r^4\,[1 + 5{,}74\,\sigma_1^2\,r^2].$$

Da der Spiralsteigungswinkel σ am Außendurchmesser

$$\sigma = \sigma_1\,r \tag{B/47}$$

ist, ergibt sich:

$$\boxed{M_d = 0{,}0865G\,\vartheta\,r^4\,[1 + 5{,}74\,\sigma^2]} \tag{B/48}$$

(Gesamtbohrmoment bei Berücksichtigung der Querschnittsverwindung des Spiralbohrers.)

Der Klammerausdruck in Gl. (B/48) stellt somit den Vergrößerungsfaktor V des Bohrmoments dar. Man sieht, daß dieser Faktor sich mit dem Steigungswinkel ändert und stark mit ihm zunimmt:

$$V = 1 + 5{,}74\,\sigma^2. \tag{B/49}$$

Einige Beispiele sollen dies erläutern:

Für einen Spiralbohrer mit einem Spiralsteigungswinkel σ von $10°$ ($= 0{,}174$ im Bogenmaß) ist der Vergrößerungsfaktor

$$V = 1 + 5{,}74 \cdot 0{,}174^2 = 1 + 0{,}172 = 1{,}172$$

d. h., daß die Querschnittsverwindung eine 17,2%ige Erhöhung des zulässigen Bohrmoments bei Spiralbohrern mit $10°$ Spiralsteigung gestattet, wenn der Verdrehungswinkel ϑ beim Vergleich der gleiche bleiben soll.

Der Verdrillungswiderstand, der dem Bohrmoment proportional ist, ist gemäß Gl. (B/42):

$$J = \frac{M_d}{\vartheta\,G}$$

und wird

$$\boxed{J = 0{,}0865\,r^4\,[1 + 5{,}74\,\sigma^2] = 0{,}0865\,r^4\,V} \tag{B/50}$$

(Verdrillungswiderstand des Spiralbohrers mit Berücksichtigung der Querschnittsverwindung.)

Der Verdrillungswiderstand erhöht sich also auch um 17,2% bei $\sigma = 10°$.

Bei einem Spiralbohrer mit $\sigma = 20°$ ergibt sich eine Erhöhung des zulässigen Bohrmoments und des Drillungswiderstandes von bereits 71%! Bei stärkeren Steigungswinkeln werden die Ableitungen ungenauer, da bei Aufstellung der Gl. (B/43) die Voraussetzung gemacht wurde, daß der Verwindungswinkel klein sei, so daß sein Sinus nicht stark vom Bogenmaß abweicht. Bei $\sigma = 20°$ beträgt dieser Unterschied nur etwa 2%. Bei $\sigma = 30°$ ist das Bogenmaß $4^1/_2$% größer als der Sinus (vgl. Versuchswerte, Seite 227).

Weitere Verfeinerungen in der Berechnung des zusätzlichen Bohrmomentes infolge Querschnittsverwindung sind möglich, wenn man in Betracht zieht, daß das Bohrmoment versucht, die Querschnittsverwindung zu verringern (d. h. den Bohrer zu „entwinden"), während der Vorschubdruck versucht, den Bohrer stärker zu verwinden. Das gegenseitige Verhältnis ist Gegenstand weiterer Forschungen.

d) Membran-Analogie für unverwundene Spiralbohrerquerschnitte

Membran-Analogieversuche an verschiedenen Spiralbohrerquerschnitten sind von NEUBAUER und BOSTON vorgenommen worden[1], allerdings ohne Berücksichtigung der Verwindung des Spiralbohrers und der daraus sich ergebenden Versetzung der Querschnitte. Eine Auswertung der veröffentlichten Daten bringt jedoch interessante Ergebnisse zutage.

Abb. B/34 zeigt die Versuchseinrichtung, bei der von der Membran-Analogie von PRANDTL[2]

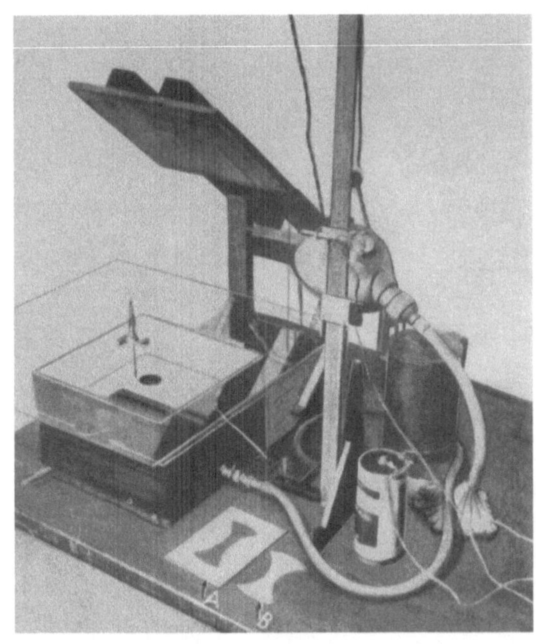

Abb. B/34. Versuchseinrichtung zur Spannungsbestimmung an Spiralbohrerquerschnitten mittels Membran-Analogie

[1] NEUBAUER, E. T., u. O. W. BOSTON: Torsional Stress Analysis of Twist-Drill Sections by Membrane Analogy. Trans. ASME 1947, S. 897—902.

[2] PRANDTL, L.: Zur Torsion von prismatischen Stäben. Phys. Z. 4 (1903) S. 558/59.

und dem Seifenhautgleichnis Gebrauch gemacht wurde. Im Vordergrund der Abb. B/34 sind einige Querschnitte A und B zu sehen,

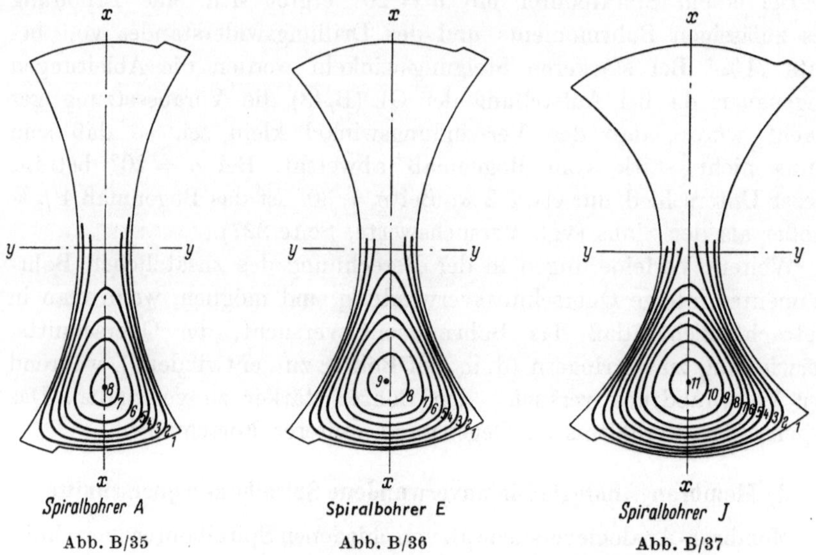

Spiralbohrer A   *Spiralbohrer E*   *Spiralbohrer J*

Abb. B/35   Abb. B/36   Abb. B/37

Abb. B/35—B/40. Spannungslinien verschiedener Spiralbohrer

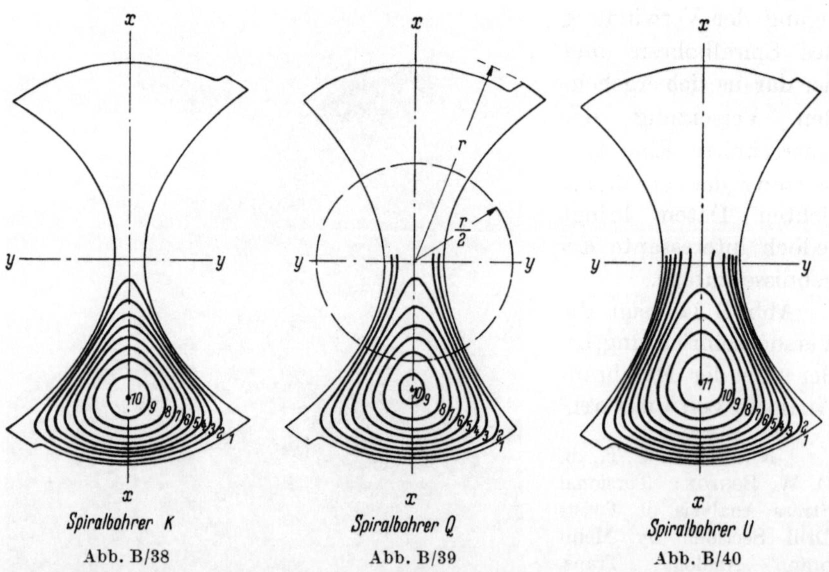

Spiralbohrer K   *Spiralbohrer Q*   *Spiralbohrer U*

Abb. B/38   Abb. B/39   Abb. B/40

die in die Versuchseinrichtung eingespannt werden können. Die 4mal
vergrößerten Querschnitte wurden durch Photographie von flach ge-
schliffenen Spiralbohrerquerschnitten hergestellt und auf Aluminium-

platten übertragen. Platte A wurde in die rechteckige Öffnung eingesetzt und dann ein Seifenfilm über diesen Querschnitt und die runde Öffnung daneben gezogen. Platte B hatte ein sehr kleines Loch von etwa $^1/_4$ mm Dmr. zur Befestigung eines Drahtes für Bestimmung des Trägheitsmomentes durch Auspendeln.

Abb. B/35—B/40 zeigen die Spannungslinien, die aus den Messungen erhalten wurden. Wie zu erwarten war, sind die Ecken und die Phase spannungslos, so daß Versagen der Bohrer an der Phase auf andere Ursachen als Spannungen zurückzuführen ist.

Die untersuchten Spiralbohrer unterschieden sich hauptsächlich hinsichtlich des Seelendurchmessers und der Werkstoffverteilung, wie aus den Abb. B/35—B/40 ersichtlich ist. Tab. B/9 gibt die Verhältniswerte der Spannungen an verschiedenen Stellen der Querschnitte wieder, wie sie aus der Veröffentlichung zu folgern sind, wobei ich die Spannungen am Punkte i (Seelendurchmesser) gleich 1,0 gesetzt habe.

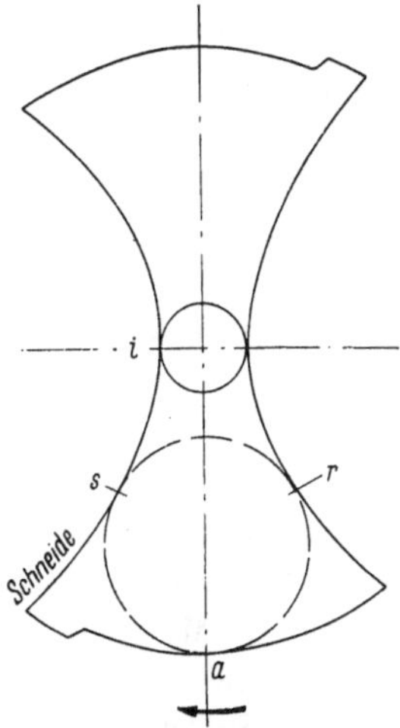

Abb. B/41
Spannungsverteilung im Spiralbohrerquerschnitt:
Kleinstwerte bei i;
Größtwerte bei s und r
(vgl. Tab. B/9)

Aus Tab. B/9 kann gefolgert werden, daß die Spannungen des Spiralbohrerquerschnitts am Seelendurchmesser am *kleinsten* und am

Tabelle B/9. *Auswertung von Membran-Analogieversuchen an Spiralbohrerquerschnitten*

Abb. Nr.	B/35	B/36	B/37	B/38	B/39	B/40
Spiralbohrer Konstruktion Nr.	A	E	J	K	Q (übliche Bohrerkonstruktion)	U
Verhältnis der Spannungen für gleichen Verdrehungswinkel[1]						
am Seelendurchmesser, Punkt i	1,0	1,0	1,0	1,0	1,0	1,0
am Außendurchmesser, Punkt a	1,30	1,30	1,35	2,98	1,29	0,95
an der Schneide, Punkt s . .	1,64	1,50	1,50	3,18	1,47	1,15
am Rücken, Punkt r	1,48	1,56	1,57	3,37	1,48	1,17
Verhältnis der Spannungen für gleiches Bohrmoment[1]						
am Seelendurchmesser, Punkt i	1,0	1,0	1,0	1,0	1,0	1,0
am Außendurchmesser, Punkt a	1,30	1,30	1,35	2,97	1,28	0,88
an der Schneide, Punkt s . .	1,64	1,49	1,49	3,12	1,48	1,15
am Rücken, Punkt r	1,49	1,56	1,54	3,37	1,49	1,17

[1] Siehe Abb. B/41.

größten an den Punkten s und r auf der Schneide und dem Rücken sind. Im Mittel sind die Spannungen hier 50% größer als am kleinsten Durchmesser, ausgenommen beim Spiralbohrer K (Abb. B/38), der einen besonders kleinen Seelendurchmesser aufwies. Beim Spiralbohrer Q (Abb. B/39), der eine übliche Konstruktion darstellt, sind die Spannungen bei s und r 47 ... 49% größer als bei i. Am Außendurchmesser (Punkt a) sind die Spannungen im Mittel nur 30% größer als am Punkt i, ausgenommen bei Spiralbohrern K und U.

Es folgt ferner aus einem Vergleich der oberen und unteren Werte der Tab. B/9, daß die Verhältniswerte der Spannungen für gleichen Verdrehungswinkel gegenüber gleicher Spannung sich nur unwesentlich unterscheiden.

Eine weitere Folgerung kann aus diesen Versuchen gezogen werden, wenn man einen Kreis mit halben Radius des Spiralbohrers um den Mittelpunkt schlägt, wie dies als Beispiel am Spiralbohrer Q in Abb. B/39 gezeigt ist. Man wird erkennen, daß dieser Kreis die Spannungslinien größter Dichte schneidet, d. h. die Orte größter Spannung!

Diese Feststellung führte uns zu dem Gedanken einen geraden Ersatzstab an Stelle des Spiralbohrers einzuführen, um die zulässigen Bohrmomente und elastischen Verformungen zu ermitteln. Der Ersatzstab kann nach obigen Ergebnissen mit dem halben Spiralbohrerdurchmesser angenommen werden, so daß das zulässige Bohrmoment eines unverwundenen Spiralbohrers, das von den Spannungen bei s und r (Abb. B/41) abhängt, aus dem des vollen, geraden Ersatzstabes angenähert ermittelt werden kann.

Für einen vollen Ersatzstab mit halben Bohrerdurchmesser $\left(\dfrac{D}{2} = \dfrac{2r}{2}\right)$ gilt der folgende Ansatz für Drehmoment M_e und Ersatzträgheitsmoment (I_{p_e}):

$$M_e = I_{p_e}\, G\, \vartheta \quad \text{und} \quad I_{p_e} = \frac{\left(\dfrac{2r}{2}\right)^4 \pi}{32}. \tag{B/51}$$

Somit wird

$$M_e = \frac{r^4\, \pi\, G\, \vartheta}{32} \quad \text{d. h.} \quad M_e = 0{,}098\, r^4\, G\, \vartheta. \tag{B/52}$$

Gl. (B/52) stellt das aus der Einführung eines vollen Ersatzstabes für den Bohrer abgeleitete Drehmoment für den Spiralbohrer dar. Ein Vergleich der mathematisch abgeleiteten Gl. (B/42), mit der aus den Versuchen durch Einführung eines Ersatzstabes abgeleiteten Gl. (B/52), zeigt gute Übereinstimmung. Die Gl. (B/52) gibt Werte, die nur 13% größer sind als Gl. (B/42); beide Gleichungen beziehen die Querschnittsverwindung *nicht* ein.

e) Verdrehungsversuche

Bei den ursprünglichen eigenen Versuchen, die den Anfang der Untersuchung von Spiralbohrern auf Verdrehung darstellten, sind

12 Spiralbohrer mit Durchmessern von 5,25 . . . 31,5 mm auf Verdrehung beansprucht worden.

Abb. B/42. Versuchsstand mit optischer Feinmeßeinrichtung für Verdrehungsmessungen an Spiralbohrern

Abb. B/42 zeigt die Versuchseinrichtung, die aus einer umgebauten Drehbank und einer optischen Feinmeßeinrichtung bestand. Der Bohrer *1* wurde mit seinem Kegel in die Spindel eingesetzt und an

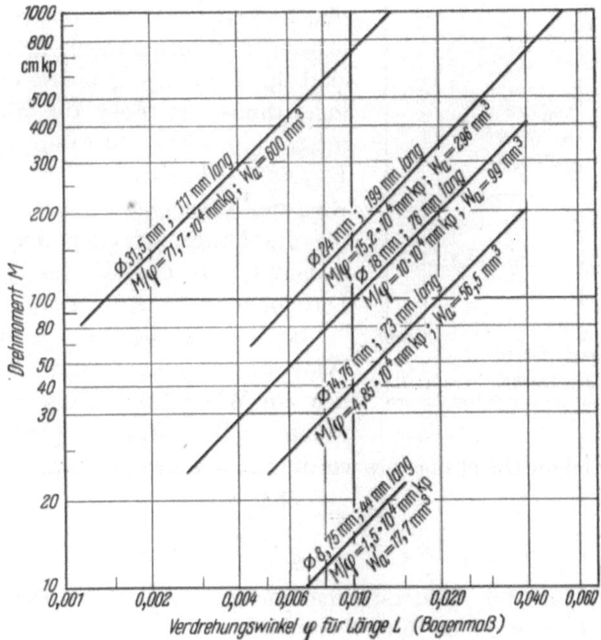

Abb. B/43. Bestimmung des äquivalenten Widerstandsmoments (W_a) aus Verdrehungsversuchen an Spiralbohrern

seinen Schneiden mit Hilfe zweier im Bock *2* angebrachter Anschläge
verdreht. Das Drehmoment M wurde über den Hebel *3* an der Waage *4*
ausgewogen und der gesamte Verdrehungswinkel des Bohrers über
die Länge L mit den Feinmeßfernrohren *5* und *6* durch die Ablenkung
der Lichtstrahlen, die zwei an den
Bohrer angekittete kleine Spiegel zu-
rückwarfen, gemessen.

In Vorversuchen wurden die Rei-
bungsverluste sowie die Meßfehler der
Einrichtung und die durch die end-
liche Ausdehnung der Spiegel verursachten Ungenauigkeiten festgestellt.
Es ergab sich, daß der Gesamtfehler
der Versuchseinrichtung im ungünstig-
sten Falle nicht größer als $\pm 3\%$ war.
Zur Bestimmung des Gleitmoduls G
wurden entsprechende Versuche an
einem zylindrischen Stab gleichen
Werkstoffs wie die Spiralbohrer durchgeführt.

An jedem der 12 Spiralbohrer wurden 10 Versuche mit verschiedenen Belastungen vorgenommen. In Abb. B/43
sind die Versuchsergebnisse im doppellogarithmischen Feld für die Durchmesser von 8,75 ... 31,5 mm dargestellt.
Es zeigte sich, daß das Verhältnis M/φ,
wo φ den jeweiligen Verdrehungswinkel
für die Länge zwischen den Spiegeln
bedeutet, als Gerade für jeden der
Durchmesser in Abb. B/43 erscheint.
Bezeichnet man ein äquivalentes
Widerstandsmoment mit W_a, nämlich ein Widerstandsmoment eines geraden vollen Stabes gleicher Ver-

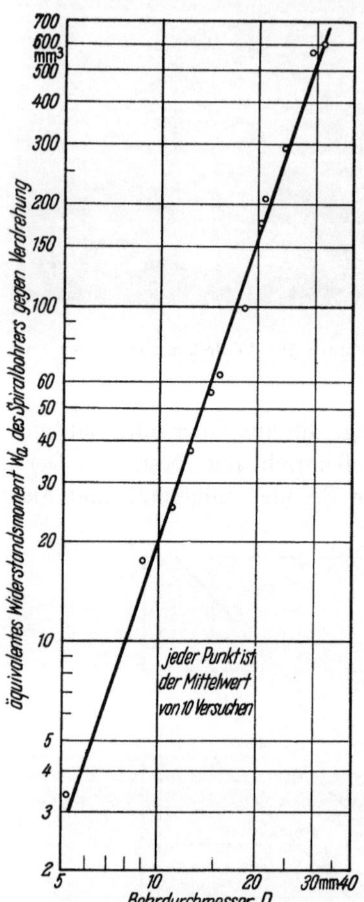

Abb. B/44. Versuchsmäßig ermittelte
Widerstandsmomente von Spiralbohrern

drehung, gleichen Durchmessers wie die Spiralbohrer, so kann man setzen

$$W_a = \frac{M\,L}{\dfrac{D}{2}\,G\,\varphi} \tag{B/53}$$

und die äquivalenten Widerstandsmomente, wie sie an den Geraden
der Abb. B/43 angegeben sind, berechnen.

Trägt man die so ermittelten äquivalenten Widerstandsmomente W_a
in Abhängigkeit vom Bohrerdurchmesser D in einem doppellogarith-

mischen Netz auf, so erhält man *eine* Gerade, die in Abb. B/44 dargestellt ist. Die Auswertung dieser Geraden ergibt die folgende Beziehung zwischen äquivalenten Widerstandsmoment W_a und Bohrerdurchmesser

$$W_a = 0{,}02\,D^3 = 0{,}16\,r^3. \tag{B/54}$$

Das ist etwa der 10. Teil des Widerstandsmoments eines vollen Kreisquerschnittes, während CODRON (vgl. Seite 215) die Hälfte angenommen hatte!

Multipliziert man Gl. (B/54) mit $r\,G\,\vartheta$, so erhält man das Drehmoment

$$M_d = 0{,}16\,r^4\,G\,\vartheta. \tag{B/55}$$

In dieser Gleichung ist — im Gegensatz zu den Gln. (B/42) und (B/52) — die Verwindung berücksichtigt.

f) Schlußfolgerungen für die Starrheit des Spiralbohrers

Das äquivalente Widerstandsmoment W_a kann in den Verdrillungswiderstand J umgeformt werden, indem man setzt:

$$J = W_a\,\frac{D}{2}. \tag{B/56}$$

Man erhält dann aus Gl. (B/54):

$$J = \frac{0{,}02\,D^4}{2} = 0{,}01\,D^4 = 0{,}16\,r^4. \tag{B/57}$$

Sowohl Gl. (B/57) als auch Gl. (B/50) ziehen die Querschnittsverwindung in Betracht, wobei Gl. (B/50) auf Grund mathematischer Ableitungen entwickelt wurde, während Gl. (B/57) auf unseren Versuchen beruht.

Bei Annahme gleichen Verdrillungswiderstandes in beiden Gleichungen kann der Vergrößerungsfaktor V nachgeprüft werden:

Aus
$$0{,}0865\,r^4\,V = 0{,}16\,r^4$$
folgt
$$V = 1{,}85 \tag{B/58}$$

was einer 85%igen Verstärkung des verwundenen Spiralbohrers gegenüber einem geraden Körper (Abb. B/33) entspricht (vgl. Seite 220/21).

Einige Änderungen mögen sich noch ergeben, wenn man bei diesem Prozentsatz berücksichtigt, daß unsere Versuche mit eingespannten Bohrern ausgeführt wurden. Hierdurch wird eine Querschnitts*verwölbung* vermindert im Vergleich zu den mathematischen Ableitungen der Gln. (B/41), (B/42), (B/48) und (B/50). Jedoch enthält Gl. (B/57) diesen Einfluß, da sie aus unseren Verdrehungsversuchen abgeleitet worden ist. Sie kann daher als Bestwert für praktische Berechnungen angesehen werden.

Werte für die Starrheit von Spiralbohrern sind mit einigen Ergänzungen in Tab. B/10 zusammengestellt. Aus dem Bohrmoment kann

Tabelle B/10. *Zusammenstellung von Werten für die Starrheit von Spiralbohrern*

Quelle	Flächeninhalt Q	Widerstandsmoment oder äquival. Widerstandsmoment W bzw. W_a	Polares Trägheitsmoment I_p	Drillungswiderstand J	Zuläss. Bohrmoment per Einheitslänge M_d
Allgemein		$W = I_p/r$	$I_p = r\,W$	$J = \dfrac{Q^4}{40\,I_p}$	$M_d = \vartheta\,G\,I_p$ $M_d = \vartheta\,G\,J$
KRONENBERG: Mathematisch abgeleitet, ohne Berücksichtigung der Verwindung	$1{,}22\,r^2$ [Gl. (B/29)]	$W_a = \dfrac{M_d\,L}{D/2\,G\,\varphi}$ [Gl. (B/53)]	$0{,}628\,r^4$ [Gl. (B/40)]	$0{,}0865\,r^4$ [Gl. (B/41)]	$0{,}0865\,r^4\,G\,\vartheta$ [Gl. (B/42)]
Desgleichen, mit Berücksichtigung der Verwindung				$0{,}0865\,r^4[1 + 5{,}74\,\sigma^2]$ [Gl. (B/50)]	$0{,}0865\,r^4\,G\,\vartheta[1 + 5{,}74\,\sigma^2]$ [Gl. (B/48)]
Versuchsmäßig ermittelt, mit Verwindung		$W_a = 0{,}16\,r^3$ [Gl. (B/54)]		$0{,}16\,r^4$ [Gl. (B/57)]	$0{,}16\,r^4\,G\,\vartheta$ [Gl. (B/55)]
Ausgewertet aus NEUBAUER u. BOSTONs Versuchen, ohne Verwindung				$0{,}098\,r^4$	$0{,}098\,r^4\,G\,\vartheta$ [Gl. (B/52)]
CODRON		$W = 0{,}80\,r^3$			
KIENZLE: Werkstattstechnik Mai 1953, S. 187				$0{,}223\,r^4$	
SONNTAG: Nutenprofil ohne Verwindung				$0{,}086\,r^4$	$0{,}086\,r^4\,G\,\vartheta$
Desgleichen, mit Verwindung				$0{,}14\,r^4$	$0{,}14\,r^4\,G\,\vartheta$
Bestwerte				$0{,}16\,r^4$	$0{,}16\,r^4\,G\,\vartheta$

der Bestwert für die Gesamtverdrehung φ eines Spiralbohrers, gemessen über die Länge L, die für Torsionsschwingungsberechnungen beim Bohren gebraucht wird, ermittelt werden

$$\varphi = \frac{M_d L}{0,16\, r^4\, G} \qquad (B/59)$$

[Gesamtverdrehungswinkel von Spiralbohrern unter dem Bohrmoment M (Bestwert) (Bogenmaß).]

Zur Berechnung der Schubspannung kann — unter Berücksichtigung der Querschnittsverwindung — die folgende Gleichung benutzt werden

$$\tau = \frac{3,5\, M_d}{r^3} \qquad (B/60)$$

(Schubspannung unter Berücksichtigung der Querschnittsverwindung.)

Für Untersuchung von Schwingungserscheinungen und des gemeinsamen Einflusses des Vorschubes und Bohrmomentes ist die zusammengesetzte Spannung zu ermitteln nach der bekannten Gleichung

$$\sigma_g = \sigma_n \left[0,35 + 0,65 \sqrt{1 + \left(\frac{\alpha_0\, \tau}{\sigma_n} \right)^2} \right] \qquad (B/61)$$

wo σ_g die zusammengesetzte Spannung und σ_n die vom Vorschub verursachte Normalspannung bezeichnen. α_0 ist das Verhältnis von zulässiger Druck- (K) zu zulässiger Dehnungsspannung (K_d) gemäß

$$\alpha_0 = \frac{K}{1,3\, K_d}. \qquad (B/62)$$

Die Normalspannung folgt aus Gl. (B/29) zu:

$$\sigma_n = \frac{P_v}{Q} = \frac{P_v}{1,22\, r^2} \qquad (B/63)$$

wo $P_v =$ Vorschubkraft und $Q =$ Querschnittsfläche des Bohrers ist; demnach ergibt sich mit Einsetzen von Gln. (B/63) und (B/60):

$$\sigma_g = \frac{P_v}{1,22\, r^2} \left[0,35 + 0,65 \sqrt{1 + \left(\frac{7 M_d \cdot 1,22\, r^2}{r^3\, P_v} \right)^2} \right]$$

$$\sigma_g = \frac{P_v}{1,22\, r^2} \left[0,35 + 0,65 \sqrt{1 + \left(\frac{8,55\, M_d}{r\, P_v} \right)^2} \right]. \qquad (B/64)$$

Da der Klammerwert unter der Wurzel gewöhnlich wesentlich größer ist als 1,0, kann in erster Annäherung gesetzt werden

$$\sigma_g \approx \frac{P_v}{1,22\, r^2} \left[0,35 + \frac{5,55\, M_d}{r\, P_v} \right]. \qquad (B/65)$$

In Gl. (B/65) wiederum, ist der 2. Summand gewöhnlich erheblich größer als die Konstante 0,35; das führt zu einer weiteren Annäherung, nämlich

$$\sigma_y \approx \frac{5{,}55\,M_d}{1{,}22\,r^3} = 4{,}55\,\frac{M_d}{r^3} \tag{B/66}$$

Vergleicht man die Gln. (B/60) und (B/66) untereinander, so erkennt man, daß *unter vereinfachten Annahmen die Gesamtspannung aus Bohrmoment und Vorschubkraft etwa 30% größer ist als die Schubspannung aus dem Bohrmoment allein*. Diese Feststellung ist nicht genau, sie dient hauptsächlich zu Abschätzungen und dazu, sich ein Bild zu machen, von der verhältnismäßigen erheblich größeren Bedeutung des Bohrmomentes gegenüber der Vorschubkraft für die im Bohrer bei der Arbeit auftretenden Spannungen.

Aus den Tab. B/11 bis B/13 ist erkenntlich, daß die Starrheit der Bohrer gegen Verdrehung nur zu einem geringen Prozentsatz (etwa 15%)

Tab. B/11, B/12, B/13. *Anhaltswerte für Bruch- und Gebrauchsbohrmomente und -spannungen*

Tabelle	Durch-messer D	Bruchbohr-moment M_d	Bruch-spannung (Gl. 66) $\sigma_g = \dfrac{4{,}55\,M_d}{r^3}$	Gebrauchs-bohrmoment[1] M_d	Gebrauchs-spannung (Gl. 66) $\sigma_g = \dfrac{4{,}55\,M_d}{r^3}$	Gebrauchs-spannung in % der Bruch-spannung
	mm	mm kp	kp/mm²	mm kp	kp/mm²	
B/11[2]	10	6250	227	1250	45,5	20
	15	17500	187	2500	26,8	14,3
	20	37500	172	5000	22,9	13,3
	30	—	—	12500	16,9	—
	40	—	—	27500	15,6	—
B/12[3]	10	—	—	1600	58	
	15	—	—	4400	46,7	
	20	—	—	6000	27,3	
	25	—	—	9000	21,0	
	30	—	—	13600	18,4	
	40	—	—	39400	22,4	
	50	—	—	58500	17,0	
B/13[4]	3,5	175	148			
	5	600	174			
	6	1000	169			
	7	1400	149			
	8	2200	157			
	10	3500	127,5			
	12	5500	111,5			

[1] Vgl. hierzu Bestwerte in Abb. B/64, B/65 (Seiten 269 ff.).
[2] Ausgewertet aus K. KREKELER: Die Zerspanbarkeit der metallischen und nichtmetallischen Werkstoffe, Berlin/Göttingen/Heidelberg: Springer 1951, S. 145.
[3] Nach G. SCHLESINGER: Die Bohrmaschine, Berlin: Springer 1925, S. 5.
[4] Versuche bei einer Spiralbohrerfabrik.

im Betrieb ausgenutzt wird. Auch die National Twist Drill and Tool Co. hat diesen Prozentsatz ermittelt[1].

Es wird auch auffallen, daß die Spannungen mit steigendem Bohrerdurchmesser fallen, d. h. also, daß die größeren Bohrer noch schlechter ausgenutzt werden als die kleineren! Obgleich Bohren zu den häufigsten Arbeitsgängen in der Werkstatt gehört, ist seine wirtschaftliche Ausnutzung schlecht. Verbesserungen dürften hier zu erheblichen Vorteilen führen, wobei natürlich auf den Einfluß der Schnittgeschwindigkeit, Standzeit, Schwingungen und sonstige zusätzliche Belastungen Rücksicht zu nehmen ist (vgl. auch Seite 309ff.).

D. Schnittkräfte

a) Spanvolumen, Spanquerschnitt und Schlankheitsgrad

Das minutlich gebohrte Spanvolumen kann auf zwei verschiedene Weisen ausgedrückt werden, nämlich als Produkt aus Lochquerschnitt und minutlichem Vorschub, und andererseits auch als Produkt aus der Summe der Spanquerschnitte je Schneide und der Schnittgeschwindigkeit am mittleren Bohrerdurchmesser.

Die erste Beziehung kann mathematisch geschrieben werden:

$$\text{Vol} = \frac{D^2 \pi}{4} \frac{s n}{1000} \quad \text{cm}^3/\text{min} \tag{B/67}$$

Der zweiten Beziehung entspricht:

$$\text{Vol} = 2 F_e v_m \quad \text{cm}^3/\text{min} \tag{B/68}$$

wobei F_e den je (Haupt-) Schneide erzeugten Spanquerschnitt kennzeichnet und v_m die am halben Bohrerdurchmesser herrschende Schnittgeschwindigkeit.

Setzt man Gln. (B/67) und (B/68) einander gleich und bringt den Spanquerschnitt F_e je Schneide auf die linke Seite, so erhält man:

$$F_e = \frac{D^2 \pi s n}{4 \cdot 1000 \cdot 2 v_m} = \frac{D^2 \pi s n \cdot 1000}{4 \cdot 2 \cdot 1000 D_m \pi n}$$

mit Einsetzen von

$$D_m = \frac{1}{2} D$$

ergibt sich

$$\boxed{F_e = \frac{D s}{4}} \tag{B/69}$$

[Spanquerschnitt je (Haupt-) Schneide.]

---

[1] National Twist Drill and Tool Co., Engng. Bull. 1932, Nr. 31.

Da der Radius r des Bohrers der Schnittiefe beim Drehen entspricht,
so ist der Spanquerschnitt je Schneide beim Bohren gleich der Schnitttiefe (r) multipliziert mit dem halben Vorschub $(s/2)$.

Der Schlankheitsgrad G, der beim Drehen das Verhältnis der Schnitttiefe zum Vorschub darstellt, ist beim Bohren entsprechenderweise als
das Verhältnis des Radius r des Bohrers zum halben Vorschub anzusehen:

$$G_e = \frac{r}{\frac{s}{2}} = \frac{D}{s} \qquad\qquad\text{(B/70)}$$

(Schlankheitsgrad des Spanquerschnittes.)

Abb. B/45 ist ein Gebrauchsdiagramm zur Ermittlung des Schlankheitsgrades aus dem Durchmesser des Boh-
rers (D) und dem Vor-
schub/U (s).

In Abb. B/46 sind die
praktisch vorkommen-
den Zuordnungen von
Vorschub und Bohr-
durchmesser graphisch
veranschaulicht, wie sie
aus Forschungswerten
und aus Angaben von
Firmen ermittelt wurden.

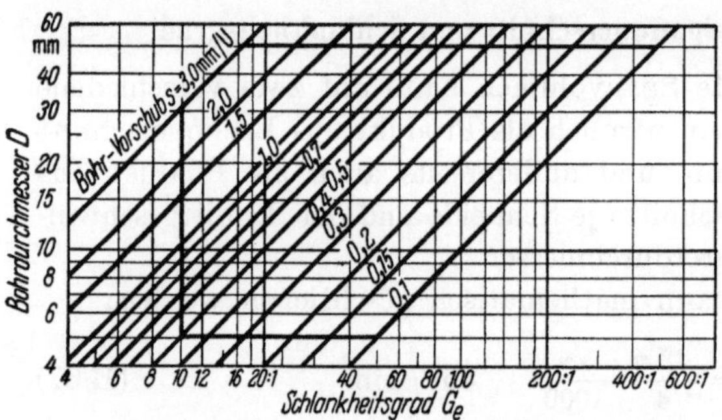

Abb. B/45
Schlankheitsgrade der Spanquerschnitte beim Bohren

SMITH und POLIAKOFF[1], die im Jahre 1909 ausführliche Bohrversuche vorgenommen haben, stellten fest, daß der Vorschub beim
Bohren mit der Kubikwurzel aus dem Durchmesser ansteigt. Diese
Feststellung stimmt genau mit unserer Feststellung beim Drehen überein; dort[2] wurde gefunden, daß der Vorschub in der Werkstattspraxis
im Mittel mit der Kubikwurzel aus der Schnittiefe ansteigt.

Die von ihnen angegebenen Gleichungen lauten in metrischen
Dimensionen:

für Gußeisen:

$$s = 0{,}1 \sqrt[3]{D} \qquad\qquad\text{(B/71)}$$

für Stahl (mittelhart)

$$s = 0{,}084 \sqrt[3]{D}. \qquad\qquad\text{(B/72)}$$

---

[1] SMITH, DEMPSTER u. R. POLIAKOFF: Experiments upon the forces acting
on twist drills when operating on cast iron and steel. Proc. Instn. Mech. Engrs.
Lond., März 1909, deutsche Übersetzung in Werkstattstechnik 5 (1911) S. 99—105
u. 155—164.

[2] Zerspanungslehre, 2. Aufl., Bd. I, Seite 131, Abb. 87.

Diese Beziehungen sind in Abb. B/46 als gerade Linien eingezeichnet, sie liegen etwas unterhalb der Kurve, die sich aus verschiedenen anderen Unterlagen ergibt, besonders nach Arbeiten von BOSTON und OXFORD[1], SCHLESINGER[2] und nach der Hütte[3]. Weitere Kurven beziehen sich auf Angaben verschiedener Firmen.

Außerdem sind in Abb. B/46 Linien eingezeichnet, die den Schlankheitsgrad G_e des Spanquerschnitts je (Haupt-) Schneide kennzeichnen.

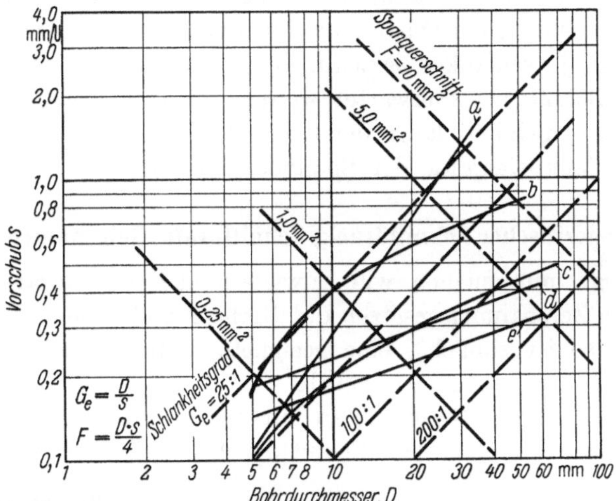

Abb. B/46. Praktisch vorkommende Zuordnungen von Vorschub und Bohrdurchmesser *a* Firmenangabe I für Guß; *b* Firmenangabe II für Guß; *c* Hütte, 26. Aufl., Bd. II, S. 743, SCHLESINGER für Stahl (Prüfbuch), BOSTON-OXFORD für Stahl, Firmenangabe I für Stahl; *d* SMITH u. POLIAKOFF für Guß; *e* SMITH u. POLIAKOFF für Stahl

Sie steigen von links nach rechts an. Die von links nach rechts abfallenden Linien geben den Flächeninhalt F_e der Spanquerschnitte an.

Man erkennt aus Abb. B/46, daß sich der Schlankheitsgrad beim Bohren etwa zwischen $G_e = 25:1$ und $G_e = 200:1$ ändern kann. Eine Häufigkeitsberechnung zeigt, daß meistens Schlankheitsgrade zwischen 50 : 1 und 100 : 1 vorkommen. Im Vergleich mit dem Drehen sind die Spanquerschnitte beim Bohren erheblich (im Mittel 10mal) schlanker. Beim Drehen liegen die Schlankheitsgrade zwischen 2 : 1 und 20 : 1, beim Bohren etwa zwischen 20 : 1 und 200 : 1, obgleich auch etwas kleinere und größere vorkommen.

---

[1] BOSTON, O. W., u. C. J. OXFORD sen.: Power required to drill cast iron and steel. Trans. ASME Dez. 1929, Sonderdruck S. 3. — Torque, Thrust and Power for drilling. Annual Meeting Paper, Amer. Soc. of Automotive Engineers, Jan. 1931. — Performance of cutting fluids in drilling various metals. Trans. ASME Juni 1931 und Dez. 1932.

[2] SCHLESINGER, G.: Prüfbuch für Werkzeugmaschinen, 2. Aufl., Berlin: Springer 1931.

[3] Hütte, Taschenbuch, 26. Aufl., Bd. II, S. 743, Tafel 13, Berlin: Ernst & Sohn.

Die Flächenunterschiede der Spanquerschnitte beim Drehen und Bohren sind weniger stark. Beim Drehen kommen zwar erheblich größere Spanquerschnitte als beim Bohren vor, jedoch liegen viele Spanquerschnitte beim Bohren auch zwischen 1,0 mm² und 5,0 mm².

Beim Drehen wurde festgestellt[1], daß ein schlankerer Spanquerschnitt hinsichtlich des spezifischen Schnittdruckes einen Nachteil darstellt, da er größere Belastungen der Maschine hervorruft, obgleich sich die Standzeit dabei etwas verbessert. Energiebedarf und Schnittkraft steigen an, je mehr sich der Spanquerschnitt von der Form des Quadrates entfernt, d. h. je schlanker er wird. Beim Bohren kann ein größerer spezifischer Schnittdruck erwartet werden, nicht nur wegen des veränderlichen Spanwinkels längs der Schneide, sondern auch wegen der größeren Schlankheitsgrade der Spanquerschnitte.

b) Spezifischer Schnittdruck, Schnittkraft, Bohrmoment

Wenn man untersuchen will, inwiefern sich ein Zusammenhang zwischen den Zerspanungsgesetzen des Drehens und denen des Bohrens finden läßt, so ist zunächst eine geeignete mathematische Basis für solche Untersuchungen zu entwickeln.

Zweckmäßigerweise beginnt man mit den allgemeinen Gleichungen für den mittleren spezifischen Schnittdruck (k_s), für die Schnittkraft

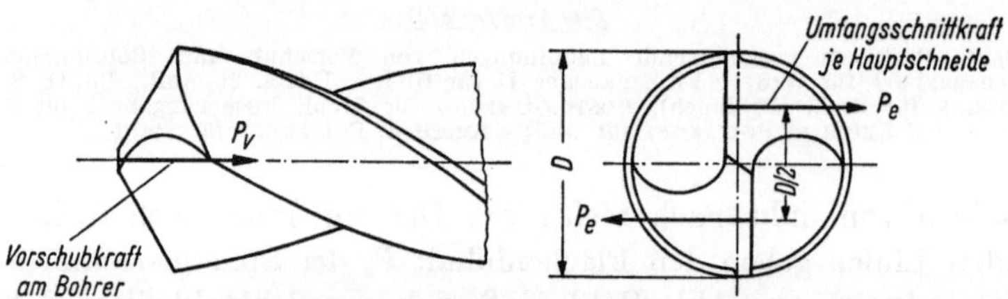

Abb. B/47. Schnittkräfte am Bohrer

je Schneide (P_e) und für das Bohrmoment (M_d). Danach kann — wie an Hand von Abb. B/47 ersichtlich — die mittlere Umfangskraft je Schneide aus dem Bohrmoment berechnet werden, wenn man das Kräftepaar P_e in Abb. B/47 am Arm $D/2$ wirken läßt. Es folgt somit

$$M_d = P_e \frac{D}{2} \quad \text{oder} \quad P_e = \frac{2M_d}{D} \qquad \text{(B/73a u. b)}$$

Entsprechend dem Drehen ist der mittlere spezifische Schnittdruck beim Bohren:

$$k_s = \frac{P_e}{F_e}. \qquad \text{(B/74)}$$

---

[1] Zerspanungslehre, 2. Aufl., Bd. I, S. 200.

Ersetzt man in Gl. (B/74) den Spanquerschnitt F_e durch Gl. (B/69), so erhält man

$$k_s = \frac{4\,P_e}{D\,s}.$$ (B/75)

Durch Vereinigung der Gln. (B/73) und (B/75) ergibt sich:

$$\boxed{k_s = \frac{8\,M_d}{s\,D^2}}$$ (B/76)

Bezeichnet man nun mit C_1 einen zunächst noch nicht weiter definierten Schnittkraftwert für einen Einheitsvorschub und Einheitsbohrdurchmesser, so kann das Bohrmoment als Funktion von C_1, dem Durchmesser D und dem Vorschub s folgendermaßen angeschrieben werden

$$\boxed{M_d = C_1\,D^x\,s^y}$$ (B/77)

wobei x den Exponenten des Durchmessers und y den Exponenten des Vorschubes bedeuten; sie zeigen an, wie stark sich M_d bei Änderung des Durchmessers bzw. des Vorschubes ändert.

Unter Benutzung der Gl. (B/73b) ergibt sich die Umfangsschnittkraft P_e aus Gl. (B/77)

$$\boxed{P_e = 2\,C_1\,D^{x-1}\,s^y}$$ (B/78)

und weiterhin erhält man den mittleren spezifischen Schnittdruck k_s mit Hilfe von Gl. (B/75)

$$k_s = 8\,C_1\,D^{x-2}\,s^{y-1}.$$ (B/79)

Diese Gleichungen sollen für Vergleichszwecke in solche mit Spanquerschnitt (F_e) je Schneide und den zugehörigen Schlankheitsgrad umgeformt werden. Löst man Gl. (B/69) und (B/70) nach s auf, so erhält man:

$$s = \frac{4\,F_e}{D} \quad \text{und} \quad s = \frac{D}{G_e}.$$

Somit wird

$$\frac{D}{G_e} = \frac{4\,F_e}{D}$$

daraus folgt

$$\boxed{D = 2\,[F_e\,G_e]^{\frac{1}{2}}}$$ (B/80)

Bei Auflösung der Gln. (B/69) und (B/70) nach D erhält man in entsprechender Weise:

$$\boxed{s = 2\left[\frac{F_e}{G_e}\right]^{\frac{1}{2}}}$$ (B/81)

Gln. (B/80) und (B/81) können nun in die Gln. (B/77), (B/78) und (B/79) eingesetzt werden. Es ergibt sich aus Gl. (B/77)

$$M_d = C_1 \cdot 2^{(x+y)} F_e^{\frac{1}{2}(x+y)} G_e^{\frac{1}{2}(x-y)}. \tag{B/82}$$

Gl. (B/82) läßt schon erkennen, daß das Drehmoment stärker von der Größe (F_e) des Spanquerschnitts als von seiner Form, dem Schlankheitsgrad (G_e), beeinflußt wird, da F_e die Summe von x und y als Exponent enthält, G_e dagegen ihre Differenz.

Aus Gl. (B/78) folgt durch Einsetzen der Gln. (B/80) und (B/81):

$$P_e = C_1 \cdot 2^{(x+y)} F_e^{\frac{1}{2}(x+y-1)} G_e^{\frac{1}{2}(x-y-1)} \tag{B/83}$$

und schließlich ergibt sich aus Gl. (B/79) in gleicher Weise:

$$k_s = \frac{C_1 \cdot 2^{(x+y)} G_e^{\frac{1}{2}(x-y-1)}}{F_e^{\frac{1}{2}(3-x-y)}}. \tag{B/84}$$

Nunmehr besteht die Möglichkeit, Vergleiche mit den Formeln für die Schnittkraft und spezifischen Schnittdruck beim Drehen anzustellen.

Für die Umfangsschnittkraft P beim Drehen, die tangential zum Werkstück wirkt, gilt die Gl. 144 aus Zerspanungslehre Bd. I, Seite 202

$$P = C_{k_s} \left(\frac{G_e}{5}\right)^{g_s} F_e^{(1-f_s)}. \tag{B/85}$$

Hierin bedeutet C_{ks} — wie a. a. O. definiert — den Schnittdruck beim Drehen für Abnahme eines Spanquerschnittes von $F = 1$ mm² und für einen Schlankheitsgrad von $G = 5 : 1$.
Um $G_e/5$ in Gl. (B/83) für die Umfangsschnittkraft P_e beim Bohren einzuführen, multipliziert und dividiert man ihre rechte Seite mit $5^{\frac{1}{2}(x-y-1)}$.

Dadurch erhält man

$$P_e = C_1 \cdot 2^{(x+y)} \cdot 5^{\frac{1}{2}(x-y-1)} \left(\frac{G_e}{5}\right)^{\frac{1}{2}(x-y-1)} F_e^{\frac{1}{2}(x+y-1)}. \tag{B/86}$$

Soll die Gl. (B/86) der Gl. (B/85) entsprechen, so muß sein

$$\boxed{C_{k_{sB}} = C_1 \cdot 2^{(x+y)} \cdot 5^{\frac{1}{2}(x-y-1)}} \tag{B/87}$$

wobei $C_{k_{sB}}$ die Schnittkraft beim Bohren bei Abnahme eines Spanquerschnittes von $F_e = 1$ mm und bei Schlankheitsgrad $G_e = 5 : 1$ darstellt.
Ferner wird:

$$\boxed{g_s = \frac{1}{2}(x - y - 1)} \tag{B/88}$$

ebenso

$$(1 - f_s) = \frac{1}{2}(x + y - 1) \tag{B/89}$$

und

$$f_s = \frac{1}{2}(3 - x - y) \tag{B/90}$$

Gl. (B/82) für das Bohrmoment wird:

$$M_d = \frac{C_{k_s B} \, F_e^{(f_s + 1,5)} \, G_e^{(g_s + 0,5)}}{5^{g_s}} \tag{B/91}$$

die Umfangsschnittkraft P_e ergibt sich aus Gl. (B/83)

$$P_e = C_{k_s B}\left(\frac{G_e}{5}\right)^{g_s} F_e^{(1 - f_s)} \tag{B/92}$$

der spezifische Schnittdruck folgt aus Gl. (B/84)

$$k_s = \frac{C_{k_s}\left(\dfrac{G_e}{5}\right)^{g_s}}{F_e^{f_s}} \tag{B/93}$$

Aus Vereinigung der Gln. (B/77) und (B/87) erhält man:

$$M_d = \frac{C_{k_s B} \, D^x \, s^y}{2^{(x+y)} \cdot 5^{\frac{1}{2}(x-y-1)}} \tag{B/94}$$

entsprechend folgt aus Gln. (B/78) und (B/87):

$$P_e = \frac{2 C_{k_s B} \, D^{(x-1)} \, s^y}{2^{(x+y)} \cdot 5^{\frac{1}{2}(x-y-1)}} \tag{B/95}$$

c) Zahlenwerte für den spezifischen Schnittdruck

In H. FISCHERS[1] Veröffentlichung wurde der spezifische Schnittdruck beim Bohren von Gußeisen ebenso groß angegeben, wie für Drehen, nämlich mit 70 . . . 120 kp/mm². Solch Spielraum ist natürlich als zu groß anzusehen und wurde daher zum Gegenstand der Dissertation von K. ROEDEL genommen[2].

---

[1] FISCHER, H.: Werkzeugmaschinen, Bd. I u. II, Berlin: Springer 1900/01.

[2] ROEDEL, K.: Beitrag zur Ermittlung des Koeffizienten $k_s = \dfrac{8 M_d}{s D^2}$ beim Bohren verschiedener Gußeisensorten. Dr.-Ing.-Dissertation, TH München 1917.

Roedel hat sich besonders damit befaßt, einen Zusammenhang zwischen dem Siliciumgehalt, dem Mangangehalt und dem spezifischen Schnittdruck zu finden, da die Bezeichnungen „weich", „mittel" und „hart" nicht genügend genau sind.

Er hat folgende Formel aufgestellt:

$$k_s = 429 - 110\,\text{Si} - \text{Mn}.$$

Sie gilt für Si-Gehalte von $0,5 \ldots 2,5\%$ und Mangangehalte von $0,3 \ldots 1,5\%$ und weicht von seinen Versuchswerten zwischen $+12^1/_2\%$ und $-16^1/_2\%$ höchstens ab, wie aus der Tab. B/14 ersichtlich ist.

Tabelle B/14. *Vergleich von Roedels Formel mit Versuchen*

Siliciumgehalt %	Mangangehalt %	$k_s = $ Spezifischer Schnittdruck kp/mm²		Prozentualer Unterschied zwischen Versuch und Formel
		Versuch	nach Formel	
0,71	1,05	200	225	$+12,5$
0,74	0,62	319	273	$-14,4$
0,78	1,14	229	206	-10
0,83	0,82	241	240	$-0,4$
0,94	0,62	240	251	$+4,6$
1,05	0,43	267	223	$-16,5$
1,74	0,37	185	193	$+4,3$
2,03	0,58	148	137	$-7,4$

Wenn man in Betracht zieht, daß Roedels Werte bis zu $k_s = 319\,\text{kp}/\text{mm}^2$ ansteigen, während Fischer als Größtwert $k_s = 120\,\text{kp/mm}^2$ angegeben hat, so sind die Unterschiede zwischen Roedels Versuchswerten und seiner Formel klein zu nennen. Man hätte 166% zu Fischers Größtwert zuzuschlagen, um auf Roedels Versuchswerte zu kommen.

Roedel hat ferner gefunden, daß der spezifische Schnittdruck k_s auch in Abhängigkeit von der Biege- (k_b) und der Zerreißfestigkeit (k_z) gebracht werden kann, gemäß folgenden Gleichungen:

$$\left.\begin{aligned} k_s &= 6 \ldots 7,4\,k_b \\ k_s &= 11,5 \ldots 15,4\,k_z. \end{aligned}\right\} \tag{B/96}$$

Ein Vergleich der Gl. (B/96) mit den älteren Werten für den Schnittdruck beim Drehen in Tab. 55 in Bd. I zeigt, daß Roedels k_s-Werte für Bohren $2^1/_2 \ldots 2^3/_4$ mal größer sind. Solch ein Verhältnis ist m. E. auf dem veränderlichen Spanwinkel und die verschiedenen Schervorgänge zurückzuführen.

Man wird bemerken, daß das k_s/k_z-Verhältnis bei Roedel keine Konstante ist, ohne daß er jedoch Gründe dafür angibt. Wir haben hier denselben Fall wie beim Drehen vorliegen, wo der spezifische

Schnittdruck von der Größe und Form des Spanquerschnittes unter sonst gleichen Umständen abhängt. Auf den Einfluß von Spanquerschnittsgröße und Form wird daher noch ausführlicher einzugehen sein.

KURREIN[1] hat ebenfalls Untersuchungen über den spezifischen Schnittdruck angestellt, und zwar für Bohren von Stahl St. 60,11 allerdings ohne Entwicklung von Gleichungen. Sie sollen daher hier aufgestellt werden. Seine Versuche erstrecken sich sowohl auf das Bohren ins Volle als auch auf das Bohren ins Vorgebohrte. Im letzteren Fall ist der Einfluß der Querschneide, u. U. auch ein Teil der Hauptschneiden, ausgeschaltet.

Infolge der früher dargelegten Änderung des Spanwinkels entlang der Schneide (vgl. Abb. B/19, B/21, B/25) ist es notwendig — im

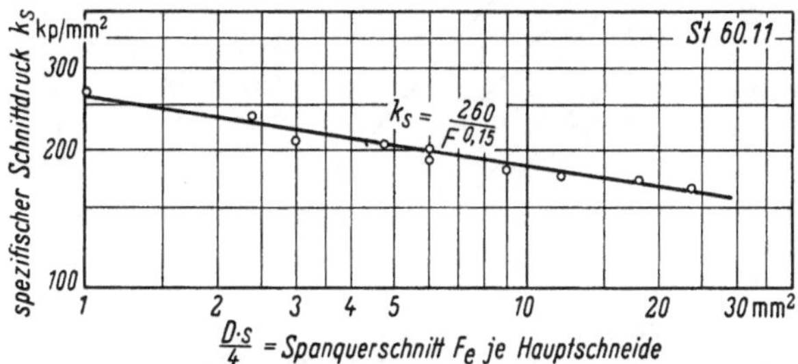

Abb. B/48. Mittlerer spezifischer Schnittdruck beim Bohren ins Vorgebohrte (aus KURREINS Daten ermittelt)

Gegensatz zum Drehen — zwischen einem mittleren spezifischen Schnittdruck (k_s) und dem örtlichen spezifischen Schnittdruck an einem betrachteten Punkt der Schneide zu unterscheiden ($k_{s\,ö}$). Der mittlere spezifische Schnittdruck ist ein über die Schneidenlänge genommener Mittelwert und wird für praktische Zwecke benutzt, während der örtliche spezifische Schnittdruck mehr für wissenschaftliche Erkenntnisse von Bedeutung ist.

KURREINS Versuche über den mittleren spezifischen Schnittdruck ins Vorgebohrte sind in Abb. B/48 in Abhängigkeit vom Spanquerschnitt F_e ausgewertet worden. Sie ergeben eine mit steigendem Spanquerschnitt F_e fallende Gerade, die ihrem Wesen nach den beim Drehen entwickelten Geraden des einfachen Schnittdruckgesetzes entspricht. Die Gleichung der Geraden der Abb. B/48 lautet:

$$k_s = \frac{260}{F_e^{0,15}} \text{ kp/mm}^2. \tag{B/97}$$

---

[1] KURREIN, M.: Die Bearbeitbarkeit der Metalle im Zusammenhang mit der Festigkeitsprüfung. Werkstattstechnik 1927, H. 21, S. 612—621.

Ein Vergleich dieser Werte mit anderen Forschungsergebnissen ist nicht möglich, da keine sonstigen Daten für Bohren ins Vorgebohrte vorliegen.

Den örtlichen spezifischen Schnittdruck ($k_{s\ddot{o}}$) hat KURREIN durch Differenzbohrungen ermittelt, er ergibt sich aus der Differenz zweier Bohrungen mit wenig verschiedenem Durchmesser. Die Ergebnisse sind in Abb. B/49 dargestellt, wie sie in Abhängigkeit vom Verhältnis des betrachteten örtlichen Durchmessers zum Außendurchmesser von mir ermittelt wurden. KURREIN hat seine Ergebnisse in 3 Diagrammen

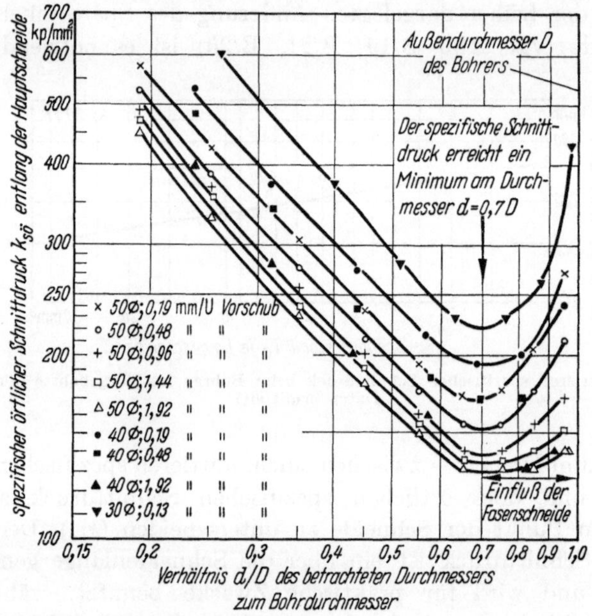

Abb. B/49. Änderung des spezifischen Schnittdrucks entlang der Hauptschneide für Bohren ins Vorgebohrte (Beispiel für St 60.11)

für verschiedene Bohrer (30, 40 und 50 mm) vorgelegt, es ergaben sich dabei verschieden verlaufende Kurven. Berechnet man jedoch das Verhältnis d/D aus KURREINS Daten und trägt den örtlichen spezifischen Schnittdruck sodann in Abhängigkeit von d/D auf, wie in Abb. B/49, so erhält man so gut wie kongruente Kurven, die sämtlich ein Minimum für $k_{s\ddot{o}}$ bei $d/D = 0,7$ erreichen. Der örtliche spezifische Schnittdruck steigt zum Außendurchmesser zu wieder an, was auf die Wirkung der Phasenschneide zurückzuführen ist.

Solche Auftragung des örtlichen spezifischen Schnittdruckes, nämlich in Abhängigkeit von d/D hat ferner den Vorteil, daß es damit möglich wird, *eine Beziehung zwischen dem örtlichen Spanwinkel und dem örtlichen spezifischen Schnittdruck m. W. erstmalig herzustellen.*

Man kann dabei sowohl den Parallelspanwinkel [Gl. (B/3)] oder den Spanwinkel [Gl. (B/9)], oder den Schrägwinkel [Gl. (B/15)] als auch den Spanwinkel in Richtung des Spanflusses heranziehen [Gl. (B/23)]. Wir beschränken uns hier auf den Spanwinkel [Gl. (B/9)], der in Richtung der Schnittgeschwindigkeit gemessen wird und in Abb. B/19 graphisch dargestellt ist. Da KURREINs Bohrer einen Spiralsteigungswinkel von $\sigma = 26°$ hatten, gilt die folgende Formel für Ermittlung des Spanwinkels längs der Schneide [aus Gl. (B/9)]

$$\tan\gamma = 0{,}54\,\frac{d}{D}. \qquad \text{(B/98)}$$

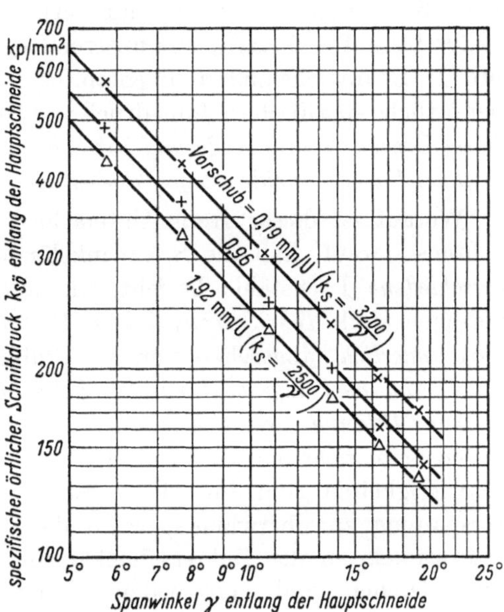

Abb. B/50. Abhängigkeit des spezifischen örtlichen Schnittdrucks $k_{s\ddot{o}}$ vom Spanwinkel entlang der Hauptschneide, wenn der Einfluß der Querschneide und der Phasenschneide ausgeschlossen wird (Beispiel für Bohren von St. 60,11 mit 50 mm Bohrer)

Abb. B/50 stellt das Ergebnis dieser Auswertung dar, die nur bis zum Mindestwert des örtlichen spezifischen Schnittdruckes durchgeführt worden ist. Dieser Mindestwert ergibt sich bei $d/D = 0{,}7$ (vgl. Abb. B/49), so daß man mit Benutzung von Gl. (B/98) für Spiralbohrer mit $\sigma = 26°$ Spiralsteigungswinkel und $\varepsilon = 120$ Spitzenwinkel erhält:

$$\tan\gamma_{k_{s\ddot{o}}} = 0{,}54 \cdot 0{,}7$$

und daher

$$\gamma_{k_{s\ddot{o}_{\min}}} = 20°. \qquad \text{(B/99)}$$

Der Spanwinkel für den kleinsten örtlichen spezifischen Schnittdruck ist also hier 20°.

Die wesentlichste Folgerung jedoch, die aus Abb. B/50 zu ziehen ist, bezieht sich auf die Abhängigkeit zwischen $k_{s\ddot{o}}$ und Spanwinkel γ. Wie aus Abb. B/50 erkenntlich ist, gilt folgende Gleichung innerhalb des Spanwinkelbereiches von $5 \ldots 20°$

$$k_{s\ddot{o}} = \frac{3200}{\gamma} \qquad \text{(B/100)}$$

beim Bohren ins Vorgebohrte von St. 60,11 mit 0,19 mm/U Vorschub und 50 mm Bohrerdurchmesser. Für andere Vorschübe und Bohrerdurchmesser ändert sich die Konstante im Zähler der Gl. (B/100), jedoch bleibt die allgemeine Beziehung bestehen, *daß der örtliche spezifische Schnittdruck sich umgekehrt proportional zum Spanwinkel ändert!*

Dieses Ergebnis ist sehr verschieden von der Änderung des spezifischen Schnittdruckes beim Drehen, wenn Drehstähle mit verschiedenem Spanwinkel verglichen werden. Zieht man z. B. die Werte der Tab. 104[1] für den spezifischen Schnittdruck (C_{k_s}) zum Vergleich heran, so erkennt man, daß sich der spezifische Schnittdruck beim Drehen von St. 60,11 von 238 kp/mm² auf 274 kp/mm² erhöht, wenn der Spanwinkel von $+20°$ bis auf $+5°$ fällt, was unserer Regel: 1% Schnittdruckänderung pro 1° Spanwinkeländerung entspricht. Beim Bohren dagegen steigt der örtliche spezifische Schnittdruck von 160 kg/mm² bis auf 640 kg/mm². *Beim Drehen ist die Änderung 15%, beim Bohren 300%, wenn der Einfluß der Fasenschneide ausgeschlossen wird, der in Abb. (B/49) gezeigt ist.*

Worauf ist dieser große Unterschied zurückzuführen? Meines Erachtens darauf, daß die Spanwinkeländerung beim Drehen sich auf *verschiedene* Drehstähle bezieht, die mit verschiedenen Spanwinkeln versehen sind. *Der Spanwinkel je Drehstahl bleibt längs der Schneide unveränderlich* (abgesehen von der Stahlnase) *beim Bohrer ändert sich der Spanwinkel dagegen längs der Schneide.*

Die Bildung der Scherfläche und des Scherwinkels ist infolgedessen beim Bohren erheblich anders und verwickelter als beim Drehen. Schwierigkeiten sind für die Aufstellung einer Hauptgleichung der Zerspanung zu überwinden, wenn die wechselnden Verhältnisse des Spanwinkels an der Bohrerschneide einbezogen werden sollen. Schon beim Drehen sind verschiedene Scherwinkelgleichungen entwickelt worden. Beim Bohren wird man ähnliches bei der zukünftigen weiteren theoretischen Erforschung erwarten dürfen.

Man könnte sich zunächst damit begnügen, einen Hobelstahl mit sich stetig längs der Schneide änderndem Spanwinkel herzustellen, um die unfreie Spanbildung, die beim Bohren zur Spanwinkeländerung noch hinzukommt, auszuschalten und könnte dennoch die entsprechende Spanbildung nachahmen. Solch ein Hobelstahl könnte zu Zerspanungsuntersuchungen praktischer und theoretischer Art benutzt werden, um unsere Erkenntnis der Zerspanung mit veränderlichem Spanwinkel zu erweitern. Jedenfalls liegt hier ein Teilgebiet vor, auf dem noch viel wissenschaftliche Arbeit zu leisten ist.

Boston und Oxford sen. haben in ihrer bereits genannten Arbeit[2] eine Tabelle über den HP-Verbrauch je Kubikzoll und Minute gebohrten Spanvolumens veröffentlicht. Aus ihnen kann man den spezifischen

---

[1] Zerspanungslehre, 2. Aufl., Bd. I, Seiten 274 u. 400 (siehe auch Bd. II, Seite 345).

[2] Boston, O. W., u. C. J. Oxford, zit. Seite 233, dort S. 18 des Sonderdruckes, Tab. 5.

Schnittdruck berechnen, da der spezifische Schnittdruck und der spezifische HP-Verbrauch (HP/in³/min) Begriffe sind, die ohne weiteres mathematisch auseinander folgen. Hierüber ist früher, auf Seite 215, Bd. I, gesprochen worden; außerdem sind auch Umrechnungswerte auf Seite 405, Bd. I, angegeben, die hier benutzt werden können[1], nämlich:

$$k_s = 276\,(\text{HP}/\text{in}^3/\text{min}) \quad \text{kp/mm}^2.$$

Diese Gleichung berücksichtigt bereits die Umwertung aus dem englischen in das metrische Maßsystem. Zur Vereinfachung von weiteren Umrechnungen ist Abb. H/4 (Anhang) ausgearbeitet worden.

BOSTON und OXFORD haben eine große Anzahl von Werkstoffen gebohrt, jeweils trocken und mit verschiedenen Schmiermitteln. Die

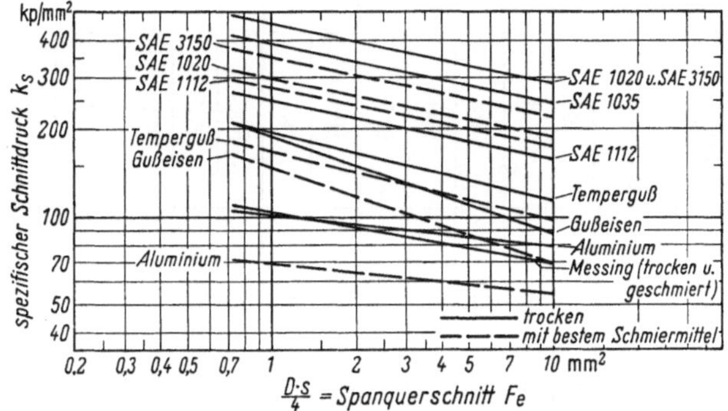

Abb. B/51. Spezifischer Schnittdruck beim Bohren verschiedener Werkstoffe (ermittelt aus BOSTONs u. OXFORDs Werten)

Daten sind in Tab. B/15 zusammengestellt, ebenso sind dort — in Spalten 5 und 6 — die spezifischen Schnittdruckwerte, die gemäß obiger Gleichung ausgerechnet wurden, aufgeführt. Die Versuche beziehen sich auf Bohrer von $^1/_2$ Zoll und $1^1/_2$ Zoll Durchmesser bei 0,23 mm/U bzw. 0,38 mm/U Vorschub.

Unter Anwendung der Gln. (B/69) und (B/70) ergibt sich für den kleinen Bohrer ein Spanquerschnitt von $F_e = 0,73$ mm² und ein Schlankheitsgrad $G_e = 55 : 1$, für den größeren Bohrer ein Spanquerschnitt von $F_e = 3,62$ mm² bei einem Schlankheitsgrad von $G_e = 100 : 1$.

Trägt man die spezifischen Schnittdruckwerte der Spalten 5 und 6 (Tab. B/15) demgemäß in ein doppellogarithmisches Netz ein (Abb. B/51), so kann man aus den geraden Linien, die spezifischen Schnittdruckwerte für $F_e = 1,0$ mm² und einen noch unbekannten Schlankheitsgrad ermitteln. Diese Werte sind in Spalte 7 eingetragen, auf sie wird

---

[1] Auf einen Druckfehler in Bd. I, Seite 405, Tab. 106, möge hier hingewiesen sein. Letzte Zeile lies statt „multipliziere mit 0,00362" richtig „dividiere 276 durch in³/min/HP".

Tabelle B/15. *Umrechnung der Werte für Horsepower per Kubikzoll per min beim Bohren in spezifischen Schnittdruck* (kp/mm^2)
(ermittelt aus Werten von Boston und Oxford sen.)

Werkstoff	Schmier-mittel[1]	HP/in³/min		kg/mm² Spezifischer Schnittdruck		kg/mm² Spezifischer Schnittdruck für $F_e = 1\,mm^2$ graphisch aus Abb. B/51 ermittelt	Exponent f_s des spezifischen Schnittdrucks graphisch aus Abb. B/51 ermittelt	Verminderung des spezifischen Schnittdrucks durch Schmiermittel %
		¹/₂″-Bohrer	1¹/₂″-Bohrer	¹/₂″-Bohrer[2]	1¹/₂″-Bohrer[3]			
1	2	3	4	5	6	7	8	9
SAE 1020 (131 Brinell)	Trocken	1,74	1,28	480	356	465	0,21	33,3
	Öl-Nr. 11	1,15	0,859	318	236	308		
SAE 1035 (156 Brinell)	Trocken	1,46	1,08	403	298	385	0,21	26
	Öl-Nr. 11	1,08	0,80	298	220	286		
SAE 1112	Trocken	0,97	0,716	268	198	250	0,21	6,8
	Öl-Nr. 11	0,90	0,670	248	184	232		
SAE 3150 (1,16% Ni; 0,62% Cr 196 Brinell)	Trocken	1,75	1,30	484	358	465	0,21	23
	Öl-Nr. 10	1,35	0,995	372	275	357		
	Öl-Nr. 9	1,81	1,35	500	372	480		Erhöhung 3
Gußeisen (3,44% C; 2,62% Si 0,478% Mn 179 Brinell)	Trocken	0,73	0,452	202	124	186	0,35	17,2
	Öl-Nr. 9	0,605	0,374	167	103	154		
Temperguß (2,46% C; 1% Si; 0,26% Mn 137 Brinell)	Trocken	0,73	0,527	202	146	200	0,27	10,5
	Öl-Nr. 11 und andere	0,655	0,470	181	130	179		

Tabelle B/15 (Fortsetzung)

Werkstoff	Schmier-mittel[1]	HP/in³/min		kg/mm² Spezifischer Schnittdruck		kg/mm² Spezifischer Schnittdruck für $F_e = 1\,mm^2$ graphisch aus Abb. B/51 ermittelt	Exponent f_s des spezifischen Schnittdrucks graphisch aus Abb. B/51 ermittelt	Verminderung des spezifischen Schnittdrucks durch Schmiermittel %
		½"-Bohrer	1½"-Bohrer	½"-Bohrer[2]	1½"-Bohrer[3]			
1	2	3	4	5	6	7	8	9
Messing (61,75% Cu; 35% Zn)	Trocken und Öl-Nr. 9	0,39	0,301	108	83	102	0,185	0
Aluminiumlegierung SAE 33 (91% Al; 8% Cu)	Trocken	0,378	0,314	104	86,5	102	0,135	31,7
	Öl-Nr. 8	0,258	0,215	71,5	59,5	70		

[1] Zusammensetzung s. Tab. B/17.

[2] Vorschub $= 0,23$ mm/U, Spanquerschnitt $F_e = 0,73$ mm², $G_e = 55:1$.

[3] Vorschub $= 0,38$ mm/U, Schlankheitsgrad $F_e = 3,62$ mm², $G_e = 100:1$.

später noch zurückgekommen. Spalte 8 enthält die Exponenten f_s des Spanquerschnitts F_e des spezifischen Schnittdrucks, wie er sich für die verschiedenen Werkstoffe aus diesen Auswertungen ergibt.

Vergleicht man diese f_s-Exponenten für Bohren mit denen für Drehen[1], so findet man, daß beim Bohren von Stahl ($f_s = 0,21$) und Drehen von Stahl ($f_s = 0,197$ Bestwert) gute Übereinstimmung hinsichtlich der Änderung des spezifischen Schnittdruckes mit dem Spanquerschnitt besteht.

Bei Gußeisen ist die Übereinstimmung der f_s-Exponenten nicht so gut, da sich aus BOSTON und OXFORDS Werten für Bohren ein f_s-Exponent von 0,35 gegenüber einem f_s-Exponenten von 0,137 als Bestwert für Drehen ergibt. Interessant ist der verschiedene Einfluß, den Schmiermittel auf den spezifischen Schnittdruck beim Bohren nach diesen Versuchen (vgl. Spalte 9, Tab. B/15) haben. Beim Bohren von Messing sind Schmiermittel demnach wirkungslos und am wirksamsten beim Bohren von SAE 1020 (131 Brinell),

---

[1] Zerspanungslehre, 2. Aufl., Bd. I, Seite 399.

wo $33^1/_3\%$ Verminderung des spezifischen Schnittdruckes festgestellt
wurde.

Ebenso sind Schmieröle beim Bohren von Aluminium sehr wirksam (31,7% Herabsetzung des spezifischen Schnittdruckes). Bei Guß-

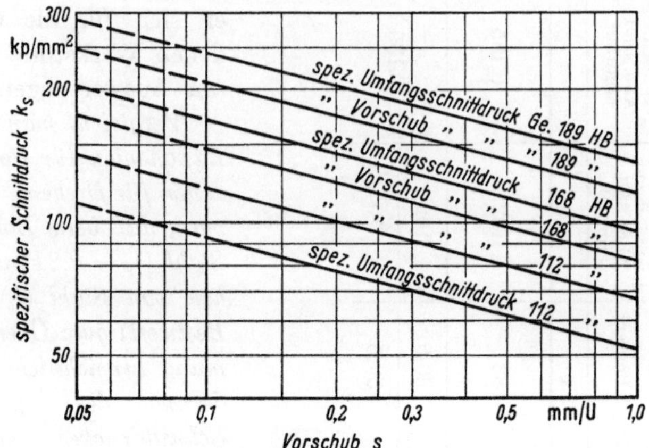

Abb. B/52. Spezifischer Schnittdruck in Abhängigkeit vom Vorschub für Bohren von Grauguß
(nach SCHROPP u. SCHALLBROCH)

eisen ist der Einfluß weniger groß (17,2% Verminderung von k_s) und
bei Stahl ist er sehr wechselnd, nämlich von 6,8% beim Bohren von
SAE 1112, 23% bei SAE 3150, 26% bei SAE 1035 und $33^1/_3\%$ bei

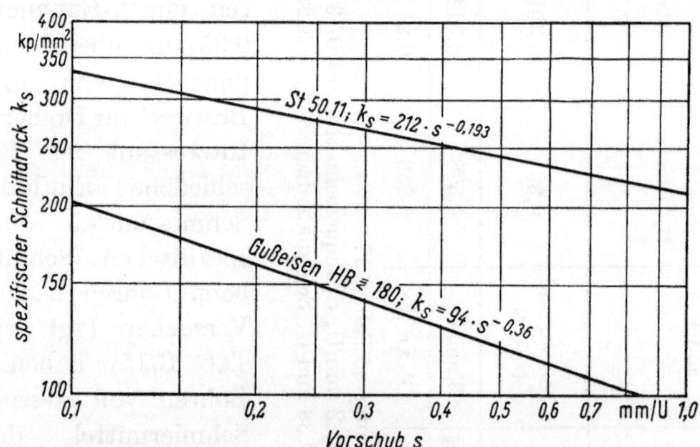

Abb. B/53. Abhängigkeit des spezifischen Schnittdruckes vom Vorschub beim Bohren (ausgewertet aus Daten von H. BERTHOLD)

SAE 1020. In manchen Fällen (z. B. bei SAE 3150) haben Schmieröle
sogar eine geringe Erhöhung des spezifischen Schnittdruckes gegenüber Trockenbohren verursacht.

Zahlenwerte für den spezifischen Schnittdruck beim Bohren von Leichtmetallen (Dowmetal mit 3 Al 1 Zn bis 9 Al 2 Zn) können aus Versuchen von SCHMIDT[1], GILBERT und BOSTON annäherungsweise

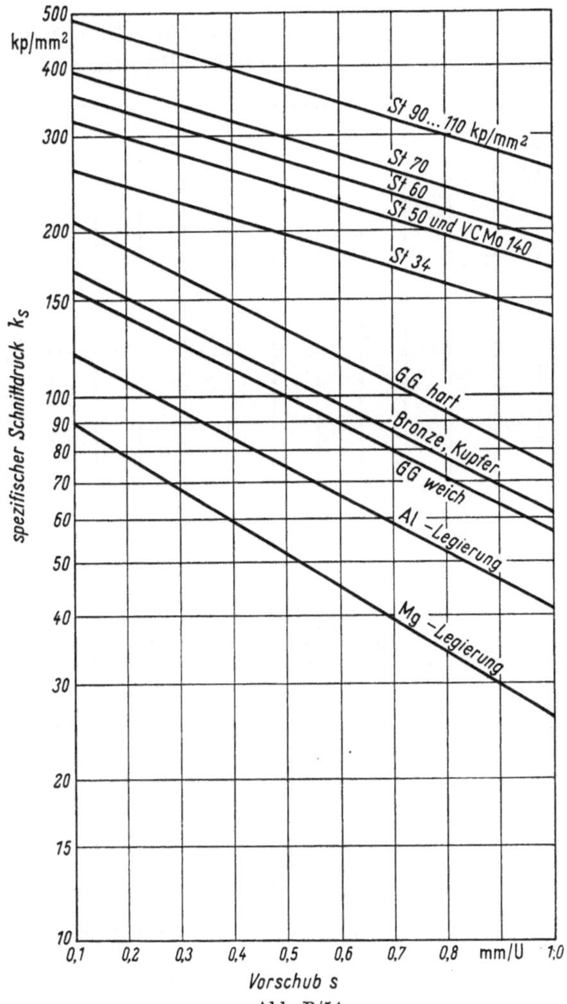

Abb. B/54

Abhängigkeit des spezifischen Schnittdruckes vom Vorschub beim Bohren verschiedener Metalle (nach BRÜGMANN[2]). Man beachte, daß die Abszissenachse keine logarithmische Teilung hat

bestimmt werden. Die Werte schwanken zwischen 80 kp/mm² und 140 kp/mm² je nach der Art des Leichtmetalls.

<hr>

[1] SCHMIDT, A. O., W. W. GILBERT u. O. W. BOSTON: A thermal balance method and mechanical investigation for evaluating machinability. Trans. ASME 1945, S. 225—232.

[2] Zit. nach WEINHOLD: Wirtschaftl. Zerspanen TH Dresden, Ref. 2, S. 46.

Die Auswertung von Unterlagen von SCHALLBROCH[1] und SCHROPP für das Bohren von Grauguß ergab parallele Linien mit einem Vorschubexponenten von $-0{,}25$, wie in Abb. B/52 gezeigt. Die Abhängigkeit des spezifischen Schnittdruckes vom Vorschub beim Bohren nach Angaben von H. BERTHOLD[2] ist in Abb. B/53 und nach Angaben von BRÜGMANN in Abb. B/54 dargestellt. BRÜGMANNs Unterlagen[3]

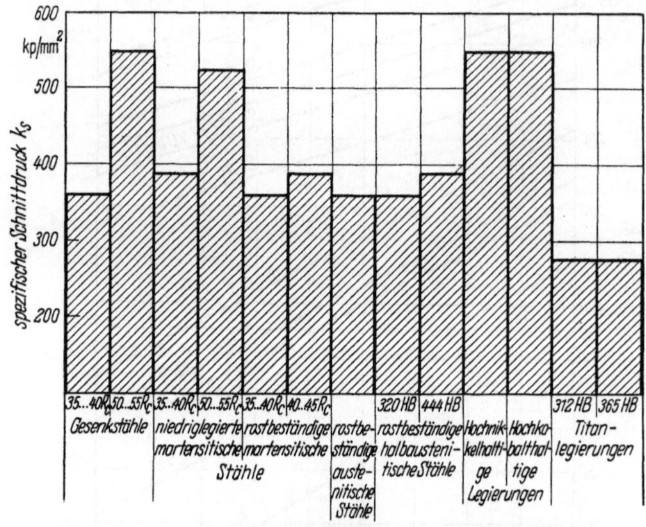

Abb. B/55
Richtwerte für den spezifischen Schnittdruck beim Bohren hochwarmfester Metalle (ausgewertet aus Unterlagen der Curtiss Wright Corp., zit. S. 98 (Schnellstahlbohrer 5 ... 20 mm Dmr.)

weichen insofern von allen anderen ab, als er gerade Linien im arithmetisch-logarithmischen Netz erhielt. Für Vorschub „Null" müßten die Linien auf Null abfallen; sie folgen Gleichungen der Form $k_s = 10^{a+bs}$.

Amerikanische Richtwerte für den spezifischen Schnittdruck beim Bohren von hochwarmfesten Metallen sind in Abb. B/55 graphisch ausgewertet und durch die Höhe der schraffierten Felder gekennzeichnet.

d) Zahlenwerte für Bohrmoment und Umfangsschnittkraft

Bohrmoment M_d und Umfangsschnittdruck P_e sind in allgemeiner Form in den Gln. (B/77) und (B/78) in Abhängigkeit von Durchmesser D und Vorschub s und in Gln. (B/91) und (B/92) in Abhängigkeit vom Spanquerschnitt F_e und Schlankheitsgrad G_e dargestellt worden. Nunmehr sind Zahlenwerte für diese Gleichungen aus Versuchen in Industrie und Forschung abzuleiten und auf der entwickelten gemeinsamen Basis zu vergleichen.

---

[1] SCHALLBROCH, H.: Bohrarbeit und Bohrmaschine, München: Hanser 1951, S. 160.

[2] Zit. Seite 303, dort S. 18.   [3] Zit. Seite 247, dort S. 46.

Zunächst soll die Ableitung solcher Zerspanungsgesetze aus Versuchswerten an Beispielen erörtert werden. Abb. B/56 bezieht sich auf Versuchswerte Kurreins[1] für Bohren von St. 60,11 ins Volle. Abb. B/56 besteht aus 2 Feldern, von denen das rechte Feld (1), die ausgewerteten Umfangsschnittkräfte P_e in Abhängigkeit vom Bohrdurchmesser D und Vorschub s im doppellogarithmischen Feld ent-

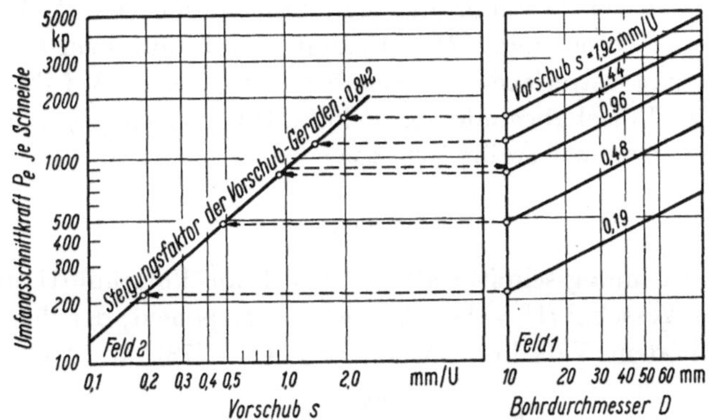

Abb. B/56. Verfahren zur Ableitung von Schnittkraftgleichungen:
1. Eintragung von Versuchswerten in Feld 1 ergibt Steigungsfaktor für D (0,48) und Teilgleichung $P_e = \text{const} \left(\dfrac{D}{10}\right)^{0,48}$ für $s = 1,0$; 2. Projizieren der P_e-Werte von $D = 10$ Dmr. in das Feld 2, ergibt Steigungsfaktor der Vorschubgeraden (0,842) und Wert der Konstanten für $s = 1,0$ ($K = 900$ kp); 3. Ergebnis: $P_e = 900 \left(\dfrac{D}{10}\right)^{0,48} s^{0,842} = 300 D^{0,48} s^{0,842}$

hält. Wie sich zeigt, können gerade Linien, die nach rechts ansteigen und parallel sind, durch die Versuchspunkte gelegt werden.

Praktischerweise verlängert man diese Geraden auf der einen Seite bis zu $D = 10$ Dmr. und auf der anderen Seite bis zu $D = 100$ Dmr., um die Gleichungen leicht ableiten zu können. Man kann dann von der Form Gebrauch machen, die im Bd. I abgeleitet wurde[2]. Da der Exponent des Durchmessers D in Gl. (B/78) mit $(x - 1)$ bezeichnet wurde, ergibt sich folgender Ansatz:

$$(x - 1) = \log\left(\frac{P_{e\,100}}{P_{e\,10}}\right) \tag{B/101}$$

wobei $P_{e\,100}$ die Umfangsschnittkraft für $D = 100$ Dmr. und $P_{e\,10}$ die Umfangsschnittkraft für $D = 10$ Dmr. bedeutet. Exponent $(x - 1)$ zeigt den Anstieg von P_e mit dem Bohrdurchmesser D an.

Für die Vorschublinie $s = 0,48$ der Abb. B/56 ergibt sich beispielsweise der Wert $P_{e\,100} = 1450$ kp und der Wert $P_{e\,10} = 480$ kp;

---

[1] Kurrein, zit. Seite 239, dort S. 616.
[2] Zerspanungslehre, 2. Aufl., Bd. I, Seite 89 [Gl. (76)], vgl. dort Seiten 112/13 u. 137.

demnach ist für diese Versuchsreihe:

$$(x - 1) = \log\left(\frac{1450}{480}\right) = 0{,}48\,.$$

Im Feld 2 (links) der Abb. B/56 ist der Vorschub (s) auf der horizontalen Achse aufgetragen; dadurch wird die Bestimmung des Exponenten des Vorschubes in der gesuchten Gleichung für die Umfangsschnittkraft P_e sehr vereinfacht. Man braucht nur die P_e-Werte, die auf der Senkrechten durch $D = 10$ Dmr. liegen, aus Feld 1 in Feld 2 jeweils bis zum betreffenden Vorschub zu projizieren. Auf diese Weise entsteht die Vorschubgerade im Feld 2. Ihr Exponent y (auch Steigungsfaktor genannt) ergibt sich aus

$$y = \log\left(\frac{P_{s\,1}}{P_{s\,0,1}}\right) \tag{B/102}$$

wo $P_{s\,1}$ die Umfangsschnittkraft für $s = 1$ mm Vorschub/U und $P_{s\,0,1}$ für 0,1 mm Vorschub/U bedeutet. y ist der Exponent, der den Anstieg von P_e mit dem Vorschub anzeigt (vgl. Gl. B/78). In Abb. B/56 ist er:

$$y = \log\left(\frac{900}{129,5}\right) = 0{,}842\,. \tag{B/103}$$

Der $P_{s\,1}$-Wert für $s = 1{,}0$ mm/U Vorschub (im Beispiel 900 kp) wird nun auf $D = 10$ Dmr. zurückprojiziert wie durch den nach rechts zeigenden Pfeil angedeutet ist.

Bezogen auf $D = 10$ Dmr. ergibt also das Feld 1 folgende unvollkommene Gleichung für $s = 1{,}0$ mm/U

$$P'_e = 900\left(\frac{D}{10}\right)^{0,48} = 300\,D^{0,48}\,. \tag{B/104}$$

Diese Umfangskraft P'_e ist mit dem Vorschub zu multiplizieren, so daß man folgende Gleichung für KURREINS Bohrversuche ins Volle erhält:

$$P_e = 300\,D^{0,48}\,s^{0,842}\,. \tag{B/105}$$

Unter Benutzung der Gl. (B/73a) ergibt sich das Bohrmoment für diese Versuche zu:

$$M_d = P_e\,\frac{D}{2} = 150\,D^{1,48}\,s^{0,842}\,. \tag{B/106}$$

An Gl. (B/105) fällt auf, wie weiter unten noch ausführlicher dargelegt werden wird, daß der Exponent von D bei KURREIN erheblich kleiner ist als der Exponent von s. Die Konstante der Gl. (B/77) ist hier gemäß Gl. (B/106) $C_1 = 150$, Exponent $x = 1{,}48$, Exponent $y = 0{,}842$.

Die Umformung der Gln. (B/105) und (B/106) für P_e und M_d, die Durchmesser D und Vorschub s enthalten, in solche mit Spanquerschnitt und Schlankheitsgrad erfolgt mit Hilfe der Gln. (B/87) bis (B/93).

Es ergibt sich aus Gl. (B/87)

$$C_{k_{sB}} = 150 \cdot 2^{(1,48 + 0,842)}\, 5^{\frac{1}{2}(1,48 - 0,842 - 1)} = \frac{150 \cdot 2^{2,522}}{5^{0,181}} = 645\,.$$

Dies ist ein ungewöhnlich hoher Wert für $C_{k_{sB}}$.
Aus Gl. (B/88) folgt:

$$g_s = \frac{1}{2}(1,48 - 0,842 - 1) = 0,181\,.$$

Aus Gln. (B/89) und (B/90) erhält man:

$$(1 - f_s) = \frac{1}{2}(1,48 + 0,842 - 1,0) = 0,666$$

$$f_s = 0,333\,.$$

Für das Bohrmoment folgt aus Gl. (B/91):

$$M_d = \frac{645\,F_e^{1,833}\,G_e^{0,681}}{5^{0,181}} = 480\,F_e^{1,833}\,G_e^{0,681}\,. \tag{B/107}$$

Die Umfangsschnittkraft wird gemäß Gl. (B/92)

$$P_e = 645 \left(\frac{G}{5}\right)^{0,181} F_e^{0,666}\,. \tag{B/108}$$

Schließlich wird der spezifische Schnittdruck aus Gl. (B/93):

$$k_s = \frac{645 \left(\dfrac{G}{5}\right)^{0,181}}{F_e^{0,333}}\,. \tag{B/109}$$

In der Stock-Zeitschrift[1] 1931 sind Unterlagen für das Bohren von Stahl 40 ... 70 kg/mm² und von Gußeisen enthalten, die in Abbildung B/57 graphisch ausgewertet worden sind.

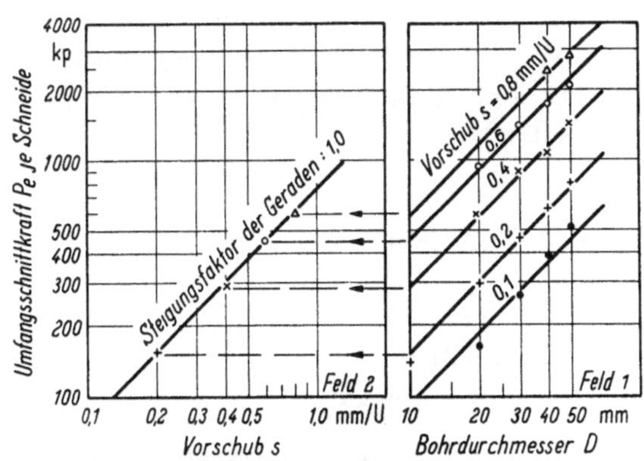

Abb. B/57. Ermittlung der Umfangskraft- und Bohrmomentgleichung für SM-Stahl (ausgewertet aus Versuchen von R. Stock & Co.)
SM-Stahl 40 ... 70 kp/mm²; $P_e = 77\,s\,D$ kp; $M_d = 38,5\,s\,D^2$ mm kp

[1] STOEWER, H. J.: Drehmomente und Leistungsbedarf von Spiralbohrern. Stock-Z. 4 (1931) H. 2, Seiten 27—30.

Die Steigung der Vorschublinien im rechten Feld ergibt den Exponenten für D:

$$x - 1 = 1 \tag{B/110}$$

also einen Wert, der erheblich von dem Wert KURREINS [Gl. (B/105)] abweicht und mehr als doppelt so groß ist. Ähnlich verhält es sich mit dem Exponenten für den Vorschub s, nämlich

$$y = 1{,}0 \tag{B/111}$$

der bei KURREIN nur $0{,}842$ war.

Die Vorschubgerade im linken Feld zeigt für $s = 1{,}0$ und $D = 10\,\text{Dmr.}$ eine Umfangsschnittkraft von $P_e = 770\,\text{kp}$ an, so daß sich ergibt

$$P_e' = 770\left(\frac{D}{10}\right)^{1{,}0} = 77\,D \quad \text{kp.} \tag{B/112}$$

Multipliziert man mit dem Vorschub $s^{1{,}0}$, so erhält man aus den Werten von STOCK für Bohren von Stahl

$$P_e = 77\,D\,s \quad \text{kp.} \tag{B/113}$$

Das Bohrmoment wird demnach mit Benutzung von Gl. (B/73a)

$$M_d = 38{,}5\,D^2\,s \quad \text{mm kp.} \tag{B/114}$$

Zur Umformung in Gleichungen mit Spanquerschnitt F_e und Schlankheitsgrad wird zuerst g_s ermittelt, da es in der Gleichung für $C_{k_{sB}}$ vorkommt. Aus Gl. (B/88) folgt:

$$g_s = \frac{1}{2}(x - y - 1) = 0, \quad \text{also} \quad 5^0 = 1{,}0.$$

Da g_s auch der Exponent des Schlankheitsgrades G_e ist, ergibt sich, daß nach Stocks Werten der Schlankheitsgrad innerhalb des berücksichtigten Bereiches keinen Einfluß auf P_e und M_d hat. $C_{k_{sB}}$ wird gemäß Gl. (B/87):

$$C_{k_{sB}} = 38{,}5 \cdot 2^3 \cdot 1{,}0 = 308$$

und $(1 - f_s)$ gemäß Gl. (B/89):

$$(1 - f_s) = \frac{1}{2}(x + y - 1) = 1{,}0.$$

Somit wird nach Gl. (B/92):

$$P_e = 308\,F_e. \tag{B/115}$$

Hiernach wäre also die Umfangsschnittkraft direkt dem Spanquerschnitt proportional. Um die Richtigkeit dieses Ergebnisses aus den Daten von R. Stock & Co. nachzuprüfen, wurde P_e als Funktion von F_e direkt aufgetragen und geprüft, ob sich eine Gerade durch die Versuchspunkte von Stock legen läßt, die der Gl. (B/115) entspricht.

Abb. B/58 bestätigt das Ergebnis aus den Stock-Werten, das jedoch von übrigen zu Vergleichen verfügbaren Auswertungen von Bohrversuchen abweicht, wie sich noch zeigen wird.

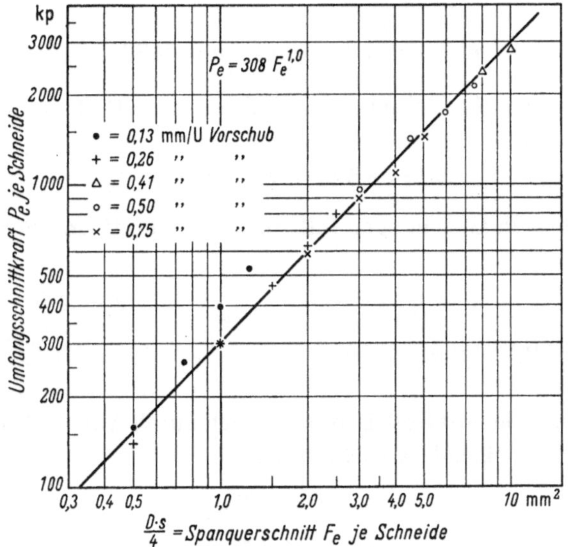

Abb. B/58. Umfangsschnittkraft in Abhängigkeit vom Spanquerschnitt je Schneide (SM-Stahl) (ausgewertet aus Werten von R. Stock & Co.)

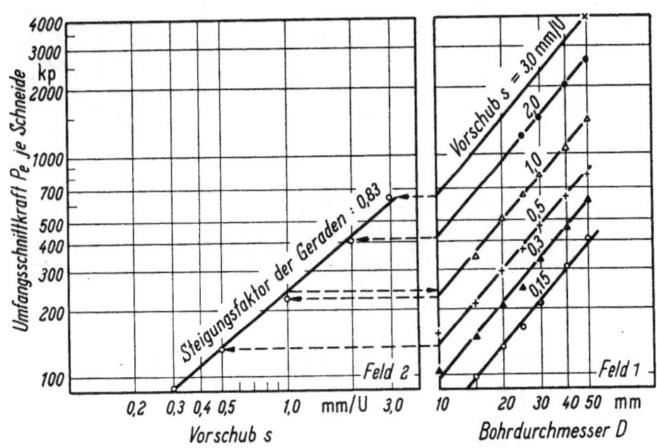

Abb. B/59. Ermittlung der Umfangskraft- und Bohrmomentgleichung für Gußeisen (ausgewertet aus Werten von R. Stock & Co.)

$$P_e = 17 \, D^{1,15} \, s^{0,83} \text{ kp}; \qquad M_d = 8,5 \, D^{2,15} \, s^{0,83} \text{ mm kp}$$

Für Gußeisen lassen sich die Werte von Stock durch Abb. B/59 darstellen. Die Eintragung in Feld 1 ergibt für $D = 10$ Dmr. den Wert

$$P'_e = f \left(\frac{D}{10} \right)^{1,15}$$

woraus sich durch Projizieren in das Feld 2 und Bestimmung des Exponenten der Vorschubgeraden, nach den oben abgeleiteten Grundsätzen, ergibt:

$$P_e = 17 D^{1,15}\, s^{0,83} \quad \text{kp.} \tag{B/116}$$

Demnach ist

$$x - 1 = 1,15 \quad \text{und} \quad y = 0,83.$$

Das Bohrmoment für Bohren von Gußeisen ermittelt aus den Stock-Werten ist somit:

$$M_d = 8,5 D^{2,15}\, s^{0,83}\, \text{mm kp.} \tag{B/117}$$

Die Umformung in Gleichungen mit Spanquerschnitt und Schlankheitsgrad ergibt:

$$g_s = 0,16; \quad 1 - f_s = 0,99; \quad C_{k_{sB}} = 8,5 \cdot 2^{2,98}\, 5^{0,16} = 87$$

$$P_e = 87 \left(\frac{G}{5}\right)^{0,16} F_e^{0,99}. \tag{B/118}$$

Eigene Versuche auf Gußeisen lassen sich durch Abb. B/60 darstellen. Es ergeben sich folgende Gleichungen:

$$P_e = 39,2 D^{0,9}\, s^{0,74}\, \text{kp} \tag{B/119}$$

$$M_d = 19,6 D^{1,9}\, s^{0,74}\, \text{mm kp.} \tag{B/120}$$

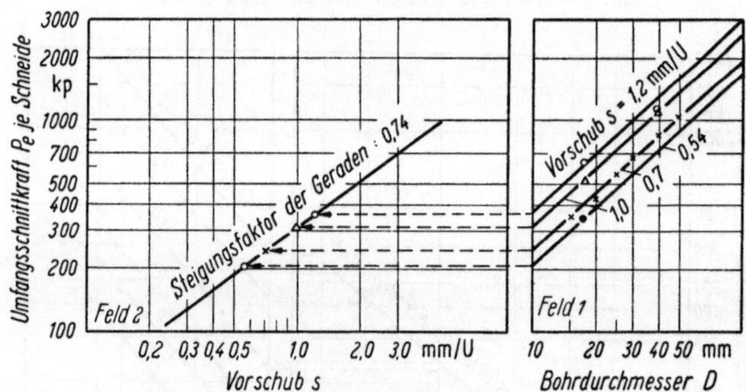

Abb. B/60

Ermittlung der Umfangskraft- und Bohrmomentgleichung für Gußeisen (aus eigenen Versuchen)

für $s = 1,0$: $\quad P_e = 310 \left(\dfrac{D}{10}\right)^{0,9} = 39,2 D^{0,9}$; $\quad$ für beliebiges s: $\quad P_e = 39,2 D^{0,9}\, s^{0,74}$;

$$M_d = P_e\, \frac{D}{2} = 19,6 D^{1,9}\, s^{0,74}\, \text{mm kp}$$

Die Umformung in Gleichungen mit F_e und G_e ergibt unter Ermittlung von

$$g_s = 0,08; \quad (1 - f_s) = 0,82; \quad C_{k_{sB}} = 19,6 \cdot 2^{2,64} \cdot 5^{0,08} = 137$$

$$P_e = 137 \left(\frac{G}{5}\right)^{0,08} F_e^{0,82}. \tag{B/121}$$

Die Umfangsschnittkraft P_e wird also erheblich stärker durch die Größe des Spanquerschnittes beeinflußt, als durch seine Form; dies entspricht den Ergebnissen beim Drehen. Im vorliegenden Fall ergibt eine Verdopplung des Spanquerschnittes F_e eine Vergrößerung von P_e um $2^{0,82} = 1{,}77 = 77\%$ gegenüber $2^{0,08} = 1{,}0575 = 5^3/_4\%$ bei Verdopplung des Schlankheitsgrades.

SCHLESINGERS Bohrversuche[1] in Stahl sind in Abb. B/61 graphisch zur Aufstellung von Gleichungen für Vergleichszwecke ausgewertet.

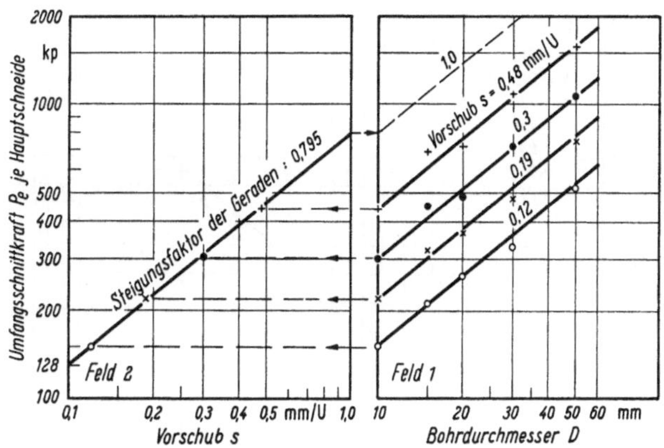

Abb. B/61. Ermittlung der Umfangskraft- und Bohrmomentgleichung für SM-Stahl (ausgewertet aus SCHLESINGERS Versuchen)

$$P_e = 127\,D^{0,8}\,s^{0,795}; \qquad M_d = P_e\,\frac{D}{2} = 63{,}5\,D^{1,8}\,s^{0,795}$$

Folgende Gleichungen wurden mittels der weiter oben abgeleiteten Beziehungen [Gln. (B/77)—(B/93)] ermittelt:

$$P_e = 127\,D^{0,8}\,s^{0,795}\,\text{kp} \tag{B/122}$$

$$M_d = 63{,}5\,D^{1,8}\,s^{0,795}\,\text{mm kp.} \tag{B/123}$$

Nach Gl. (B/88) wird der Exponent $g_s = 0{,}0025$, der Exponent $(1 - f_s)$ nach Gl. (B/89) wird 0,797 und $C_{k_{sB}}$ [nach Gl. (B/87)] wird 385. Es ergibt sich somit als Umfangsschnittkraft, ausgedrückt als Funktion des Spanquerschnittes und des Schlankheitsgrades,

$$P_e = 384\left(\frac{G_e}{5}\right)^{0,0025} F_e^{0,797}. \tag{B/124}$$

Der Exponent des Schlankheitsgrades ist hier so klein (0,0025), daß er praktisch vernachlässigt werden kann, ebenso kann der Exponent

---

[1] SCHLESINGER, G., zit. Seite 182, dort S. 5. Die Tabellen auf S. 20 in SCHLESINGERS „Werkzeugmaschinen" (1936), enthalten Rundungen und ergeben einen etwas kleineren Exponenten für den Vorschub, denselben Exponenten für den Durchmesser.

von F_e in 0,8 aufgerundet werden. Hiermit wird die Umfangsschnittkraft nach SCHLESINGERs Versuchen in Stahl

$$P_e = 384 F_e^{0,8}. \tag{B/124a}$$

Gl. (B/124a) zeigt an, daß es möglich sein muß, die Umfangsschnittkraft als Funktion des Spanquerschnittes durch *eine* Gerade im doppellogarithmischen Netz darzustellen, d. h., daß die Versuchswerte SCHLE-
SINGERs sich um solch eine Gerade gruppieren müssen. Eine entsprechende Auswertung beweist die Richtigkeit dieser Folgerung, wie

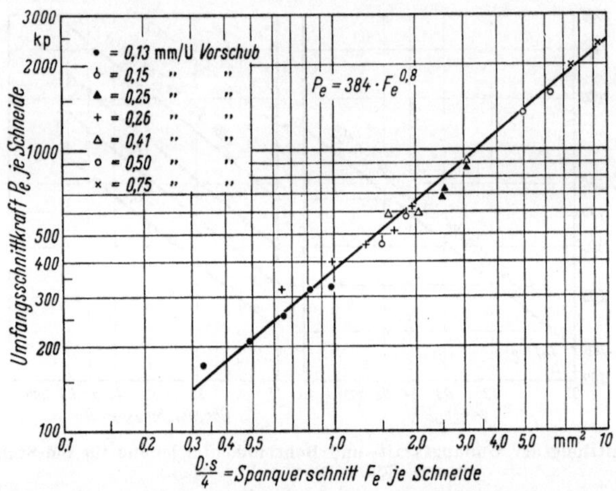

Abb. B/62. Umfangsschnittkraft P_e als Funktion des Spanquerschnittes F_e für SM-Stahl (ausgewertet aus SCHLESINGERs Versuchen)

aus Abb. B/62 hervorgeht. Ein Vergleich der Abb. B/58 und B/62
zeigt einen ähnlichen Verlauf der Umfangsschnittkraft nach Auswertung von STOCK-Daten [Gl. (B/115)] und nach Auswertung von
SCHLESINGER-Daten [Gl. (B/124a)].

In einem Vortrag von SHAW und OXFORD jun.[1] wurde eine Gleichung
für den spezifischen Schnittdruck beim Bohren von Stahl vorgetragen,
die in englischen Maßen lautete:

$$k_s = \frac{199\,000}{(f\,D)^{0,2}} \; \text{Lbs/in}^2 \tag{B/124 b}$$

hierin ist f der Vorschub in Zoll/U und D der **Bohrerdurchmesser in**
Zoll. Zur Umformung in metrische Dimensionen setzt man

$$f\,D = \frac{s\,D}{25,4 \cdot 25,4} \quad \text{und} \quad \text{kp/mm}^2 = 0,000\,703 \; \text{Lbs/in}^2.$$

---

[1] SHAW, C. MILTON, u. C. J. OXFORD jun.: The Torque and Thrust in Drilling.
Paper presented at the Annual Meeting of the ASME, Chicago, Nov. 1955, dort
Gl. (35). — Trans. ASME (Jan. 1957) S. 144. — KRONENBERG, M.: Discussion on
Torque and Thrust in Drilling. Trans. ASME (Jan. 1957) S. 147/48.

Ferner ist der Spanquerschnitt einzuführen

$$F_e = \frac{s\,D}{4}$$

so daß sich ergibt

$$f\,D = \frac{4F_e}{645}.$$

Man erhält somit für den spezifischen Schnittdruck im metrischen System:

$$k_s = \frac{199\,000 \cdot 0{,}000703}{\left(\dfrac{4F_e}{645}\right)^{0,2}} = \frac{140 \cdot 161{,}5^{0,2}}{F_e^{0,2}}$$

$$k_s = \frac{387}{F_e^{0,2}} \quad \text{und daher} \quad P_e = 387\,F_e^{0,8}. \tag{B/124 c}$$

Die Gln. (B/124c) aus amerikanischen Versuchen ist mit der hier aus europäischen Versuchen abgeleiteten Gl. (B/124a) identisch und stellt somit eine außerordentlich gute gegenseitige Bestätigung von Ergebnissen dar.

Es können jedoch noch weitere Vergleiche gezogen werden. Der Exponent $(1-f)$ der Schnittkraft beim Drehen, der als Bestwert für Berechnungen[1] in Bd. I empfohlen wurde, ist

$$1 - f_s = 0{,}803$$

also fast identisch mit dem Exponenten der Umfangsschnittkraft beim Bohren. Das heißt, daß sich die Umfangsschnittkraft beim Bohren in gleichem Maße mit dem Spanquerschnitt ändert wie die (Umfangs-) Schnittkraft beim Drehen!

Ein Unterschied besteht hinsichtlich des Einflusses des Schlankheitsgrades, der beim *Drehen* größer ist als beim *Bohren*, wie aus Vergleich der g_s-Exponenten (0,16 Bestwert beim Drehen von Stahl, 0,0025 aus SCHLESINGERS Versuchen beim Bohren von Stahl) ohne weiteres ersichtlich ist.

Beim Bohren kann demnach das einfache Schnittkraftgesetz[2] oft Anwendung finden und Bohrmomentgleichungen daraus leicht entwickelt werden.

Die Auswertung von SCHLESINGERS Bohrversuchen auf *Gußeisen* ist in Abb. B/63 vorgenommen. Sie ergibt:

$$P_e = 38{,}6\,D^{0,86}\,s^{0,80} \tag{B/125}$$

$$M_d = 19{,}3\,D^{1,86}\,s^{0,80}. \tag{B/126}$$

---

[1] Zerspanungslehre, 2. Aufl., Bd. I, Seite 399.

[2] Zerspanungslehre, 2. Aufl., Bd. I, Seite 185, Gl. (130).

Mit $g_s = 0,03$; $(1 - f_s) = 0,83$ und $C_{k_{sB}} = 19,3 \cdot 2^{2,66} \cdot 5^{0,03} = 128$ folgt:

$$P_e = 128 \left(\frac{G_e}{5} \right)^{0,03} F_e^{0,83}. \qquad (B/127)$$

Gl. (B/127) besagt, daß nach SCHLESINGERs Werten die Umfangs-schnittkraft P_e mit der 0,83. Potenz des Spanquerschnittes F_e an-steigt, aber nur mit der 0,03. Potenz des Schlankheitsgrades. Eine Verdopplung des Spanquerschnittes ruft also eine $2^{0,83} = 1,78 = 78\%$ige

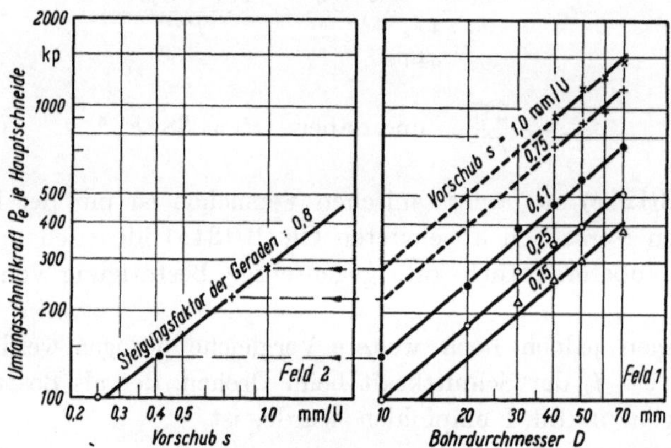

Abb. B/63. Ermittlung der Umfangskraft- und Bohrmomentgleichung für Gußeisen (ausgewertet aus SCHLESINGERs Versuchen)
$$P_e = 38,6 D^{0,86} s^{0,80}; \qquad M_d = 19,3 D^{1,86} s^{0,80}$$

Erhöhung der Umfangsschnittkraft hervor, während eine Verdopplung des Schlankheitsgrades nur eine $2^{0,03} = 1,02 = 2\%$ige Erhöhung der Umfangsschnittkraft verursacht.

Beim *Drehen* von Gußeisen erhöht sich die (Umfangs-) Schnitt-kraft P mit der 0,863. Potenz des Spanquerschnittes F, so daß eine Verdopplung von F eine $2^{0,863} = 1,82 = 82\%$ige Erhöhung von P zur Folge hat. Der Schlankheitsgradeinfluß ist beim Drehen von Guß-eisen (ebenso wie bei Stahl) größer als beim Bohren, wo er praktisch vernachlässigbar erscheint.

Zur weiteren Klärung der Schnittkraftfrage und des Vergleiches von Drehen und Bohren sollen jetzt noch andere Untersuchungen ameri-kanischen und englischen Ursprungs herangezogen werden.

Für die Auswertung von Versuchsdaten, die im englischen Maßsystem veröffentlicht worden sind, ist es zunächst erforderlich, Umrechnungs-gleichungen ins metrische System allgemein abzuleiten:

Bezeichnet man das Bohrmoment im englischen Maßsystem mit M_{d_e} (ft-pounds), die englische Konstante mit C_e, Durchmesser und

Vorschub (Zoll) mit D_e bzw. s_e, so gilt entsprechend Gl. (B/77):

$$M_{d_e} = C_e\,D_e^x\,s_e^y. \qquad (\mathrm{B}/128)$$

Da ferner

$$D_e = \frac{D}{25{,}4} \qquad (\mathrm{B}/129)$$

$$s_e = \frac{s}{25{,}4} \qquad (\mathrm{B}/130)$$

und

$$1 \text{ foot-pound} = 138 \text{ mm kp} \qquad (\mathrm{B}/131)$$

ist, so wird M_d in metrischem Maß:

$$M_d = 138\,C_e\left(\frac{D}{25{,}4}\right)^x\left(\frac{s}{25{,}4}\right)^y$$

$$\boxed{M_d = \frac{138\,C_e\,D^x\,s^y}{25{,}4^{(x+y)}} \quad \text{mm kp}} \qquad (\mathrm{B}/132)$$

Vergleicht man Gl. (B/132) mit Gl. (B/77), so folgt:

$$C_1 = \frac{138\,C_e}{25{,}4^{(x+y)}} \qquad (\mathrm{B}/133)$$

und mit Hilfe von Gl. (B/87)

$$\boxed{C_{k_{sB}} = \frac{138\,C_e \cdot 2^{(x+y)} \cdot 5^{\frac{1}{2}(x-y-1)}}{25{,}4^{(x+y)}}} \qquad (\mathrm{B}/134)$$

Die Auswertung der Bohrversuche, wie sie in Tab. B/16 zusammengestellt ist, zeigt wiederum eine gute Übereinstimmung mit SCHLESINGERS Werten, besonders bei Stahl. Der Schlankheitsgrad des Spanquerschnittes spielt bei der Umfangskraft auch hier nur eine untergeordnete Rolle, gegenüber der Größe des Spanquerschnittes. Beispielsweise hat eine Verdopplung des Spanquerschnittes beim Bohren von Stahl eine $2^{0,79} = 1{,}73 = 73\%$ige Erhöhung der Umfangskraft P_e zur Folge, während eine Verdopplung des Schlankheitsgrades weniger als 1% Erhöhung verursacht.

Bei Gußeisen ist der Einfluß des Schlankheitsgrades etwas größer als bei Stahl, nämlich $3^1/_2\%$ bei Verdopplung des Schlankheitsgrades; in entsprechender Weise ergibt sich 5% bei Temperguß, $5{,}7\%$ bei Messing und $2^1/_2\%$ bei Aluminium. Dagegen verursacht Verdopplung des Spanquerschnittes bei Gußeisen 57% Erhöhung der Umfangskraft, 66% bei Temperguß, 76% bei Messing und 82% bei Aluminium. In vielen Fällen wird man also auch auf Grund dieser Versuche mit dem einfachen Schnittkraftgesetz rechnen dürfen [vgl. Seite 185, Bd. I, Gl. (130)].

Die prozentuale Verminderung des Bohrmoments und der Umfangsschnittkraft infolge Schmierung nach Tab. B/16 stimmt natürlich mit der prozentualen Verminderung des spezifischen Schnittdrucks in

Tabelle B/16. *Auswertung von Bohrversuchen von Boston und Oxford sen.*[1]

	Werkstoff[2]	Schmiermittel[3]	C_e	x	y	M_d metrisch	g_s	$1-f_s$	C_{k_sB}	Umfangsschnittkraft P_e
						gemäß Gl. (B/132)[4]	gemäß Gl. (B/88)	gemäß Gl. (B/89)	gemäß Gl. (B/134)	gemäß Gl. (B/92)[5]
1	SAE 1020	trocken	1590	1,8	0,78	$53,6\ D^{1,8}\,s^{0,78}$	0,01	0,79	325	$325\left(\dfrac{G_e}{5}\right)^{0,01}F_e^{0,79}$
2	SAE 1020	Nr. 10 und 11	1457	1,8	0,78	$49,5\ D^{1,8}\,s^{0,78}$	0,01	0,79	300	$300\left(\dfrac{G_e}{5}\right)^{0,01}F_e^{0,79}$
3	SAE 1035	trocken	1843	1,8	0,78	$62\ D^{1,8}\,s^{0,78}$	0,01	0,79	375	$375\left(\dfrac{G_e}{5}\right)^{0,01}F_e^{0,79}$
4	SAE 1035	Nr. 10 und 11	1363	1,8	0,78	$45,6\ D^{1,8}\,s^{0,78}$	0,01	0,79	277	$277\left(\dfrac{G_e}{5}\right)^{0,01}F_e^{0,79}$
5	SAE 1112	trocken	1222	1,8	0,78	$41\ D^{1,8}\,s^{0,78}$	0,01	0,79	248	$248\left(\dfrac{G_e}{5}\right)^{0,01}F_e^{0,79}$
6	SAE 1112	Nr. 11	1139	1,8	0,78	$38,2\ D^{1,8}\,s^{0,78}$	0,01	0,79	231	$231\left(\dfrac{G_e}{5}\right)^{0,01}F_e^{0,79}$
7	SAE 3150	trocken	2215	1,8	0,78	$74,5\ D^{1,8}\,s^{0,78}$	0,01	0,79	450	$450\left(\dfrac{G_e}{5}\right)^{0,01}F_e^{0,79}$
8	SAE 3150	Nr. 10	1696	1,8	0,78	$57\ D^{1,8}\,s^{0,78}$	0,01	0,79	345	$345\left(\dfrac{G_e}{5}\right)^{0,01}F_e^{0,79}$
9	Gußeisen	trocken	370	1,7	0,60	$30\ D^{1,7}\,s^{0,60}$	0,05	0,65	160	$160\left(\dfrac{G_e}{5}\right)^{0,05}F_e^{0,65}$
10	Gußeisen	Nr. 9	306	1,7	0,60	$24,8\ D^{1,7}\,s^{0,60}$	0,05	0,65	132,5	$132,5\left(\dfrac{G_e}{5}\right)^{0,05}F_e^{0,65}$

Tabelle B/16 (Fortsetzung)

	Werkstoff[2]	Schmiermittel[3]	C_e	x	y	M_d metrisch	g_s	$1-f_s$	$C_{k_s B}$	Umfangsschnittkraft P_e
						gemäß Gl. (B/132)[4]	gemäß Gl. (B/88)	gemäß Gl. (B/89)	gemäß Gl. (B/134)	gemäß Gl. (B/92)[5]
11	Temperguß	trocken und Nr. 2, 3, 4	544	1,8	0,66	$26{,}8\ D^{1,8} s^{0,66}$	0,07	0,73	165	$165 \left(\dfrac{G_e}{5}\right)^{0,07} F_e^{0,73}$
12		Nr. 5 bis 11	485	1,8	0,66	$24\ D^{1,8} s^{0,66}$	0,07	0,73	148	$148 \left(\dfrac{G_e}{5}\right)^{0,07} F_e^{0,73}$
13	Messing (Automaten)	trocken und alle Schmiermittel	418	1,9	0,73	$11{,}5\ D^{1,9} s^{0,73}$	0,085	0,815	82	$82 \left(\dfrac{G_e}{5}\right)^{0,085} F_e^{0,815}$
14	Aluminium-Legierung	trocken	646	1,9	0,83	$13{,}1\ D^{1,9} s^{0,83}$	0,035	0,865	92	$92 \left(\dfrac{G_e}{5}\right)^{0,035} F_e^{0,865}$
15		Nr. 8	443	1,9	0,83	$8{,}95\ D^{1,9} s^{0,83}$	0,035	0,865	62,6	$62{,}6 \left(\dfrac{G_e}{5}\right)^{0,035} F_e^{0,865}$

[1] BOSTON u. OXFORD sen., zitiert Seite 233, Fußn. 1, drittes Zitat, dort S. 9.
[2] Zusammensetzung s. Tab. B/15.
[3] Schmiermittelerläuterung s. Tab. B/17; jeweils bestes Schmiermittel hier ausgewertet.
[4] Bestwerte s. Gln. (B/148) und (B/155), auch Abb. B/64 und B/65.
[5] Bestwerte s. Gln. (B/146) und (B/153).

Tab. B/15 überein. Ebenso stehen die Exponenten (f_s) der Spalte 8 dieser Tabelle in Einklang mit den Exponenten ($1 - f_s$) der Tab. B/16. Jedoch entsprechen die spezifischen Schnittdruckwerte der Spalte 7 der Tab. B/15 nicht genau den $C_{k_{sB}}$-Werten der Tab. B/16, da in der ersteren

Tabelle B/17. *Bewertung von Schmiermitteln für das Bohren verschiedener Metalle (Ergänzung zu Tab. B/15 und B/16)*

Schmier-mittel Nr.	Zusammensetzung	Zu bohrender Werkstoff				
		Stahlsorten	Gußeisen	Temperguß	Schrauben-messing	Aluminium
2	1½% Borax in Wasser	nicht emp-fohlen für SAE 1112 SAE 1035		nicht emp-fohlen	keine wesent-lichen Unter-schiede in der Wirk-samkeit der Schmier-mittel	nicht emp-fohlen
3	1 Teil lösliches Öl auf 50 Teile Wasser	nicht emp-fohlen für SAE 1020 2. Wahl für SAE 1112		nicht emp-fohlen		
4	1 Teil lösliches Öl auf 10 Teile Wasser	nicht emp-fohlen für SAE 1020		nicht emp-fohlen		
5	Tran	2. Wahl für SAE 1035		keine wesent-lichen Unter-schiede in der Wirk-samkeit dieser Schmier-mittel		
6	leichtes Mineralöl		2. Wahl			
7	schweres Mineralöl		nicht emp-fohlen			
8	10% Tran in Mine-ralöl auf Paraffin-basis		gleich-wertig mit Nr. 6			beste Wahl
9	5% Ölsäure in Mine-ralöl auf Paraffin-basis	nicht emp-fohlen für SAE 3150	beste Wahl			
10	4%ig angeschwefel-tes Mineralöl	beste Wahl für SAE 1020 SAE 3150				
11	2½%ig angeschwe-felter Tran mit 5 Teilen Mineralöl	beste Wahl für SAE 1112 SAE 1035 2. Wahl für SAE 3150				2. Wahl

Tabelle der Schlankheitsgrad noch nicht berücksichtigt ist, dagegen in $C_{k_{sB}}$ gemäß Gl. (B/134) zum Ausdruck kommt.

Smith und Poliakoff[1] haben folgende Gleichung in metrischen Dimensionen für Bohren von mittelhartem Stahl ($k_z = 51$ kp/mm^2) aufgestellt:

$$M_d = 70 D^{1,8} s^{0,7} \text{ mm kp.} \tag{B/135}$$

Man erkennt leicht, daß diese Gleichung recht gut mit denen der Tab. B/16, die aus Boston und Oxfords Versuchen abgeleitet wurden, übereinstimmt; auch Schlesingers Ergebnisse reihen sich gut ein [vgl. Gl. (B/123)].

Die Umformung der Gl. (B/135) in eine solche mit Spanquerschnitt und Schlankheitsgrad ergibt unter Ermittlung von

$$g_s = 0,05; \quad (1 - f_s) = 0,75; \quad C_{k_{sB}} = 70 \cdot 2^{2,5} \cdot 5^{0,05} = 426$$

$$P_e = 426 \left(\frac{G}{5}\right)^{0,05} F_e^{0,75}. \tag{B/136}$$

Wie bei allen vorangegangenen Gleichungen — mit Ausnahme derer aus Kurreins Versuchen [Gl. (B/108)] — ist auch hier der Einfluß der Spanquerschnittsform (d. h. des Schlankheitsgrades) auf die Umfangskraft verschwindend gering im Vergleich mit dem Einfluß der Größe des Spanquerschnittes, nämlich bei Verdopplung des Schlankheitsgrades $3^1/_2$% gegenüber $68^1/_2$% bei Verdopplung der Größe des Spanquerschnittes.

Für mittleres Gußeisen erhielten Smith und Poliakoff:

$$M_d = 31,4 D^{1,8} s^{0,7} \tag{B/137}$$

d. h., bei ihnen sind die x- und y-Exponenten des Durchmessers bzw. des Vorschubes gleich für Stahl und Gußeisen, somit ist

$$g_s = 0,05; \quad (1 - f_s) = 0,75; \quad C_{k_{sB}} = 31,4 \cdot 2^{2,5} \cdot 5^{0,05} = 192$$

$$P_e = 192 \left(\frac{G}{5}\right)^{0,05} F_e^{0,75}. \tag{B/138}$$

e) Bestwerte für das Bohrmoment und Zusammenhang mit dem Drehen

Für den Betrieb und Bau von Bohrmaschinen ist es von Wichtigkeit, Schlußfolgerungen aus den vorangegangenen Ableitungen zu ziehen, die sich in der Praxis schnell und einfach und mit genügender Genauigkeit anwenden lassen. Während Gesetze für drei verschiedene Stahlarten beim Drehen zur Verfügung stehen, um ein zusammenfassendes Gesetz daraus abzuleiten, werden beim Bohren in ähnlicher Weise mehrere Gleichungen für verschiedene Stahlarten, die mit einigen

---

[1] Smith u. Poliakoff, zit. Seite 232, dort (Werkstatttechnik) S. 102 u. S. 155.

Vereinfachungen ein gemeinsames Gesetz für das Bohrmoment mit sehr guter Annäherung ergeben, nunmehr abgeleitet.

Unterzieht man die Werte für $C_{k_{sB}}$ für Stahl bei trockenem Schnitt aus der Tab. B/16 einer näheren Betrachtung und vergleicht sie mit C_{k_s}-Werten für Drehen, so läßt sich eine gewisse Beständigkeit der $C_{k_{sB}}$- zu den C_{k_s}-Werten feststellen. Eine solche Gegenüberstellung ist in Tab. B/18 wiedergegeben.

Tabelle B/18. *Verhältnis der Umfangsschnittkraft beim Bohren und Drehen (Vergleich mit ausgewerteten ASME-Daten für Drehen)*

Werkstoff	Bohren $C_{k_{sB}}$ für Trockenbohren gem. Tab. B/16, Bd. II	Drehen C_{k_s} für Trockendrehen gem. Bd. I, Seite 214, Tab. 62	Verhältnis $\dfrac{C_{k_{sB}}}{C_{k_s}}$
SAE 1020	325	215	1,51
SAE 1035	375	237	1,58
SAE 3150	450	269	1,67
SAE 1112	248	148	1,67
		Mittelwert:	1,60

Aus Tab. B/18 ist zu folgern, daß die Umfangsschnittkraft beim Bohren von Stahl 60% größer ist als die Umfangsschnittkraft beim Drehen von Stahl.

Man kann auch die C_{k_s}-Bestwerte (Seite 345, Tab. A/11) mit den genannten $C_{k_{sB}}$-Werten vergleichen und dabei die Spanwinkelverhältnisse in Betracht ziehen. Am besten benutzt man dabei den mittleren Spanwinkel in Richtung der Schnittgeschwindigkeit, der 21° (vgl. Tab. B/6) für einen Spiralbohrer mit $\sigma = 30°$ und $\varepsilon = 120°$ beträgt, einem häufig vorkommenden Wert.

Tab. B/19, die auch die Auswertung der Gl. (B/124) aus SCHLE-SINGERS Versuchen enthält, ergibt ziemlich genau dieselben Werte wie

Tabelle B/19. *Verhältnis der Umfangsschnittkraft beim Bohren und Drehen (Vergleich mit Bestwerten für Drehen)*

Werkstoff	k_z kp/mm²	Mittlerer Spanwinkel in Richtung der Schnittgeschwindigkeit (γ) (Bohren und Drehen)	Bohren $C_{k_{sB}}$ gemäß Tab. B/16	Drehen C_{k_s} gemäß Seite 345, Tab. A/11	Verhältnis $\dfrac{C_{k_{sB}}}{C_{k_s}}$
SAE 1020	45	21°	325	205	1,58
SAE 1035	61	21°	375	236	1,59
SAE 3150	69	21°	450	252	1,80
St. 60,11	65	21°	384[1]	245	1,57
				Mittelwert:	1,63

[1] Gemäß Gl. (B/124).

Tab. B/18 für das Verhältnis der Umfangsschnittkraft beim Bohren zum Drehen!

Tab. B/20 enthält eine Zusammenstellung der aus den verschiedenen Versuchen abgeleiteten Exponenten für Bohren von Stahl.

Bei Ermittlung von Bestwerten für die Exponenten ist zu beachten, daß man entweder die Bestwerte der Exponenten $(1 - f_s)$ und g_s aus Tab. B/20 bestimmen und daraus die Bestwerte der x- und y-Exponenten berechnet oder umgekehrt verfahren kann.

Beachtet man, daß beim Drehen von Stahl der Exponent $(1 - f_s)$ der (Umfangs-) Schnittkraft 0,803 ist[1] und daß sich aus Tab. B/20 — unter Außerachtlassung des „Ausreißerexponenten" 0,666 — ein Wert von 0,79 für $(1 - f_s)$ beim Bohren von Stahl ergibt, so kann man zu genügend genauen und einfachen Bestwerten gelangen, indem man den geringen Unterschied der Exponenten $(1 - f_s)$ vernachlässigt und sie für Bohren und Drehen von Stahl gleichsetzt, nämlich

$$1 - f_s = 0,8. \tag{B/139}$$

(Bestwert des Spanquerschnittsexponenten für Bohren und Drehen von Stahl.)

Als Bestwert für den Exponenten g_s beim Bohren erhält man aus Tab. B/19:

$$g_s = 0,02. \tag{B/140}$$

(Bestwert des Schlankheitsgradexponenten für Bohren von Stahl.)

Die Exponenten x und y des Bohrmomentes ergeben sich aus den folgenden aus Gln. (B/88) und (B/89) umgeformten Gleichungen:

$$x = 2 - f_s + g_s \tag{B/141}$$

$$y = 1 - f_s - g_s. \tag{B/142}$$

Die Bestwerte der Exponenten x und y werden somit

$$x = 1,8 + 0,02 = 1,82 \tag{B/143}$$

$$y = 0,8 - 0,02 = 0,78. \tag{B/144}$$

(Bestwert des Bohrdurchmesser- bzw. Vorschubexponenten für Bohren von Stahl.)

Der so erhaltene Bestwert y des Exponenten für den Vorschub stimmt mit dem aus Boston und Oxford-Versuchen überein (Tab. B/20), der Bestwert x des Exponenten des Bohrdurchmessers ist nur geringfügig verschieden von dem aus Bostons und Oxfords, Schlesingers und Smiths und Poliakoffs Versuchen folgendem Bohrdurchmesserexponenten! Diese Übereinstimmung aus Bohrversuchen, die in verschiedenen Teilen der Welt unternommen wurden sowie die Übereinstimmung mit des Verfassers[2] Werten aus dem Jahr 1934 und mit dem Bestwert für Drehen von Stahl, darf wohl als Zeichen dafür angesehen werden, daß die abgeleiteten Zahlenwerte für die Exponenten systematische Bestwerte darstellen.

---

[1] Zerspanungslehre, 2. Aufl., Bd. I, Seite 399.   [2] Siehe Fußnote Seite 267.

Tabelle B/20. *Zusammenstellung der Exponenten für Umfangskraft und Bohrmoment*

Werkstoff	Abgeleitet:	Exponent $(1 - f_s)$ des Spanquerschnittes[1]	Exponent g_s des Schlankheitsgrades[1]	Exponent x des Durchmessers[2]	Exponent y des Vorschubes[2]	Ausgewertet aus Versuchen von
SAE 1020	Tab. B/16 Reihe 1 und 2	0,79	0,01	1,8	0,78	BOSTON und OXFORD sen.
SAE 1035	Tab. B/16 Reihe 3 und 4	0,79	0,01	1,8	0,78	BOSTON und OXFORD sen.
SAE 1112	Tab. B/16 Reihe 5 und 6	0,79	0,01	1,8	0,78	BOSTON und OXFORD sen.
SAE 3150	Tab. B/16 Reihe 7 und 8	0,79	0,01	1,8	0,78	BOSTON und OXFORD sen.
St. 60,11	Gln. (B/106) und (B/108)	0,666	0,181	1,48	0,842	KURREIN
St. 60,11	Gln. (B/123) und (B/124)	0,797	0,0025	1,8	0,795	SCHLESINGER
Stahl 40—70 kp/mm²	Gln. (B/114) und (B/121)	0,82	0,08	2,0	1,0	R. STOCK
Stahl 51 kp/mm²	Gln. (B/135) und (B/136)	0,75	0,05	1,8	0,7	SMITH und POLIAKOFF
Gußeisen	Tab. B/16 Reihe 9 und 10	0,65	0,05	1,7	0,6	BOSTON und OXFORD sen.
Gußeisen	Gln. (B/120) und (B/121)	0,82	0,08	1,9	0,74	KRONENBERG
Gußeisen	Gln. (B/126) und (B/127)	0,83	0,03	1,86	0,80	SCHLESINGER
Gußeisen	Gln. (B/117) und (B/118)	0,99	0,16	2,15	0,83	R. STOCK
Gußeisen	Gln. (B/137) und (B/138)	0,75	0,05	1,8	0,7	SMITH und POLIAKOFF
Temperguß	Tab. B/16 Reihe 11 und 12	0,73	0,07	1,8	0,66	BOSTON und OXFORD sen.
Messing	Tab. B/16 Reihe 13	0,815	0,085	1,9	0,73	BOSTON und OXFORD sen.
Aluminiumlegierung	Tab. B/16 Reihe 14 und 15	0,865	0,035	1,9	0,83	BOSTON und OXFORD sen.

[1] Zur Verwendung in der Gleichung der Umfangsschnittkraft (B/92)

$$P_e = C_{k_{sB}} \left(\frac{G_e}{5} \right)^{g_s} F_e^{(1 - f_s)}$$

Die Exponenten für die Bohrmomentgleichung (B/91) in Abhängigkeit vom Spanquerschnitt F_e und Schlankheitsgrad G_e folgen aus den Spalten 3 u. 4.

[2] Zur Verwendung in der Gleichung für das Bohrmoment (B/94)

$$M_d = \frac{C_{k_{sB}}}{2^{(x + y)} \, 5\frac{1}{2}^{(x - y - 1)}} D^x \, s^y$$

Die Exponenten für die Umfangsschnittkraft, Gl. (B/95), in Abhängigkeit von Durchmesser D und Vorschub s folgen aus den Spalten 5 u. 6.

Die Übereinstimmung zwischen den Zerspanungsgesetzen für Bohren und Drehen von Stahl ist hiermit jedoch noch nicht beendet.

Betrachtet man das in Tab. B/18 und B/19 abgeleitete Verhältnis der C_{k_s} und $C_{k_{sB}}$-Werte, so kann man setzen:

$$\frac{C_{k_{sB}}}{C_{k_s}} = 1{,}61\,.\tag{B/145}$$

(Bestwert für das Schnittkraftverhältnis für Bohren und Drehen von Stahl.)

Setzt man die Bestwerte gemäß Gln. (B/139), (B/140) und (B/145) in die allgemeine Formel für die Umfangsschnittkraft P_e [Gl. (B/92)] ein, so ergibt sich:

$$P_e = 1{,}61\,C_{k_s}\left(\frac{G_e}{5}\right)^{0{,}02} F_e^{0{,}8}\tag{B/146}$$

(Gleichung für den Bestwert der Umfangsschnittkraft beim Bohren von Stahl als Funktion vom Spanquerschnitt und Schlankheitsgrad.)

Ersetzt man G_e und F_e der Gl. (B/146) durch Bohrdurchmesser D und Vorschub s [Gln. (B/69) und (B/70)], so ergibt sich:

$$P_e = 1{,}61\,C_{k_s}\left(\frac{D}{5\,s}\right)^{0{,}02}\left(\frac{D\,s}{4}\right)^{0{,}80}$$

$$P_e = 0{,}5\,C_{k_s}\,D^{0{,}82}\,s^{0{,}78}\tag{B/147}$$

(Gleichung für den Bestwert der Umfangsschnittkraft beim Bohren von Stahl als Funktion des Durchmessers und Vorschubes.)

Wie aus den Gln. (B/146) und (B/147) ersichtlich ist, kann man dieselben C_{k_s}-Werte für Bohren und Drehen von Stahl zur Berechnung der Umfangsschnittkraft verwenden. (Zahlenwerte für C_{k_s} s. Seite 345.)

Aus Gl. (B/147) kann man schließlich auch eine Gleichung für den Bestwert des Bohrmomentes für Stahl ableiten. Unter Benutzung von Gl. (B/73a):

$$M_d = P_e\,\frac{D}{2}$$

folgt

$$M_d = 0{,}25\,C_{k_s}\,D^{1{,}82}\,s^{0{,}78}\,{}^{1}\tag{B/148}$$

(Gleichung für den Bestwert des Bohrmoments beim Bohren von Stahl als Funktion des Durchmessers und Vorschubes.)

---

[1] Diese Gleichung ist eine Verfeinerung der vom Verfasser in Werkstattstechnik (1934) H. 18, S. 357 ff. und in Machinery, London (Drilling Feeds) 45 (1935) S. 661 ff. abgeleiteten Gleichung $M_d = 0{,}25\,C_{k_s}\,D^{1{,}80}\,s^{0{,}80}$. Sie wurde später von SHAW und OXFORD [Trans. ASME (1957) S. 143, Gl. (33)] bestätigt. Vgl. auch: KRONENBERG, M.: Discussion. Trans. ASME (1957) S. 147/48.

Man kann daher C_{k_s}-Werte für das Bohrmoment für Stahl aus denen für Drehen ermitteln, indem man die dortigen C_{k_s}-Werte mit 0,25 multipliziert!

Das Ergebnis hat die Dimension kp mm, wenn die angeführten C_{k_s}-Werte für Drehen benutzt und der Durchmesser und Vorschub in mm bzw. mm/U eingesetzt werden. Man kann den mittleren Spanwinkel γ (Abb. B/19, Bd. II) beim Aufsuchen der C_{k_s}-Werte aus Tab. A/11, Seite 345, zugrunde legen oder auch den am halben Radius bestehenden Spanwinkel. Der Unterschied dieser beiden Winkel ist sehr gering.

Zur schnellen Ermittlung der Bestwerte des Bohrmoments beim Bohren von Stahl mit C_{k_s} von 150 . . . 300 dient Abb. B/64, die ein Gebrauchsdiagramm für die Praxis darstellt und auf Grund von Gl. (B/148) entwickelt wurde. Das eingezeichnete Beispiel zeigt, daß man vom Vorschub s senkrecht nach oben bis zum Bohrdurchmesser und dann nach rechts weitergeht bis zur C_{k_s}-Linie. Das entstehende Bohrmoment ist dort an der nächstliegenden schrägen Linie abzulesen.

Die Gefügeausbildung des Werkstoffes hat auch einen Einfluß auf das Bohrmoment, jedoch lassen sich diese Einflüsse bisher nur schwer zahlenmäßig zur *Vorausbestimmung* der zu erwartenden Werte für das Bohrmoment erfassen. Bohrmomentmessungen ergaben nach LEYENSETTER und KALUZA[1] für die stark verformungsfähigen Zustände (weichgeglüht und vergütet) höhere Werte, und geringere für den normalgeglühten und grobkorngeglühten Zustand. Ein Zusammenhang zwischen Spanstauchung und Bohrmoment beim Bohren besteht hiernach auch.

Exponenten für die Bestwerte für das Bohren von *Gußeisen* sind etwas von denen für Stahl verschieden. Man kann setzen:

$$(1 - f_s) = 0{,}77 \tag{B/149}$$

(Bestwert des Spanquerschnittexponenten für Bohren von Gußeisen.)

$$g_s = 0{,}05 \tag{B/150}$$

(Bestwert des Schlankheitsgradexponenten für Bohren von Gußeisen.)

daraus ergibt sich gemäß Gl. (B/141) und (B/142):

$$x = 1{,}82 \tag{B/151}$$

(Bestwert des Bohrdurchmesserexponenten für Bohren von Gußeisen.)

d. h., Gußeisen und Stahl haben den gleichen Exponenten für den

---

[1] LEYENSETTER, W., u. E. KALUZA: Einfluß der Wärmebehandlung auf die Bearbeitbarkeit beim Drehen und Bohren mit Schnellstahl. Stahl u. Eisen 1954, Nr. 9, S. 549.

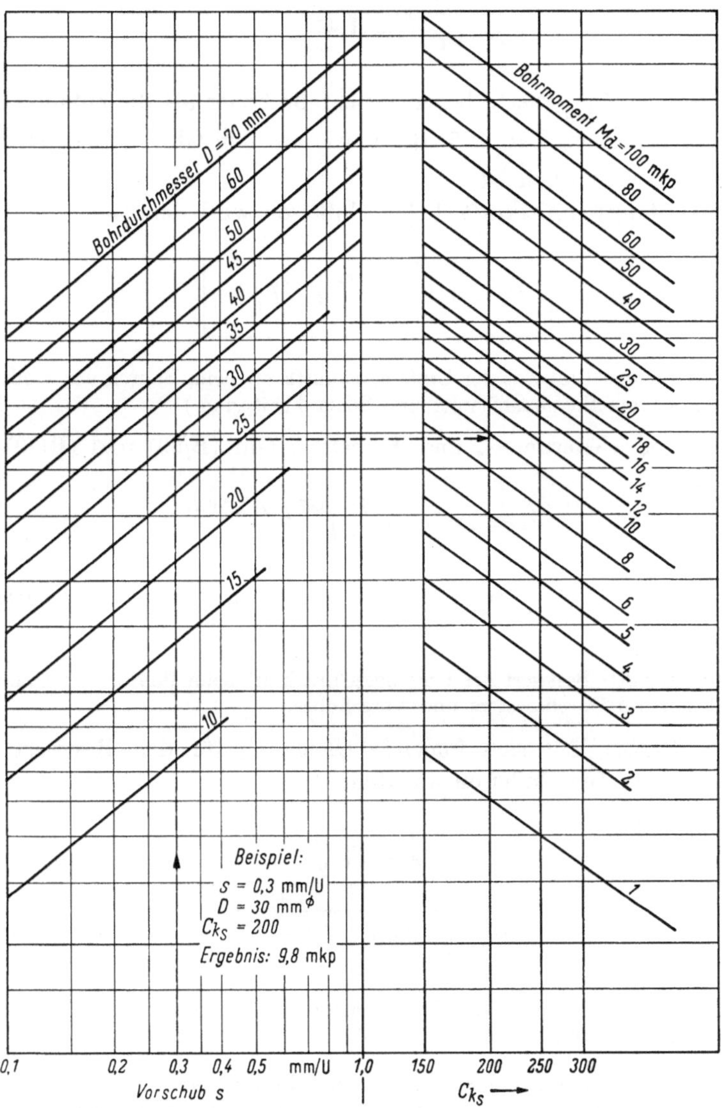

Abb. B/64. Diagramm zur Ermittlung der *Bestwerte* der *Bohrmomente* für das Bohren von *Stahl* (Kronenberg)

Bohrdurchmesser. Ferner erhält man

$$y = 0{,}72 . \qquad (B/152)$$

(Bestwert des Vorschubexponenten für Bohren von Gußeisen.)

Anhalte für C_{k_s}-Werte für Gußeisen sind weniger zahlreich als für Stahl. Jedoch gestatten ausgedehnte Versuche eine Beziehung zwischen

C_{k_s} und $C_{k_{sB}}$ aufzustellen, nämlich (vgl. Tab. B/16, Reihe 9)

$$\frac{C_{k_{sB}}}{C_{k_s}} = 1,47 \,.$$

Alle sonstigen $C_{k_{sB}}$-Werte liegen gleichfalls höher als die entsprechenden C_{k_s}-Werte nach Tab. 105, Bd. I, wie aus den Gln. (B/121), (B/127) und (B/138) ersichtlich ist.

Die Umfangsschnittkraft P_e bei Gußeisen wird demnach:

$$\boxed{P_e = 1,47\,C_{k_s}\left(\frac{G_e}{5}\right)^{0,05} F_e^{0,77}} \qquad\text{(B/153)}$$

(Gleichung für den Bestwert der Umfangsschnittkraft beim Bohren von Gußeisen als Funktion vom Spanquerschnitt und Schlankheitsgrad.)

Ersetzt man wiederum G_e und F_e gemäß Gln. (B/69) und (B/70), so ergibt sich

$$P_e = 1,47\,C_{k_s}\left(\frac{D}{5\,s}\right)^{0,05}\left(\frac{D\,s}{4}\right)^{0,77}$$

$$\boxed{P_e = 0,465\,C_{k_s}\,D^{0,82}\,s^{0,72}} \qquad\text{(B/154)}$$

(Gleichung für den Bestwert der Umfangsschnittkraft beim Bohren von Gußeisen als Funktion des Durchmessers und Vorschubes.)

Aus Gl. (B/154) läßt sich folgende Gleichung für den Bestwert des Bohrmomentes für Gußeisen ableiten:
Mit

$$M_d = P_e\,\frac{D}{2}$$

$$\boxed{M_d = 0,233\,C_{k_s}\,D^{1,82}\,s^{0,72}} \qquad\text{(B/155)}$$

(Gleichung für den Bestwert des Bohrmomentes beim Bohren von Gußeisen als Funktion des Durchmessers und Vorschubes.)

Abb. B/65 ist das Gebrauchsdiagramm für die Praxis, das aus Gl. (B/155) entwickelt wurde. Es wird ebenso benutzt wie Abb. B/64, jedoch beziehen sich die C_{k_s}-Werte auf Tab. A/12, Seite 345.

Zwei weitere Bohrmomentdiagramme beziehen sich auf das Bohren von Messing (Abb. B/66) und das Bohren von Aluminiumlegierung (Abb. B/67). Die eingezeichneten Beispiele gelten für einen Vorschub von $s = 0,3$ mm/U und einen Bohrdurchmesser von $D = 30$ mm. Die Bohrmomente für Messing und Aluminium sind in diesem Fall fast gleich, weichen jedoch für andere Vorschübe und Bohrdurchmesser voneinander ab. Für kleine Vorschübe ist das Bohrmoment beim Bohren von

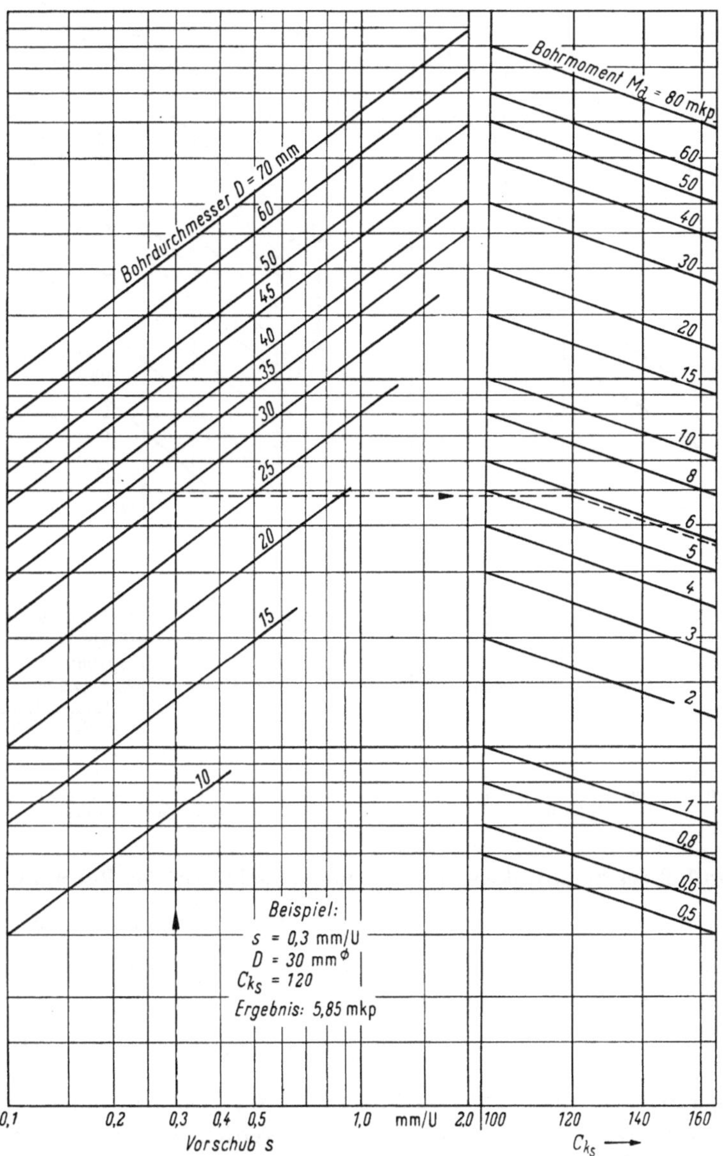

Abb. B/65. Diagramm zur Ermittlung der Bestwerte für Bohrmomente für das Bohren von Gußeisen (KRONENBERG)

Messing größer, für große Vorschübe dagegen kleiner als für Aluminium gleichen Durchmessers.

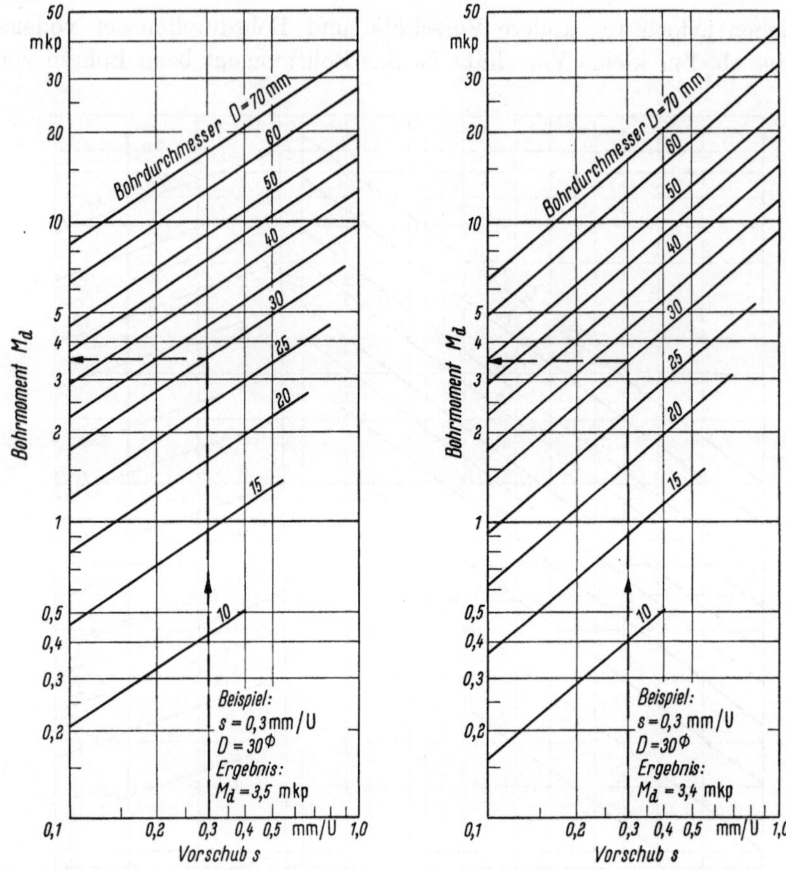

f) Einfluß des Spanwinkels und der Querschneide auf das Bohrmoment

Für die Schnittkraftgröße des Drehens (C_{k_s}), die in den Gleichungen der Umfangskraft beim Bohren und im Bohrmoment sich wiederfindet, gilt folgender Ansatz für Stahl[1]

$$C_{k_s} = 2{,}4 \sqrt[2,2]{k_Z}\ \sqrt[1,5]{80 - \gamma}. \tag{B/156}$$

Der Spanwinkel γ in dieser Gleichung kann für Bohrarbeiten aus einer der früher abgeleiteten Formeln bestimmt werden, wie sie in Tab. B/5 zusammengestellt sind. Legt man den in Richtung der Schnittgeschwindigkeit gemessenen Spanwinkel γ [Gl. (B/9)] zugrunde und nimmt man die Umfangsschnittkraft am halben Radius wirkend an wie in Gl. (B/73b),

---

[1] Zerspanungslehre, 2. Aufl., Bd. I, Seite 272, Gl. (194).

so kann man den Einfluß verschiedener Spiralwinkel σ auf das Bohrmoment ermitteln.

Aus Gl. (B/156) folgt für zwei beliebige Spanwinkel γ_a und γ_b:

$$\frac{C_{k_{s b}}}{C_{k_{s a}}} = \sqrt[1,5]{\frac{80 - \gamma_b}{80 - \gamma_a}}. \tag{B/157}$$

Werte für γ können der Tab. B/2 (Seite 196) entnommen werden. Nimmt man z. B. $\sigma_a = 15°$ und $\sigma_b = 30°$, so ist $\gamma_a = 8°\,50'$ und $\gamma_b = 18°\,25'$, daher wird:

$$\frac{C_{k_{s b}}}{C_{k_{s a}}} = \sqrt[1,5]{\frac{80° - 18°\,25'}{80° - 8°\,50'}} = \sqrt[1,5]{0{,}86} = 0{,}90.$$

Verdopplung des Spiralwinkels von $15°$ auf $30°$ hat also eine Verminderung von C_{k_s} und damit der Umfangskraft und des Bohrmomentes von 10% zur Folge. Bei einer Verdopplung des Spiralwinkels von $\sigma_a = 20°$ auf $\sigma_b = 40°$ ändert sich der Spanwinkel am halben Radius von $11°\,50'$ auf $25°\,55'$ und C_{k_s}, Umfangskraft und Bohrmoment fallen um $\sqrt[1,5]{0{,}81} = 0{,}87$ oder 13%.

Allgemein folgt aus dem Vorstehenden:

1. Umfangskraft und Bohrmoment fallen mit zunehmendem Spiralwinkel wegen der Zunahme des Spanwinkels ab.

2. Größenmäßig entspricht die Änderung von Umfangskraft und Bohrmoment, der in Bd. I, Seite 274, aufgestellten Regel, die besagt, daß die Schnittkraft beim Drehen sich um 1% für jeden Grad der Änderung des Spanwinkels ändert.

Beim Spiralbohrer zeigen die vorstehenden Ableitungen, daß sich die Umfangsschnittkraft und das Bohrmoment um $0{,}5 \ldots 1\%$ je $1°$ Spiralwinkeländerung ändert. Eine gute Bestätigung der gemeinsamen Grundlage der Zerspanung!

Diese Schlußfolgerungen werden unterstützt durch Ergebnisse von Patkay[1] (Abb. B/68a—f) und von Shaw und Oxford jun.[2], die feststellten, daß das Bohrmoment um 0,4% fällt, je $1°$ Spiralwinkelvergrößerung. Vogelsang[3] hat den Abfall des Bohrmomentes auch für Leichtmetalle festgestellt.

Untersuchungen über die Reibung und das Anhäufen der *Späne* in der Spannut und an der Wand der Bohrung liegen m. W. nicht vor; sie dürften erhebliches praktisches und wissenschaftliches Interesse haben, da Bohrerbrüche oft auf die Nichtweiterbewegung der Späne zurückzuführen sind.

---

[1] Patkay, zit. Seite 204, dort Abb. 22.

[2] Shaw, M., u. C. Oxford jun., zit. Seite 256.

[3] Vogelsang, P.: Werkzeuge für die zerspanende Bearbeitung der Leichtmetalle. Werkstattstechnik 1927, Nr. 21, S. 623.

Ähnlichen Einfluß wie der Spiralwinkel hat die *Querschneide* auf das *Bohrmoment*; er übersteigt nicht 5%[1] und ist gewöhnlich nicht größer als 2% des gesamten Bohrmomentes. Aus diesem Grunde ist

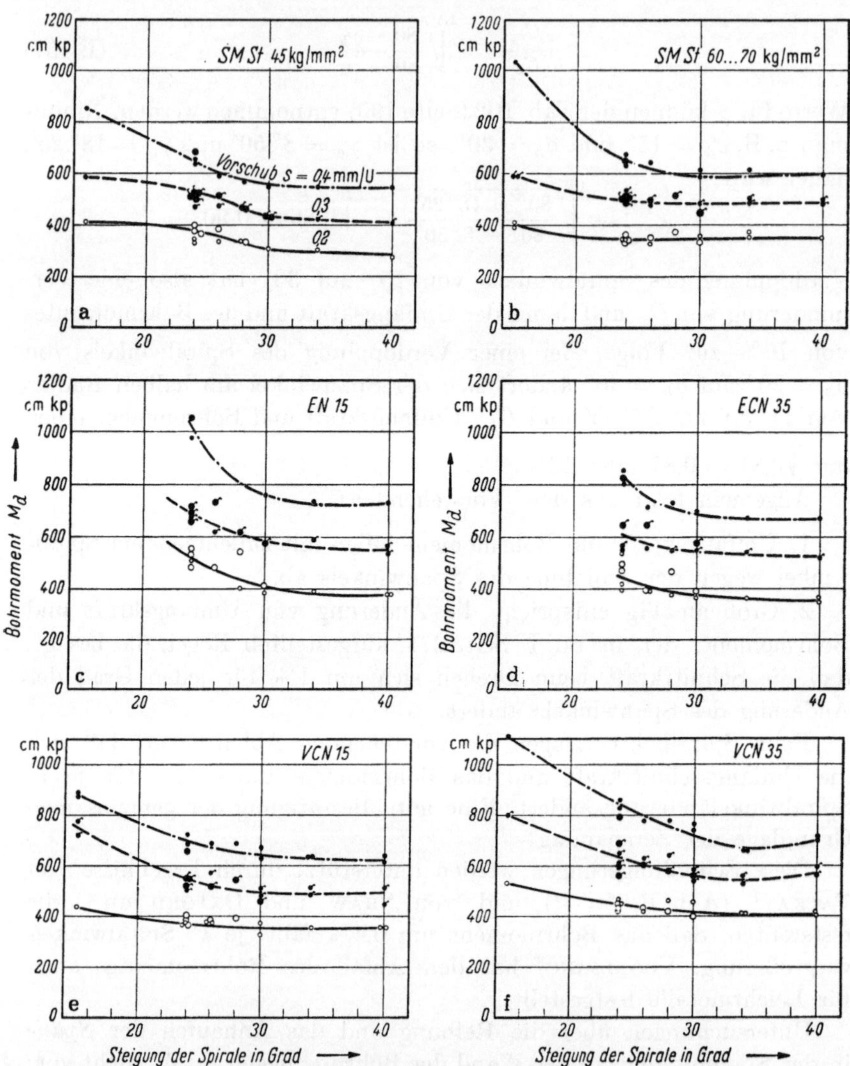

Abb. B/68a—f. Bohrmomente in Abhängigkeit vom Spiralsteigungswinkel (große Punkte: Werte aus Abstumpfversuchen; Mittelwerte aus insgesamt 7000 Messungen; kleine Punkte: Werte aus Kraftmessungsversuchen bei der Schnittgeschwindigkeit $v = 30$ m/min)

es auch zulässig, das Bohrmoment nur in Abhängigkeit vom Spanquerschnitt an den beiden Hauptschneiden zu betrachten. Dieser

---

[1] Vgl. hierzu: BRÖDNER, E.: Zerspanung und Werkstoff, 2. Aufl., Essen: Girardet, 1950, Abb. 55.

Einfluß darf nicht verwechselt werden mit dem erheblichen Einfluß (50%) der Querschneide auf die Vorschubkraft.

g) Die Vorschubkraft

Erheblich weniger Einheitlichkeit als beim Bohrmoment besteht in den Versuchsdaten für die Vorschubkraft. Während es möglich war, Umfangsschnittkraft und Bohrmomentuntersuchungen aus verschiede-

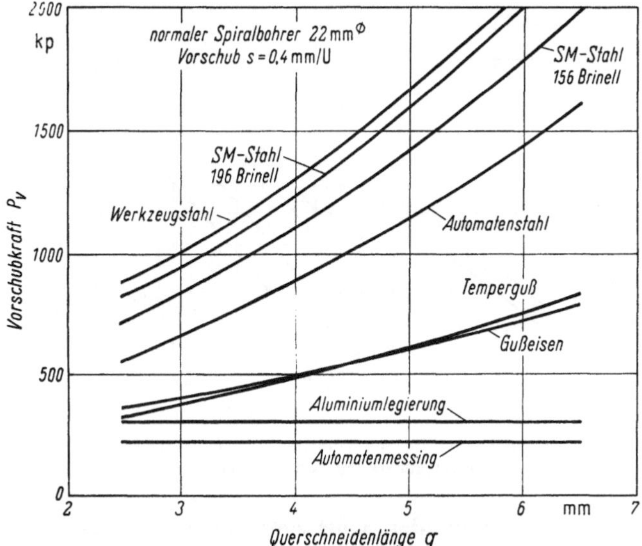

Abb. B/69. Einfluß der Querschneidenlänge auf die Vorschubkraft

nen Teilen der Welt auf einen gemeinsamen Nenner zu bringen, und daraus allgemeingültige Zerspanungsgesetze abzuleiten, ist dies z. Z. bei der Vorschubkraft, d. h. der in der Längsrichtung des Bohrers wirkenden Kraft, noch nicht möglich.

Dies ist offensichtlich auf den großen Einfluß der Querschneidenlänge q zurückzuführen, die die Vorschubkraft auf das Doppelte und Dreifache ansteigen läßt, wenn sie sich um nur wenige Millimeter ändert. Abb. B/69 zeigt, daß eine Verdopplung der Querschneidenlänge von 3 auf 6 mm beim Bohren von SM-Stahl von 156 Brinell eine Vergrößerung der Vorschubkraft um mehr als das Doppelte zur Folge hat, nämlich — in dem Beispiel für 22 mm Bohrerdurchmesser und 0,4 mm/U-Vorschub — von 850 auf 1850 kg, d. h. um 118%. Bei Gußeisen und Temperguß ist die Querschneidenlänge von weniger starkem Einfluß und bei Leichtmetallen und Buntmetallen von gar keinem Einfluß auf die Vorschubkraft.

Eine systematische Auswertung einer größeren Anzahl von Versuchsdaten aus verschiedenen Quellen wird die Unterschiede der Größe der Vorschubkraft ergänzend zum Ausdruck bringen. Es ist allerdings dabei nicht immer möglich gewesen, den Einfluß der Querschneidenlänge auf die Vorschubkraft abzutrennen, da die Querschneidenlängen und -formen bei nur wenigen Veröffentlichungen berücksichtigt wurden.

Bei der Vorschubkraft ist es nicht zweckmäßig, Untersuchungen im Zusammenhang mit einer Spanquerschnittsgröße vorzunehmen, da

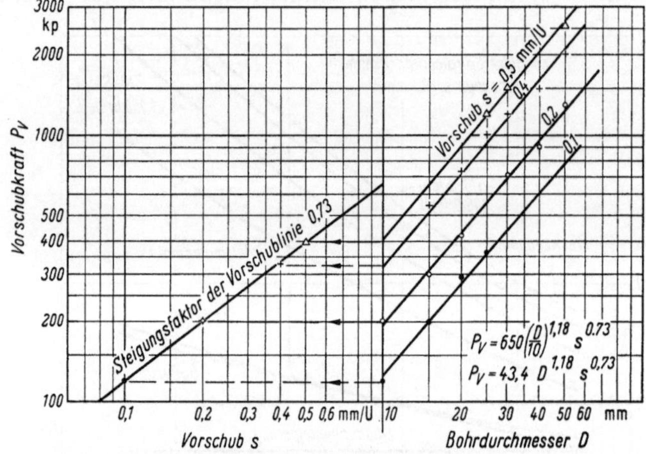

Abb. B/70. Ermittlung der Gleichung für die Vorschubkraft P_v beim Bohren von Stahl (ausgewertet aus Daten von STOEWER)

der Spanquerschnitt unter der Querschneide mit stark negativem Spanwinkel abgenommen wird und größenmäßig schwer zu erfassen ist.

STOEWER[1] hat Werte für die Vorschubkraft beim Bohren von Stahl veröffentlicht, die in Abb. B/70 dargestellt und ausgewertet sind. Die Ableitung der Gleichung für die Vorschubkraft P_v erfolgt in derselben Weise, wie sie auf S. 249 ff. für die Umfangskraft und das Bohrmoment abgeleitet wurden. Aus STOEWERS Daten ergibt sich für 40 ... 70 kg/mm²-Stahl:

$$P_v = 43{,}4 D^{1,18} s^{0,73} \text{ kp.} \tag{B/158}$$

Demnach steigt die Vorschubkraft mehr als proportional mit dem Durchmesser des Bohrers an. Eine Verdopplung des Durchmessers verursacht nach STOEWERS Werten eine 146%ige Erhöhung der Vorschubkraft. Eine Verdopplung des Vorschubes steigert dagegen die Vorschubkraft nur um 66%. Es ist also günstig mit großem Vorschub — innerhalb der Spannungsgrenzen — zu arbeiten.

Zieht man SCHLESINGERS[2] Versuche für das Bohren von Stahl (50 kp/mm²) zum Vergleich hinzu, so ergibt sich aus der Auswertung

---

[1] STOEWER: Stock-Z. 1932.
[2] SCHLESINGER, zit. Seite 282, dort S. 20, Abb. 20a.

(Abb. B/71) folgende Gleichung

$$P_v = 66\,D\,s^{0,68}\,\text{kp}.\qquad\qquad\text{(B/159)}$$

Hiernach würde also eine Verdopplung des Bohrerdurchmessers nur 100% Erhöhung der Vorschubkraft ergeben, gegenüber 146% nach

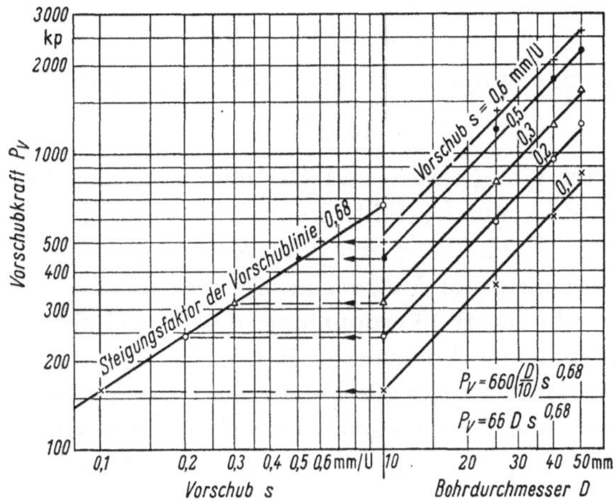

Abb. B/71. Ermittlung der Gleichung für die Vorschubkraft P_v beim Bohren von Stahl (50 kp/mm²) (ausgewertet aus Versuchen von SCHLESINGER)

STOEWERS Daten. Verdopplung des Vorschubes ergibt hier 60% Erhöhung der Vorschubkraft, also etwa ebensoviel wie bei STOEWER.

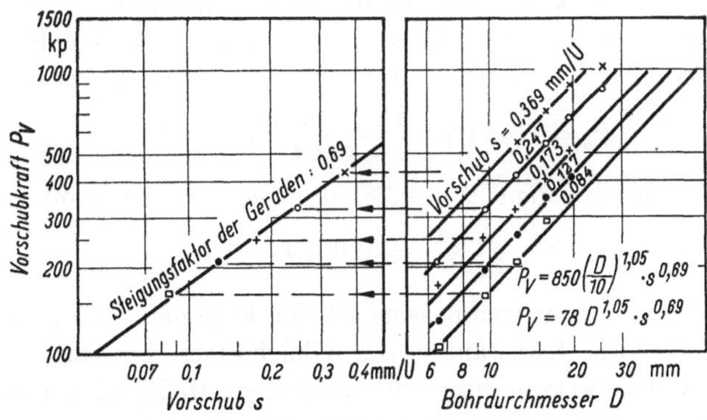

Abb. B/72. Ermittlung der Gleichung für die Vorschubkraft P_v beim Bohren von SAE 3245 Stahl (ausgewertet aus Versuchen von SHAW und OXFORD jun.)

Neuere Versuche über die Vorschubkraft beim Bohren von SAE 3245-Stahl stammen von SHAW und OXFORD jun. Aus der Auswertung der Daten folgt (Abb. B/72)

$$P_v = 78\,D^{1,05}\,s^{0,69}\,\text{kp}.\qquad\qquad\text{(B/160)}$$

In diesem Fall ergibt eine Verdopplung des Bohrerdurchmessers einen $2^{1,08} = 2,07 = 107\%$igen Anstieg der Vorschubkraft. Dies stimmt mit den Folgerungen aus Schlesingers Versuchen fast überein. Auch die Exponenten für den Vorschub sind in Gln. (B/159) und (B/160) fast gleich.

Smith und Poliakoff[1] haben folgende Gleichung für das Bohren von Stahl ins Volle gegeben

$$P_v = 241\,D^{0,715}\,s^{0,6}\ \text{kg}. \tag{B/161}$$

Für das Bohren ins Vorgebohrte gilt nach Smith und Poliakoff

$$P_v = 164\,D^{0,13}\,s^{0,6}. \tag{B/162}$$

Aus Vergleich der Gln. (B/161) und (B/162) folgt, daß die Vorschubkraft im Stahl etwa um $^1/_3$ fällt, wenn ins Vorgebohrte anstatt ins Volle gebohrt wird. Nach Smith und Poliakoff ergibt eine Verdopplung des Bohrerdurchmessers im Mittel eine $2^{0,715} = 1,643 = 64,3\%$ige Zunahme der Vorschubkraft. Verdopplung des Vorschubes ergibt eine 51,5%ige Steigerung der Vorschubkraft.

Ausgedehnte Bohrversuche zur Bestimmung der Vorschubkraft sind auch von Boston und Oxford sen.[2] vorgenommen worden. Sie unterscheiden zwischen praktisch ausreichenden und vollkommeneren Gleichungen.

Die erstgenannten Gleichungen haben folgende Form:

$$P_v = K_e\,D_e\,s_e^y \quad \text{(pounds)} \tag{B/163}$$

worin K_e eine vom Werkstoff und Schmiermittel abhängige Kenngröße, D_e den Bohrerdurchmesser und s_e den Vorschub im englischen Maßsystem bedeuten. Zur Umrechnung in das metrische System muß Gl. (B/163) mit 0,454 multipliziert werden, um pounds in Kiloponds zu ändern, ferner muß Zoll in Millimeter umgerechnet werden, d. h., es ist zu setzen:

$$P_v = 0,454\,K_e\,\frac{D_e}{25,4}\left(\frac{s_e}{25,4}\right)^y \text{kp}. \tag{B/164}$$

Für Stahl ist der Exponent $y = 0,78$, d. h. K_e ist insgesamt mit

$$\frac{0,454}{25,4^{1,78}} = 0,00144 \tag{B/165}$$

zu multiplizieren.

Bei Gußeisen und Automatenmessing ist der Exponent des Vorschubes $y = 0,6$, so daß die Konstanten der Gleichungen für das englische Maßsystem zwecks Verwendung im metrischen Maßsystem mit

$$\frac{0,454}{25,4^{1,6}} = 0,00256 \tag{B/166}$$

zu multiplizieren sind.

Beim Bohren von Aluminiumlegierungen gilt folgende Gleichung im englischen Maßsystem:

$$P_v = K_e\,D^{1,2}\,s^{1,1} \tag{B/167}$$

---

[1] Smith u. Poliakoff, zit. Seite 232.
[2] Boston u. Oxford sen., zit. Seite 233, Fußn. 1, dort S. 3.

aus der ein Umrechnungsfaktor von

$$\frac{0{,}454}{25{,}4^{1{,}2} \cdot 25{,}4^{1{,}1}} = 0{,}000\,267 \qquad\qquad \text{(B/168)}$$

folgt. Auf Grund dieser Auswertung ergeben sich die in Tab. B/21 zusammengestellten Gleichungen für die Vorschubkraft im metrischen System.

Die in Tab. B/21 enthaltenen Vorschubkraftgleichungen beziehen sich auf scharfe Bohrer bei Trockenbearbeitung. Für nachgeschliffene

Tabelle B/21. *Vorschubkraftgleichungen, ausgewertet aus Versuchen von Boston und Oxford sen.*

Werkstoff	Konstante K_e in englischem Maß	Vorschubkraft in metrischem Maß (kp)
SAE 1020	40000	$P_v = 57{,}5\,D\,s^{0{,}78}$
SAE 1045	42000	$P_v = 60{,}5\,D\,s^{0{,}78}$
SAE 1095	69000	$P_v = 99{,}5\,D\,s^{0{,}78}$
SAE 2320	44000	$P_v = 63{,}5\,D\,s^{0{,}78}$
SAE 2330	66000	$P_v = 95\ \ D\,s^{0{,}78}$
SAE 2340	65000	$P_v = 93{,}5\,D\,s^{0{,}78}$
SAE 3120	39000	$P_v = 56{,}2\,D\,s^{0{,}78}$
SAE 3135	46000	$P_v = 66{,}4\,D\,s^{0{,}78}$
SAE 3140	50000	$P_v = 72\ \ D\,s^{0{,}78}$
SAE 3250	57000	$P_v = 82\ \ D\,s^{0{,}78}$
SAE 6120	55000	$P_v = 79{,}4\,D\,s^{0{,}78}$
SAE 6130	} 56000	} $P_v = 80{,}5\,D\,s^{0{,}78}$
SAE 6140		
SAE 6150	53400	$P_v = 76{,}9\,D\,s^{0{,}78}$
Gußeisen (163 Brinell)	14720	$P_v = 37{,}6\,D\,s^{0{,}6}$
Automatenmessing	6938	$P = 18{,}4\,D\,s^{0{,}6}$
Aluminiumlegierung	75030	$P_v = 20\ \ D^{1{,}2}\,s^{1{,}1}$

Bohrer und Verwendung von Schmiermitteln, wie sie in Tab. B/18 aufgeführt sind, hat sich folgende Gleichung im englischen Maßsystem ergeben:

$$P_v = K'_e \left(\frac{D_e}{5} + \frac{q_e}{D_e}\right)^u s^y \qquad \text{pounds.} \qquad \text{(B/169)}$$

Die Umformung dieser Gleichung in eine solche für metrische Abmessungen weicht von den früheren Umformungen infolge der Summe etwas ab. Man setzt

$$P_v = 0{,}454\,K'_e \left(\frac{D_e}{5 \cdot 25{,}4} + \frac{q_e}{D_e}\right)^u \left(\frac{s_e}{25{,}4}\right)^y.$$

Der 2. Summand der Klammer ist das Verhältnis der Querschneidenlänge (q_e) zum Bohrerdurchmesser und kann im Mittel mit 0,15 angenommen werden. Er ist natürlich dimensionslos und erfordert daher keine Umrechnung in metrisches Maßsystem. Es ergibt sich

$$P_v = 0{,}454\,K'_e\left(\frac{D_e + 127\cdot 0{,}15}{127}\right)^u\left(\frac{s_e}{25{,}4}\right)^y$$

d. h.

$$P_v = \frac{0{,}454\,K'_e}{127^u\cdot 25{,}4^y}\,(D+19)^u\,s^y \quad \text{kp.} \tag{B/170}$$

Tab. B/22 enthält die Auswertung der Gleichung (B/170) für metrische Maße, in ihr ist die Verminderung der Umfangskraft der Verminderung der Vorschubkraft, beidesmal für beste Schmierung, gegenübergestellt. Man erkennt, daß im wesentlichen die wirkungsvollste Schmierung bei Aluminium und die wirkungsloseste bei Messing vorliegt, und daß die Prozentzahlen für Umfangskraftverminderung und Vorschubkraftverminderung in etwa gleicher Reihenfolge bei den Werkstoffen vorkommen.

Trägt man die Vorschubkraft P_v gemäß den Gleichungen der Tab. B/22 auf, wie als Beispiel in Abb. B/73 für SAE 3150 bei Anwendung von Schmiermittel Nr. 8 (10% Tran in Mineralöl auf Paraffinbasis) gezeigt ist, so ergeben sich Kurven im doppellogarithmi-

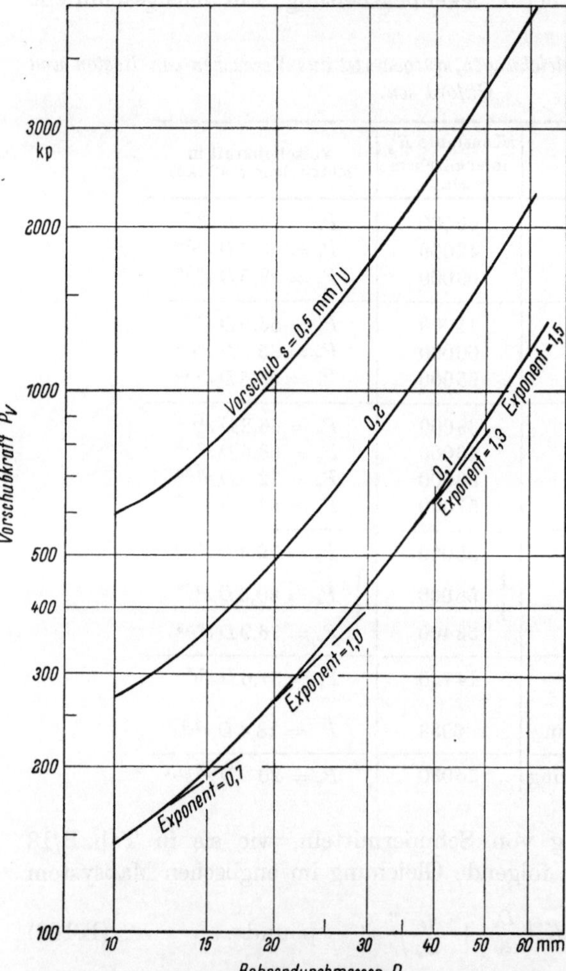

Abb. B/73. Vorschubkraft für das Bohren von SAE 3150 in Abhängigkeit vom Bohrdurchmesser bei Anwendung von Schmiermittel Nr. 8 (ausgewertet aus Versuchen von BOSTON und OXFORD sen.)

$$P_v = 0{,}856\,(D+19)^{2{,}12}\,s^{0{,}87}$$

(s. Tab. B/23 wegen Umrechnung von P_v für andere Werkstoffe)

Tabelle B/22

Nr.	Werkstoff	Schmiermittel[1]	K'_e englisch	u	y	Vorschubkraft P_v (kp) ausgewertet gemäß Gl. (B/170)	Verminderung der Vorschubkraft bei bester Schmierung in %[2]	Umfangskraft
1	SAE 1020	trocken	906000	2,12	0,87	$P_v = 0,87\ (D + 19)^{2,12}\, s^{0,87}$	28,2	33,3
2	SAE 1020	Nr. 10 und 11	651000	2,12	0,87	$P_v = 0,625(D + 19)^{2,12}\, s^{0,87}$		
3	SAE 1035	trocken	795000	2,12	0,87	$P_v = 0,763(D + 19)^{2,12}\, s^{0,87}$	24,1	26
4	SAE 1035	Nr. 10 und 11	641000	2,12	0,87	$P_v = 0,615(D + 19)^{2,12}\, s^{0,87}$		
5	SAE 1112	trocken	624000	2,12	0,87	$P_v = 0,600(D + 19)^{2,12}\, s^{0,87}$	18,4	6,8
6	SAE 1112	Nr. 11	613000	2,12	0,87	$P_v = 0,589(D + 19)^{2,12}\, s^{0,87}$		
7	SAE 3150	trocken	912500	2,12	0,87	$P_v = 0,875(D + 19)^{2,12}\, s^{0,87}$	26,3	23
8	SAE 3150	Nr. 10	67300	2,12	0,87	$P_v = 0,645(D + 19)^{2,12}\, s^{0,87}$		
8a	SAE 3150	Nr. 8	892200	2,12	0,87			
9	Gußeisen	trocken	160000	1,9	0,73	$P_v = 0,685(D + 19)^{1,9}\, s^{0,73}$	10,6	17,2
10		Nr. 9	143000	1,9	0,73	$P_v = 0,612(D + 19)^{1,9}\, s^{0,73}$		
11	Temperguß	trocken und Nr. 2, 3, 4 Nr. 5—11	152000	1,75	0,75	$P_v = 1,22\ (D + 19)^{1,75}\, s^{0,75}$	14,8	10,5
12			129700	1,75	0,75	$P_v = 1,04\ (D + 19)^{1,75}\, s^{0,75}$		
13	Messing (Automaten)	trocken und alle Schmiermittel	—	—	—	s. Tab. B/21	0	0
14	Aluminium-	trocken	$K_e = 75030$	—	—	$P_v = 20 D^{1,2}\, s^{1,1}$ s. Tab. B/21	41	31,7
15	legierung	Nr. 8	44380	—	—	$P_v = 11,8 D^{1,2}\, s^{1,1}$ s. Tab. B/21		

[1] Vgl. Tab. B/16 u. B/17.   [2] Vgl. Tab. B/15.

schen Feld. Die Zunahme der Vorschubkraft mit steigendem Bohrerdurchmesser, wie sie durch die als Tangenten angelegten Geraden zum Ausdruck kommt, ändert sich also. Die Exponenten, die aus Abb. B/73
graphisch ermittelt wurden, steigen an den angegebenen Stellen von
0,7 ... 1,5.

Da die Krümmung der Kurven in Abb. B/73 nur von dem Klammerausdruck $(D + 19)^u$ abhängt, bleibt sie für Bohren anderer Stahlsorten,
die in Tab. B/22 noch aufgeführt sind, bestehen. Es ist daher zulässig,
die aus Abb. B/73 ermittelte Vorschubkraft gemäß Tab. B/23 auf
andere Stahlsorten umzurechnen.

Tabelle B/23. *Umrechnungsfaktoren für die Vorschubkraft P_v in Abb. B/73*

Werkstoff	SAE 1020		SAE 1035		SAE 1112		SAE 3150	
	trocken	Schmie-rung 10 u. 11	trocken	Schmie-rung 10 u. 11	trocken	Schmie-rung 11	trocken	Schmie-rung 10
Multipliziere P_v Abb. B/73 mit	1,02	0,73	0,89	0,716	0,70	0,686	1,025	0,752

Weitere Gleichungen für die Vorschubkraft können aus SCHLESIN-
GERS[1] Daten für Chromnickelstahl und Gußeisen abgeleitet werden.
Abb. B/74 bezieht sich auf Chromnickelstahl, für den sich folgende
Gleichung ergibt:

$$P_v = 140 D s^{0,846}. \tag{B/171}$$

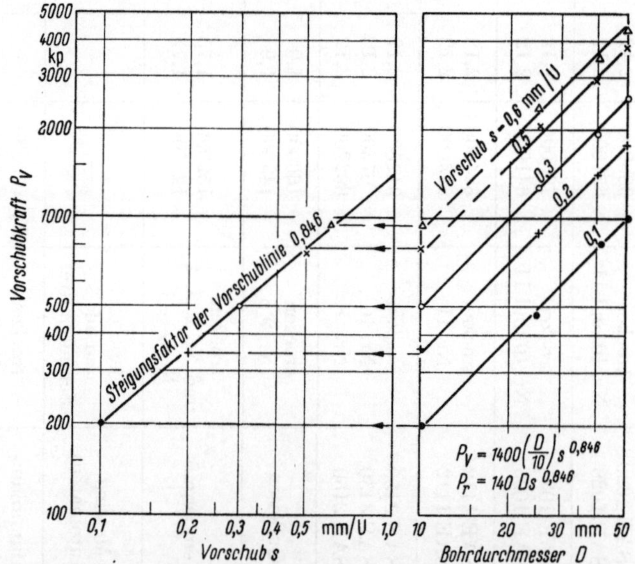

Abb. B/74. Ermittlung der Gleichung für die Vorschubkraft P_v beim Bohren von Chromnickelstahl (ausgewertet aus Versuchen von SCHLESINGER)

[1] SCHLESINGER, G.: Werkzeugmaschinen, Bd. I, Berlin: Springer 1936, S. 20.

Aus Abb. B/75 folgt für Gußeisen:

$$P_v = 35D\, s^{0,635}. \tag{B/172}$$

Bei den kleineren Vorschüben ergeben sich schwach gekrümmte Kurven, wie gestrichelt in Abb. B/75 angedeutet ist. Da die Abweichungen jedoch gering sind und Gl. (B/172) — aus Schlesingers Daten — sehr gut mit Bostons Gleichung für Gußeisen $P_v = 37,6\, D\, s^{0,6}$ (vgl. Tab. B/21) übereinstimmt, und da außerdem die Krümmung bei

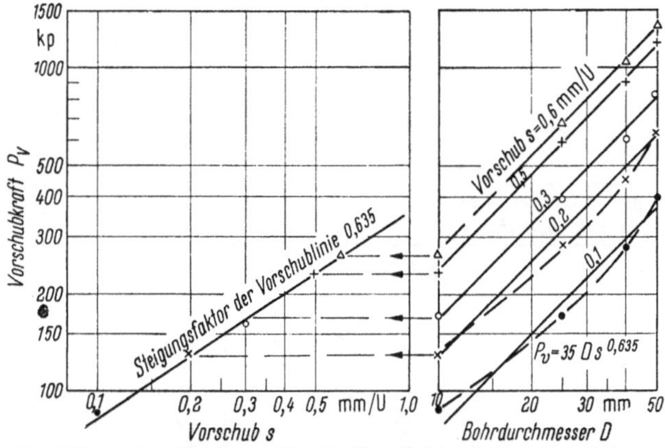

Abb. B/75. Ermittlung der Gleichung für die Vorschubkraft P_v beim Bohren von Gußeisen (ausgewertet aus Versuchen von Schlesinger)

größeren Vorschüben entfällt, ist es angebracht, die Werte mit geraden Linien im log-log-Feld auszumitteln.

Smith und Poliakoff[1] fanden folgende Gleichungen für Bohren von weichem Gußeisen ins Volle:

$$P_v = 148 D^{0,7}\, s^{0,75} \tag{B/173}$$

und für Bohren ins Vorgebohrte:

$$P_v = 85,5 D^{0,7}\, s^{0,6}. \tag{B/174}$$

Vergleicht man die abgeleiteten Gleichungen für die Vorschubkraft, so fällt auf, daß sie sich — mit Ausnahme der Daten von Smith und Poliakoff — sowohl bei Stahl als auch bei Gußeisen etwa proportional mit dem Bohrerdurchmesser ändert. Aus Schlesingers und auch aus Boston und Oxford sen.-Werten folgt diese Proportionalität, da der Exponent für den Durchmesser 1,0 ist [vgl. Gln. (B/159), (B/171), (B/172) und Tab. B/21]. Bei Shaw-Oxford jun. [Gl. (B/160)] ist der Exponent von D 1,05, bei Stoewer [Gl. (B/158)] ist er größer als 1,0 nämlich 1,18, bei Smith-Poliakoff dagegen kleiner als 1,0, nämlich 0,7 [Gln. (B/161), (B/173)].

---

[1] Smith u. Poliakoff, zit. Seite 232, dort S. 105 u. 161.

Man kann somit folgern, daß die Vorschubkraft beim Bohren sich im Mittel proportional mit dem Bohrerdurchmesser ändert. Eine Verdopplung des Bohrerdurchmessers verursacht eine Verdopplung der Vorschubkraft.

Anders verhält es sich dagegen mit dem Einfluß des Vorschubes auf die Vorschubkraft. Der Exponent des Vorschubes schwankt um einen Mittelwert von 0,75 beim Bohren von Stahl (STOEWER 0,73, SCHLESINGER 0,68 und 0,846; BOSTON und OXFORD sen. 0,78 und 0,87; SHAW und OXFORD jun. 0,69) und liegt nahe bei 0,60 beim Bohren von Gußeisen und Messing.

Hieraus ist zu folgern, daß eine Verdopplung des Vorschubes beim Bohren von Stahl eine mittlere Erhöhung der Vorschubkraft von 68% verursacht. Bei Gußeisen und Messing beträgt diese Zunahme 51,5%. Bohren mit großem Vorschub ist also vorteilhaft, da die Bohrzeit direkt proportional verkürzt wird, die Vorschubkraft — und damit

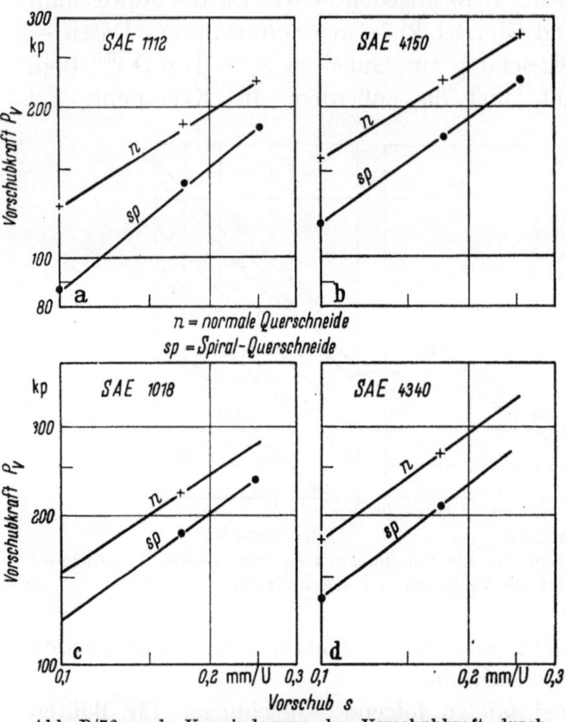

Abb. B/76 a—d. Verminderung der Vorschubkraft durch „S"-Ausspitzung der Querschneide (ausgewertet aus Versuchen der Cincinnati Milling Machine Co.)

Aufbäumung der Maschine — aber erheblich weniger als proportional *ansteigt.*

Im Kapitel „Querschneide" (Seite 211) ist die Verringerung der Vorschubkraft durch Ausspitzung der Querschneide bereits erörtert worden. Versuche mit einer „Spiralquerschneide"[1] auf verschiedenen Stählen sind in Abb. B/76a—d ausgewertet worden, wobei sich herausstellte, daß die Spiralquerschneide zwischen 15 ... 33% geringere Vorschubkraft erfordert als eine normale Querschneide. Die Verringerung ist bei größeren Vorschüben weniger ausgeprägt (15 ... 20%) als bei

---

[1] ERNST, H., u. W. A. HAGGERTY: The Spiral Point Drill — a new concept of drill geometry. Trans. ASME 1958, S. 1059.

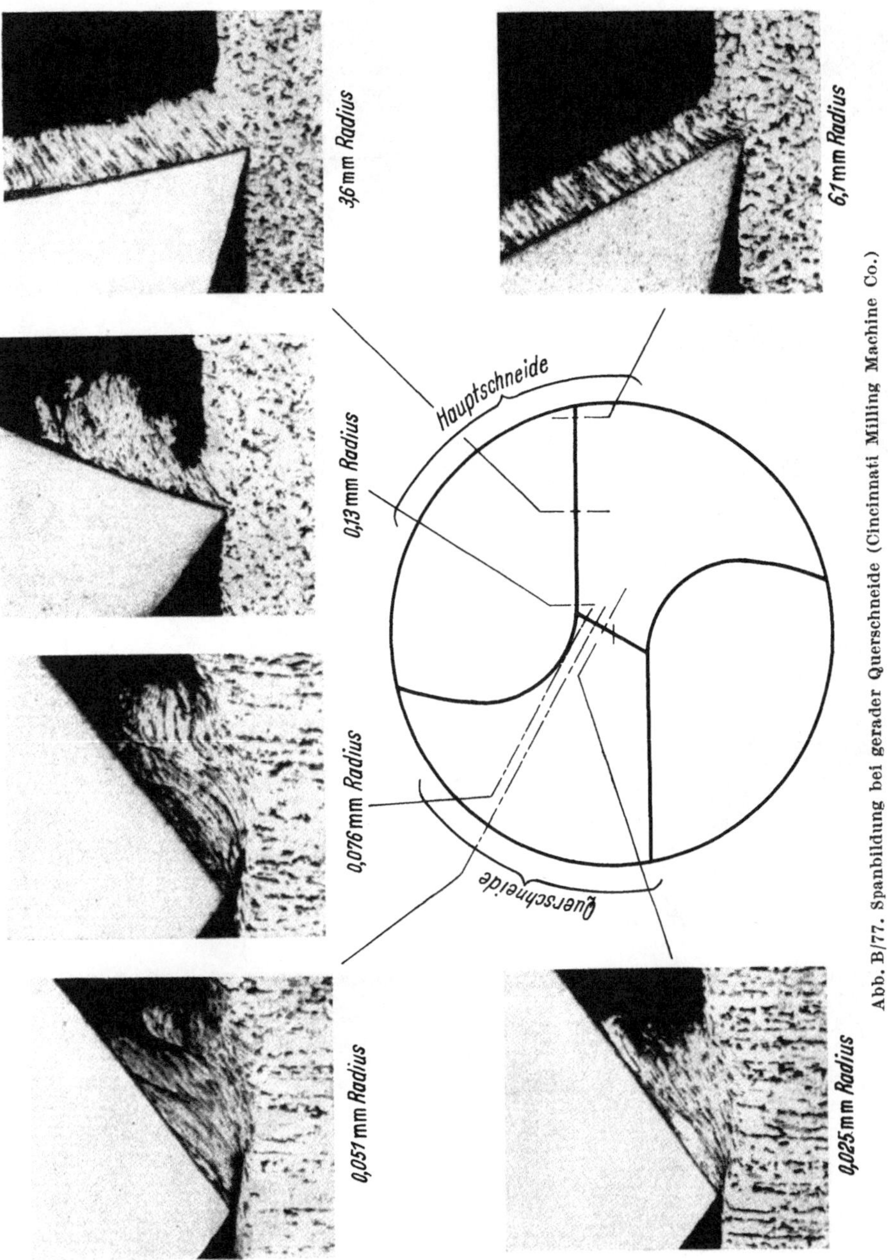

Abb. B/77. Spanbildung bei gerader Querschneide (Cincinnati Milling Machine Co.)

kleineren (25,5 ... 33%) wie auch aus der nichtparallelen Lage der in Abb. B/76a—d gezeichneten n-Linien (normale Querschneide) und sp-Linien (spiralförmige Querschneide) hervorgeht. Durch die Spiral-

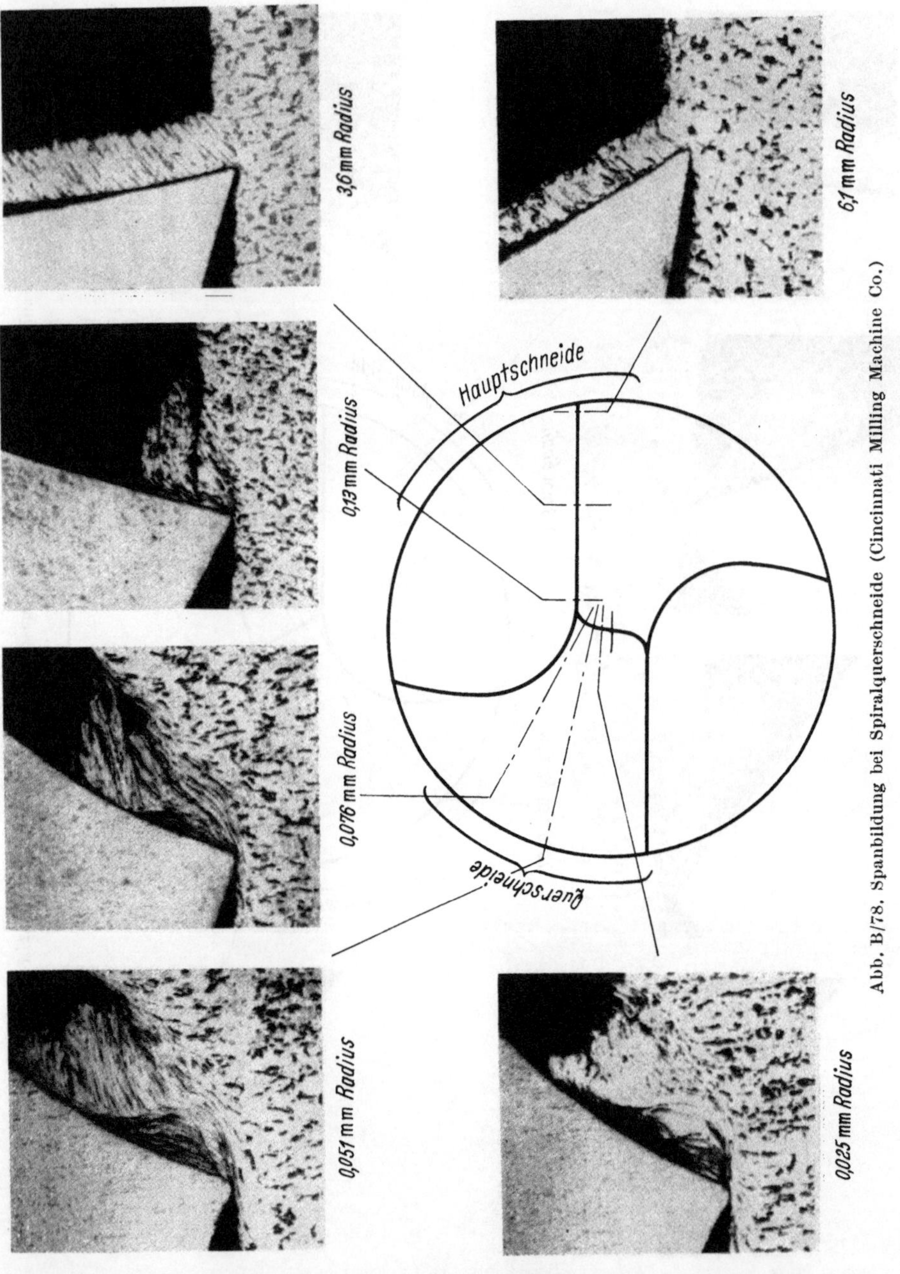

Abb. B/78. Spanbildung bei Spiralquerschneide (Cincinnati Milling Machine Co.)

anspitzung vergrößert sich der Steigungsfaktor des Vorschubes bei
SAE 1112 von 0,6 auf 0,8, bei SAE 4150 von 0,625 auf 0.725, bei
SAE 1018 von 0,625 auf 0,7 und bei SAE 4340 von 0,725 auf 0,755.

Abb. B/77 zeigt Mikrophotographien der Spanbildung an verschiedenen Radien eines Bohrers mit normaler Querschneide, wobei der starke negative Spanwinkel am kleinsten Radius besonders gut erkennbar ist. Die Spanbildung des Bohrers mit spiralförmiger Querschneide (Abb. B/78) ist erheblich weniger behindert, da der Spanwinkel dort größer ist als bei normaler Querschneide.

h) Das Verlaufen des Bohrers

Das jedem Praktiker bekannte Verlaufen und Größerbohren des Bohrers ist auf ungleichmäßigen Anschliff und Exzentrizität (Versetzung) der Querschneide sowie der Bohrerspitze zurückzuführen. In

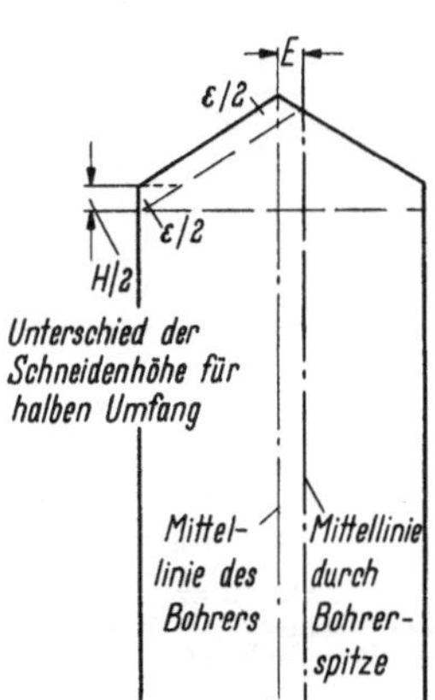

Abb. B/79
Skizze eines Bohrers mit außermittiger Spitze

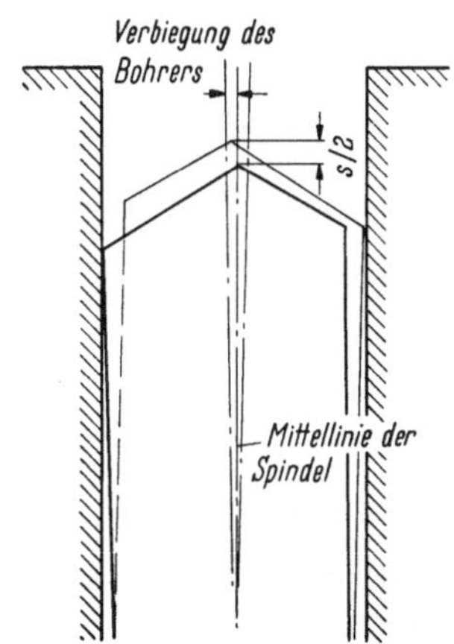

Abb. B/80. Skizze der Verbiegung eines Bohrers mit außermittiger Spitze

solchen Fällen nimmt eine der Hauptschneiden einen größeren Spanquerschnitt ab als die andere, so daß kein wahres Bohrmoment mit Bezug auf die Bohrerachse mehr besteht. Wir haben dann ein Bohrmoment und eine zusätzliche Schnittkraft, die gleich der Differenz der Schnittkräfte an den beiden Hauptschneiden ist. Die zusätzliche Schnittkraft verbiegt den Bohrer, und zwar von der Schneide mit dem größeren Spanquerschnitt fort. Außerdem entstehen Radialkräfte, die sich nicht ausgleichen (s. a. PALITZSCH u. SPUR[1]).

Gewöhnlich verläuft der Bohrer weniger stark, wenn das Werkstück umläuft, als wenn der Bohrer sowohl umläuft als auch die Vorschubbewegung ausführt. Untersuchungen über die Ursache des geringeren Verlaufens des Bohrers bei umlaufenden Werkstück sind weder vom Verfasser noch, soweit die vorliegende Literatur zeigt, von anderer Seite unternommen worden. Vermutlich hat die Massenwirkung eines umlaufenden Werkstückes eine stabilisierende Wirkung auf den Bohrer,

---

[1] PAHLITZSCH u. SPUR: Werkstattstechnik 1961, S. 227ff.

während ein umlaufender Bohrer kaum einer Massenwirkung unterworfen ist.

Untersuchungen über das Verlaufen des umlaufenden Bohrers sind von GALLOWAY[1] und von HAGGERTY[2] unternommen worden. GALLOWAYS Versuche beziehen sich auf die Versetzung der Bohrerspitze, während HAGGERTY sich mit der Versetzung der Querschneide befaßte.

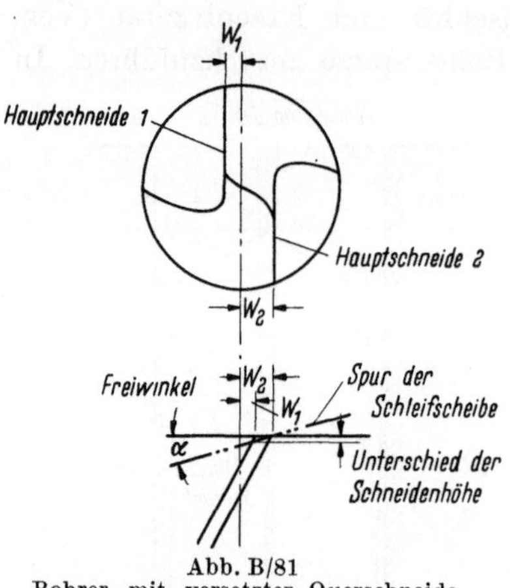

<table>
<tr><td>

Abb. B/81
Bohrer mit versetzter Querschneide

</td><td>

Abb. B/82
Übermaß des Loches bei Exzentrizität der Querschneide eines Bohrers von 12,7 mm Dmr.

</td></tr>
</table>

Im ersteren Fall entstehen Schneiden ungleicher Höhe, wie in Abb. B/79 schematisch gezeigt ist. Aus der Geometrie dieser Abbildung ergibt sich

$$H = \frac{2E}{\tan\dfrac{\varepsilon}{2}}.$$

Die doppelte Exzentrizität $(2E)$ stellt auch den Betrag dar, um den das Loch zu groß gebohrt wird. Abb. B/80 zeigt das Verlaufen des Bohrers.

Der 2. Fall, der sich auf die versetzte Querschneide bezieht, ist in Abb. B/81 skizziert, für den die folgende Gleichung gilt:

$$H = w \tan\alpha \left[1 + \frac{\sin\alpha \sin\sigma}{\cos(\alpha + \sigma)}\right].$$

Versuchswerte für die Abhängigkeit des Übermaßes der Bohrung von der Querschneidenversetzung sind in Abb. B/82 graphisch aufgetragen.

[1] GALLOWAY, D. F.: Some Experiments on the influence of various factors on drill performance. Trans. ASME 1957, S. 191 ff.

[2] HAGGERTY, W. A.: Effect of drill symmetry on performance. Collected Papers ASTME 60, Buch 1, Nr. 254, April 1958.

Bei einer Versetzung von 0,5 mm wird die Bohrung bei normaler Spitze etwa 0,33 mm zu groß, wenn ein Bohrer von 12,7 mm Dmr. benutzt wird, was einem Übermaß von 2,6% entspricht.

E. Schnittgeschwindigkeit

a) Kennzeichen der Bohrerabnutzung

Die Ermittlung geeigneter Kennzeichen für die Werkzeugabstumpfung ist beim Bohren schwieriger als beim Drehen. Nach SCHLESINGERS Untersuchungen[1] wird der Zeitpunkt des Abstumpfens durch den *plötzlichen* Anstieg der Nebenkomponenten der Schnittkraft bestimmt. Entsprechend der Ecken, Fasen- und Querschneidenabstumpfung steigen Drehmoment und Vorschubkraft oder eines von beiden an. Die Abstumpfung tritt meistens zuerst an der Ecke auf, an der die Hauptschneide und die Fasenschneide zusammenkommen (vgl. Abb. B/3). Sie ist die schwächste Stelle und der höchsten Schnittgeschwindigkeit ausgesetzt. Bei der Fasenabstumpfung wird die Fase oft auf größerer Länge durch Verschweißen von Spanteilen zerstört, manchmal vor Abstumpfung der Ecke sogar. Dagegen kommt Querschneidenstumpfung seltener vor.

WALLICHS und BEUTEL[2] haben die Eckenabstumpfung als Kennzeichen bei Aufstellung von Standweg-Schnittgeschwindigkeitswerten benutzt.

SCHLESINGER[3] hat einen Anstieg von 10 . . . 15% des Kraftverbrauches gegenüber scharfem Schnitt bei gleichzeitigem „Kreischen" des Bohrers als Maß der Abstumpfung angesehen. Dieses „Kreischen" des Bohrers fiel in allen Fällen mit der Abstumpfung der Ecken zusammen, die u. U. einen erheblichen Verlust an Bohrerlänge bedeuten kann, wenn die Fasenschneiden auch stark angegriffen sind. SCHLESINGER empfiehlt Energiemessung mit Wattmeter, der sehr empfindlich ist und gute Ergebnisse liefert. Elastische Meßvorrichtungen von z. B. hydraulischer oder elektrisch-mechanischer Art verursachen oft störende Bewegungen des Bohrers, während die Einspannung bei Benutzung von Wattmetern starr und fest sein kann.

Ebenso tritt LEYENSETTER[4] für Verwendung des Amperemeters ein, da die elektrische Methode sich in der Praxis verhältnismäßig einfach

---

[1] SCHLESINGER, G., zit. Seite 282, dort S. 16/17.

[2] WALLICHS, A., u. H. BEUTEL: Die Zerspanbarkeit des Stahlgusses im Bohrvorgang. Sonderdruck.

[3] SCHLESINGER, G.: Die wirtschaftliche Ausnutzung des Spiralbohrers. Schweiz. techn. Z. 1938, Nr. 35, S. 528.

[4] LEYENSETTER, W.: Zerspanungsuntersuchungen an sphärolithischem Gußeisen mit Schnellstahlbohrern. Maschinenmarkt 1955, Nr. 87/88, Sonderdruck S. 11.

anwenden läßt. Allerdings darf das Netz nicht durch starke Strom-
schwankungen beeinflußt werden.

PATKAY[1] hat bei seinen wissenschaftlichen Untersuchungen sowohl
den plötzlichen Anstieg des Vorschubdruckes benutzt, der eine Folge
der Eckenabstumpfung ist, als auch die Fasenabstumpfung berücksichtigt. Er hat die in Abb. B/83 dargestellten charakteristischen

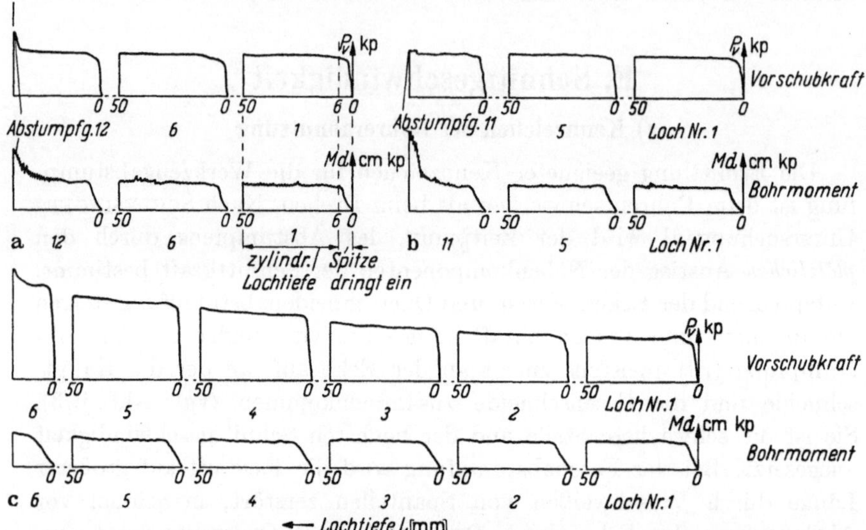

Abb. B/83 a—c. Vorschubkraft- und Bohrmomentenanstieg in Abhängigkeit von der Lochtiefe
(Abstumpfungsdiagramme)

Abstumpfungsdiagramme versuchsmäßig aufgenommen. Der plötzliche Anstieg entspricht dem SCHLESINGER Kriterium beim Drehen,
das in Bd. I, Seite 177, näher dargelegt worden ist.

Das Bohrmoment steigt in Abb. B/83 auch an, jedoch kann *alleini-
ger* Anstieg des Bohrmomentes *nicht* als Abstumpfungskennzeichen
gelten, da z. B. Spanverklemmungen und ähnliche Störungen ebenfalls ein Anwachsen des Bohrmomentes verursachen können.

Durch sogenannte „verbrückte" Kurven ist die Eckenabstumpfung
(niedrige Standlänge, hohe Geschwindigkeit) mit der Fasenabstumpfung
(höhere Standlänge, niedrige Geschwindigkeit) in Verbindung gebracht
worden.

Obgleich Konstruktionseinzelheiten der in den letzten Jahren entwickelten und in der Praxis eingeführten elektrischen Vorrichtungen
zur selbsttätigen Unterbrechung des Bohrens bei Abstumpfung des
Bohrers den Umfang des Buches überschreiten würden, ist es dennoch

---

[1] PATKAY, ST., zit. S. 204, dort Abb. 8.

im Zusammenhang mit der Zerspanung wichtig, die grundsätzlichen Verfahren zu erörtern.

Diese Vorrichtungen sind meistens auf dem Anstieg des Bohrmoments aufgebaut, der bei Abstumpfung und Spanverklemmungen eintritt. Bei Gußeisen wird 20% Erhöhung des Bohrmoments als Abstumpfungskennzeichen benutzt, beim Bohren von Stahl tritt die Abstumpfung plötzlich auf. Fünf Verfahren sind von verschiedenen Firmen entwickelt worden, nämlich:

1. Instrumentenrelais; 2. Magnetische Relais; 3. Bohrmomentkupplungen; 4. Dehnungsmeßstreifenmethode; 5. Photozellen.

Bei Einspindelbohrmaschinen sind die Selbstausschalter natürlich einfacher als bei Mehrspindelbohrmaschinen. Das Instrumentenrelais kann ohne Änderungen an der Einspindelbohrmaschine verwandt werden, besonders bei kleineren Leistungen; der Vorschub wird selbsttätig unterbrochen und der Bohrer zurückgezogen, wenn das Bohrmoment einen eingestellten Wert überschreitet. Die magnetischen Relais arbeiten ähnlich, die Signale bedürfen keiner Verstärkung. Bohrmomentkupplungen sind umständlicher einzustellen, während Dehnungsmeßstreifen für Apparate bei wissenschaftlichen Untersuchungen in Frage kommen. Stromintegratoren sind am genauesten, sie erfordern zeitraubende Einrichtung, jedoch ohne mechanische Änderungen an den Bohrmaschinen. Photozellen unterbrechen den Strom für den Antrieb wenn ein Bohrer bricht. Etwa 17 Firmen befassen sich mit der Herstellung solcher Apparate.

Die Änderung der Vorschubkraft bei Abstumpfung des Bohrers kann ebenfalls zur automatischen Unterbrechung des Bohrens dienen, wobei Dehnungsmeßstreifen, die in den Spindelträger eingebaut sind, über Verstärker ein elektrisches Signal zum Anhalten und Umkehren des Vorschubes auslösen. Außerdem werden auch Einrichtungen zur Ausnutzung von Piezoelektrizität und Graphithülsen, für die automatische Unterbindung der Bohrerabstumpfung benutzt.

b) Schnittgeschwindigkeit, Standweg und Standzeit
(v-L- bzw. v-T_L-Beziehung)

α) *Verfahren zur Umrechnung von Standweg in Standzeit*

Beim Bohren ist es oft praktischer, statt der beim Drehen üblichen Standzeit (T_L) den Standweg (L) in mm als Grundlage für die wirtschaftliche Schnittgeschwindigkeit zu nehmen, weil lange Zeit anhaltende Zerspanung bei Verwendung von Spiralbohrern wegen der nur kurzen Bohrtiefe nicht möglich ist. Bei Bohrungen, die etwa 10 mal tiefer sind als der Bohrdurchmesser, werden keine Spiralbohrer verwendet[1], sondern Werkzeuge, für die andere Zerspanungsvorgänge in Frage kommen.

Der Standweg (auch Standlänge genannt), ist die Summe aller Lochtiefen, die mit einem gegebenen Spiralbohrer unter bestimmten Versuchswerten bis zum Abstumpfen des Bohrers gebohrt werden.

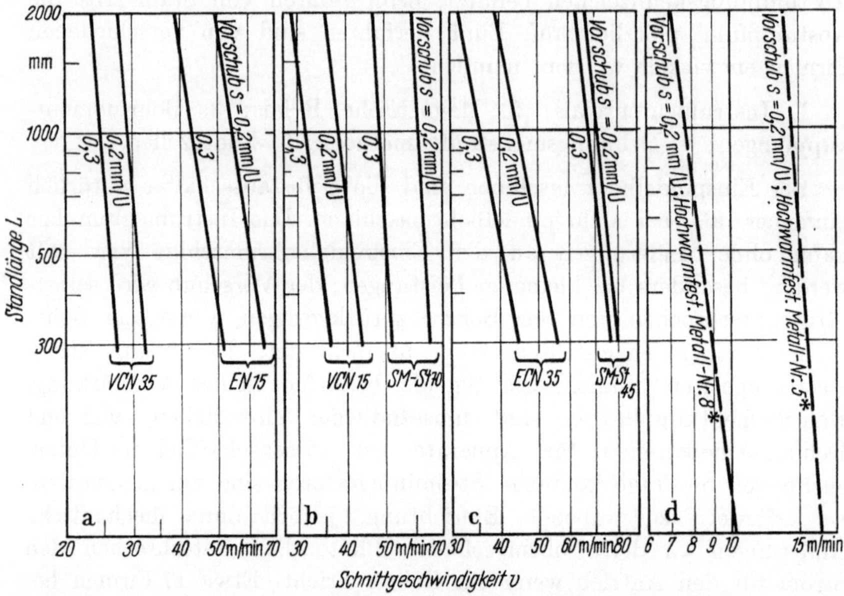

Abb. B/84 a—d. Auswertung von Standwegversuchen von PATKAY und Vergleich mit ROHDES[2] Versuchen auf hochwarmfesten Metallen (* Hochwarmfeste Metalle s. Tab. A/2 im Anhang)

Es hat sich gezeigt, daß zwischen Schnittgeschwindigkeit und Standweg eine geradlinige logarithmische Abhängigkeit besteht, in ähnlicher Weise wie zwischen Schnittgeschwindigkeit und Standzeit beim Drehen. Abb. B/84 zeigt, daß es bei Auswertung von Bohrversuchen auf sechs verschiedenen Stahlsorten möglich ist, gerade Linien im doppellogarithmischen Netz, durch die aus Abstumpfungskurven erhaltenen Punkte zu legen.

Durch die geraden Linien wird es möglich, den Zusammenhang zwischen Schnittgeschwindigkeit (v) und Standweg (L), v-L-Beziehung genannt, in mathematische Form zu bringen. Es soll außerdem nachstehend gezeigt werden, daß sich die v-L-Beziehung dann mathematisch in die v-T_L-Beziehung (Form der TAYLOR-Gleichung) umrechnen läßt, da das Produkt aus der Schnittgeschwindigkeit (v) und dem Exponentialwert des Standweges (L^Z) für sonst gleichbleibende Verhältnisse (Vorschub, Werkstoff usw.) konstant ist.

---

[1] Vgl. Abschnitt „Tieflochbohren", Seite 316.   [2] Zit. Seite 297.

Für die Standweg-Schnittgeschwindigkeitsbeziehung kann folgender Ansatz gemacht werden

$$v\,L^Z = C_L. \tag{B/175}$$

C_L ist eine noch zu bestimmende Standwegkonstante.

Die Bohrzeit T für Bohren eines Loches von L mm Lochtiefe, D mm Durchmesser mit einem Vorschub s (mm/U) und der Drehzahl n (U/min) ist allgemein:

$$T = \frac{L}{s\,n}.$$

Ersetzt man:

$$n = \frac{1000\,v}{D\,\pi}$$

und bezeichnet man die Standzeit mit T_L, so ist die entsprechende Lochtiefe mit dem Standweg L identisch.

Daher wird bei Auflösung nach L:

$$L = \frac{T_L \cdot s \cdot 1000\,v}{D\,\pi}\ \text{mm}. \tag{B/176}$$

Durch Einsetzen von Gl. (B/176) in Gl. (B/175) wird:

$$v^{Z+1}\,T_L^Z \left(\frac{s \cdot 1000\,v}{D\,\pi}\right)^Z = C_L$$

und daher

$$v\,T_L^{\frac{Z}{Z+1}} \left(\frac{s \cdot 1000}{D\,\pi}\right)^{\frac{Z}{Z+1}} = C_L^{\frac{1}{Z+1}}.$$

Setzt man ferner

$$\frac{Z}{Z+1} = y_0 \tag{B/177}$$

so ergibt sich nach Übertragen des Klammerwertes auf die rechte Seite

$$v\,T_L^{y_0} = C_L^{\frac{1}{Z+1}} \left(\frac{D\,\pi}{s \cdot 1000}\right)^{y_0}. \tag{B/178}[1]$$

Die rechte Seite ist eine Konstante, d. h. von v und T_L unabhängig, nämlich:

$$C_L^{\frac{1}{Z+1}} \left(\frac{D\,\pi}{s \cdot 1000}\right)^{y_0} = C_T. \tag{B/179}$$

Durch Einsetzen von Gl. (B/179) wird aus Gl. (B/178):

$$\boxed{v\,T_L^{y_0} = C_T} \tag{B/180}$$

[vgl. Gln. (53) und (72) in Bd. I.]

Es ergibt sich also beim Bohren dieselbe Standzeitgleichung wie beim Drehen; sie läßt sich mit Hilfe der Gln. (B/177) und (B/179) aus der Standweg-Gl. (B/175) ermitteln.

---

[1] Zur Vermeidung von Verwechslungen ist der Exponent beim Bohren mit y_0, beim Drehen mit y bezeichnet worden.

Tabelle B/24. *Entwicklung von Standzeitgleichungen aus Standwegmessungen*

Werkstoff	s = Vorschub mm/U	L = Standweg (mm)	v = Zugehörige Schnittgeschwindigkeit m/min (aus Abb. B/84)	Z = Exponent von L (errechnet)	L^Z	$C_L = v L^Z$ gem. Gl. (B/175)	$y_0 = \dfrac{Z}{1+Z}$ Standzeitexponent gem. Gl. (B/177)	$\dfrac{1}{C_L^{1+z}}$ Gl. (B/179)	$\left(\dfrac{D\pi}{s\cdot 1000}\right)^{y_0}$ gem. Gl. (B/179)	Für Bohren ermittelte Konstante C_T gem. Gl. (B/179) Produkt der Spalten 9 u. 10.	60^{y_0}	v_{60} Schnittgeschwindigkeit für $T_L = 60$ min. Standzeit gem. Gl. (B/180) $v = \dfrac{C_T}{60^{y_0}}$	$F_e = \dfrac{sD}{4}$ = Spanquerschnitt je Hauptschneide (mm²)
1	2	3	4	5	6	7	8	9	10[1]	11	12	13	14
VCN 35	0,3	2000 / 500	23,2 / 26	0,082	1,86 / 1,65	42,7	0,0756	32	0,896	28,6	1,36	21	1,65
	0,2	2000 / 500	27 / 30,3	0,082	1,86 / 1,65	50,3	0,0756	37,5	0,923	34,6	1,36	31,9	1,1
VCN 15	0,3	2000 / 500	28,1 / 33,3	0,122	2,57 / 2,17	71	0,1085	44,5	0,85	37,9	1,56	24,3	1,65
	0,2	2000 / 500	35 / 41,5	0,122	2,57 / 2,17	90	0,1085	55	0,892	48,8	1,56	31,2	1,1
ECN 35	0,3	2000 / 500	31,1 / 40,4	0,188	4,17 / 3,22	130	0,158	60	0,794	47,5	1,91	24,8	1,65
	0,2	2000 / 500	38,5 / 50	0,188	4,17 / 3,22	161	0,158	72	0,846	61	1,91	32	1,1
EN 15	0,3	2000 / 500	38,2 / 47	0,15	3,13 / 2,54	119	0,1305	64	0,828	53	1,71	31	1,65
	0,2	2000 / 500	48 / 59	0,15	3,13 / 2,54	150,5	0,1305	79	0,872	68,8	1,71	40,2	1,1
SM St 70 kp/mm²	0,3	2000 / 500	46 / 50	0,06	1,58 / 1,45	72,7	0,0565	57	0,921	52,5	1,26	41,6	1,65
	0,2	2000 / 500	58,7 / 64	0,06	1,58 / 1,45	92,5	0,0565	72	0,944	68	1,26	54	1,1
SM St 45 kp/mm²	0,3	2000 / 500	62 / 72,5	0,114	2,38 / 2,03	147,5	0,102	90	0,861	77,5	1,52	51	1,65
	0,2	2000 / 500	66,2 / 77,5	0,114	2,38 / 2,03	157	0,102	94	0,898	84,3	1,52	55,5	1,1

[1] Alle Werte beziehen sich auf Schnellstahlbohrer von 22 mm Dmr.

β) *Vergleich von Standzeitgleichungen*

Die Berechnung von Standzeitgleichungen aus Bohrversuchen ist in Tab. B/24 für sechs Werkstoffe (VCN 35, VCN 15, ECN 35, EN 15, SM St 70 bzw. 45 kp/mm²) durchgeführt worden. Man geht dabei von Abb. B/84 aus, die die vorgenommene Auswertung der Versuchsdaten selbst darstellt. Die Ermittlung der Gleichungen dieser Geraden, die die Beziehung zwischen Standweg L und Schnittgeschwindigkeit v herstellen, erfordert die Bestimmung des Exponenten Z zum Standweg L. Dies kann mit den Exponentialskalen der Rechenschieber erfolgen, wie auf Seite 89, Bd. I, erläutert wurde[1].

Aus Spalte 5 der Tab. B/24 erkennt man, daß sich der Exponent Z des Standweges L zwischen einem Kleinstwert von 0,06 bei SM St 70 kg und einem Größtwert von 0,188 bei ECN 35 bewegt.

In Spalte 8 der Tab. B/24 sind die Exponenten y_0 der Standzeit T_L zusammengestellt. Auch diese Exponenten ändern sich mit den Werkstoffen von $y_0 = 0{,}0565$ bei SM St 70 kg bis 0,158 bei ECN 35. Auf Grund der Gl. (B/180) ist man nunmehr in der Lage, die v_{60}-Schnittgeschwindigkeit, die für 60 min Standzeit gilt, zu bestimmen. Diese Berechnung ist gleichfalls in Tab. B/24 enthalten. In Spalte 11 ist der zutreffende Festwert C_T als Produkt der Spalten 9 und 10 berechnet. Spalte 13 enthält die v_{60}-Werte.

---

[1] Ein schnelleres, obgleich nicht ganz so genaues Verfahren zur Ermittlung des Exponenten von logarithmischen Geraden, besteht darin, den Steigungswinkel (α) auf dem Diagramm zu messen. Der Cotangens dieses Winkels ist der Steigungsfaktor, wie sich allgemein aus Abb. B/85 ableiten läßt:

$$\cot\alpha = \frac{\log\left(\dfrac{A_2}{A_1}\right)}{\log\left(\dfrac{B_1}{B_2}\right)}.$$

Andererseits gilt für die beliebigen Punkte *1* und *2* der logarithmischen Geraden, wenn *e* den zu ermittelnden Potenzexponenten bezeichnet:

$$A_1 B_1^e = A_2 B_2^e = \text{const.}$$

Durch Logarithmieren ergibt sich

$$\text{Exponent } e = \frac{\log\left(\dfrac{A_2}{A_1}\right)}{\log\left(\dfrac{B_1}{B_2}\right)}$$

und daher

$$e = \cot\alpha$$

oder

$$A_1 B_1^{\cot\alpha} = A_2 B_2^{\cot\alpha} = \text{const.}$$

(Vgl. auch Tab. A/8, Seite 336, u. Abb. H/1 im Anhang.)

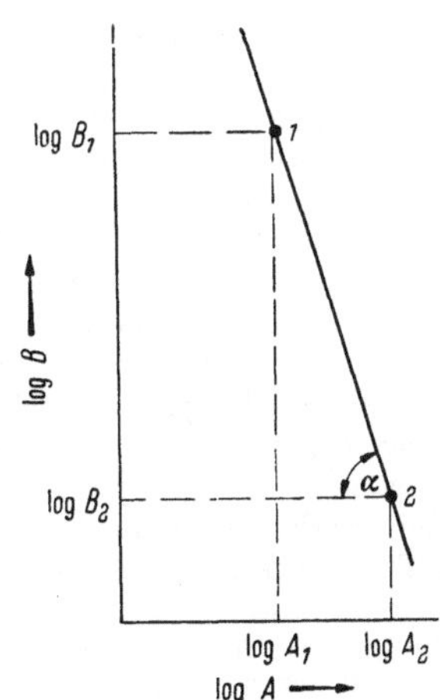

Abb. B/85. Exponentenermittlung der Gleichungen logarithmischer Geraden

Der y_0-Exponent der Standzeit T_L kann leicht in einen Exponenten der Schnittgeschwindigkeit v umgeformt werden. Aus Gl. (B/180) folgt ohne weiteres

$$T_L = \left(\frac{C_T}{v}\right)^{\frac{1}{y_0}}. \tag{B/181}[1]$$

Die Schwankungen von y_0 nach den Werten der Tab. B/24 können mit Hilfe von Gl. (B/181) somit zu folgender Feststellung benutzt werden: *Die Standzeit beim Bohren von Stählen verschiedener Zusammensetzung ändert sich umgekehrt der 6,3. ($y_0 = 0{,}158$) bis 17,7. ($y = 0{,}0565$)-Potenz der Schnittgeschwindigkeit.*

Beim Drehen ergaben sich ebenfalls Schwankungen des y-Exponenten, wie aus den Ausführungen auf den Seiten 81—101, Bd. I, hervorgeht. Beispielsweise schwanken die y-Exponenten beim Drehen nach amerikanischen Versuchen (Bd. I, Seite 95) zwischen 0,08 und 0,270 bei Stählen verschiedenem Gefügeaufbaues.

Bei SCHLESINGERS Versuchen beim *Drehen* von VCN 35 ergab sich ein y-Exponent von 0,185, während wir hier beim Bohren von VCN 35 einen y_0-Exponenten von nur 0,0756 fanden. Bei VCN 15 zeigt ein Vergleich, daß y beim Drehen 0,152, beim Bohren nur etwa 0,109 ist. Bei SM-Stahl, den SCHLESINGER für Drehen benutzte, war $y = 0{,}154$, beim Bohren ergibt sich aus PATKAYS Versuchen $y_0 = 0{,}06 \ldots 0{,}114$, KIENZLES Standzeitexponenten für Drehen mit Schnellstahl liegen nahe bei $y = 0{,}25$.

Im allgemeinen kann daher gefolgert werden, daß die Abhängigkeit zwischen Standzeit und Schnittgeschwindigkeit beim Bohren zwar denselben grundsätzlichen Exponentialbeziehungen folgt wie beim Drehen, daß aber die Standzeit beim Bohren stärker von der Schnittgeschwindigkeit

---

[1] Die neueste Entwicklung in den Vereinigten Staaten strebt auf wesentlich kürzere Standzeiten als bisher üblich, nämlich auf $T_L = 5 \ldots 10$ min, und die dadurch mögliche Erhöhung der Schnittgeschwindigkeiten hin. Wirtschaftliche Prüfungen in der Industrie haben gezeigt, daß erhebliche Kostenersparnisse von $50 \ldots 75\%$ durch hohe Schnittgeschwindigkeiten und Benutzung von Hartmetallwegwerfplättchen zu erzielen sind. Vgl. hierzu: KRONENBERG, M.: Neuzeitliche Zerspanung mit Wegwerfplättchen. Ind. Organisation 31 (1962) H. 9.

In dasselbe, jedoch noch weiterliegende Gebiet gehört die Ultraschnellzerspanung, die von der Lockheed Aircraft Corp. in Zusammenarbeit mit dem Verfasser untersucht wurde. Vgl. KRONENBERG, M.: Berichte über die Vervielfachung heute üblicher Schnittgeschwindigkeiten, 1. Teil. Werkstattstechnik 49 (1959) S. 181ff.; 2. Teil, Werkstattstechnik 51 (1961) S. 133ff. — KRONENBERG, M.: Gedanken zur Theorie und Praxis der Ultraschnellzerspanung, 1. Teil. Techn. Zbl. prakt. Metallbearb. 55 (1961) S. 443ff.; 2. Teil, Techn. Zbl. prakt. Metallbearb. 55 (1961) S. 659ff.; 3. Teil, Techn. Zbl. prakt. Metallbearb. 56 (1962) S. 505ff.

Siehe auch RÖHLKES Ausführungen über hohe Zerspanungs- und Verformungsgeschwindigkeiten in: Zur Mechanik des Zerspanungsvorganges. Werkst. u. Betr. 91(1958) H. 8, S. 473—483.

als beim Drehen beeinflußt wird. Dies geht aus den kleineren y_0-Exponenten beim Bohren hervor. Als Mittelwert für y beim Drehen von Stahl mit Schnellstahl kann 0,15 angesehen werden, während beim Bohren der Mittelwert für y_0 nur etwa 0,10 ist. *Beim Drehen von Stahl mit Schnellstahl ändert sich also im Mittel die Standzeit umgekehrt der 6. . . . 7. Potenz der Schnittgeschwindigkeit, beim Bohren umgekehrt der 10. Potenz. Bei beiden Metallbearbeitungsverfahren hat die Änderung der Schnittgeschwindigkeit einen sehr großen Einfluß auf die Standzeit!*

Diese Schlußfolgerungen werden bestens durch neuere deutsche Bohrversuche auf hochwarmfesten Werkstoffen bestätigt[1]. 2 Versuchsreihen, die ROHDE durchgeführt hat, sind daher im Feld „d" des Diagramms (Abb. B/84) auf dem PATKAYS Untersuchungen ausgewertet wurden, eingetragen worden, und zwar für das bestbearbeitbare Metall (Werkstoff Nr. 5, s. Anhang, Tab. A/2) und das schlechtestbearbeitbare, Werkstoff Nr. 8.

Wie aus Abb. B/84 ersichtlich ist, steigen die Geraden bei hochwarmfesten Stoffen ebenfalls steil an, wie die der Felder a)—c).

Die folgenden Werte ergeben sich:

1. Werkstoff Nr. 5. Steigungswinkel 85°, daher[2] Steigungsfaktor $Z = \cot 85° = 0{,}088$ (aus den Versuchen der Tab. B/24, Spalte 5, folgte ein Steigungsfaktor von 0,082 für VCN 35!).

Die Gleichung für den Standweg ist somit

$$v\,L^{0{,}088} = C_L.$$

Der Zahlenwert für C_L folgt aus ROHDES Versuchsdaten, nämlich für $v = 13{,}5$ m/min, $L = 2000$ mm [Gl. (B/175)]

$$C_L = 13{,}5 \cdot 2000^{0{,}088} = 26{,}4.$$

Der Standzeitexponent y_0 [Gl. (B/177)] ist:

$$y_0 = \frac{Z}{1+Z} = \frac{0{,}088}{1{,}088} = 0{,}081.$$

Die Zeitkonstante C_T [Gl. (B/179)] für $D = 12$ mm Dmr., $s = 0{,}20$ mm/U Vorschub und mit $\dfrac{1}{1+Z} = 0{,}92$ ergibt sich zu:

$$C_T = 26{,}4^{0{,}92}\left(\frac{12\,\pi}{1000 \cdot 0{,}2}\right)^{0{,}081} = 17{,}5.$$

---

[1] ROHDE, H.: Zerspanbarkeit hochwarmfester und nichtrostender Werkstoffe beim Drehen, Bohren und Gewindeschneiden. Ind.-Anz. 1958, Nr. 71, S. 1079 (221)—1090 (232).
[2] Vgl. Tab. A/8, Anhang, Seite 336.

Die Standzeitgleichung ist somit:

$$v\, T_L^{0,081} = 17,5.$$

Für 60 min Standzeit:

$$v_{60} = \frac{17,5}{60^{0,081}} = 12,5 \text{ m/min}.$$

Die Standzeit ändert sich beim Bohren des Werkstoffes Nr. 5 mit der $1/0,081 =$ etwa 12,3. Potenz der Schnittgeschwindigkeit; die Standzeit ist daher außerordentlich empfindlich gegenüber Schnittgeschwindigkeitsschwankungen, wie sie z. B. bei Schwingungen vorkommen. Eine 10%ige Schwankung der Schnittgeschwindigkeit zieht eine $1,1^{12,3} = 3,4$ $= 240$%ige Änderung der Standzeit nach sich; das ist eine hohe Empfindlichkeit und für den praktischen Betrieb unerwünscht.

2. *Werkstoff Nr. 8.* Aus dem Steigungswinkel $\alpha = 82^1/_2°$ folgt der Steigungsfaktor $Z = \cot 82^1/_2° = 0,132$. Die Standweggleichung ergibt sich zu:

$$v\, L^{0,132} = 19,15.$$

Die Stand*zeit*gleichung kann in gleicher Weise wie bei Werkstoff Nr. 5 für $D = 12$ mm Dmr. und $s = 0,20$ mm/U Vorschub abgeleitet werden. Sie lautet

$$v\, T_L^{0,116} = 11,1.$$

Für 60 min Standzeit wird

$$v_{60} = \frac{11,1}{60^{0,116}} = 6,95 \text{ m/min}.$$

Die Standzeit ändert sich für diesen Werkstoff mit der $1/0,116 = 8,65$. Potenz der Schnittgeschwindigkeit. Bei 10%iger Änderung der Schnittgeschwindigkeit ändert sich die Standzeit um $1,1^{8,65} =$ etwa $2,3 = 130$%. Werkstoff Nr. 8 ist also nur etwa halb so empfindlich gegenüber Schnittgeschwindigkeitsschwankungen wie Werkstoff Nr. 5.

In Tab. B/24 war VCN 35 das schlechtestbearbeitbare Metall (nach der v_{60}-Schnittgeschwindigkeit beurteilt). v_{60} ergab sich zu 31,9 m/min für $s = 0,2$ Vorschub war. Demgegenüber erfordert der schlechtest bearbeitbare hochwarmfeste Werkstoff (Nr. 8) mit $v_{60} = 6,95$ etwa 78% Verringerung der Schnittgeschwindigkeit! Viel Forschungsarbeit ist nötig, um diese Produktionsverringerung wettzumachen.

Aus Spalte 14 der Tab. B/24 erkennt man ferner, daß der Spanquerschnitt je Hauptschneide bei einem Vorschub von 0,2 mm/U und einem Bohrerdurchmesser von 22 mm sich gemäß Gl. (B/69) zu $F_e = 1,1$ mm² ergibt. Er liegt also sehr nahe dem Spanquerschnitt von 1,0 mm², der dem einfachen Schnittgeschwindigkeitsgesetz beim Drehen als C_v-Wert zugrunde liegt.

Aus den in Tab. B/24 aufgeführten Werten können v_{60}-Schnittgeschwindigkeiten nur für 2 Spanquerschnitte ($F_e = 1,1$ und $1,65\,\mathrm{mm}^2$) ausgewertet werden, da entsprechende Unterlagen nur für 2 Vorschübe vorliegen. Mit dieser Einschränkung lassen sich auch die Gesetze für die F-v-Beziehung, dem Drehen entsprechend, ableiten, d. h. Gleichungen für die Schnittgeschwindigkeit in Abhängigkeit vom Spanquerschnitt (Abb. B/86) aufstellen.

Ähnliche Steigungsfaktoren folgen auch aus den Untersuchungen von POLZIN[1] auf Vergütungsstahl C 45. Bei Untersuchung des Einflusses verschiedener Schneidöle ergaben sich gerade Linien für die $T_L - v$-Beziehung im doppellogarithmischen Netz. Die Steigungsfaktoren liegen zwischen 0,123 und 0,176 je nach dem Schneidöl.

Die Abhängigkeiten zwischen v_{60} und F_e, die aus Abb. B/86

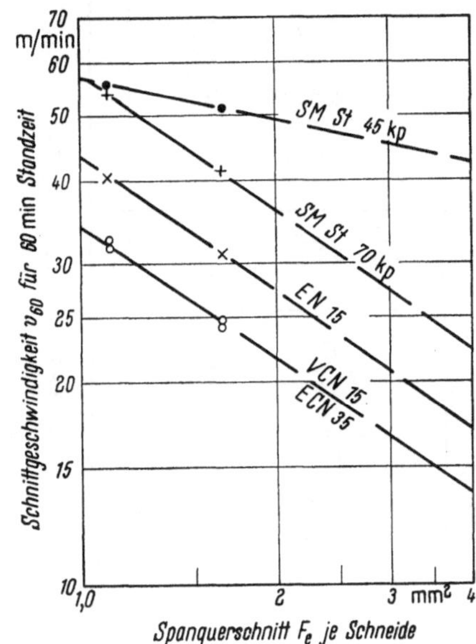

Abb. B/86. Abhängigkeit der Schnittgeschwindigkeit vom Spanquerschnitt nach Bohrversuchen auf Stahl gemäß Tab. B/24

abgeleitet werden können, ergeben folgende Formeln:

$$
\left.
\begin{aligned}
\text{Für} \qquad \text{SMSt}\,45\,\text{kp/mm}^2 \qquad & v_{60} = \frac{57}{F_e^{0,21}} \\[2mm]
\text{für} \qquad \text{SM}\,70\,\text{kp/mm}^2 \qquad & v_{60} = \frac{57}{F_e^{0,675}} \\[2mm]
\text{für} \qquad \text{EN}\,15 \qquad & v_{60} = \frac{43}{F_e^{0,675}} \\[2mm]
\text{für} \qquad \text{VCN}\,15,\ \text{ECN}\,35 \qquad & v_{60} = \frac{34}{F_e^{0,675}}
\end{aligned}
\right\} . \quad (\text{B}/182\,\text{a–d})
$$

Diese Gleichungen sind jedoch durch Extrapolation aus nur 2 Werten erhalten und daher nicht genügend zuverlässig. Leider liegen sonst keine ausführlichen Standzeitversuche für Stahl vor, aus denen sich Vergleiche ableiten ließen. Vergleicht man die Exponenten der Gleichung (B/182 a—d) mit denen für Drehen (Bd. I, Seite 398, Tab. 103), so zeigt nur SM-Stahl 45 kp mit dem Exponenten 0,21 eine einigermaßen

---

[1] POLZIN, G.: Der Einfluß von Molybdänsulfid auf den Standweg des Spiralbohrers. Werkst. u. Betr. 93 (1960) H. 11, S. 709ff.

Tabelle B/25. *Umrechnung von Standwegwerten aus Leyensetters Versuchen in Standzeitgleichungen*

Werkstoff	s = Vorschub (mm/U)	L = Standweg (mm)	v = Zugehörige Schnittgeschwindigkeit	Z = Exponent von L (errechnet)	L^Z	$C_L = v L^Z$ [gemäß (Gl. B/175)]	$y_0 = \dfrac{Z}{1+Z}$ Standzeit-Exponent [gemäß Gl. (B/177)]	$C_L^{\frac{1}{1+Z}}$ [gemäß Gl. (B/179)]	$\left(\dfrac{D\pi}{s\cdot 1000}\right)^{y_0}$[1] [gemäß (Gl. B/179)]	Für Bohren ermittelte Konstante C_T [gemäß Gl. (B/179)]	60[yo]	v_{60} = Schnittgeschwindigkeit für T_L = 60 min Standzeit [gemäß Gl. (B/179)]	$F_e = \dfrac{sD}{4}$ = Spanquerschnitt je Hauptschneide (mm²)
1	2	3	4	5	6	7	8	9	10	11	12	13	14
Normalisierter Sphäroguß, perlitisch (Firma B)	0,3	10000 100	21 30	0,078	2,05 1,43	43	0,0725	33	0,854	29,1	1,376	*21,1*	*0,94*
	0,1	10000 100	23 33	0,078	1,43	47,1	0,0725	37	0,93	34,5	1,376	*24,3*	*0,31*
CK 35 (Firma B)	0,1	4000 400	35 48	0,137	3,12 2,27	109,2	0,121	60	0,894	53,6	1,64	*32,7*	*0,31*
Geglühter Sphäroguß ferritisch, mit Gußhaut (Firma B)	0,1	1000 100	19,1 27,5	0,160	3,02 2,09	57,6	0,138	33	0,852	28,2	1,76	*16,0*	*0,31*
dito, ohne Gußhaut	0,3	10000 100	39 45	0,030	1,318 1,15	51,7	0,029	46	0,943	43,4	1,13	*37,2*	0,94
	0,1	10000 100	45 52	0,030	1,15	59,4	0,029	52,6	0,973	51,3	1,13	*45,4*	0,31

[1] Alle Werte beziehen sich auf Schnellstahlbohrer von 12 mm Dmr.

annehmbare Beziehung zum Drehen von Stahl (Exponent 0,28), während der Exponent 0,675 stark abweicht.

Versuche, die LEYENSETTER[1] mit Sphäroguß durchgeführt hat, lassen sich in gleicher Weise in Standzeitgleichungen umwerten, wie aus Tab. B/25, für normalisierten, perlitischen sowie für geglühten

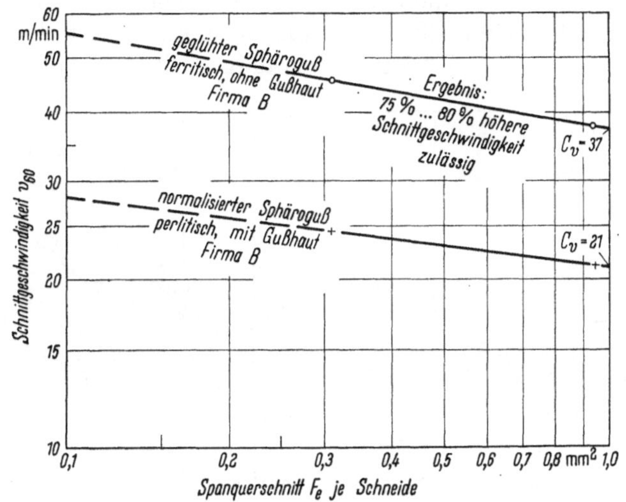

Abb. 87. Abhängigkeit der Schnittgeschwindigkeit vom Spanquerschnitt abgeleitet aus LEYEN-SETTERS Bohrversuchen auf Sphäroguß

ferritischen Sphäroguß mit und ohne Gußhaut hervorgeht. Zum Vergleich ist dort auch der Werkstoff CK 35 ausgewertet worden. Aus Spalte 8, Tab. B/25 geht hervor, daß der Standzeitexponent y_0 am kleinsten ist (d. h., daß die Standzeit sich sehr stark mit der Schnittgeschwindigkeit ändert!) für geglühten, ferritischen Sphäroguß ohne Gußhaut (nämlich $y_0 = 0,029$) und am größten für den gleichen Werkstoff mit Gußhaut ($y_0 = 0,138$).

Die F_e-v-Beziehungen aus diesen Versuchen sind in Spalten 13 und 14 der Tab. B/25 ermittelt und in Abb. B/87 graphisch dargestellt.

Die entsprechenden Gleichungen der Geraden lauten:

für geglühten Sphäroguß ferritisch, ohne Gußhaut:

$$v_{60} = \frac{37}{F_e^{0,17}}$$

für normalisierten Sphäroguß perlitisch, mit Gußhaut

$$v_{60} = \frac{21}{F_e^{0,13}}$$

(B/183a u. b)

Beim Drehen von Guß ist der Exponent des Spanquerschnittes 0,20 (Bd. I, Seite 398, Tab. 103); die Übereinstimmung mit dem Drehen ist

---

[1] LEYENSETTER, zit. Seite 289, dort Abb. 24 u. 25.

hier also besser als bei Stahl. Geglühter Sphäroguß ohne Gußhaut
kann mit etwa 75 ... 80% höherer Schnittgeschwindigkeit bearbeitet
werden, als normalisierter Sphäroguß mit Gußhaut.

γ) Richtwerte

Einige Richtwerte für die Schnittgeschwindigkeiten und Vorschübe
beim Bohren mit Hartmetallbohrern, wie sie in Firmenzeitschriften zu
finden sind, sind in Abb. B/88 graphisch dargestellt. Man erkennt, daß

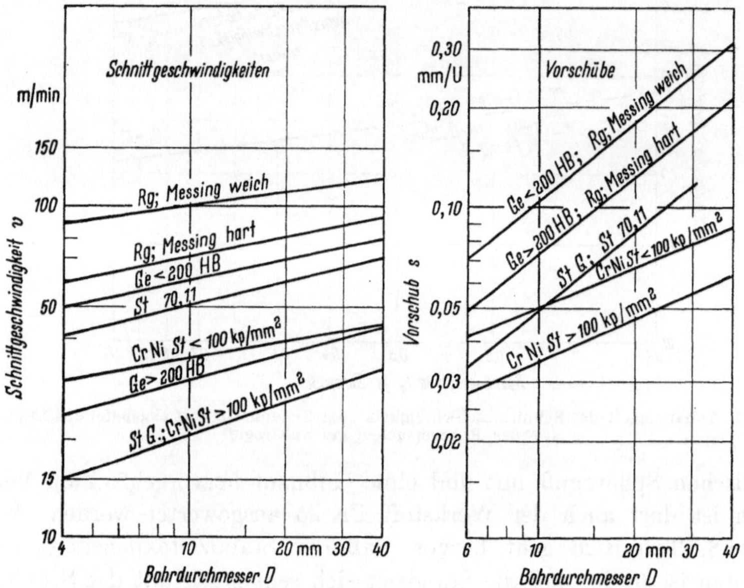

Abb. B/88. Abhängigkeit der Schnittgeschwindigkeit und des Vorschubs vom Bohrdurchmesser
bei Hartmetallbohrern (mittlere Richtwerte)

die zulässige Schnittgeschwindigkeit hiernach mit dem Bohrerdurchmesser langsam ansteigt, ebenso der zulässige Vorschub.

Ermittelt man aus diesen Unterlagen den Zusammenhang zwischen
Schnittgeschwindigkeit v und Spanquerschnitt (F_e) je Schneide, so
ergeben sich die in Tab. B/26 zusammengestellten Werte. Aus ihnen
geht hervor, daß die Schnittgeschwindigkeit mit ansteigendem Spanquerschnitt ansteigen würde, ein Ergebnis, das sich *nicht* mit den
mehr wissenschaftlich bestimmten, weiter oben abgeleiteten Erkennt-
nissen deckt. Es erscheint daher zweifelhaft, ob die aus diesen Richtwerten ermittelten Schnittgeschwindigkeiten für konstante Standzeit
gelten oder ob, wie man vermuten kann, die Standzeit mit steigendem
Spanquerschnitt bei den Richtwerten abnimmt und daher diese ungewöhnliche F_e-v-Beziehung erklärt.

Tabelle B/26. *Aus Richtwerten für Hartmetallbohrer ermittelte ungewöhnliche Abhängigkeit der Schnittgeschwindigkeit vom Spanquerschnitt*

Stahlguß		Stahl 75—100 kp/mm²		Cr-Ni-Stahl < 100 kp/mm²		Cr-Ni-Stahl > 100 kp/mm²		Gußeisen < 200 Br	
F_e mm²	v m/min	F_e mm²	v m/min	F_e mm²	v m/min	F_e mm²	v m/min	F_e mm²	v m/min
0,125	20	0,125	48	0,125	34	0,075	20	0,25	58
0,180	22	0,180	52	0,180	36	0,120	22	0,36	60
0,280	24	0,280	55	0,24	38	0,160	24	0,56	65
0,40	26	0,40	58	0,35	40	0,25	26	0,80	70
0,625	28	0,625	60	0,44	40	0,31	28	1,25	75
0,960	32	0,96	65	0,62	42	0,48	32	2,00	75
1,20	35	1,20	70	0,80	45	0,60	35	3,00	80

Aus Unterlagen, die von H. BERTHOLD, TH Dresden (Lehrstuhl Prof. A. RICHTER)[1], veröffentlicht wurden, läßt sich die in Abb. B/89 dargestellte Abhängigkeit der v_{L2000}-Schnittgeschwindigkeit und des

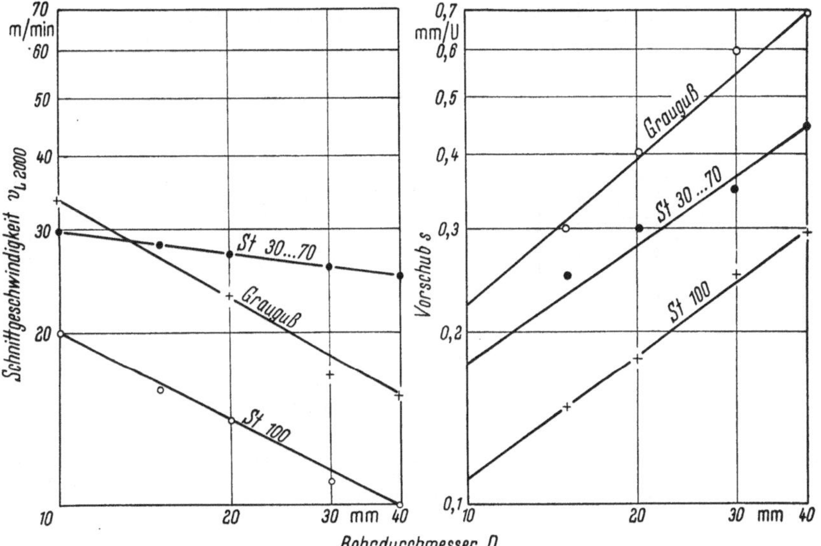

Abb. B/89. Schnittgeschwindigkeiten und Vorschübe in Abhängigkeit vom Bohrdurchmesser (ermittelt aus Versuchen von H. BERTHOLD)

Vorschubes vom Bohrdurchmesser für Schnellstahlbohrer ableiten. Im Gegensatz zu Abb. B/88 fällt die zulässige Schnittgeschwindigkeit hier mit steigendem Bohrdurchmesser, während der zulässige Vorschub gleichfalls steigt. Über den Anstieg des zulässigen Vorschubes mit dem Bohrdurchmesser werden im Abschnitt über den Umkehrpunkt des Vorschubes (Seite 310) nähere Untersuchungen angestellt.

---

[1] BERTHOLD, H.: Beiträge zum wirtschaftl. Zerspanen. Ref. 1, S. 14, TH Dresden

Läßt man die genauere Abhängigkeit vom Durchmesser außer Betracht, so erhält man Richtwerte, die als Anhalt für Bearbeitungsvergleiche dienen können (Abb. B/90). Aus ihnen lassen sich Mittelwerte für das minutliche Spanvolumen gemäß Gl. (B/67) ableiten:

$$\text{minutliches Spanvolumen} = \frac{D^2\,\pi}{4}\cdot\frac{s\,n}{1000}\ \text{cm}^3/\text{min} \qquad (B/67)$$

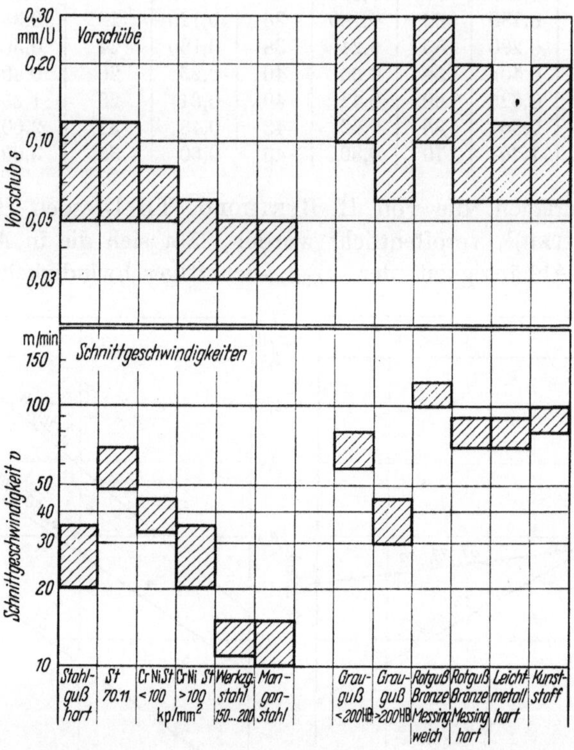

Abb. B/90. Europäische Richtwerte für Schnittgeschwindigkeit und Vorschub beim Bohren mit Hartmetallbohrern (die unteren Grenzwerte für Vorschub und Schnittgeschwindigkeit beziehen sich auf Bohrer von 10 mm Dmr., die oberen auf Bohrer von 40 mm Dmr.).

worin $s\cdot n$ der minutliche Vorschub, d. h. die minutliche Bohrtiefe ist. Ersetzt man die Bohrerdrehzahl n durch die Schnittgeschwindigkeit v am Außendurchmesser D

$$n = \frac{1000\,v}{D\,\pi}$$

so erhält man

$$\text{minutliches Spanvolumen} = \frac{D\,s}{4}\,v. \qquad (B/184)$$

Bezieht man die Schnittgeschwindigkeit auf den mittleren Bohrerdurchmesser $D_m = {}^{1}/_{2}D$, so ergibt sich

$$\text{minutliches Spanvolumen} = \frac{D^2\,\pi}{4}\,s\,\frac{v_m}{D_m\,\pi} = \frac{D\,s}{2}\,v_m. \qquad (B/185)$$

Tabelle B/27. *Richtwerte für mittlere minutliche Spanvolumina beim Bohren mit Hartmetall*

Ordnungszahl	Werkstoff	cm³/min	Verhältnis zu Manganstahl
1	Rotguß, Messing (weich)	140	46,5 : 1
2	Gußeisen < 200 HB	87,5	29,2 : 1
3	Kunststoff	72,5	24,2 : 1
4	Rotguß, Messing (hart)	65	21,7 : 1
5	Leichtmetall (hart)	45	15 : 1
6	St 70,11	32	10,7 : 1
7	Gußeisen > 200 HB	30,6	10,3 : 1
8	Cr-Ni-St < 100 kp/mm²	16,3	5,43 : 1
9	Stahlguß	14,6	4,88 : 1
10	Cr-Ni-St > 100 kp/mm²	7,75	2,58 : 1
11	Werkzeugstahl	3,25	1,08 : 1
12	Manganstahl	3,00	1 : 1

In Gl. (B/184) wird der Spanquerschnitt je Hauptschneide [Gl. (B/69)] mit der Außenschnittgeschwindigkeit, in Gl. (B/185) dagegen die Summe der beiden Spanquerschnitte mit der mittleren Schnittgeschwindigkeit multipliziert. Aus den europäischen Richtwerten (Abb. B/90) erhält man auf Grund der Gl. (B/184) eine „Treppe der Bearbeitbarkeit" für die Reihenfolge der Metalle, ausgedrückt in cm³/min Spanabtragung beim Bohren von 25 mm Dmr. mit Hartmetall. Tab. B/27 und Abb. B/91 enthalten Einzelheiten.

Amerikanische Richtwerte[1] für Schnittgeschwindigkeit und Vorschub beim Bohren *hochwarmfester* Metalle sind in Abb. B/92 in graphischer Form ausgewertet; sie beziehen sich nur auf Schnell-

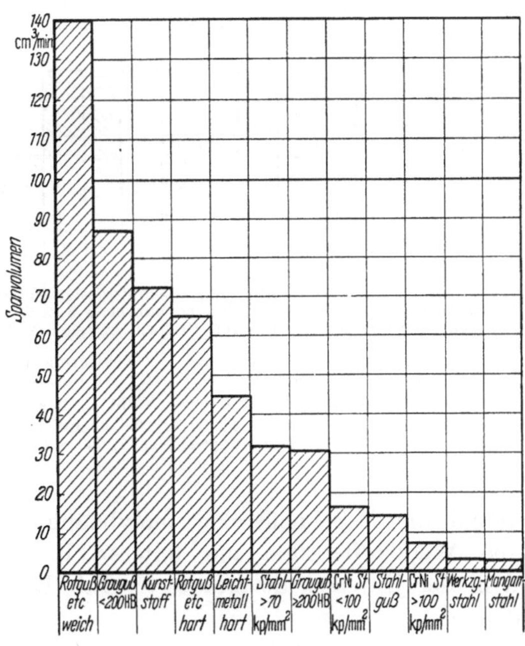

Abb. B/91
Die „Treppe der Bearbeitbarkeit" beim Bohren verschiedener Werkstoffe mit Hartmetallbohrern [ausgewertet in minutlichem Spanvolumen aus europäischen Richtwerten (Abb. B/90) für einen mittleren Bohrer von 25 mm Dmr. und zugeordnetem Vorschub und Schnittgeschwindigkeit]

[1] Zit. Bd. II, Seite 98.

stahlbohrer, da Hartmetallbohrer für hochwarmfeste Werkstoffe nicht empfohlen werden. Die Schnellstahlsorten nach U.S.-Normenbezeichnung[1] sind am Kopf der Abb. B/92 angegeben. Mit T bezeichnete Schnellstahlsorten sind wolframhaltig (T = Tungsten = Wolfram),

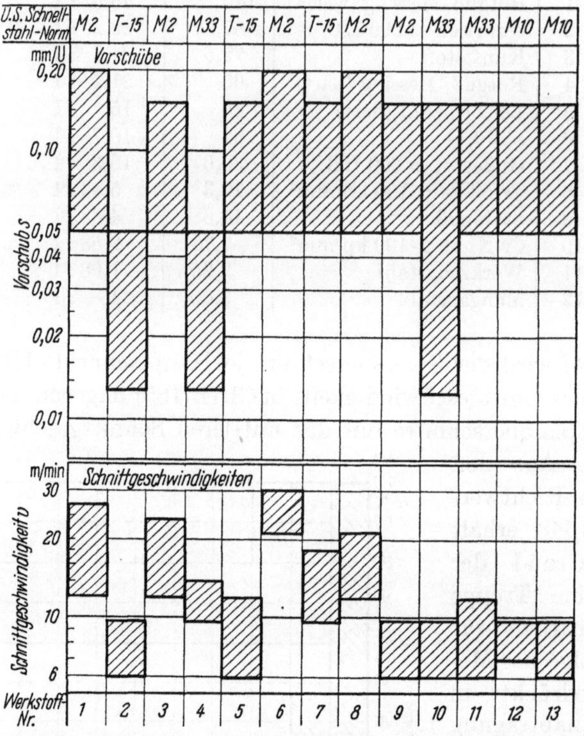

Abb. B/92. Amerikanische Richtwerte für Schnittgeschwindigkeit und Vorschub beim Bohren hochwarmfester Metalle (Schnellstahlbohrer von etwa 5 ... 20 mm Dmr.; Hartmetallbohrer werden nicht empfohlen). Die unteren Grenzen beziehen sich auf Bohrer von 10 mm Dmr.

Erläuterung der Werkstoffnummern: Nr. 1, 2 = niedriglegierter martensitischer Stahl 37 bzw. 52 R_c; Nr. 3, 4 = Gesenkstähle 37 bzw. 52 R_c; Nr. 5 = rostbeständiger austenitischer Stahl; Nr. 6, 7 = rostbeständiger martensitischer Stahl 37 bzw. 42 R_c; Nr. 8, 9 = rostbeständiger halbaustenitischer Stahl 320 bzw. 444 HB; Nr. 10 = hochnickelhaltige Legierungen; Nr. 11 = hochkobalthaltige Legierungen; Nr. 12, 13 = Titan 312 bzw. 365 HB

während die M-Schnellstähle molybdänhaltig sind. Die hochwarmfesten Werkstoffe sind am unteren Rand mit Zahlen bezeichnet und in der Unterschrift erläutert[2]. Tab. B/28 enthält weitere Einzelheiten.

---

[1] Amerikanische Schnellstahlnormen und chemische Zusammensetzung siehe Anhang, Seite 334, Tab. A/4.

[2] Amerikanische hochwarmfeste Werkstoffe siehe Anhang, Seite 330, Tab. A/1.

Das Ergebnis der Auswertung weiterer Unterlagen[1] für das Bohren hochwarmfester Metalle kann folgendermaßen zusammengefaßt werden: Das Standvolumen bis zum Wiederanschliff von Bohrern mit einem Spitzenwinkel von $\varepsilon = 118°$ beträgt 86 cm³ für SAE 4340 wenn die Rockwellhärte $R_c = 45$ ist und fällt auf 27,4 cm³ bei $R_c = 55$. „Thermold J" gestattet ein Standvolumen von 35,7 cm³, es fällt jedoch drastisch ab beim Bohren von „René" (2,8 cm³) und von Udimet 700 (3,2 cm³).

Tabelle B/28. *Richtwerte für minutliche Spanvolumina beim Bohren von hochwarmfesten Metallen (bezogen auf 20 mm Dmr.)*

| Ordnungszahl | Werkstoff | | Härte | cm³/min |
	Nr.	Benennung		
1	6	rostbeständiger martensitischer Stahl	$37\,R_c$	30
2	1	niedriglegierter martensitischer Stahl	$37\,R_c$	27,5
3	8	rostbeständiger halbaustenitischer Stahl	320 HB = $34\,R_c$	22
4	3	Gesenkstähle	$37\,R_c$	21,8
5	7	rostbeständiger martensitischer Stahl	$42\,R_c$	15,8
6	11	hochkobalthaltige Legierungen		10,5
7	5	rostbeständiger austenitischer Stahl		8,75
7	9	rostbeständiger halbaustenitischer Stahl	444 HB = $46\,R_c$	8,75
7	10	hochnickelhaltige Legierungen		8,75
7	12	Titanlegierungen	312 HB	8,75
7	13	Titanlegierungen	365 HB	8,75
8	4	Gesenkstähle	$52\,R_c$	3,0
9	2	niedriglegierter martensitischer Stahl	$52\,R_c$	2,5

Obgleich Richtwerte nur als Annäherungen zu betrachten sind, enthüllt Tab. B/28 einige interessante Tatsachen über die vergleichbare Zerspanbarkeit der hochwarmfesten Metalle, insofern sie durch das minutliche Spanvolumen gekennzeichnet werden kann. Folgende Schlüsse ergeben sich aus Tab. B/28:

1. Die Härte eines Werkstoffes ist die wichtigste Größe, die die minutliche Metallabtragung beim Bohren beeinflußt. Dieses Ergebnis stimmt mit dem für Drehen überein (vgl. Bd. I, Seiten 160—163), das sich sowohl praktisch als auch theoretisch aus der Dimensionsanalyse ergab (Bd. I, Seite 36). Für Fräsen gilt es auch (Bd. II, Seiten 87, 89, 94).

2. Obgleich die ersten 4 Metalle verschiedene Struktur haben, gestatten sie die größten minutlichen Spanvolumina (30 . . . 21,8 cm³/min) da sie die kleinste in Tab. B/28 vorkommende Härte ($37\,R_c$) aufweisen.

---

[1] Brezina, E., R. Johnson, R. Kennedy u. N. Marrotte: Drilling very high-strength and thermal resistant materials. ASTME-paper 258 presented at the Annual Meeting, Detroit/Mich., April 1960.

3. Die Ordnungszahlen der Spanvolumina (Tab. B/28, Spalte 1) gehen Hand in Hand mit der Härte, mit Ausnahme der Titanlegierungen. Die minutliche Spanvolumina fallen von 30 auf 2,5 cm³/min, während die Härte von 37 auf 52 R_c steigt.

4. Martensitische Stähle gestatten nur dann größere minutliche Spanabnahme als austenitische Stähle, wenn sie zugleich geringere Härte als letztere haben. Der niedriglegierte martensitische Stahl mit 52 R_c Härte (Ordnungszahl 9), gestattet das geringste minutliche Spanvolumen (2,5 cm³/min) während der gleiche Stahl mit 37 R_c-Härte fast das größte (27,5 cm³/min) ermöglicht (Ordnungszahl 2).

Für das Bohren von Uran liegen nur verhältnismäßig wenige Untersuchungen vor, aus denen zu schließen ist, daß die Schnittgeschwindigkeiten nicht kleiner als 25 m/min und nicht größer als 40 m/min sein sollen, um beste Ergebnisse zu erzielen. Kleinere Schnittgeschwindigkeiten ergeben schlechtere Standzeiten. Vorschübe sollen nicht unter 0,1 mm/U liegen und die Bohrer müssen so kurz wie möglich gehalten werden.

F. Ausnutzung von Bohrer und Bohrmaschine

a) Die zulässigen Belastungen und Vorschübe des Bohrers

Bei Anwendung der vorstehenden Ableitungen auf die Praxis ist zu beachten, daß die in Gl. (B/66) abgeleitete Beziehung für die Gesamtspannung σ_g im Bohrer keine Rücksicht nimmt auf Verdrehungsschwingungen, die beim Bohren auftreten können. Hier liegt ein noch weit offenes Forschungsgebiet vor, das zu wertvollen Ergebnissen führen dürfte.

Wie schon im Zusammenhang mit Tab. B/11 ausgeführt wurde, ist die Gebrauchsspannung im Bohrer nur 13,3 ... 20 % der Bruchspannung. Das könnte bedeuten, daß wir die Bohrer in der Praxis schlecht ausnutzen. Meines Erachtens jedoch ist der große Unterschied zwischen Bruchspannung und Gebrauchsspannung auf Schwingungen zurückzuführen, die noch nicht in den Gleichungen mangels genügender Forschung zum Ausdruck kommen.

Will man also die Erkenntnisse der Zerspanungsforschung für die Praxis nutzbar machen, so muß man die Gebrauchsspannung statt der Bruchspannung benutzen und kann dann gültige Schlüsse für Ausnutzung von Bohrer und Bohrmaschine ziehen. Die tatsächlichen Spannungen im Bohrer wachsen erheblich an, wenn der Bohrer nahe einem kritischen Resonanzfeld arbeitet und verursachen Bohrerbruch, obgleich die Rechnungen solchen nicht andeuten würden.

Aus Tab. B/11 und B/13 ist außerdem ersichtlich, daß die Spannungen in kleinen Bohrern größer sind als in großen Bohrern, d. h., daß durch die üblichen Vorschübe die kleinen Bohrer je Flächeneinheit stärker belastet werden als die großen. Kleine Bohrer brechen in der Werkstatt auch häufiger als große. Die Bruchspannung sinkt (vgl. Tab. B/11) um fast 25% (von 227 auf 172 kp/mm²) bei Anwachsen des Bohrerdurchmessers von 10 mm auf 20 mm und ist gemäß Tab. B/13 148 kp/mm² bei einem Bohrer von $3^1/_2$ mm Dmr. und 111,5 kp/mm² bei einem solchen von 12 mm Dmr.

Die Ursache dieses anscheinend eigenartigen Zustandes liegt darin, daß bei größeren Durchmessern der zulässige Vorschub nicht mehr von der inneren Spannung abhängt, sondern daß die Aufbäumung der Maschine berücksichtigt werden muß. Die bei größeren Durchmessern erforderliche Verringerung des Vorschubes kann nicht ohne Berücksichtigung der Maschine erfolgen, obgleich dies in Taschenbüchern oft noch nicht berücksichtigt wird.

So ist z. B. die Angabe, daß man 60 mm Dmr. mit 0,48 mm/U Vorschub bohren kann, unzureichend. Auf einer entsprechend starr gebauten Bohrmaschine könnte man im Hinblick auf die Kräfte in Bohrer und Maschine höheren Vorschub zulassen, auf einer schwächeren nicht einmal diesen. Die Abhängigkeit des nach den Kräften oder Spannungen zulässigen Vorschubes (und nur dieser wird hier augenblicklich betrachtet) ist näher zu erörtern.

Bohrerstarrheit und Aufbäumung der Maschine sollen zunächst getrennt behandelt werden. Um die Verhältnisse besser übersehen zu können, sei im folgenden gleiche Spannung für die Bohrer zugrunde gelegt und untersucht, unter welchen Bedingungen die Maschinenstarrheit bei größeren Bohrern eine ihr entsprechende Herabsetzung der spezifischen Belastung der Bohrer erzwingt.

Geht man davon aus, daß die Verdrehungsfestigkeit von gut gehärtetem Schnellstahl etwa 200 kp/mm² ist, wie dies aus Festigkeit[1] und Brinellhärte folgt[2] und berücksichtigt man die Werte der Tab. B/11 für die Gebrauchsspannung, die als Mittelwert 25 kp/mm² ergibt, so folgt ein Sicherheitsfaktor von Acht, den die Praxis — vermutlich infolge der erwähnten Verdrehungsschwingungen — als notwendig erachtet.

Gl. (B/66) für die Gesamtspannung bei Bearbeitung von Stahl lautete:

$$\sigma_g = \frac{4{,}55\,M_d}{r^3} = \frac{36{,}4\,M_d}{D^3}\,. \tag{B/66}$$

(s. Seite 230)

---

[1] OERTEL u. GRÜTZNER: Die Schnelldrehstähle, Düsseldorf: Verlag Stahleisen 1931, Abb. 48.

[2] Werkstoffhandbuch Stahl und Eisen, Abschn. P 21, S. 3, Abb. 3.

Das Bohrmoment M_d folgt aus Gl. (B/148):

$$M_d = 0{,}25\, C_{k_s}\, D^{1,82}\, s^{0,78}. \qquad\qquad \text{(B/148)}$$

(s. Seite 267)

Setzt man Gl. (B/148) in Gl. (B/66) ein, so ergibt sich:

$$\sigma_g = \frac{9{,}1\, C_{k_s}\, s^{0,78}}{D^{1,18}}$$

und bei Auflösung nach dem für die Bohrerstarrheit zulässigen Vorschub

$$s_B = \left(\frac{\sigma_g\, D^{1,18}}{9{,}1\, C_{k_s}}\right)^{1,285}.$$

Setzt man $\sigma_g = 25$ kp/mm², so erhält man:

$$\boxed{\; s_B = \frac{3{,}64\, D^{1,52}}{C_{k_s}^{1,285}}\; (\text{mm/U}) \;} \qquad\qquad \text{(B/186)}$$

(Infolge Verdrehungsfestigkeit des Bohrers zulässiger Vorschub beim Bohren von Stahl.)

In entsprechender Weise folgt für Bohren von Gußeisen aus Gln. (B/66) und (B/155), Seite 270:

$$\boxed{\; s_B = \frac{4{,}57\, D^{1,64}}{C_{k_s}^{1,39}}\; (\text{mm/U}) \;} \qquad\qquad \text{(B/187)}$$

(Infolge Verdrehungsfestigkeit des Bohrers zulässiger Vorschub beim Bohren von Gußeisen.)

Nach den Gln. (B/186) und (B/187) steigt der infolge Verdrehungsfestigkeit des Bohrers zulässige Vorschub mit der 1,52. Potenz bzw. 1,64. Potenz des Bohrerdurchmessers beim Bohren von Stahl bzw. Gußeisen an. Diesem Ansteigen wird bei Bohrern mit großem Durchmesser durch die Aufbäumung der Maschine eine Grenze gesetzt, die nunmehr in den Kreis der Betrachtungen einzubeziehen ist.

b) Die Bohrmaschine

α) Der Umkehrpunkt des Vorschubes

Die Vorschubkraft versucht beim Bohren den Ausleger einer Radialbohrmaschine nach oben oder bei einer Säulenbohrmaschine das Gestell nach hinten auszubiegen (Abb. B/93). Je kräftiger der Ausleger und je sorgfältiger er geführt ist, desto größer kann die Vorschubkraft P_v sein. Als zahlenmäßiger Anhalt kann die größte zulässige Aufbäumung nach dem „Prüfbuch SCHLESINGER" mit 1,5 mm auf 1000 mm dienen.

Den für die Bohrmaschine zulässigen höchsten Vorschub s_M kann man bei festgelegter Aufbäumung berechnen. Für SM-Stahl gilt z. B.

$$s_M = \frac{P_v^{1,285}}{0,5 C_{k_s}^{1,285} D}. \qquad (B/188)$$

Während Gln. (B/186 und B/187) die Verdrehungsfestigkeit des Bohrers berücksichtigen, zieht Gl. (B/188) die Aufbäumung der Maschine in Betracht. Man kann also auch beim Bohren von einer Werkzeug- und einer Maschinenlinie sprechen[1], wenn man die Gln. (B/186) und (B/188) in ein doppellogarithmisches Netz einzeichnet (Abb. B/94). In der ersten Gl. (B/186) steht der Bohrdurchmesser im Zähler, in der zweiten Gl. (B/188) dagegen im Nenner, d. h., *der zulässige Vorschub steigt mit steigendem Bohrdurchmesser, bis er auf einem je nach Maschine verschiedenen Höchstwert angelangt ist, von diesem ab, fällt der zulässige Vorschub mit steigendem Bohrdurchmesser!* Die Abb. B/94 veranschaulicht dies noch deutlicher. Der aus der Festigkeit des Bohrers zulässige Vorschub s_B ist durch die *aufsteigende*, der aus der Aufbäumung der

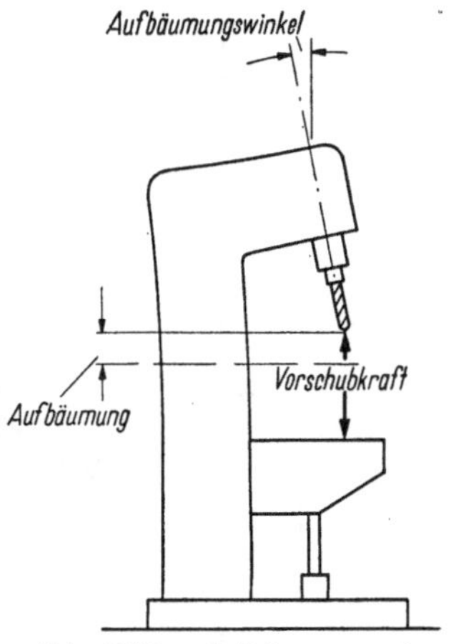

Abb. B/93. Aufbäumung einer Ständerbohrmaschine

Maschine folgende durch die absteigende Linie s_M dargestellt. Beide Geraden schneiden sich in einem Punkt U, der somit der *Umkehrpunkt* für den zulässigen Vorschub ist.

Je nach Starrheit der Bohrmaschine liegt der Umkehrpunkt U auf der Geraden s_B höher (bei stärkeren Maschinen) oder tiefer (bei schwächeren Maschinen). Der Umkehrpunkt ist m. W. nicht klar erkannt worden und vielen Praktikern fremd. Der Einfluß des Umkehrpunktes auf das Auftreten von Rattern und Schwingungen bedarf noch der Aufklärung.

In Abb. B/94 sind die im „Prüfbuch“ und in der „Hütte“ angegebenen Vorschübe eingezeichnet worden[2, 3]. Man erkennt, daß sie bis 16 mm Bohrerdurchmesser größer sind als die der s_B-Linie. Bei den größeren Bohrern ist es umgekehrt, d. h. die Richtvorschübe bleiben hinter der s_B-Linie zurück, wobei die aus der s_M-Linie folgende Verminderung der Vorschübe neben anderen Bedingungen (Standzeit des Bohrers, Sauberkeit des Loches usw.) ein allmähliches Abfallen der Richtvorschublinie bewirkt haben mag. Demgegenüber muß in den

---

[1] Vgl. Bd. I, Seite 320.
[2] SCHLESINGER, G., zit. Seite 282, dort S. 10.
[3] Hütte, 26. Aufl., Bd. II, S. 743, Tafel 13.

Fällen, in denen bis an die zulässige Belastung herangegangen werden
soll, der Vorschub bis zu dem der s_B-Linie entsprechenden vermindert
bzw. erhöht werden. Jedoch kann der Vorschub s_B bei einer gegebenen

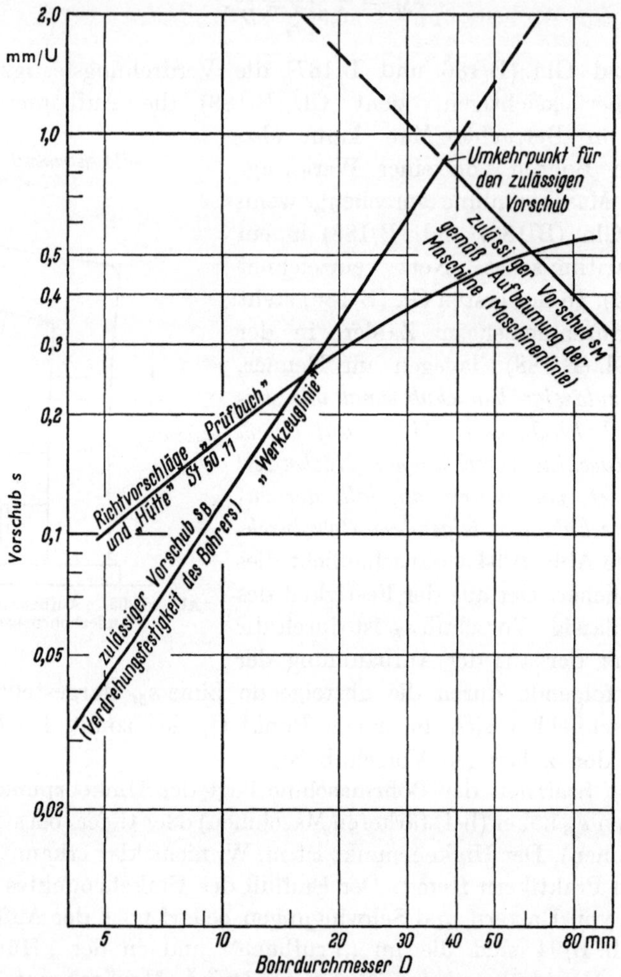

Abb. B/94. Entstehung des Umkehrpunktes für den zulässigen Vorschub beim Bohren

Maschine nicht unbegrenzt weitersteigen. Üblicherweise ist diese für
einen bestimmten größten Bohrdurchmesser entworfen, bei dem sie
eine festgelegte größte Vorschubkraft auszuhalten hat.

Das Maschinengestell wird so berechnet, daß bei dieser Kraft eine
Aufbäumung eintritt, die je nach der Art der Maschine (einfache Bohrmaschine bis Feinstbohrwerk) verschieden ist. Geht man nun aus irgend-
welchen Gründen über diesen angenommenen Höchstdurchmesser hinaus,
so kann man die dann zulässigen Vorschübe nicht mehr nach der Bohrer-

festigkeit wählen, sondern muß sich an die Linie s_M halten, deren Lage durch die Bauart der Maschine und die zulässige Aufbäumung bedingt ist. Die s_M-Linie in Abb. B/94 gilt für eine nach dem Prüfbuch zulässige Aufbäumung bei einer Kraft von 2400 kp. Bei einer Maschine, die diesen Werten entspricht, darf man sich also z. B. bei Bohrdurchmessern über 60 mm nicht an allgemeine Richtwerte wie die Vorschubwerte der Kurve halten, sondern muß auf oder unter der s_M-Linie bleiben.

Die Beurteilung einer Maschine nach dem größten Bohrdurchmesser ist nicht einwandfrei. Man wählt wohl zum Entwurf der Maschine einen größten Durchmesser, kann ihn aber überschreiten, wenn man den Vorschub mindestens entsprechend der s_M-Linie kleiner wählt. Die Kennzeichnung einer Bohrmaschine müßte also zweckmäßigerweise lauten: Bohrmaschine für x mm größten Bohrdurchmesser bei y mm größtem Vorschub (Umkehrpunkt) in einem bestimmten Werkstoff.

β) Leistung

Das Leistungsschaubild Abb. B/95 enthält die Beziehungen zwischen den zulässigen Vorschüben des Bohrers und der Maschine unter Ein-

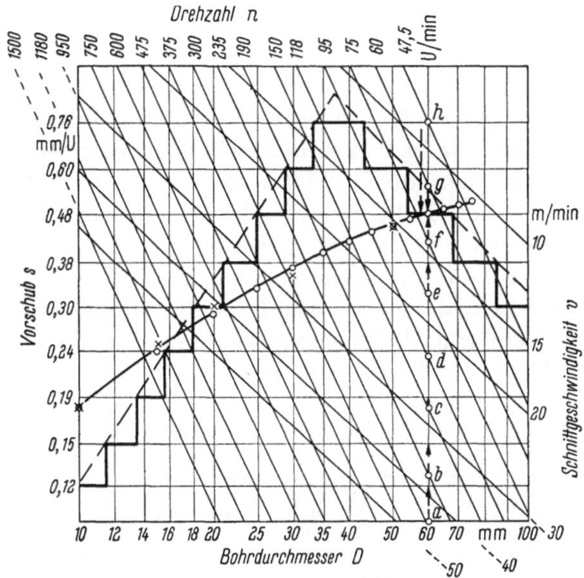

Abb. B/95. Leistungsschaubild einer Bohrmaschine

beziehung ihrer Antriebsleistung, der Drehzahlen, der Schnittgeschwindigkeiten und der daraus folgenden Bohrzeiten für St. 50,11. Es entsteht aus Abb. B/94 durch Überlagerung mit dem einer bestimmten Maschinenleistung entsprechenden Vorschub-, Drehzahl- und Schnittgeschwindigkeitsnetz und berücksichtigt damit auch die aus der Leistung der Maschine, den Drehzahlen usw. her zulässigen Vorschübe.

Die auf- und absteigende Vorschublinie (Abb. B/94) löst sich bei einer Maschine mit Stufengetriebe entsprechend dem Sprung der vorhandenen Vorschübe in eine auf- und absteigende Treppe auf. Unterhalb der Treppe ist das Ausnutzungsgebiet der Maschine. Oberhalb der Treppe kann die Maschine nicht mehr ausgenutzt werden, weil größere Vorschübe, als sie der Grenztreppe entsprechen, nicht benutzt werden können. Die Wahl des Vorschubes, der Schnittgeschwindigkeit und der Drehzahl steht bei Benutzung des Schaubildes insofern frei, als man eine ganze Reihe verschiedener Vorschübe und Geschwindigkeiten berücksichtigen kann, so daß den Forderungen an Werkstoff und Standzeit des Bohrers sowie an die Sauberkeit des Loches entsprochen werden kann. Die Leistung kann mit Hilfe der oben abgeleiteten Gesetze für das Bohrmoment berechnet werden (s. Seiten 237, 269 ff.).

Beispiel. Die Benutzung des Leistungsschaubildes (Abb. B/95) soll an einem Beispiel erläutert werden. Gegeben ist der Bohrerdurchmesser 60 mm. Zu suchen sind die den verschiedenen Drehzahlen zugehörigen Vorschübe, wie sie die Aufbäumung und Leistung der Maschine und die Festigkeit und Schnittgeschwindigkeit des Bohrers gestatten. Man findet sie, wenn man auf der Linie für 60 mm Dmr. senkrecht nach oben geht. Bei Punkt a trifft man auf die erste Drehzahllinie, die steil nach links oben geht, nämlich $n = 235$ U/min. Der nächstgelegene Vorschub zum Punkt a ist 0,12 mm/U, wie der kleine senkrechte Pfeil bei a anzeigt. Geht man auf $D = 60$ weiter nach oben, so kommt man zur nächsten Drehzahl 190 U/min (Punkt b) und dem nächstliegenden Vorschub 0,15 mm/U. Die Schnittgeschwindigkeit kann an den zugehörigen, unter rd. 45° nach links oben verlaufenden, Linien abgelesen werden. Für Punkt a ist sie etwa 44 m/min, für Punkt b etwa 36 m/min. So entsteht auf einfache Weise eine Auswahl der vorhandenen Möglichkeiten (Tab. B/29). Geht man auf der Linie $D = 60$ mm nach oben,

Tabelle B/29. *Aus dem Leistungsschaubild Abb. B/95 entnommene Werte für einen Bohrer von 60 mm Dmr.*

Punkt	Drehzahl n (U/min)	Nächstliegender Vorschub s s (mm/U)	Schnittgeschwindigkeit v (m/min)	Minutliche Bohrtiefe $n \cdot s$ (mm/min)
a	235	0,12	44	28,3
b	190	0,15	36	28,5
c	150	0,19	28,4	28,5
d	118	0,24	22	28,3
e	95	0,38	18	36
f	75	0,48	14	36
g	60	0,48 (Höchstwert)	11,3	28,8
h	47,5	0,48	9	22,8

dann vermindert sich die Drehzahl und die Schnittgeschwindigkeit, während die Vorschübe größer werden. Bei $s = 0,48$ mm/U ist die Grenze für die Vorschübe bei diesem Durchmesser und Werkstoff erreicht, darüber hinaus wird die Aufbäumung der Maschine zu groß. Bei Punkt g ($n = 60$ U/min) darf nicht mehr der nächst höher liegende Vorschub (0,6 mm/U) genommen werden, sondern nur noch 0,48 mm/U. Bei Punkt f kann $n = 75$ U/min und $s = 0,48$ mm/U genommen werden, was natürlich günstiger ist als $n = 60$ U/min und $s = 0,48$ mm/U bei Punkt g.

Wie aus Tab. B/29 hervorgeht, sind die Punkte e und f des Schaubildes Abb. B/95 gleich günstig, da bei ihnen die gleiche und größte Bohrtiefe von 36 mm/min erreicht wird. Bei a bis d und bei g ist die Bohrtiefe nach 1 min rund 21% kleiner, bei h sogar 31%. Man wird also im allgemeinen am günstigsten mit e oder f arbeiten und von diesen beiden den Fall e deswegen vorziehen, weil die gleiche Bohrtiefe mit dem kleineren Vorschub, also der geringeren Belastung für Maschine und Bohrer, erreicht wird. Die geringere Belastung ist vorzuziehen, da sie die Lebensdauer der Maschine erhöht und Instandsetzungen spart, ohne daß die Schnittgeschwindigkeit zu hoch und die Standzeit zu gering wird.

Das Leistungsschaubild Abb. B/95 gibt aber noch weitere Aufschlüsse. Man kann aus ihm erkennen, ob die Antriebsleistung der Maschine über- oder unterschritten wird, und zwar an der Entfernung des jeweiligen Punktes von der nächsten Vorschublinie, also an der Länge der kleinen eingezeichneten Pfeile. Die Leistung ist gerade erreicht, wenn der Punkt genau auf einer Vorschublinie liegt. Dies trifft bei dem gezeichneten Beispiel am besten für Punkt d zu, der nur einen geringen Abstand von der Linie für $s = 0,24$ mm/U hat. Bei $s = 0,23$ mm/U wäre die Leistung für Punkt d genau ausgenutzt. Bei a wäre der die Leistung voll ausnutzende „Sollvorschub" 0,1 mm/U, bei b 0,125 mm/U, bei c 0,18 mm/U, bei e 0,32 mm/U und bei f 0,42 mm/U. Bei g und h kann die Leistung wegen der zu groß werdenden Aufbäumung nicht voll ausgenutzt werden. Da aber, abgesehen von den Maschinen mit stufenlosem Vorschub oder mit Hubscheibe, nur bestimmte Vorschübe vorhanden sind, wurden in dem gezeichneten Beispiel die nächsten, über den „Sollvorschüben" liegenden, gewählt. Dies ist bei der geringen Überlastung, die der gewählte Stufensprung (1,26) ergibt, zulässig. Bei einer Maschine mit größerem Stufensprung kann die Überlastung jedoch so groß werden, daß man den nächst niederen Vorschub wählen muß. Bei stufenlosem Antrieb der Bohrspindel kann Überlastung immer vermieden werden.

Rechnet man die minutlichen Bohrtiefen für die „Sollvorschübe" nach, so findet man im Gegensatz zu Tab. B/29 keine gleich großen minutlichen Bohrtiefen für die Punkte a bis d und keinen Sprung bei e und f, vielmehr steigt die minutliche Bohrtiefe *stetig* von 23,5 mm/min beim Punkt a bis auf 31,5 mm/min beim Punkt f. Darüber hinaus wird sie wieder kleiner. Diese Betrachtung zeigt, daß die günstigste Bohrtiefe beim größten Vorschub erreicht wird, der dicht unterhalb oder auf der Treppe liegt. Im Hinblick auf die Lebensdauer der Maschine ist es jedoch oft günstiger, mit kleinerem Vorschub als mit dem größtzulässigen zu arbeiten. Man kann weder von der ausschließlichen Richtigkeit des sogenannten „Kraftgrundsatzes" noch von der des „Schnelligkeitsgrundsatzes" sprechen, wie sie im Schrifttum umstritten werden, sondern man soll die Gesichtspunkte zugrunde legen, die in zerspanungstechnischer und konstruktiver Hinsicht im einzelnen Falle das günstigste Ergebnis liefern. Man kann z. B. den Punkt d trotz der etwas geringeren minutlichen Bohrtiefe dann vorziehen, wenn die bei den anderen Punkten herrschende größere Überlastung des Motors vermieden werden soll. Unterschreitung der Motorleistung sollte man vermeiden, wo immer das möglich ist, weil nicht nur die Spanausbeute sinkt, sondern weil man dann auch mit einem wesentlich ungünstigeren Wirkungsgrad des Motors arbeitet.

Man muß im einzelnen Fall die verschiedenen Gesichtspunkte berücksichtigen, wie es das Leistungsschaubild gestattet; läßt man einen Gesichtspunkt fort, so kommt man nicht zu dem erstrebten Ziel, die Forscherarbeit und die Betriebserfahrungen für Entwurf, Fertigung und Ein- und Verkauf der Werkzeugmaschinen nutzbringend anzuwenden.

G. Tieflochbohren

a) Verfahren

Man spricht von „Tieflochbohren", wenn die Lochtiefe gleich oder größer ist als der 5 ... 10 fache Bohrdurchmesser. In solchen Fällen werden keine Spiralbohrer mehr benutzt, da die Spanabfuhr bei ihnen auf Schwierigkeiten stößt.

Schon seit ältesten Zeiten hat man für das Tieflochbohren, das früher besonders beim Ausbohren von Gewehrläufen und Kanonenrohren in Frage kam, Sonderbohrer benutzt, die bei kleineren Bohrdurchmessern ins Volle bohrten oder bei größeren einen Kern herausschälten. Das Kernbohren ist schon von den Mittelmeervölkern im Altertum besonders bei ärztlichen Operationen benutzt und in den letzten 10 ... 15 Jahren in verbesserter Form für die Industrie verwendbar gemacht worden.

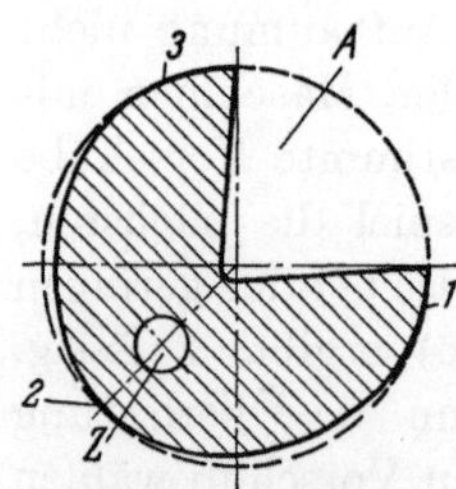

Abb. B/96. Querschnitt eines Gewehrlaufbohrers mit innerer Kühlmittelzufuhr und äußerem Spanabfluß

Z Kühlmittelzufuhr; A Abfluß von Spänen und Kühlmittel

Man unterscheidet demnach Tieflochbohren ins Volle und Kernbohren (trepanning), über das nur wenige wissenschaftliche Veröffent-

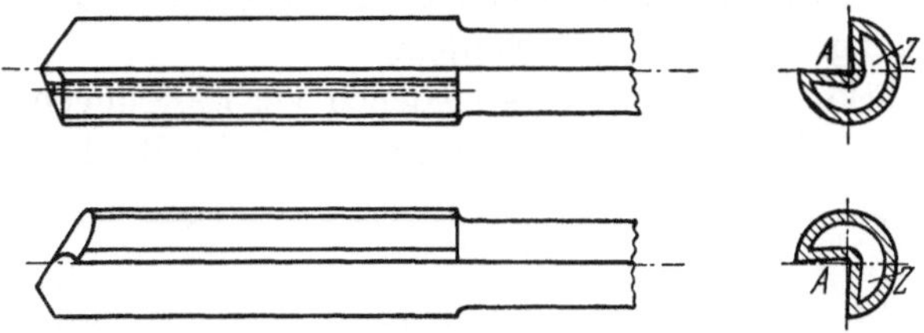

Abb. B/97. Gewehrlaufbohrer mit großem innerem Kühlmittelkanal und äußerem Spanabfluß
Z Kühlmittelzufuhr; A Abfluß von Spänen und Kühlmittel

lichungen vorliegen, so daß meist auf eigene Untersuchungen zurückgegriffen wird.

Die lang benutzte Werkzeugform für Tieflochbohren ins Volle (Gewehrlaufbohrer) ist in Abb. B/96 gezeigt. Der Bohrer wird gewöhnlich an drei, um etwa 120° auseinanderliegenden Punkten (1, 2, 3) geführt, wobei die Späne in dem etwa 90 … 120° großen Sektor durch das Kühlmittel abgeführt werden. Das Kühlmittel wird entweder durch eine Längsbohrung oder durch die Innenwandungen (Abb. B/97) zugeführt, die durch Walzen und Eindrücken der Außenwand von Rohren hergestellt werden.

Abb. B/98 gibt den Tiefbohrkopf nach BEISNER wieder, bei dem die Späne durch die Bohrstange hindurch unter dem Kühlmitteldruck ohne Berührung mit der erzeugten Bohrung abfließen.

Hierdurch wird eine Beschädigung der Bohrwand durch vorbeifließende Späne usw. unterbunden. Dieser Bohrkopf wird sowohl für Voll- als auch Kernbohren hergestellt, wie aus Abb. B/99 und B/100 zu erkennen ist. Das Kühl-

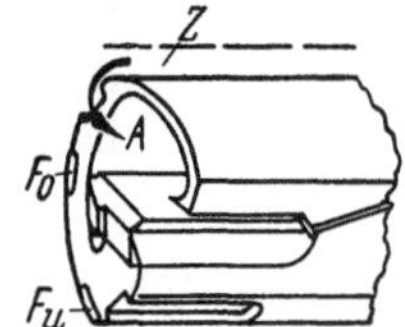

Abb. B/98. Tieflochbohrkopf mit äußerer Kühlmittelzufuhr und innerem Abfluß von Kühlmittel und Spänen

Z Kühlmittelzufuhr;
A Abfluß von Kühlmittel und Spänen;
F_0 obere, F_u untere Führungsleiste

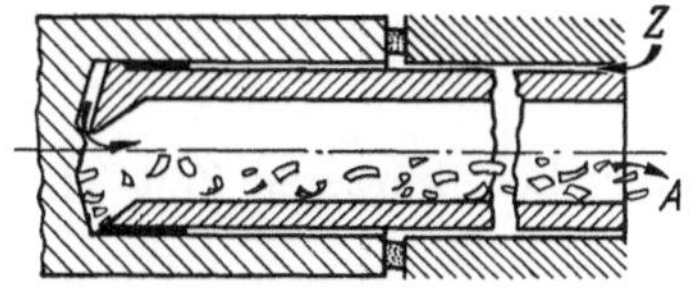

Abb. B/99. Längsschnitt durch Vollbohrkopf
Z und A wie in Abb. B/98

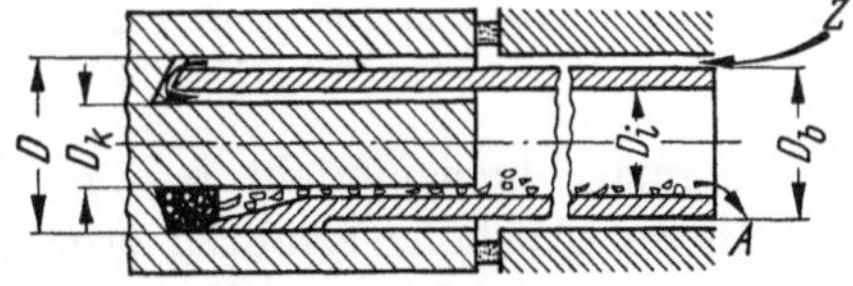

Abb. B/100. Längsschnitt durch Kernbohrkopf
Z und A wie in Abb. B/98; D Bohrdurchmesser;
D_b Außendurchmesser der Bohrstange; D_i Innendurchmesser der Bohrstange; D_k Kerndurchmesser

mittel tritt von außen in den Zwischenraum (Z) zwischen Bohrwand und Außenwand der Bohrstange ein, fließt unter Druck um die

Schneide herum in die Bohrung der Bohrstange und befördert dabei die Späne zum Ende der Bohrstange (A), wo sie in einen Behälter fallen, oder von Zeit zu Zeit in einem Sieb zur Beurteilung des Zerspanungsvorganges aufgefangen werden.

Dieser Bohrkopf wird mit verschiedenen Verbesserungen industriell viel verwendet, da er Tieflochbohrungen, wie z. B. Bohrungen in

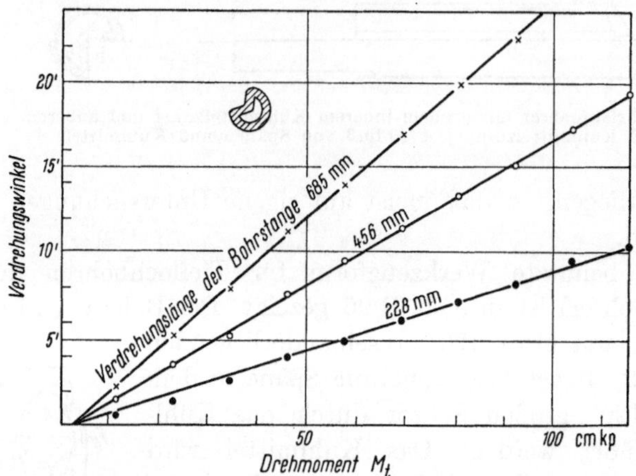

Abb. B/101. Verdrehungswinkel der Bohrstange eines Gewehrlaufbohrers für 25,4 mm Bohrung in Abhängigkeit vom Drehmoment (Versuchsergebnisse)

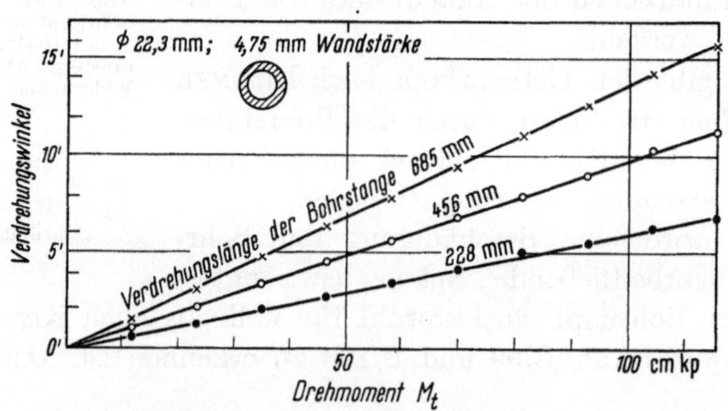

Abb. B/102. Verdrehungswinkel der rohrförmigen Bohrstange für 25,4 mm Bohrung in Abhängigkeit vom Drehmoment (Versuchsergebnisse)

Werkzeugmaschinenspindeln u. a. m. in wesentlich kürzerer Zeit als mit früheren Ausbohrverfahren ermöglicht.

Vergleichsversuche zur Feststellung der Verdrehungswinkel der Bohrstangen für den Gewehrlaufbohrer und für den BEISNER-Bohrkopf zeigten (Abb. B/101 und B/102), daß sich der Gewehrlaufbohrer unter sonst gleichen Bedingungen, nur zwischen 50% und 75% mehr verwindet als die rohrförmige Bohrstange, wobei zu berücksichtigen ist, daß die rohrförmige Bohrstange kleineren Außendurchmesser als die

Bohrung haben muß, um einen Ringkanal für das einströmende Kühlmittel zu schaffen.

Da die Zerspanungsleistungen mit der rohrförmigen Bohrstange u. U. mehr als 50% größer sind als mit dem Gewehrlaufbohrer, ist zu schließen, daß die verminderte Verdrehung der Bohrstange nur in kleinerem Ausmaß zur Erhöhung des minutlichen Spanvolumens beiträgt.

b) Zerspanung mit Vollbohrkopf

Abb. B/103a und B/103b stellen — in vergrößertem Maßstab — die treppenförmige, d. h. unterteilte Hauptschneide eines Bohrkopfes dar,

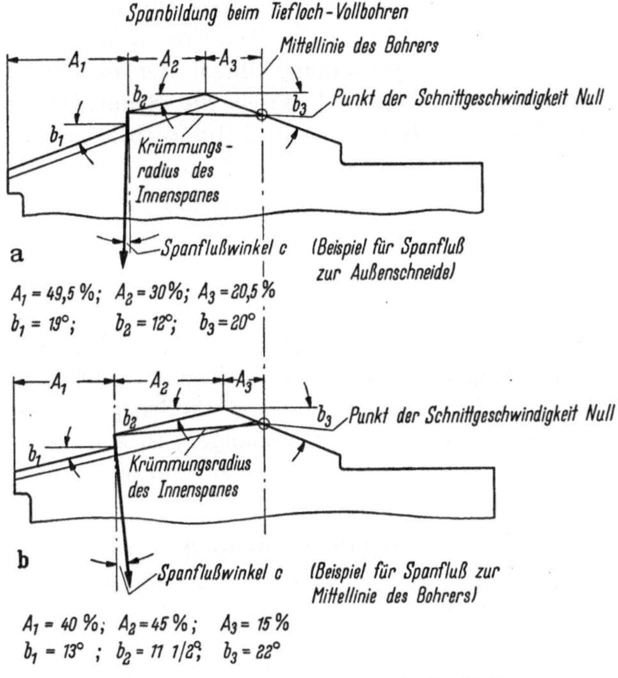

Abb. B/103a u. b. Spanfluß beim Tieflochvollbohren

wobei A_1, A_2 und A_3 die senkrecht zur Bohrermittellinie gemessene Länge der 3 Schneiden in Prozent des Radius und $b_1 \ldots b_3$ die zugehörigen Winkel bezeichnen.

Verschiedene Schneidenlängen und Winkel sind in Abb. B/103a und B/103b angenommen, um den Einfluß der Schneidengeometrie auf den Spanablauf zu untersuchen. Die Spitze des Bohrers (Abstand A_3) liegt nicht auf der Mittellinie (wie beim Spiralbohrer) und hat daher eine von Null verschiedene Schnittgeschwindigkeit. Jedoch entsteht auch hier — beim Vollbohrer — ein Punkt, an dem die Schnittgeschwindig-

keit Null wird; dieser Punkt liegt auf der Mittellinie des Bohrers und
ist der innere Endpunkt der Hauptschneide. Der äußere Endpunkt
mit der größten Schnittgeschwindigkeit liegt natürlich auf dem Außendurchmesser des Bohrers.

Der innere Endpunkt ist von besonderem Interesse, weil der von
der Schneide A_3 erzeugte Span sich um diesen Punkt windet und
erst dann vom Werkstück abgelöst wird, wenn der Span sich so stark —
wie eine dreidimensionale Uhrfeder — aufgewunden hat, daß er abreißt.
In vielen Fällen entstehen nur 2 Späne, nämlich der von der Schneide A_1
gebildete Außenspan und der von den Schneiden A_2 und A_3 gebildete
Innenspan, der sich nicht in 2 Teile aufspaltet, sondern zusammen-
hängend bleibt. Der Krümmungsradius des Innenspanes ist die Verbindungslinie des Außenpunktes der Schneide A_2 mit dem Endpunkt
der Schneide A_3. Diese Spanbildung ähnelt der in Abb. B/2 für den
Spiralbohrer gezeigten und wird durch die Schneidengeometrie beeinflußt. Aus der Geometrie der Abb. B/103a—b kann die Größe des
Spanflußwinkels (c) bestimmt werden:

$$\tan c = \frac{A_2 \tan b_2 - A_3 \tan b_3}{A_2 + A_3}. \tag{B/189}$$

A_2 und A_3 können in Prozentzahlen eingesetzt werden, da der Bohrer-
radius sich heraushebt. Ist $A_2 \tan b_2 > A_3 \tan b_3$, so fließt der Span
zur Mittellinie, im umgekehrten Fall zum Außenspan hin.

In manchen Fällen, besonders wenn sich zu lange Späne bilden,
ist ein Zusammenstoß von Innen- und Außenspan erwünscht. In
anderen Fällen, die vom Werkstoff abhängen, ist solch Zusammenstoß
zu verhindern, um Verkettung von Spänen und Verstopfen der Bohrstange zu vermeiden.

c) Kräfte am Bohrkopf

Die auf die Führungsleisten ausgeübten Kräfte lassen sich aus
den Gleichgewichtsbedingungen am Bohrkopf ermitteln, aus denen
folgende Schlüsse gezogen werden können, wobei der geringe Ver-
setzungswinkel der unteren Führungsleiste F_u (Abb. B/98) zur Vereinfachung vernachlässigt werden kann:

1. Gleichgewicht am Bohrkopf wird von der Stellung der Schneiden „über, auf oder unter Mitte" der Bohrerachse beeinflußt. Die Wirkung der Schneidenlage auf den Zerspanungsvorgang hängt vom Reibungskoeffizienten an den Führungsleisten und vom Bohrerdurchmesser
ab. Je kleiner diese beiden Größen sind, desto weniger Überhöhung ist
angebracht.

2. Starker Schneidkantenverschleiß, der eine wesentliche Veründe-
rung der Schneidenlage hervorruft, ist aus den unter 1. genannten
Gründen zu vermeiden.

3. Infolge des starken Einflusses des Reibungskoeffizienten auf das Gleichgewicht des Bohrers, ist sorgfältige Wahl des Kühlmittels und seiner die Zähigkeit beeinflussende Temperatur erforderlich. Aus diesem Grunde ist das Aufrechterhalten einer bestimmten Kühlmitteltemperatur anzustreben.

4. Die Lage des Angriffspunktes der Schnittkraftresultanten entlang der Schneide beeinflußt die Größe der Auflagerkräfte an den Führungsleisten; je weiter er von der Bohrerachse entfernt liegt, desto geringer wird die Belastung der unteren und desto größer die Belastung der oberen Führungsleiste.

5. Die radiale Kraftkomponente ist oft größer als die Umfangskraft.

6. Wird das Gleichgewicht durch Änderung des Reibungskoeffizienten, Auftreten harter Stellen im Werkstoff, Schneidenabstumpfung oder andere Ursachen gestört, so können sowohl Verdrehungs- als auch Querschwingungen auftreten, die von der Bohrerlänge und entsprechenden, die Resonanz beeinflussenden Größen abhängen. Die Schwingungen können plötzlich eintreten und aufhören, je nachdem, ob die genannten Einflußgrößen in Resonanz kommen oder nicht.

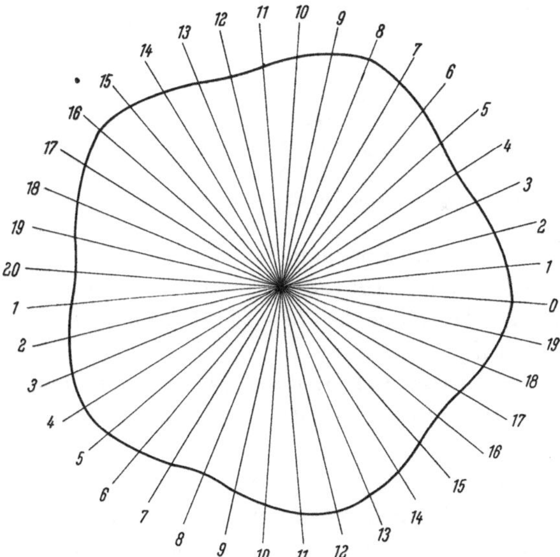

Abb. B/104. Fünfeckige Bohrung mit gleichen Durchmessern in allen Richtungen (durch Schwingungen verursacht)

Solche Schwingungen erzeugen ggf. unrunde Bohrungen, die 3, 5 oder 7 Ecken haben. Viereckige Bohrungen können nicht auftreten, wie aus einem Vergleich der Abb. B/104 und B/105 zu erkennen ist.

Wenn eine 5eckige Bohrung vorliegt, die entlang der Bohrtiefe versetzt ist und eine Spirale zeigen kann, so vollführt der Bohrer 5 Quer-

schwingungen je Umdrehung. Der Durchmesser wird dadurch jedoch
nicht beeinflußt, da alle sich um 180° gegenüberliegende Punkte gleichen
Abstand voneinander haben, der gleich dem Bohrdurchmesser ist.
Beispielsweise ist in Abb. B/104 die Entfernung der Punkte auf der
mit *4—4* bezeichneten Linie genau gleich der Entfernung aller anderen
auf einem Durchmesser liegenden Punkte, z. B. *18—18* usw. Bei einer

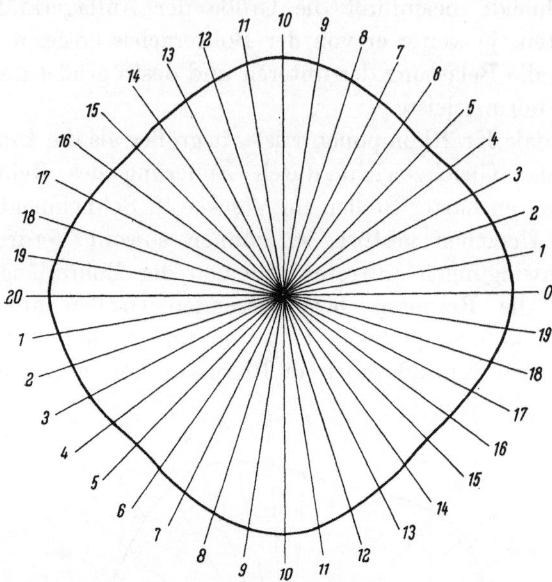

Abb. B/105. Viereckige Bohrung (kann durch Schwingungen *nicht* hervorgerufen werden)

angenommenen 4 eckigen Bohrung ist solche Durchmessergleichheit
nicht möglich, wie Abb. B/105 zeigt, in der der Durchmesser *10—10*
größer als z. B. der Durchmesser *15—15* ist. Solche Bohrungen treten
demgemäß nicht auf.

Fünfeckige Kerne (Abb. B/106), die der Form nach dem theoretischen
Umriß der Abb. B/104 sehr genau entsprechen, können bei Schwingungen
auch entstehen.

Zu beachten ist die Änderung der Grundschwingungszahl von
Stangen, Rohren und ähnlichen, nur mit gleichmäßig verteilter Masse
belegten, Trägern. Die Frequenzen solcher *Drehschwingungen* sind unabhängig von Durchmesser und Wandstärke, sie ändern sich umgekehrt
proportional zur Länge während die *Querschwingungen* von Durchmesser und Wandstärke abhängen und sich umgekehrt proportional
dem Quadrat der Länge ändern.

Über sonstige Schwingungsuntersuchungen, die nicht mehr unmittelbar in das Gebiet der Zerspanung fallen, wird an anderer Stelle berichtet
werden.

Tabelle B/30. *Richtwerte für Schnittgeschwindigkeiten und Vorschübe beim Tieflochbohren von Stahl*

Bohrdurchmesser D	Messerbreite a		Schnittgeschwindigkeit v	Drehzahl n	Vorschub		
	dünnwandig[1]	dickwandig[1]			s	s_m	
[mm]	[mm]	[mm]	[m/min]	[U/min]	[mm/U]	[mm/min]	
20	10	10	120	1900	0,1	190	Vollbohren
30	15	15	130	1350	0,125	170	
40	20	20	140	1100	0,15	165	
60	30	30	140	740	0,17	125	
60	21	24	140	740	0,17	125	Kernbohren
80	24	28	120	480	0,2	96	
100	31	28	120	380	0,225	86	
125	31	31	120	300	0,24	72	
150	31	34	120	250	0,25	65	
175	34	37	120	220	0,27	60	
200	34	40	120	190	0,3	57	
250	34	40	120	150	0,3	45	

[1] Bei Verwendung einer dickwandigen bzw. dünnwandigen Bohrstange.

Weitere Forschungsarbeiten, besonders hinsichtlich des Reibungskoeffizienten für verschiedene Kühlmittel, der besten Anordnung der Führungsleisten, den Angriffspunkt der Schnittkräfte und ihr Verhältnis sind nötig um volle Klarheit für die besten Zerspanungsund Fabrikationsbedingungen zu schaffen[1].

d) Richtwerte für Tieflochbohren

Abb. B/107 gibt einige Daten für Schnittgeschwindigkeit und Vorschub beim Kernlochbohren verschiedener Werkstoffe wieder. Tab. B/30 enthält weitere kürzlich veröffentlichte Werte für das Tieflochbohren von Motorenwellen[2].

Auf Grund eigener Erfahrungen ergeben sich folgende „Faustregeln" als Anfangswerte,

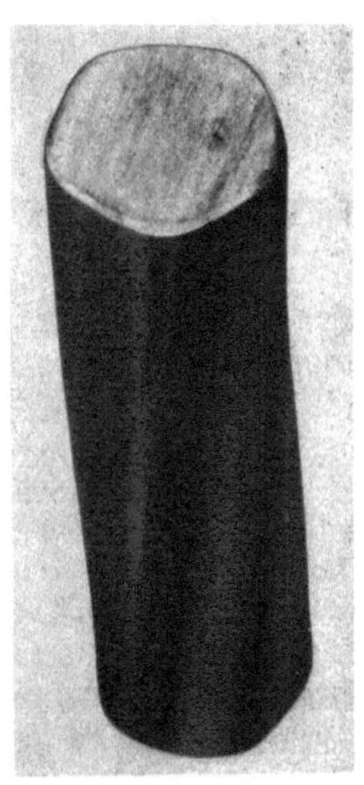

Abb. B/106
Fünfeckiger Kern mit gleichen Durchmessern in allen Richtungen (vgl. Abb. B/104)

---

[1] Vgl. hierzu auch: IRTENKAUF, J.: Schwingungsforschung und Konstruktionsmerkmale von Werkzeugmaschinen. Fokoma 2, TH München. Maschinenmarkt (Oktober 1955) S. 95/96, Sonderheft, Vogel-Verlag.

[2] GREUNER, B.: Erfahrungen mit Tiefbohrwerkzeugen. Techn. Zbl. prakt. Metallbearb. 55 (1961) H. 12, S. 669—674.

wenn keine sonstigen Unterlagen vorhanden sind:

1. Wähle den Vorschub/U zu $^1/_4 \ldots ^1/_2\%$ des Bohrdurchmessers.

2. Wähle die Schnittgeschwindigkeit gemessen in m/min gleich
$0{,}5 \ldots 1{,}0$ mal dem Vorschub gemessen in mm/min.

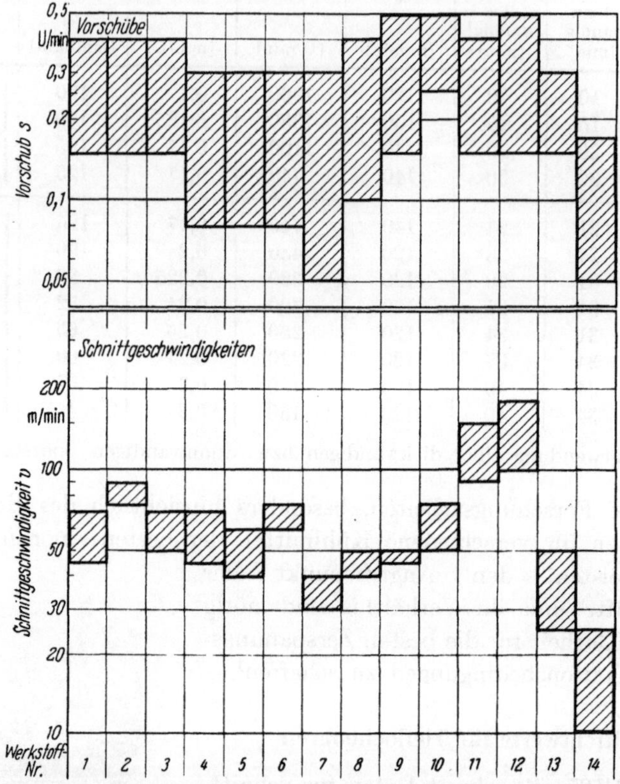

Abb. B/107. Richtwerte für Tieflochbohren

Werkstoff: *1* Kohlenstoffbaustähle; *2* Automatenstähle; *3* manganhaltige Stähle (bis 1,6%);
4 Nickelstähle (3,5% Ni); *5* Ni-Cr-Stähle bis zu 3% Ni, 1% Cr; *6* Molybdänstähle;
7 Cr-Stähle (0,65%); *8* rostfreie Stähle SAE 300 Serie; *9* desgl. 400 Serie; *10* GE; *11* Bronze;
12 Leichtmetalle; *13* Titan und Monelmetall; *14* Inconel

Diese beiden Regeln treffen in vielen Fällen zu, sind natürlich aber nur als Überschlagswerte anzusehen.

Die Richtwerte der Abb. B/107 haben — wie die meisten Richtwerte — sehr weite Grenzen, besonders bei den Vorschüben. Da die y-Achse der Abb. B/107 logarithmische Teilung hat, geben die Höhen der schraffierten Felder ein Bild der prozentualen Unsicherheit solcher Richtwerte.

e) Kernbohren und Vollbohren

Bezeichnet in Abb. B/108 D den Bohrdurchmesser und D_K den Kerndurchmesser, so ist das minutlich zerspante Ringvolumen bei einem minutl. Vorschub s_m:

$$\mathrm{Vol}_R = \frac{\pi}{4} \frac{(D^2 - D_K{}^2)}{1000} s_m \ \mathrm{cm^3/min} \qquad (B/190)$$

und das

nicht zerspante Kernvolumen

$$\mathrm{Vol}_K = \frac{\pi}{4} \frac{D_K{}^2}{1000} s_m \ \mathrm{cm^3/min}. \qquad (B/191)$$

Setzt man

$$\frac{D_K}{D} = a \qquad (B/192)$$

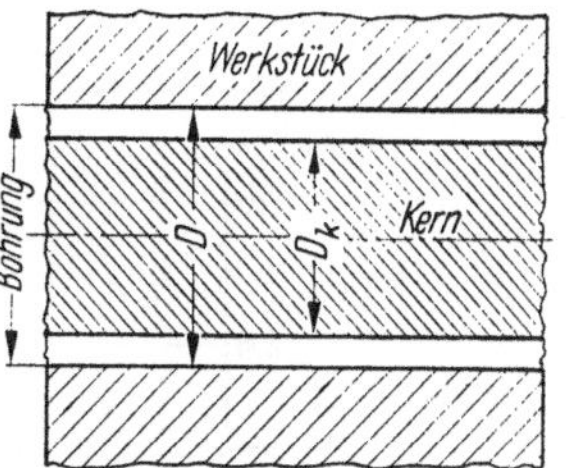

Abb. B/108. Bohr- und Kerndurchmesser beim Tieflochkernbohren

so ist das Verhältnis des nicht zerspanten Kernvolumens zum insgesamt zu entfernenden Volumen

$$a^2 = \left(\frac{D_K}{D}\right)^2. \qquad (B/193)$$

Daraus ergibt sich die in Tab. B/31 zusammengestellte Ersparnis an Zerspanungsvolumen, für das keine Energie aufzuwenden ist.

Das minutliche Spanvolumen kann aus Abb. B/109 für Durchmesser von 10 ... 100 mm und Vorschübe von 10 ... 1000 mm/min abgelesen werden.

In Abb. B/110 sind die meiner Ansicht nach am meisten vorkommenden Kerndurchmesser in Abhängigkeit vom Bohrdurchmesser graphisch aufgetragen. Die Kerndurchmesserwerte ändern sich etwas von Firma zu Firma, je nachdem, welche Messerbreite (Ringstärke) üblich ist. Man erkennt, daß die Beziehung zwischen Kern- und Bohrdurchmesser von $D = 100$ Dmr. an etwas steiler verläuft als für Bohrdurchmesser,

Tabelle B/31

$a = \dfrac{\text{Kerndurchmesser}}{\text{Bohrdurchmesser}}$	Überschlägliche Ersparnis an Zerspanungsvolumen beim Kernbohren in %
0,2	4
0,3	9
0,4	16
0,5	25
0,6	36
0,7	49
0,8	64

die kleiner als 100 mm sind. Der Grund hierfür ist die ansteigende Messerbreite für kleinere Durchmesser als 100 mm. Die Messerbreite ist etwa 10 mm bei 30 Dmr. und steigt bis zu etwa 20 mm bei 100 Dmr., sie bleibt jedoch für darüber hinaus gehende Bohrdurchmesser ziemlich unverändert, nämlich 20 ... 22 mm. Einige Firmen benutzen etwas davon abweichende Messerbreiten, jedoch findet sich der Grundsatz der konstanten Messerbreite bei größeren Bohrdurchmessern bei allen Herstellern von Tieflochbohrwerkzeugen wieder.

Legt man die in Abb. B/110 dargestellten Kerndurchmesser zugrunde, so läßt sich die prozentuale Ersparnis beim Kernbohren genauer als in Tab. B/31 errechnen.

Die Gleichungen der Geraden dieser Abbildung lauten:

$$\text{bis zu} \quad D = 100\,\varnothing \qquad D_K = 0{,}685D - 12 \qquad (B/194)$$

$$\text{über} \quad D = 100\,\varnothing \qquad D_K = D - 43{,}5. \qquad (B/195)$$

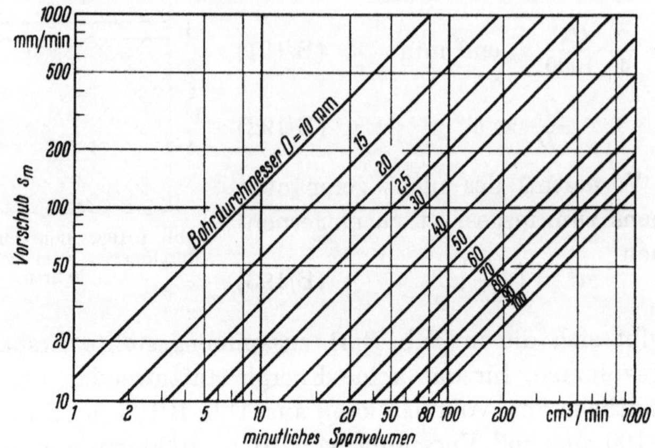

Abb. B/109
Diagramm zur Bestimmung des minutlich abgetragenen Spanvolumens beim Tieflochbohren

Demgemäß erhält man die Ersparnisgleichungen

$$\text{bis zu} \quad 100\,\varnothing \qquad E = \left(0{,}685 - \frac{12}{D}\right)^2 \cdot 100\,\% \qquad (B/196)$$

$$\text{über} \quad 100\,\varnothing \qquad E = \left(1 - \frac{43{,}5}{D}\right)^2 \cdot 100\,\%. \qquad (B/197)$$

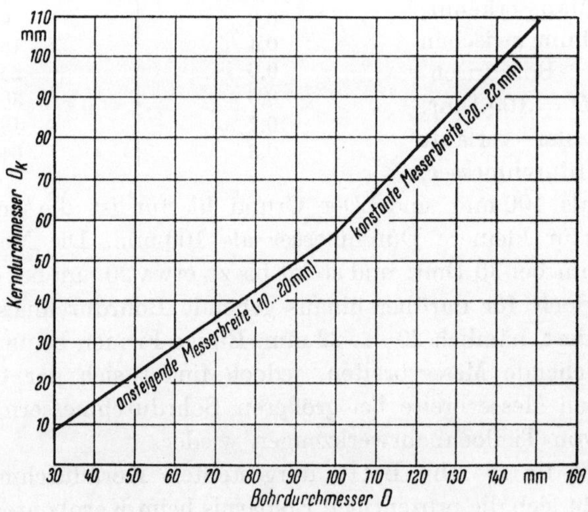

Abb. B/110. Meist vorkommende Kerndurchmesser in Abhängigkeit vom Bohrdurchmesser

Sie sind in Abb. B/111 graphisch dargestellt. In der Praxis wird Kernbohren meistens erst bei größeren Bohrdurchmessern als 50 mm angewandt, entsprechend einer Ersparnis an zu zerspanendem Volumen

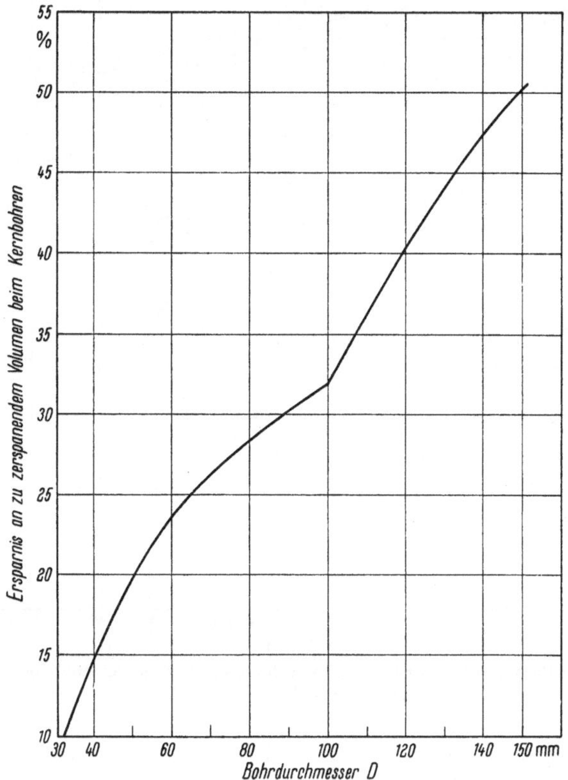

Abb. B/111. Prozentuale Ersparnis an Zerspanung beim Kernbohren gegenüber Vollbohren bei Verwendung der meist vorkommenden Kerndurchmesser

von 20%. Bei 30 mm Dmr. können jedoch auch noch Ersparnisse von 10% erreicht werden, die bis über 50% bei Durchmessern von 150 mm anwachsen.

f) Umfangsschnittkraft beim Kernbohren

Die Umfangsschnittkraft beim Kernbohren kann aus den Gleichungen für Drehen abgeleitet werden, wobei die Messerbreite (oder Ringbreite) die Stelle der Schnittiefe einnimmt.

Werte für den spezifischen Schnittdruck sind in Abb. 112 aus Bd. I, Seite 219, hier wiederholt, wobei beim Kernbohren ein mittlerer Steigungsfaktor von $p = 0{,}275$ für den Vorschub zugrunde gelegt werden kann.

Man erhält folgenden Ansatz für die Umfangsschnittkraft

$$P = C\left(\frac{D - D_K}{2}\right) s^{1-p}. \tag{B/198}$$

21 a*

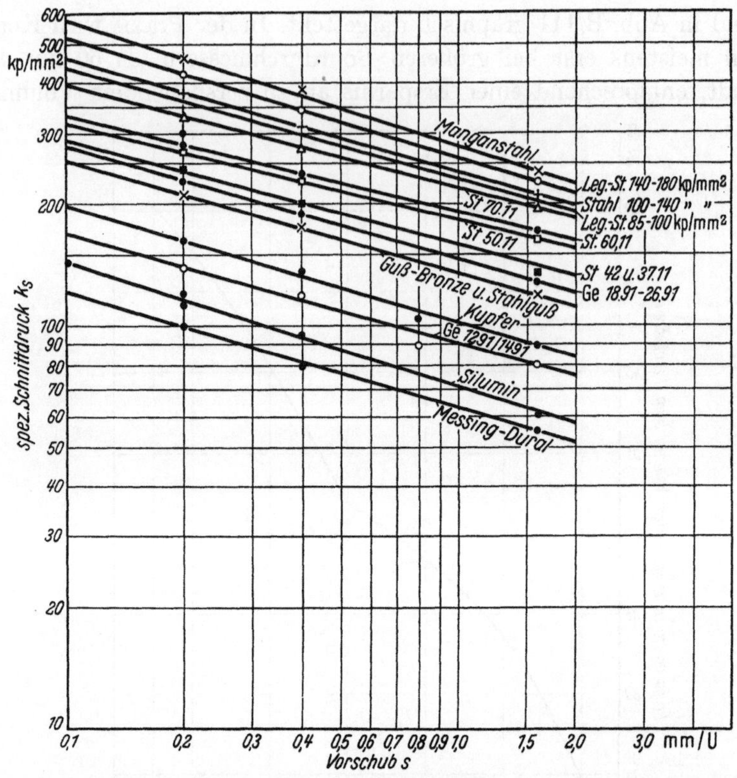

Abb. B/112. Spezifischer Schnittdruck (k_s) in Abhängigkeit vom Vorschub beim Tieflochkernbohren verschiedener Metalle

C sind Werkstoff-Festwerte, die in Tab. B/32 für verschiedene Werkstoffe zusammengestellt sind. Zahlenwerte für den Vorschubfaktor $s^{0,725}$
können annäherungsweise aus der Fräs-
tabelle S/21 für $1 - p = 0,75$ oder
0,7 entnommen werden (Seite 145).

Die Schnittkräfte können mit Hilfe
von Abb. B/113 für Vorschübe von
0,05 ... 0,5 mm/U und Bohrdurchmesser von 10 ... 100 mm Dmr. durch
Multiplikation mit dem zutreffenden
C-Wert der Tab. B/32 berechnet werden.

Die Schnittkraft steigt beim Kernbohren für Durchmesser über 100 mm
nicht weiter an, da die Messerbreite
(= Schnittiefe) für größere Durchmesser konstant bleibt. Nur der Vorschub

Tabelle B/32. *Werkstoff-Festwerte C*

Werkstoff	C
Manganstahl	280
Leg. St 140/180	260
St 100/140	240
Leg. St 85/100.	235
St 70,11	220
St 60,11	190
St 50,11	185
St 42,11 und 37,11 . .	160
Ge 18,91; 26,91	148
St G und Guß-Br. . . .	138
Kupfer.	102
Ge 12,91 und 14,91 . .	91
Silumin	71
Messing, Dural	63

beeinflußt dann die Umfangsschnittkraft. Der Leistungsbedarf steigt natürlich mit dem Durchmesser proportional an.

Beispiel. Gegeben: Vorschub $s = 0,15$ mm/U, Bohrdurchmesser $D = 50$ mm. Werkstoff: St 70,11 Ergebnis aus Abb. B/113: Umfangs-

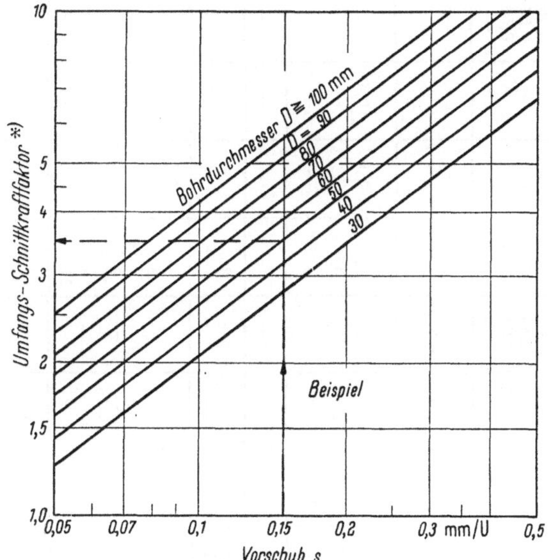

Abb. B/113. Diagramm zur Berechnung der Umfangsschnittkraft beim Kernbohren
*) mit C der Tab. B/32 zu multiplizieren

schnittkraftfaktor: 3,5. Ergebnis aus Tab. B/32: $C = 220$. Umfangsschnittkraft $P = 3,5 \cdot 220 = 770$ kp.

Bei Leistungsberechnungen ist es angebracht, die an halber Messerbreite herrschende Schnittgeschwindigkeit einzusetzen.

Für obiges Beispiel ist der Kerndurchmesser 22 mm und somit die Ringbreite $^1/_2(50 - 22) = 14$ mm. Der Spanquerschnitt ist $2,1$ mm² für den Vorschub $s = 0,15$. Der Umfangsschnittkraft von 770 kp entspricht somit ein spezifischer Schnittdruck von $770/2,1 = 365$ kp/mm².

Die Radialkraft ist jedoch m. E. größer als die Umfangsschnittkraft und erzeugt, zusammen mit dem Kühlmittel, die prägepolierte, spiegelblanke Bohrung, die das Kennzeichen der ungestört verlaufenen neuzeitlichen Tiefbohrverfahren ist.

Tabelle A/1. *Chemische Zusammensetzung der wichtigsten hochwarmfesten amerikanischen Metalle* (%)

Gruppe	U.S.A.-Bezeichnung	C	Co	Ni	Cr	W	V	Mo	Ti	Al	Mn	Bemerkungen
Gesenkstähle	Vasco Jet 1000	0,40	—	—	5,0	—	0,45	1,3	—	—	0,30	Si 0,90
	Halcomb 218	0,40	—	—	5,0	—	0,35	1,35	—	—	—	Si 1,05
	Peer'ess 56	0,40	—	—	3,25	—	0,35	2,85	—	—	0,55	Si 1,0
	Super Tricent	0,55	—	3,6	0,90	—	—	—	—	—	0,80	Si 2,10
	UHS 260	0,35	—	—	1,25	—	0,20	—	—	—	1 25	Si 1,50
	Unimach 2	0,50	—	1,4	5,00	—	1,00	—	—	—	0,35	Si 1,10
Niedriglegierte marten-sitische Stähle	AISI 4130	0 30	—	—	0,95	—	—	0,20	—	—	0,50	Si 0,30
	AISI 4340	0,40	—	1,8	0,80	—	—	0,25	—	—	0,70	Si 0,30
	AMS 6304	0,45	—	—	0,95	—	0,30	0,55	—	—	0,55	Si 0,30
	17—22 AS (14 MV)	0,30	—	—	1,25	—	0,25	0,50	—	—	0,50	Si 0,65
	14 CMV Chromalloy	0,20	—	—	1,00	—	0,12	1,00	—	—	—	—
Rostbeständige marten-sitische Stähle	AISI 410	0,15	—	—	12.3	—	—	—	—	—	—	Rest: Fe
	AISI 422	0,22	—	0,7	12,0	1,0	0,3	1,0	—	—	—	Rest: Fe
	AISI 430	0,12	—	—	16,0	—	—	—	—	—	—	—
Rostbeständige austeni-tische Stähle — härtbar	A-286	0,08	—	25,0	14,8	—	0,3	1,3	1,9	0,4	—	Cb + Ta 0,6
	N-155	0,15	20,0	20,0	20,0	2,5	—	3,0	—	—	—	—
	19-9 DL	0,30	—	9,0	19,3	1,3	—	1,3	—	—	—	Cb; T 0,4; 0,3
nicht härtbar	AISI 302	0,14	—	9,0	18,0	—	—	—	—	—	—	Rest: Fe
Rostbeständige, halbauste-nitische härtbare Stähle	AM 350	0,10	—	4,2	17,0	—	—	2,8	—	—	—	Rest: Fe
	17-7-PH	0,07	—	7,2	17,1	—	—	—	—	1,2	—	Rest: Fe
Hochnickelhaltige Legie-rungen	Inconel X	—	—	73	15	—	—	—	2,5	0,7	—	—
	Inconel 700	0,10	29,5	44	16	—	—	3,0	2,5	3,0	—	Fe 1,5
	Inconel 901	0,04	—	44	13,0	—	—	6,0	2,5	—	—	Rest: Fe
	R-235	0.10	—	63,0	15,5	—	—	5,3	2,0	3,0	—	Fe 10
	M-252	0.15	10	55	19	—	—	10,0	2,5	1,0	—	—
	Udimet 500	0,10	19	52,5	.16,0	—	—	4,0	3,0	3,0	—	Fe: 2,0
	René 41	0,09	11	55,5	19	—	—	10	3,0	1,5	—	Fe: 2,0
Hochkobalthaltige Legie-rungen	S 816	0,38	40,0	20,0	20,0	4,0	—	4,0	—	—	—	—
	HS 25	0,10	50,0	10,0	20,0	15,0	—	—	—	—	—	Fe: 1,5
	Vitallium	0,25	64	2,0	28 0	—	—	6,0	—	—	—	—
	Rexalloy 33	2,25	44	—	33,0	11,0	—	—	1,8	—	—	—
	Nivco 10	0,02	73,5	22,5	—	—	—	—	1,5	0,22	—	—
Titan-Legierungen	6 Al-4 V [Handelsüblich als: MSM; R 120 AV; RS-210 A]	—	—	—	—	—	4	—	90	6	—	—
	150 A	—	—	—	2,3	—	—	—	96	—	—	—
	RC-130-B	—	—	—	—	—	—	—	92	4	4	—
	L-2748	—	—	—	5	—	—	—	92	3	—	—

Tabelle A/2. *Chemische Zusammensetzung der wichtigsten deutschen hochwarmfesten Metalle[1] und Vergleich mit ähnlichen amerikanischen Werkstoffen[2] (%)*

Werkstoff Nr.	C	Co	Ni	Cr	W	V	Mo	Ti	Al	Mn	Ta / Nb	σ_B kp/mm²	ϑ %	HB
1	0,06	—	22	16	—	0,8	1,4	—	—	1,3	1,0	65	38	180
2	0,08	—	11	18	—	—	2,0	—	—	0,9	0,4	65	40	165
3	0,10	—	13	16	—	0,8	1,3	—	—	1,3	1,0	60	35	165
4	0,06	—	13	17	—	0,7	1,5	—		1,3	1,0	67	39	180
5	0,05		12	16			—			1,3	1,0	59	51	145
6	0,06		13	17		0,7	1,5			1,3	1,0	86	22	255
												verfestigt		
7	0,08		12	16			2,2			1,2	1,3	62	46	170
8	0,04	—	29	16	—	—	—	—	—	0,9	—	63	42	140
US: A 286	0,08	—	25	14,8	—	0,3	1,3	1,9	0,4		0,6			
9	0,07	20	20	16	2,0	1,0				1,3	0,6	75	27	220
US: N 155	0,15	20	20	20	2,5		3,0							
10	0,26	48	10	20	—	3,0				0,6	1,5			
US: HS 25	0,10	50	10	20	15	—						110	25	310
11	0,10	—	55	15	5,0	—	17	—	—	1,0	—	90	35	375
US: Udimet 500	0,10	19	52,5	16	—	—	4,0	3,0	3,0					

Anmerkung: Nb = Niobium wird in USA oft nichtamtlich Columbium (Cb) genannt.

[1] Vgl. OPITZ, AXER u. RHODE: Forschungsbericht Nr. 351 (nach VIEREGGE: Zerspanung der Eisenwerkstoffe, Verlag Stahleisen 1959, S. 229).   [2] Vgl. Anhang, Seite 330, Tab. A/1.

Tabelle A/3. *Liste einiger deutscher Werkstoffe*

Gruppe	Bezeichnung	σ_s kp/mm²	σ_B kp/mm²	ϑ %	HB	Anmerkungen
Baustähle	St. 50,11	27	50 . . . 60	22		
	St. 60,11	30	60 . . . 70	17		
Einsatzstähle	16 Mn Cr 5	60	80 . . . 100	10	207 geglüht	
(Edelstähle)	18 Cr Ni 6	80	120 . . . 145	7	235	2% Cr, 2% Ni
Vergütungsstähle	34 Cr Mo 4	65	90 . . . 105	12	217 geglüht	1% Cr (auch für gezogene Stähle)
(Edelstähle)	34 Cr 4	80	100 . . . 120	11		1% Cr
	42 Cr Mo 4	80	100 . . . 120	11	217	1% Cr (für schwere Schmiedestücke)
Vergütungsstähle	Ck 45	40	65 . . . 80	16	206 geglüht	
(Qualitätsstähle)	Ck 60	49	75 . . . 90	14	243 geglüht	unlegiert
Gesenkstähle	55 Ni Cr Mo V 6					1,65% Ni; 0,1% V; 0,18% Mo; 0,7% Cr
Kaltarbeitsstähle (legierte Werkzeugstähle)	210 Cr 46				$R_c = 46$	11,5% Cr; 0,7% W
Grauguß Hochwertiger	GG-26	σ_{ZB} 23 . . . 28	σ_{bB} 42 . . . 48		200 . . . 220	2,8 . . . 3,2% C; 1,2 . . . 1,6% Si; 0,7 . . . 0,3% Mn; P < 0,3%
Sonderguß	GG-30	30	48		200 . . . 240	2,6 . . . 3,0% C; 1,2 . . . 1,8% Si; 0,8 . . . 1,2% Mn; P < 0,2%
Sphäroguß	geglüht	40 . . . 55	87 . . . 94	10 . . . 25	140 . . . 180	
	gehärtet	70 . . . 90		3	bis 600	

Tabelle A/3 (Fortsetzung)

Gruppe	Bezeichnung	σ_s kp/mm²	σ_B kp/mm²	ϑ %	HB	Anmerkungen
Hartguß	unlegiert					2,8 ... 3,2% C; 0,6 ... 0,8% Mn; 0,5 ... 1,0% Si
	legiert					3 ... 4% C; 0,2 ... 1% Si; 1 ... 1,5% Mn; 1,5% Cr; 0,5% Mo
Titanlegierungen	Titan 150		35 ... 55	22	160	
	Titan 180		55 ... 70	18 ... 25	150 ... 200	
	Titan 200		65 ... 80	10 ... 20	200	
	Ti-4 Al-4 Mn		113	13	340	
	Ti-3 Al-5 Cr		117	14	330	

Tabelle A/4. *Amerikanische Schnellstähle*

Normbezeichnung	Chemische Zusammensetzung					Bemerkungen
	W %	Cr %	V %	Co %	Mo %	
Wolfram-haltige Schnell-stähle						frühere Bezeichnung
T 1	18,0		1,0	—		18—4—1
T 2	18,0		2,0	—		18—4—2
T 3	18,0		3,0	—		18—4—3
T 4	18,0	4,0	1,0	5,0		
T 5	18,0		2,0	8,0		
T 6	20,0		1,5	12,0		
T 7	14,0		2,0	—		
T 8	14,0		2,0	5,0		
T 9	18,0		4,0	—		
T 15	12,0		5,0	5,0		
Molybdän-haltige Schnell-stähle						
M 1	1,5		1,0	—	8,0	
M 2	6,0		2,0	—	5,0	
M 3	6,0		2,7	—	5,0	
M 4	5,5		4,0	—	4,5	
M 6	4,0		1,5	12,0	5,0	
M 7	1,75		2,0	—	8,75	
M 8	5,0	4,0	1,5	—	5,0	
M 10	—		2,0	—	8,0	
M 15	6,5		5,0	5,0	3,5	
M 30	2,0		1,25	5,0	8,0	
M 34	2,0		2,0	8,0	8,0	
M 35	6,0		2,0	5,0	5,0	
M 36	6,0		2,0	8,0	5,0	

Tabelle A/5. *Amerikanische oxydkeramische Schneidstoffe*

Art	Bezeichnung	Hersteller	spezifisches Gewicht g/cm³	Härte R_c	Bruchfestigkeit σ_B kp/mm²
Titankarbid-haltig, Ni- und Mo-Zusatz	WF	Firth Sterling	6,1	92	88
	NM 95	Newcommer	5,5	94	112
Aluminiumoxyd (Al_2O_3)	VR 95	Norton Co	3,98	90	46
	Stupalox	Carborundum Co	3,90	91	42
	Diamonite	US Ceramic	3,72	92	39
	0 ... 30	General Electric Co	4,20	93,5	56

Normbezeichnung[1]		Firmenbezeichnung								
		Adamas	Carboloy	Carmet	Firthite	Kennametal	Talide	Vascoloy Ramet	Wesson	Willey
↓ steigender Wo-Gehalt	C 1	B	44 A	CA 3	H	K 1; K 6	C 89	2 A 68	GS	E 8
der Wo-Gehalt — Für Guß und Nichteisenmetalle	C 2	A	883	CA 4	HA	K 6	C 91	2 A 5	GI	E 6
	C 3	AA	905	CA 7	HE	K 8	C 93	2 A 7	GA	E 5
	C 4	AA	999	CA 8	HF	K 8; K 11	C 95	2 A 7	GF	E 3
← steigender Ti-Gehalt, fallender Wo-Gehalt — Für Stahl	C 5	D, DD	370; 78 B	CA 5; CA 51	T 04	K 2 KMS	S 88	AW; EE	WS	945
	C 50	434	370	CA 610	TXH	K 21	S 88	VR 77; VR 75	26	8 A
	C 6	D	78 B; 78; 350	CA 1; CA 609	TA	KM; K 3 H; K 21	S 90	VR 75; EM	WM	710
	C 7	C	78	CA 609	T 16	K 5 H	S 92	E	WH	606
	C 70	C	350	CA 606	TXL	K 4 H	S 92	VR 73	26	6 A
	C 8	CC	330, 831	CA 605	T 31	K 7 H	S 94	EH	WH	509
	C 9	A	44 A; 883	CA 4	HA	K 8	C 89	2 A 5; 2 A 68	GI	E 6
	C 10	B	44 A; 779	CA 3	H	K 6	C 88	2 A 3; 2 A 68	GS	E 8
	C 11	HD 20	55 B	C 10	HC	K 1	C 8515	2 A 1; 2 A 3	M	E 18
niedriger W-Gehalt, ← steigender hoher Co-Gehalt	C 12	RDB BB	55 A	CA 10	DC 2	K 1	C 8515	2 A 1; 2 A 3	GS	E 12
	C 13	HD 20	55 B	CA 11	DCX;	K 18	C 8020	AX	M	E 18
	C 14	HD 25	190	CA 20	DC 3	K 25	C 7525	AX; AY	M	E 25

[1] Erläuterungen. C 1: für Schruppen von Gußeisen und Nichteisenmetallen mit hohem Abnutzungswiderstand; C 2: größere Härte, geringere Stoßfestigkeit als C 1; C 1 und C 2 werden auch bei einigen hochhitzebeständigen Werkstoffen benutzt; C 3: für Schlichten und leichte Bohrarbeiten, hohe Härte und Abnutzungswiderstand; C 4: für Genauigkeitsschlichten, geringe Stoßfestigkeit, hoher Abnutzungswiderstand; C 5: für Schruppen von Stahl mit unterbrochenem Schnitt und großem Vorschub. Geringerer Widerstand gegen Kraterbildung; C 6: für mittelschwere Zerspanung, niedrigere Schnittgeschwindigkeit, wenig Kraterbildung; C 7: hoher Widerstand gegen Kraterbildung, große Härte für leichteren Vorschub und hohe Schnittgeschwindigkeit; C 8: für Schlichten mit hohen Schnittgeschwindigkeiten; C 9—C 11: gute Verschleißfestigkeit bei geringem Stoß: C 12—C 14: gute Verschleißfestigkeit bei starkem Stoß.

Anmerkung: Infolge ständiger Entwicklung sind die Angaben öfters Änderungen unterworfen. Die Einordnung der Hartmetalle verschiedenen Ursprungs in die Normklassen ist als Anhalt zu betrachten, da die chemischen Zusammensetzungen nicht immer genau übereinstimmen.

Tabelle A/7. *Vergleich mittlerer physikalischer Eigenschaften von oxydkeramischen Schneidstoffen und Hartmetallschneidstoffen*

Physikalische Größe	Oxydkeramik	Hartmetall	Dimension
Spezifisches Gewicht . . .	$3,9 \ldots 6$	$8 \ldots 15$	g/cm^3
Wärmeleitfähigkeit	$0,02 \ldots 0,05$	$0,06 \ldots 0,18$	$cal/cm/sek/°C$
Wärmeausdehnungszahl . .	$8 \cdot 10^{-6}$	$6 \cdot 10^{-6}$	$1/°C$
Elastizitätsmodul.	$30 \ldots 40 \cdot 10^3$	$45 \ldots 60 \cdot 10^3$	kp/mm^2
Erweichungstemperatur . .	1500	1100	°C

Tabelle A/8. *Ermittlung des Steigungsfaktors gerader Linien im doppellogarithmischen Netz (vgl. Seite 295 ff.)*

Grad	Steigungsfaktor (Tangens)	Grad	Grad	Steigungsfaktor (Tangens)	Grad	Grad	Steigungsfaktor (Tangens)	Grad
0	↓0	90	30	↓0,577	60	60	↓1,732	30
1	0,0175	89	31	0,601	59	61	1,804	29
2	0,0349	88	32	0,625	58	62	1,881	28
3	0,0524	87	33	0,649	57	63	1,963	27
4	0,0699	86	34	0,675	56	64	2,050	26
5	0,088	85	35	0,700	55	65	2,145	25
6	0,105	84	36	0,726	54	66	2,246	24
7	0,123	83	31	0,754	53	67	2,356	23
8	0,141	82	38	0,781	52	68	2,475	22
9	0,158	81	39	0,810	51	69	2,605	21
10	0,176	80	40	0,839	50	70	2,748	20
11	0,194	79	41	0,869	49	71	2,904	19
12	0,213	78	42	0,900	48	72	3,077	18
13	0,231	77	43	0,933	47	73	3,271	17
14	0,249	76	44	0,966	46	74	3,487	16
15	0,268	75	45	1,000	45	75	3,732	15
16	0,287	74	46	1,035	44	76	4,011	14
17	0,306	73	47	1,072	43	77	4,331	13
18	0,325	72	48	1,106	42	78	4,705	12
19	0,344	71	49	1,150	41	79	5,145	11
20	0,364	70	50	1,192	40	80	5,671	10
21	0,384	69	51	1,235	39	81	6,314	9
22	0,404	68	52	1,280	38	82	7,115	8
23	0,425	67	53	1,327	37	83	8,144	7
24	0,445	66	54	1,376	36	84	9,514	6
25	0,466	65	55	1,428	35	85	11,43	5
26	0,488	64	56	1,483	34	86	14,30	4
27	0,510	63	57	1,540	33	87	19,08	3
28	0,532	62	58	1,600	32	88	28,64	2
29	0,554	61	59	1,664	31	89	57,29	1
30	0,577 ↑	60	60	1,732 ↑	30	90	∞ ↑	0
Grad	Steigungsfaktor (Cotangens)	Grad	Grad	Steigungsfaktor (Cotangens)	Grad	Grad	Steigungsfaktor (Cotangens)	Grad

$(\varepsilon-\alpha)=$ Zentriwinkel in Grad	Einheitsbogenlänge	$(\varepsilon-\alpha)=$ Zentriwinkel in Grad	Einheitsbogenlänge	$(\varepsilon-\alpha)=$ Zentriwinkel in Grad	Einheitsbogenlänge	$(\varepsilon-\alpha)=$ Zentriwinkel in Grad	Einheitsbogenlänge
1	0,0175	46	0,8029	91	1,5882	136	2,3736
2	0,0349	47	0,8203	92	1,6057	137	2,3911
3	0,0524	48	0,8378	93	1,6232	138	2,4086
4	0,0698	49	0,8552	94	1,6406	139	2,4260
5	0,0873	50	0,8727	95	1,6580	140	2,4435
6	0,1047	51	0,8901	96	1,6755	141	2,4609
7	0,1222	52	0,9076	97	1,6930	142	2,4784
8	0,1396	53	0,9250	98	1,7104	143	2,4058
9	0,1571	54	0,9425	99	1,7279	144	2,5133
10	0,1745	55	0,9599	100	1,7453	145	2,5307
11	0,1920	56	0,9774	101	1,7628	146	2,5482
12	0,2094	57	0,9948	102	1,7802	147	2,5656
13	0,2269	58	1,0123	103	1,7977	148	2,5831
14	0,2443	59	1,0297	104	1,8151	149	2,6005
15	0,2618	60	1,0472	105	1,8326	150	2,6180
16	0,2793	61	1,0647	106	1,8500	151	2,6354
17	0,2967	62	1,0821	107	1,8675	152	2,6529
18	0,3142	63	1,0996	108	1,8850	153	2,6704
19	0,3316	64	1,1170	109	1,9024	154	2,6878
20	0,3491	65	1,1345	110	1,9199	155	2,7053
21	0,3665	66	1,1519	111	1,9373	156	2,7227
22	0,3840	67	1,1694	112	1,9548	157	2,7402
23	0,4014	68	1,1868	113	1,9722	158	2,7576
24	0,4189	69	1,2043	114	1,9897	159	2,7751
25	0,4363	70	1,2217	115	2,0071	160	2,7925
26	0,4538	71	1,2392	116	2,0246	161	2,8100
27	0,4712	72	1,2566	117	2,0420	162	2,8274
28	0,4887	73	1,2741	118	2,0595	163	2,8449
29	0,5061	74	1,2915	119	2,0769	164	2,8623
30	0,5236	75	1,3090	120	2,0944	165	2,8798
31	0,5411	76	1,3265	121	2,1118	166	2,8972
32	0,5585	77	1,3439	122	2,1293	167	2,9147
33	0,5760	78	1,3614	123	2,1468	168	2,9322
34	0,5934	79	1,3788	124	2,1642	169	2,9496
35	0,6109	80	1,3963	125	2,1817	170	2,9671
36	0,6283	81	1,4137	126	2,1991	171	2,9845
37	0,6458	82	1,4312	127	2,2166	172	3,0020
38	0,6632	83	1,4486	128	2,2340	173	3,0194
39	0,6807	84	1,4661	129	2,2515	174	3,0369
40	0,6981	85	1,4835	130	2,2689	175	3,0543
41	0,7156	86	1,5010	131	2,2864	176	3,0718
42	0,7330	87	1,5184	132	2,3038	177	3,0892
43	0,7505	88	1,5359	133	2,3213	178	3,1067
44	0,7679	89	1,5533	134	2,3387	179	3,1241
45	0,7854	90	1,5708	135	2,3562	180	3,1416

[1] Bogenlänge = Einheitsbogenlänge × Fräserradius

Tabelle A/10. *Millimeter-Umrechnungstabelle für* $^1/_{64}$ *bis* $12^{63}/_{64}$ *Zoll* *

Zoll	0	1	2	3	4	5	6	7	8	9	10	11	12	Zoll
	—	25,400	50,800	76,200	101,600	127,000	152,400	177,800	203,200	228,600	254,000	279,400	304,800	
$^1/_{64}$	0,397	25,797	51,197	76,597	101,997	127,397	152,797	178,197	203,597	228,997	254,397	279,797	305,197	$^1/_{64}$
$^1/_{32}$	0,794	26,194	51,594	76,994	102,394	127,794	153,194	178,594	203,994	229,394	254,794	280,194	305,594	$^1/_{32}$
$^3/_{64}$	1,191	26,591	51,991	77,391	102,791	128,191	153,591	178,991	204,391	229,791	255,191	280,591	305,991	$^3/_{64}$
$^1/_{16}$	1,588	26,988	52,388	77,788	103,188	128,588	153,988	179,388	204,788	230,188	255,588	280,988	306,388	$^1/_{16}$
$^5/_{64}$	1,984	27,384	52,784	78,184	103,584	128,984	154,384	179,784	205,184	230,584	255,984	281,384	306,784	$^5/_{64}$
$^3/_{32}$	2,381	27,781	53,181	78,581	103,981	129,381	154,781	180,181	205,581	230,981	256,381	281,781	307,181	$^3/_{32}$
$^7/_{64}$	2,778	28,178	53,578	78,978	104,378	129,778	155,178	180,578	205,978	231,378	256,778	282,178	307,578	$^7/_{64}$
$^1/_8$	3,175	28,575	53,975	79,375	104,775	130,175	155,575	180,975	206,375	231,775	257,175	282,575	307,975	$^1/_8$
$^9/_{64}$	3,572	28,972	54,372	79,772	105,172	130,572	155,972	181,372	206,772	232,172	257,572	282,972	308,372	$^9/_{64}$
$^5/_{32}$	3,969	29,369	54,769	80,169	105,569	130,969	156,369	181,769	207,169	232,569	257,969	283,369	308,769	$^5/_{32}$
$^{11}/_{64}$	4,366	29,766	55,166	80,566	105,966	131,366	156,766	182,166	207,566	232,966	258,366	283,766	309,166	$^{11}/_{64}$
$^3/_{16}$	4,763	30,163	55,563	80,963	106,363	131,763	157,163	182,563	207,963	233,363	258,763	284,163	309,563	$^3/_{16}$
$^{13}/_{64}$	5,159	30,559	55,959	81,359	106,759	132,159	157,559	182,959	208,359	233,759	259,159	284,559	309,959	$^{13}/_{64}$
$^7/_{32}$	5,556	30,956	56,356	81,756	107,156	132,556	157,956	183,356	208,756	234,156	259,556	284,956	310,356	$^7/_{32}$
$^{15}/_{64}$	5,953	31,353	56,753	82,153	107,553	132,953	158,353	183,753	209,153	234,553	259,953	285,353	310,753	$^{15}/_{64}$
$^1/_4$	6,350	31,750	57,150	82,550	107,950	133,350	158,750	184,150	209,550	234,950	260,350	285,750	311,150	$^1/_4$
$^{17}/_{64}$	6,747	32,147	57,547	82,917	108,347	133,747	159,147	184,547	209,947	235,347	260,747	286,147	311,547	$^{17}/_{64}$
$^9/_{32}$	7,144	32,544	57,944	83,344	108,744	134,144	159,544	184,944	210,344	235,744	261,144	286,544	311,944	$^9/_{32}$
$^{19}/_{64}$	7,541	32,941	58,341	83,741	109,141	134,541	159,941	185,341	210,741	236,141	261,541	286,941	312,341	$^{19}/_{64}$
$^5/_{16}$	7,938	33,338	58,738	84,138	109,538	134,938	160,338	185,738	211,138	236,538	261,938	287,338	312,738	$^5/_{16}$
$^{21}/_{64}$	8,334	33,734	59,134	84,534	109,934	135,334	160,734	186,134	211,534	236,934	262,334	287,734	313,134	$^{21}/_{64}$
$^{11}/_{32}$	8,731	34,131	59,531	84,931	110,331	135,731	161,131	186,531	211,931	237,331	262,731	288,131	313,531	$^{11}/_{32}$
$^{23}/_{64}$	9,128	34,528	59,928	85,328	110,728	136,128	161,528	186,923	212,328	237,728	263,128	288,528	313,928	$^{23}/_{64}$
$^3/_8$	9,525	34,925	60,325	85,725	111,125	136,525	161,925	187,325	212,725	238,125	263,525	288,925	314,325	$^3/_8$
$^{25}/_{64}$	9,922	35,322	60,722	86,122	111,522	136,922	162,322	187,722	213,122	238,522	263,922	289,322	314,722	$^{25}/_{64}$
$^{13}/_{32}$	10,319	35,719	61,119	85,519	111,919	137,319	162,719	188,119	213,519	238,919	264,319	289,719	315,119	$^{13}/_{32}$
$^{27}/_{64}$	10,716	36,116	61,516	86,916	112,316	137,716	163,116	188,516	213,916	239,316	264,716	290,116	215,516	$^{27}/_{64}$
$^7/_{16}$	11,113	36,513	61,913	87,313	112,713	138,113	163,513	188,913	214,313	239,713	265,113	290,513	315,913	$^7/_{16}$
$^{29}/_{64}$	11,509	36,909	62,309	87,709	113,109	138,509	163,909	189,309	214,709	240,109	265,509	290,909	316,309	$^{29}/_{64}$
$^{15}/_{32}$	11,906	37,306	62,706	88,106	113,506	138,906	164,306	189,706	215,106	240,506	265,906	291,306	316,706	$^{15}/_{32}$
$^{31}/_{64}$	12,303	37,703	63,103	88,503	113,903	139,303	164,703	190,103	215,503	240,903	266,303	291,703	317,103	$^{31}/_{64}$
$^1/_2$	12,700	38,100	63,500	88,900	114,300	139,700	165,100	190,500	215,900	241,300	266,700	292,100	317,500	$^1/_2$

* Auf drei Dezimalstellen gerundet.

Zoll	0	1	2	3	4	5	6	7	8	9	10	11	12	Zoll
33/64	13,097	38,497	63,897	89,297	114,697	140,097	165,497	190,897	216,297	241,697	267,097	292,497	317,897	33/64
17/32	13,494	38,894	64,294	89,694	115,094	140,494	165,894	191,294	216,694	242,094	267,494	292,894	318,294	17/32
35/64	13,891	39,291	64,691	90,091	115,491	140,891	166,291	191,691	217,091	242,491	267,891	293,291	318,691	35/64
9/16	14,288	39,688	65,088	90,488	115,888	141,288	166,688	192,088	217,488	242,888	268,288	293,688	319,088	9/16
37/64	14,684	40,084	65,484	90,884	116,284	141,684	167,084	192,484	217,884	243,284	268,684	294,084	319,484	37/64
19/32	15,081	40,481	65,881	91,281	116,681	142,081	167,481	192,881	218,281	243,681	269,081	294,481	319,881	19/32
39/64	15,478	40,878	66,278	91,678	117,078	142,478	167,878	193,278	218,678	244,078	269,478	294,878	320,278	39/64
5/8	15,875	41,275	66,675	92,075	117,475	142,875	168,275	193,675	219,075	244,475	269,875	295,275	320,675	5/8
41/64	16,272	41,672	67,072	92,472	117,827	143,272	168,672	194,072	219,472	244,872	270,272	295,672	321,072	41/64
21/32	16,669	42,069	67,469	92,869	118,269	143,669	169,069	194,469	219,869	245,269	270,669	296,069	321,469	21/32
43/64	17,066	42,466	67,866	93,266	118,666	144,066	169,466	194,866	220,266	245,666	271,066	296,466	321,866	43/64
11/16	17,463	42,863	68,263	93,663	119,063	144,463	169,863	195,263	220,663	246,063	271,463	296,863	322,263	11/16
45/64	17,859	42,259	68,659	94,059	119,449	144,859	170,259	195,659	221,059	246,459	271,859	297,259	322,659	45/64
23/32	18,256	43,656	69,056	94,456	119,856	145,256	170,656	196,056	221,456	246,856	272,256	297,656	323,056	23/32
47/64	18,653	44,053	69,453	94,853	120,253	145,653	171,053	196,453	221,853	247,253	272,653	298,053	323,453	47/64
3/4	19,050	44,150	69,850	92,250	120,650	146,050	171,450	196,850	222,250	247,650	273,050	298,450	323,850	3/4
49/64	19,447	44,847	70,247	95,647	121,047	146,447	171,847	197,247	222,647	248,047	273,447	298,847	324,247	49/64
25/32	19,844	45,244	70,644	96,044	121,444	146,844	172,244	197,644	223,044	248,444	273,844	299,244	324,644	25/32
51/64	20,241	45,641	71,041	96,441	121,841	147,241	172,641	198,041	223,441	248,841	274,241	299,641	325,041	51/64
13/16	20,638	46,038	71,438	96,838	122,238	147,638	173,038	198,438	223,838	249,238	274,638	300,038	325,438	13/16
53/64	21,034	46,434	71,834	97,234	122,634	143,043	173,434	198,834	224,234	249,634	275,034	300,434	325,834	53/64
27/32	21,431	46,831	72,231	97,631	123,031	148,431	173,831	199,231	224,631	250,031	275,431	300,831	326,231	27/32
55/64	21,828	47,228	72,628	98,028	123,428	148,828	174,228	199,628	225,028	250,428	275,828	301,228	326,628	55/64
7/8	22,225	47,625	73,025	98,425	123,825	149,225	174,625	200,025	225,425	250,825	276,225	301,625	327,025	7/8
57/64	22,622	48,022	73,422	98,822	124,222	149,622	175,022	200,422	225,822	251,222	276,622	302,022	327,422	57/64
29/32	23,019	48,419	73,819	99,219	124,619	150,019	175,419	200,819	226,219	251,619	277,019	302,419	327,819	29/32
59/64	23,416	48,816	74,216	99,616	125,016	150,416	175,816	201,216	226,616	252,016	277,416	302,816	328,216	59/64
15/16	23,813	49,213	74,613	100,013	125,413	150,813	176,213	201,613	227,013	252,413	277,813	303,213	328,613	15/16
61/64	24,209	49,609	75,009	100,409	125,809	151,209	176,609	202,009	227,409	252,809	278,209	303,609	329,009	61/64
31/32	24,606	50,006	75,406	100,806	126,206	151,606	177,006	202,406	227,806	253,206	278,606	304,006	329,406	31/32
63/64	25,003	50,403	75,803	101,203	126,603	152,003	177,403	202,803	228,203	253,603	279,003	304,403	329,803	63/64

Hilfsdiagramme

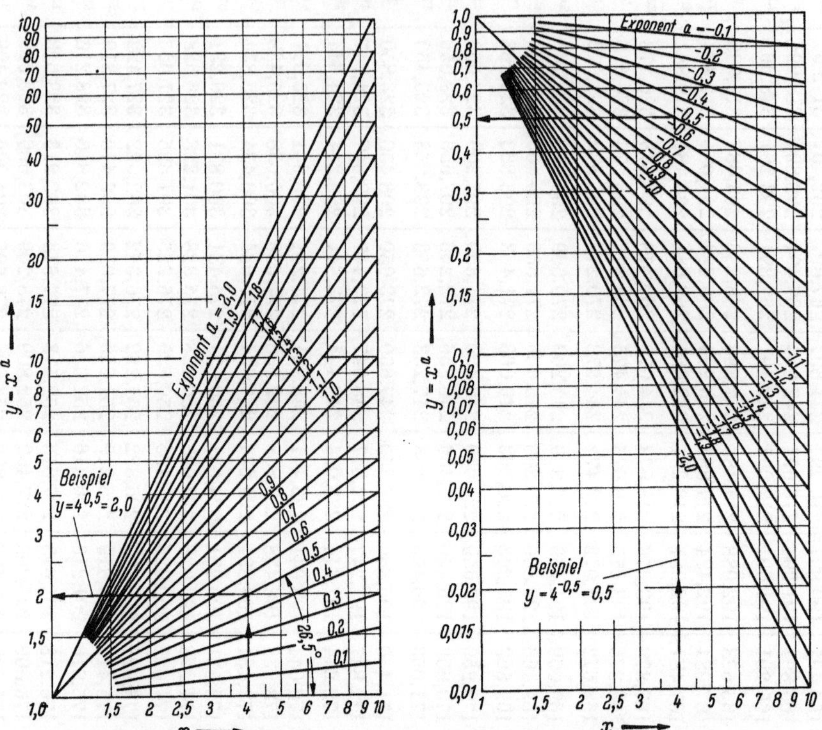

Abb. H/1. Diagramm zum Ablesen der Werte von Gleichungen der Form $y = x^a$

Abb. H/2. Diagramm zum Ablesen der Werte von Gleichungen der Form $y = x^{-a}$

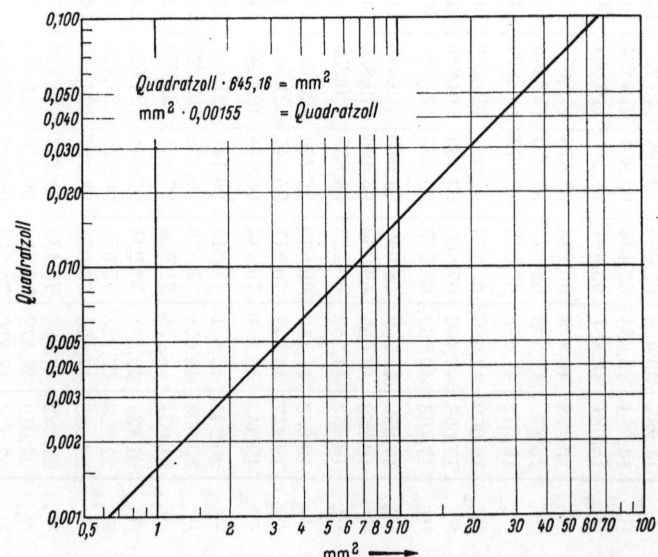

Abb. H/3. Umrechnungsdiagramm für Quadratzoll und Quadratmillimeter

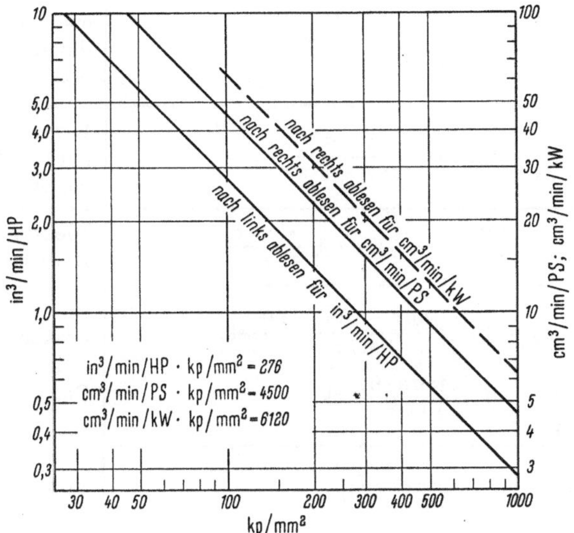

Abb. H/4. Umrechnungsdiagramm für metrische Spanvolumina per PS/min (cm³/min/PS), englische Spanvolumina per HP/min (in³/min/HP) und spezifischen Schnittdruck (kp/mm²)

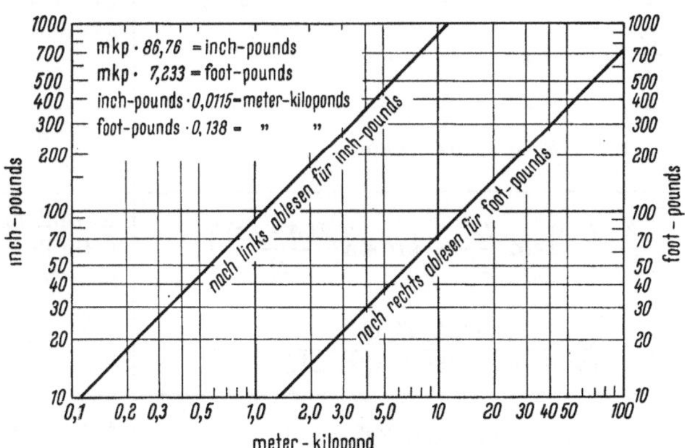

Abb. H/5. Umrechnungsdiagramm für Drehmomente

Zusammenstellung der wichtigsten Gleichungen für Stirnfräsen

Gleichung Nr.		Anmerkung
(S/6a) (S/6b)	$$\tan e \gtreqless \frac{\tan a}{\tan r - \tan \varepsilon}$$ $$r \gtreqless \varepsilon$$	erste und zweite Bedingung für Aufschlagorte
(S/9)	$$\tan i = \frac{\tan a}{\tan r - \tan \varepsilon}$$	Kennwinkel für graphische Bestimmung der Aufschlagorte
(S/22)	$$\frac{\tan a}{\tan r - \tan \varepsilon} \gtreqless \tan e \pm \frac{s_z \cos \varepsilon}{t}$$	zweiter, dritter, vierter Eintrittsort
(S/29) u. (S/30)	$$E_g = \pm \frac{L_f(\tan r - \tan \varepsilon) \cdot 60}{1000\,v} \text{ sek.}$$ $$= \pm \frac{L_d \tan a \cdot 60}{1000\,v} \text{ sek.}$$	Gesamteindringzeit Gesamteindringzeit
(S/39)	$$\sin \varepsilon = \frac{2A}{D}$$	Eintrittswinkel
(S/38)	$$\sin \alpha = \frac{2(A-b)}{D}$$	Austrittswinkel
(S/40)	$$L = \frac{D}{2}\left[- \arcsin \frac{2(A-b)}{D} + \arcsin \frac{2A}{D}\right]$$ $$= \frac{D}{2}(\varepsilon - \alpha)$$	Bogenlänge des ungestauchten Spanes
(S/45)	$$h_a = s_z \cos e \cos \omega$$	augenblickliche Spandicke
(S/53)	$$Z_e = \frac{Z}{2\pi}\left(\arcsin \frac{2A}{D} - \arcsin \frac{2(A-b)}{D}\right)$$	Anzahl der im Eingriff befindlichen Zähne des Stirnfräsers
(S/75)	$$v = \frac{C_1\,C_2\,C_3\,C_4\,C_5}{(T_L)^y\,(v_{60})^s\,(\mathrm{HB})^a\,(s_z)^b\,t^c\,b^d\,Z^e}$$	Gesamtgleichung für die Schnittgeschwindigkeit
(S/108)	$$k_s = \frac{9{,}25\,(\mathrm{HB})^{0{,}545}}{s_z^{0{,}26}}$$	Mittelwertformel für spez. Schnittdruck beim Stirnfräsen von Stahl
(S/109)	$$k_s = \frac{1{,}92\,(\mathrm{HB})^{0{,}76}}{s_z^{0{,}26}}$$	desgl. für Gußeisen
(S/110a)	$$h_m = \frac{57{,}3\,s_z \cos e}{(\varepsilon - \alpha)^\circ}[\sin \varepsilon - \sin \alpha]$$	mittlere Spandicke (Winkel in Grad)

Zusammenstellung der wichtigsten Gleichungen für Stirnfräsen (Fortsetzung)

Gleichung Nr.		Anmerkung
(S/111) (S/120)	$$k_{sa} = C\,(h_a)^{-p} = C\,(s_z)^{-p}\,(\cos e)^{-p}\,(\cos\omega)^{-p}$$	augenblicklicher spez. Schnittdruck, vgl. auch Gln. (S/121) bis (S/124)
(S/114)	$$h_\beta = s_z \cos e \cos\left(\frac{\varepsilon+\alpha}{2}\right)$$	Halbbogenspandicke
(S/127)	$$P_a = C\,t\,(s_z)^{1-p}\,(\cos e)^{-p}\,(\cos\omega)^{1-p}$$	augenblickliche Schnittkraft je Zahn, vgl. auch Gln. (S/128) bis (S/133). Gesamtumfangskraft vgl. Tab. S/23, S/24
(S/137)	$$P_v = C\,t\,(s_z)^{1-p}\,(\cos e)^{-p}\,(\cos\omega)^{1-p}\,[\sin\omega + \vartheta\cos\omega]$$	augenblickliche Vorschubkraft je Zahn
(S/147)	$$N_m = \frac{C\,t\,(s_z)^{1-p}\,(\varepsilon-\alpha)^p\,b^{(1-p)}}{(\cos e)^p\,4500\cdot 2^p\,\pi\,D^{(1-p)}}$$	mittlere Leistung am Stirnfräser (PS)

Zusammenstellung der wichtigsten Gleichungen für Bohren

Gleichung Nr.		Anmerkung
(B/3)	$$\tan\gamma_P = \frac{d}{D}\tan\sigma$$	Parallelspanwinkel
(B/9)	$$\tan\gamma = \frac{d}{D}\,\frac{\tan\sigma}{\sin\frac{\varepsilon}{2}}$$	Spanwinkel γ (in Richtung der Schnittgeschwindigkeit)
(B/15)	$$\tan\gamma_s = \frac{\tan\sigma\sqrt{\frac{d^2}{D^2}-0{,}15^2}}{\sin\frac{\varepsilon}{2}-0{,}15\tan\sigma\cos\frac{\varepsilon}{2}}$$	Schrägspanwinkel γ_s (schräg zur Richtung der Schnittgeschwindigkeit)
(B/23)	$$\tan\gamma_f = \frac{\dfrac{d}{D}\tan\sigma}{1+\left(\dfrac{1-\sin\frac{\varepsilon}{2}}{0{,}85}\right)\left(0{,}15-\dfrac{d}{D}\right)}$$	Spanwinkel in Richtung des Spanflusses
(B/42)	$$M_d = 0{,}0865\,r^4\,G\,\vartheta$$	übertragbares Bohrmoment für unverwundenen Bohrerquerschnitt
(B/48)	$$M_d = 0{,}0865\,r^4\,G\,\vartheta\,[1+5{,}74\,\sigma^2]$$	desgl. bei Berücksichtigung der Querschnittverwindung des Bohrers

Zusammenstellung der wichtigsten Gleichungen für Bohren (Fortsetzung)

Gleichung Nr.		Anmerkung
(B/54)	$$W_a = 0,16\, r^3$$	äquivalentes Widerstandsmoment des Bohrers
(B/55)	$$M_d = 0,16\, r^4\, G\, \vartheta$$	Bestwert des übertragbaren Bohrmoments per Einheitslänge
(B/59)	$$\varphi = \frac{M_d\, L}{0,16\, r\, G^4}$$	Gesamtverdrehungswinkel über Länge L des Bohrers (Bestwert)
(B/73a)	$$M_d = P_e\, \frac{D}{2}$$	durch Schnittkraft P_e erzeugtes Bohrmoment
(B/76)	$$k_s = \frac{8\, M_d}{s\, D^2}$$	spez. Schnittdruck
(B/94)	$$M_d = \frac{C_{k_{sB}}\, D^x\, s^y}{2^{(x+y)}\, 5^{\frac{1}{2}(x-y-1)}}$$	erzeugtes Bohrmoment in Abhängigkeit vom Bohrdurchmesser und Vorschub
(B/95)	$$P_e = \frac{2\, C_{k_{sB}}\, D^{(x-1)}\, s^y}{2^{(x+y)}\, 5^{\frac{1}{2}(x-y-1)}}$$	erzeugte Umfangskraft je Schneide in Abhängigkeit vom Bohrdurchmesser und Vorschub
(B/147)	$$P_e = 0,5\, C_{k_s}\, D^{0,82}\, s^{0,78}$$	Bestwert der Umfangsschnittkraft je Schneide beim Bohren von Stahl
(B/148)	$$M_d = 0,25\, C_{k_s}\, D^{1,82}\, s^{0,78}$$	Bestwert des erzeugten Bohrmoments beim Bohren von Stahl
(B/154)	$$P_e = 0,465\, C_{k_s}\, D^{0,82}\, s^{0,72}$$	entspricht Gl. (B/147) für Bohren von Gußeisen
(B/155)	$$M_d = 0,233\, C_{k_s}\, D^{1,82}\, s^{0,72}$$	entspricht Gl. (B/148) für Bohren von Gußeisen
(B/180)	$$v\, (T_L)^{w_0} = C_T$$	Standzeitgleichung [entspricht Gl. (53), Bd. I, für Drehen]

Zusammenstellung der wichtigsten Gleichungen für Bohren (Fortsetzung)

Gleichung Nr.		Anmerkung
(B/186)	$$s_B = \dfrac{3{,}64\,D^{1{,}52}}{C_{ks}^{1{,}285}}$$	zulässiger Bohrvorschub auf Grund der Verdrehungsfestigkeit des Bohrers bei Stahl
(B/187)	$$s_B = \dfrac{4{,}57\,D^{1{,}64}}{C_{ks}^{1{,}39}}$$	desgl. bei Gußeisen
(B/188)	$$s_M = \dfrac{P_v^{1{,}285}}{0{,}5\,C_{ks}^{1{,}285}\,D}$$	Höchstvorschub bei festgelegter Aufbäumung der Bohrmaschine und Bohren von Stahl
(B/198)	$$P = C\left(\dfrac{D - D_k}{2}\right) s^{(1-p)}$$	Umfangsschnittkraft beim Kernbohren

Tabelle A/11. *Praktische Schnittdrucktafel für Bearbeitung von Stahl (C_{ks}-Werte)**

Span-winkel γ	Keil-winkel β	Zugfestigkeit k_z (kp/mm²)									
		40	45	50	55	60	65	70	75	80	85
$-15°$	$95°$	270	284	299	310	324	338	349	360	370	381
$-10°$	$90°$	260	272	288	299	312	325	336	346	356	366
$-5°$	$85°$	249	262	276	288	300	312	322	332	342	352
$0°$	$80°$	240	251	265	276	288	299	309	319	328	339
$+5°$	$75°$	228	240	253	264	274	285	295	305	315	323
$+10°$	$70°$	218	229	242	252	262	273	282	291	301	309
$+15°$	$65°$	208	219	231	240	250	260	269	278	286	294
$+20°$	$60°$	198	208	219	228	238	248	256	264	272	280
$+25°$	$55°$	186	195	206	215	224	233	241	249	256	264
$+30°$	$50°$	175	183	194	202	210	218	226	233	240	247

Tabelle A/12
*Praktische Schnittdrucktafel für Bearbeitung von Gußeisen (C_{ks}-Werte)***

Span-winkel γ	Keil-winkel β	Brinellhärte H (kp/mm²)									
		100	120	140	160	180	200	220	240	260	280
$-15°$	$95°$	118	126	134	141	148	155	162	166	171	178
$-10°$	$90°$	114	123	129	137	144	150	156	161	166	172
$-5°$	$85°$	110	119	125	133	139	145	150	155	161	166
$0°$	$80°$	106	114	121	128	134	139	145	149	155	160
$+5°$	$75°$	101	109	116	122	128	134	139	143	148	153
$+10°$	$70°$	97	104	110	117	122	127	133	137	142	146
$+15°$	$65°$	92	100	105	112	117	122	127	131	136	140
$+20°$	$60°$	88	94	100	106	111	116	120	124	128	133
$+25°$	$55°$	82	89	94	100	104	109	113	117	121	125
$+30°$	$50°$	77	83	88	93	98	102	106	109	113	117

* Wiederholung der Tabelle 104 aus Bd. I.
** Wiederholung der Tabelle 105 aus Bd. I.

Namenverzeichnis

Adamas Co. 335
American Machinist 213
American Society Automotive Engineers 233
American Society Mechanical Engineers 41, 52, 59, 82, 86, 101, 112, 141, 182, 233, 256, 264, 267, 284, 288
American Society of Tool and Manufacturing Engineers 45, 95, 101, 288, 307
Andrew, C. 170
Axer 331

Barth, C. G. 117, 182
Beisner 317, 318
Bendixen, L. 135
Berthold, H. 246, 248, 303
Beutel, H. 289
Boston, O. W. 82, 84ff., 93ff., 221, 227, 233, 242ff., 260ff., 278ff., 283, 284
Brewer, R. C. 170
Brezina, E. 307
Brödner, E. 213, 274
Brown, J. P. 170
Brügmann, H. 247, 248
Burmester, H. J. 71, 90 bis 96

California Inst. of Technology 45, 77, 78, 110, 114
Carboloy Co. 41, 105, 335
Carborundum Co. 334
Carmet Co. 335
Catland, R. O. 45, 46, 47
Chen Chu 219
Cincinnati Milling Mach. Co. 11, 40, 41, 45, 77, 105, 285, 286
Cincinnati, University of 77

Codron, C. 215, 227, 228
Curtiss-Wright Corp. 98, 248, 305

Dickinson 215
Dinnebier, J. 213
Dürr, A. 40

Eder, E. 87, 94, 96
Ehrenreich, M. 117
Eisele, F. 157
Ernst, H. 52, 284

Field, M. 52
Fischer, H. 237
Firthite Co. 335
Firth Sterling Co. 334
Fleck, R. 134
Föppl, L. 215, 219
Fröhlich, K. H. 81, 93, 96

Galloway, D. F. 288
Gawehn, H. 182, 190, 198
General Electric Co. 334
Germar, R. 117
Gilbert, W. W. 82, 84ff., 93, 94, 96, 213, 214, 247
Greuner, B. 323
Grützner 309
Günther & Co. 214

Haggerty, W. A. 45, 284, 288
Haidt, H. 107, 108, 109, 110, 116
Hambach, E. V. 213
Den Hartog, J. 215, 219
Hedin, S. 117
Hirschfeld, M. 134

Industrial Management 117
Industrie-Anzeiger 46, 81, 90, 134, 181, 297
Industrielle Organisation 40, 296

Ingersoll Milling Mach. Co. 59
International Journal of Machine Tool Design and Research 134, 137
Irtenkauf, J. 323

Kaluza, E. 268
Kececioglu, D. 141
Kennametal 335
Kennedy, R. 307
Kienzle, O. 11, 14, 136, 228, 296
Koenigsberger, F. 134, 139
Kopper-Schmidt 213
Krabacher, E. J. 45
Krekeler, K. 230
Kronenberg, M. 14, 52, 94, 96, 101, 103, 170, 211, 228, 256, 265, 266, 267, 269, 271, 272, 296
Kurrein, M. 239, 240, 241, 249, 250, 252, 266

Lans, A. M. 170
R. K. LeBlond Mach. Tool Co. 164
Lehwald, W. 46
Lennie 213, 214
Leyensetter, W. 268, 289, 300, 301
Leyk, G. 134
Lockheed Aircraft Corp. 103, 296
Lucht, F. W. 41

Machinery 267
Marrotte, N. 307
Martellotti, M. E. 59, 138, 139
Maschinenbau-Betrieb 117, 182
Maschinenmarkt 134, 289, 323
Mechanical Engineering 213, 214

Sachverzeichnis zum zweiten Teil (Bohren)

mung von Fräs-, Dreh- und Bohrgesetzen,
Starrheit und elastische Verformungen
von Spiralbohrern, Spanwinkel beim
Bohren, Membran-Analogie, Gleichungen und Gebrauchsdiagramme für Bohrmoment und Vorschubkraft, Umkehrpunkt des Vorschubes, Schwingungen
beim Fräsen, Bohren, Tieflochbohren,
Schnittkräfte beim Kernbohren, amerikanische und europäische Metalle, praktische und wissenschaftliche Beispiels-
rechnungen u. a. m.

Außer seinen eigenen Versuchen hat
der Verfasser, dem 1955 der erste
Preis der Lincoln-Foundation für seine
Schwingungsuntersuchungen an Werkzeugmaschinen und 1958 die Forschungs-
medaille der American Society of Tool
and Manufacturing Engineers verliehen
wurde, auch die Ergebnisse seiner Auswertungen von Versuchen in den Vereinigten Staaten, Deutschland, England,
Frankreich, Schweiz und anderen Ländern nutzbar gemacht.

Alle Betriebe und Forschungsstellen,
die mit Werkzeugmaschinen zu tun
haben, werden aus diesen neuen Er-
kenntnissen großen Nutzen ziehen.